世纪数学教育信息化精品教材

大 学 数 学 立 体 化 教 材

大学文科数学

（第四版）

⊙ 吴赣昌　主编

中国人民大学出版社
·北京·

内容简介

本书根据高等院校大学文科数学课程的最新教学大纲编写而成，并在本书第三版的基础上进行了重大修订和完善（详见本书前言）。本书涵盖微积分、线性代数、概率论与数理统计三大部分，具体包含一元微积分、微分方程、线性代数初步、概率统计初步等内容模块，并特别加强了数学建模与数学实验教学环节。

本“书”远非传统意义上的书，作为立体化教材，它包含线下的“书”和线上的“服务”两部分。其中线上的“服务”用以下两种形式提供：一是书中各处的二维码，用户通过手机或平板电脑等移动端扫码即可使用；二是在本书的封面上提供的网络账号，用户通过它即可登录与本书配套建设的网络学习空间。

网络学习空间中包含与本书配套的在线学习系统，该系统在内容结构上包含教材中每节的教学内容及相关知识扩展、教学例题及综合进阶典型题详解、数学实验及其详解等，并为每章增加了综合训练，其中包含每章的总结、题型分析及其详解等。该系统采用交互式多媒体化建设，并支持用户间在线求助与答疑，为用户自主式高效率地学习奠定基础。

本书可作为普通高等院校纯文科类专业的数学公共课教材，并可作为上述各专业领域读者的教学参考书。

前　言

大学数学是自然科学的基本语言，是应用模式探索现实世界物质运动机理的主要手段. 对于大学非数学专业的学生而言，大学数学的教育，其意义则远不仅仅是学习一种专业的工具而已. 中外大量的教育实践事实充分显示了: 优秀的数学教育，乃是一种人的理性的思维品格和思辨能力的培育，是聪明智慧的启迪，是潜在的能动性与创造力的开发，其价值是远非一般的专业技术教育所能相提并论的.

随着我国高等教育自1999 年开始迅速扩大招生规模，至2009 年的短短十年间，我国高等教育实现了从精英教育到大众化教育的过渡，走完了其他国家需要三五十年甚至更长时间才能走完的道路. 教育规模的迅速扩张，给我国的高等教育带来了一系列的变化、问题与挑战. 大学数学的教育问题首当其冲受到影响. 大学数学教育过去是面向少数精英的教育，由于学科的特点，数学教育呈现几十年甚至上百年一贯制，仍处于经典状态. 当前大学数学课程的教学效果不尽如人意，概括起来主要表现在以下两方面：一是教材建设仍然停留在传统模式上，未能适应新的社会需求. 传统的大学数学教材过分追求逻辑的严密性和理论体系的完整性，重理论而轻实践，剥离了概念、原理和范例的几何背景与现实意义，导致教学内容过于抽象，也不利于与后续课程教学的衔接，进而造成了学生“学不会，用不了”的尴尬局面. 二是在信息技术及其终端产品迅猛发展的今天，在大学数学教育领域，信息技术的应用远没有在其他领域活跃，其主要原因是:在教材和教学建设中没能把信息技术及其终端产品与大学数学教学的内容特点有效地整合起来.

作者主编的“大学数学立体化教材”，最初脱胎于作者在2000—2004年研发的“大学数学多媒体教学系统”. 2006 年，作者与中国人民大学出版社达成合作，出版了该系列教材的第一版，合作期间，该系列教材经历多次改版，并于 2011 年出版了第四版，具体包括: 面向普通本科理工类、经管类与纯文科类的完整版系列教材；面向普通本科部分专业和三本院校理工类与经管类的简明版系列教材；面向高职高专院校理工类与经管类的高职高专版系列教材. 在上述第四版及相关系列教材中，作者加强了对大学数学相关教学内容中重要概念的引入、重要数学方法的应用、典型数学模型的建立、著名数学家及其贡献等方面的介绍，丰富了教材内涵，初步形成了该系列教材的特色. 令人感到欣慰的是，自2006 年以来，“大学数学立体化教材”已先后被国内数百所高等院校广泛采用，并对大学数学的教育改革起到了积极的推动作用.

2017年，距2011 年的改版又过去了6 年. 而在这 6 年时间里，随着移动无线通信技术 (如3G、4G 等)、宽带无线接入技术(如Wi-Fi等)和移动终端设备(如智能手机、平板电脑等)的飞速发展，那些以往必须在电脑上安装运行的计算软件，如今在普通的智能手机和平板电脑上通过移动互联网接入即可流畅运行，这为各类教育信息化产品的服务向前延伸奠定了基础.

作者本次启动的“大学数学立体化教材”(第五版)的改版工作，旨在充分利用移动互联网、移动终端设备与相关信息技术软件为教材用户提供更优质的学习内容、实验案例与交互环境. 顺利实现这一宗旨，还得益于作者主持的数苑团队的另一项工作成果：公式图形可视化在线编辑计算软件. 该软件于2010年研发成功时，仅支持在Win系统电脑中通过IE类浏览器运行. 2014年10月底，万维网联盟(W3C)组织正式发布并推荐了跨系统与跨浏览器的HTML5.0标准. 为此，数苑团队通过最近几年的努力，也实现了相关技术突破. 如今，数苑团队研发的公式图形可视化在线编辑计算软件已支持在各类操作系统的电脑和移动终端(包括智能手机、平板电脑等)上运行于不同的浏览器中，这为我们接下来的教材改版工作奠定了基础.

作者本次“大学数学立体化教材”(第五版)的改版具体包括：面向普通本科院校的“理工类·第五版”“经管类·第五版”与“纯文科类·第四版”；面向普通本科少学时或三本院校的“理工类·简明版·第五版”“经管类·简明版·第五版”与“综合类·应用型本科版”合订本；面向高职高专院校的“理工类·高职高专版·第四版”“经管类·高职高专版·第四版”与“综合类·高职高专版·第三版”.

本次改版的指导思想是：为帮助教材用户更好地理解教材中的重要概念、定理、方法及其应用，设计了大量相应的数学实验. 实验内容包括：数值计算实验、函数计算实验、符号计算实验、2D函数图形实验、3D函数图形实验、矩阵运算实验、随机数生成实验、统计分布实验、线性回归实验、数学建模实验等. 相比教材正文所举示例，这些实验设计的复杂程度更高、数据规模更大、实用意义也更大. 本系列教材于2017年改版修订的各个版本均包含了针对相应课程内容的数学实验，其中的大部分都在教材内容页面上提供了对应的二维码，用户通过微信扫码功能扫描指定的二维码，即可进行相应的数学实验，而完整的数学实验内容则呈现在教材配套的网络学习空间中.

大学数学按课程模块分为高等数学(微积分)、线性代数、概率论与数理统计三大模块，各课程的改版情况简介如下：

高等数学课程：函数是高等数学的主要研究对象，函数的表示法包括解析法、图像法与表格法. 以往受计算分析工具的限制，人们对函数的解析表示、图像表示与数表表示之间的关系往往难以把握，大大影响了学习者对函数概念的理解. 为了弥补这方面的缺失，欧美发达国家的大学数学教材一般都补充了大量流程分析式的图像说明，因而其教材的厚度与内涵也远较国内的厚重. 有鉴于此，在高等数学课程的数学实验中，我们首先就函数计算与函数图形计算方面设计了一系列的数学实验，包括函数值计算实验、不同坐标系下2D函数的图形计算实验和3D函数的图形计算实验等，实验中的函数模型较教材正文中的示例更复杂，但借助微信扫码功能可即时实现重复实验与修改实验. 其次，针对定积分、重积分与级数的教学内容设计了一系列求和、多重求和、级数展开与逼近的数学实验. 此外, 还根据相应教学内容的需求, 设计了一系列数值计算实验、符号计算实验与数学建模实验. 这些数学实验有助于用户加深对高等数学中基本概念、定理与思想方法的理解, 让他们通过对量变到质变过程的观察, 更深刻地理解数学中近似与精确、量变与质变之间的辩证关系.

线性代数课程: 矩阵实质上就是一张长方形数表, 它是研究线性变换、向量组线性相关性、线性方程组的解、二次型以及线性空间的不可替代的工具. 因此, 在线性代数课程的数学实验设计中, 首先就矩阵基于行 (列) 向量组的初等变换运算设计了一系列数学实验, 其中矩阵的规模大多为6~10阶的, 有助于帮助用户更好地理解矩阵与其行阶梯形、行最简形和标准形矩阵间的关系. 进而为矩阵的秩、向量组线性相关性、线性方程组及其应用、矩阵的特征值及其应用、二次型等教学内容分别设计了一系列相应的数学实验. 此外, 还根据教学的需要设计了部分数值计算实验和符号计算实验, 加强用户对线性代数核心内容的理解, 拓展用户解决相关实际应用问题的能力.

概率论与数理统计课程: 本课程是从数量化的角度来研究现实世界中的随机现象及其统计规律性的一门学科. 因此, 在概率论与数理统计课程的数学实验中, 我们首先设计了一系列服从均匀分布、正态分布、0–1 分布与二项分布的随机试验, 让用户通过软件的仿真模拟试验更好地理解随机现象及其统计规律性. 其次, 基于计算软件设计了常用统计分布表查表实验, 包括泊松分布查表、标准正态分布函数查表、标准正态分布查表、t 分布查表、F 分布查表与卡方分布查表等. 再次, 还设计了针对数组的排序、分组、直方图与经验分布图的一系列数学实验. 最后, 针对经验数据的散点图与线性回归设计了一系列数学实验. 这些数学实验将会在帮助用户加深对概率论与数理统计课程核心内容的理解、拓展解决相关实际应用问题的能力上起到积极作用.

致用户

作者主编的 “大学数学立体化教材” (第五版) 及 2017 年改版的每本教材, 均包含了与相应教材配套的网络学习空间服务. 用户通过教材封面下方提供的网络学习空间的网址、账号和密码, 即可登录相应的网络学习空间. 网络学习空间提供了远较纸质教材更为丰富的教学内容、教学动画以及教学内容间的交互链接, 提供了教材中所有习题的解答过程. 在所有内容与习题页面的下方, 均提供了用户间的在线交互讨论功能, 作者主持的数苑团队也将在该网络学习空间中为你服务. 使用微信扫码功能扫描教材封面提供的二维码, 绑定微信号, 你即可通过扫描教材内容页面提供的二维码进行相关的数学实验.

在你进入高校后即将学习的所有大学课程中, 就提高你的学习基础、提升你的学习能力、培养你的科学素质和创新能力而言, 大学数学是最有用且最值得你努力的课程. 事实上, 像微积分、线性代数、概率论与数理统计这些大学数学基础课程,你无论怎样评价其重要性都不为过，而学好这些大学数学基础课程，你将终生受益.

主动把握好从“学数学”到“做数学”的转变，这一点在大学数学的学习中尤为重要，不要以为你在课堂教学过程中听懂了就等于学到了，事实上，你需要在课后花更多的时间去主动学习、训练与实验，才能真正掌握所学知识.

致教师

使用本系列教材的教师，请登录数苑网“大学数学立体化教材”栏目：

http://www.sciyard.com/dxsx

作者主持的数苑团队在那里为你免费提供与本系列教材配套的教学课件系统及相关的备课资源，它们是作者团队十余年积累与提升的成果. 与本系列教材配套建设的信息化系统平台包括在线学习平台、试题库系统、在线考试及其预约管理系统等，感兴趣和有需要的用户可进一步通过数苑网的在线客服联系咨询.

正如美国《托马斯微积分》的作者G.B.Thomas教授指出的，“一套教材不能构成一门课；教师和学生在一起才能构成一门课”，教材只是支持这门课程的信息资源. 教材是死的，课程是活的. 课程是教师和学生共同组成的一个相互作用的整体，只有真正做到以学生为中心，处处为学生着想，并充分发挥教师的核心指导作用，才能使之成为富有成效的课程．而本系列教材及其配套的信息化建设将为教学双方在教、学、考各方面提供充分的支持，帮助教师在教学过程中发挥其才华，帮助学生富有成效地学习.

作 者

2017年3月28日

目 录

第10章　随机变量及其分布

第11章　数理统计的基础知识

第12章　参数估计与假设检验

附表　常用分布表

习题答案

绪　言

> 考虑到数学有无穷多的主题内容，数学，甚至是现代数学也是处于婴儿时期的一门科学. 如果文明继续发展，那么在今后两千年，人类思维中压倒一切的新特点就是数学悟性要占统治地位.
>
> —— A.N. 怀海德

一、为什么学数学

大学数学（包括高等数学、线性代数、概率论与数理统计）是高等院校理工类、经管类、农林类与医药类等各专业的公共基础课程. 如今，即使以往一般不学数学的纯文科类专业也普遍开设了大学数学课程. 为什么现在对它的学习受到如此大的重视？具体来说，大致有以下两方面的原因：

首先是因为当代数学及其应用的发展. 进入20 世纪以后，数学向更加抽象的方向发展，各个学科更加系统化和结构化，数学的各个分支学科之间交叉渗透，彼此的界限已经逐渐模糊. 时至今日，数学学科的所有分支都或多或少地联系在一起，形成了一个复杂的、相互关联的网络. 纯粹数学和应用数学一度存在的分歧在更高的层面上趋于缓和，并走向协调发展. 总而言之，数学科学日益走向综合，现在已经形成了一个包含上百个分支学科、各学科相互交融渗透的庞大的科学体系，这充分显示了数学科学的统一性.

数学与其他学科之间的交叉、渗透与相互作用，既使得数学领域在深度和广度上进一步扩大，又促进了众多新兴的交叉学科与边缘学科的蓬勃发展，如金融数学、生物数学、控制数学、定量社会学、数理语言学、计量史学、军事运筹学，等等. 这种交融大大促进了各相关学科的发展，使得数学的应用无处不在. 20 世纪下半叶，数学与计算机技术的结合产生了数学技术. 数学技术的迅速兴起，使得数学对社会进步所起的作用从幕后走向台前. 计算机的迅速发展和普及，不仅为数学提供了强大的技术手段，也极大地改变了数学的研究方法和思维模式. 所谓数学技术，就是数学的思想方法与当代计算机技术相结合而成的一种高级的、可实现的技术. 数学的思想方法是数学技术的灵魂，拿掉它，数学技术就只剩下一个空壳. 数学技术对于人类社会的现代化起着极大的推动作用. 正是在这个意义上，联合国教科文组织把21 世纪的第一年定为“世界数学年”，并指出“纯粹数学与应用数学是理解世界及其发展的一把主要钥匙”.

其次是因为数学能够很好地培养人的理性思维．数学除了是科学的基础和工具外，还是一种十分重要的思维方式与文化精神．美国国家研究委员会在一份题为《人人关心数学教育的未来》的研究报告中指出："除了定理和理论外，数学提供了有特色的思考方式，包括建立模型、抽象化、最优化、逻辑分析、由数据进行推断以及符号运算等．它们是普遍适用的、强有力的思考方式．应用这些数学思考方式的经验构成了数学能力——在当今这个技术时代里日益重要的一种智力．它使人们能批判地阅读，能识别谬误，能探索偏见，能估计风险，能提出变通办法．数学能使我们更好地了解我们生活在其中的充满信息的世界．"数学在形成人类的理性思维方面起着核心作用，而我国的传统文化教育在这方面恰恰是不足的．一位西方数学史家曾说过："我们讲授数学不只是要教涉及量的推理，不只是把它作为科学的语言来讲授——虽然这些都很重要——而且要让人们知道，如果不从数学在西方思想史上所起的重要作用方面来了解它，就不可能完全理解人文科学、自然科学、人的所有创造和人类世界．"

二、数学是什么

《数学是什么》是20世纪著名数学家柯朗(R. Courant)的名著．每一个受过教育的人都不会认为自己不知道数学是什么，但是每个读过这本书的人都受益匪浅．人们了解数学是通过阅读有关算术、代数、几何与微积分等方面的教材和著作，知道数学的一些内容．但这只是数学极小的一部分．柯朗认为，数学教育应该使人了解数学在人类认识自己和认识自然中所起的作用，而不只是一些数学理论和公式．

凡是学过数学的人都能领略到它的特点——理论抽象、逻辑严密，从而显示出一种其他学科无法比拟的精确和可靠．但人们更需要了解的是数学对整个人类文明的重要影响．回顾人类的文明史，2 500年来，人们一直在利用数学追求真理，而且成就辉煌．数学使人类充满自信，因为由此能够俯视世界、探索宇宙．人类改变世界和自身所依赖的是科学，而科学之所以能实现人的意志是因为**科学的数学化**．马克思曾说过："一门科学，只有当它成功地运用数学时，才能达到真正完善的地步．"一百多年前，成功地由数学完善其理论的不过是力学、天文学和某些物理学的分支，化学很少用到数学，生物学与数学毫无关系．而现在就完全不同了，几乎所有科学，不仅是自然科学，而且包括社会科学和人文科学的各个领域，都正在大量应用数学理论．这正是20世纪人类社会和自然面貌迅速改变的原因．我们还可以回顾一下，在人类进入近代文明之前，对于现实世界的认识和描述大多是定性的，诸如"日月星辰绕地球旋转""重的物体比轻的物体下落得快"，等等．而现在的科学则要求定量地知道，一个物体以什么速度沿什么轨道运行，怎样准确无误地把人送到月球上指定的地点，等等．一个科学理论必须经得起反复的观察验证，而且可以精确地预言即将出现的事物和现象，只有这样才能按照人的意志改造客观世界．不论是验证还是预言，都需要有定量的标准，这就要求科学数学化．现在，数学化了的科学已经渗透到社会所有领域的各个层面，人类可以在大范围内预报中长期的气象，可以预测一个地区、一个国家甚至全世界的经济前景．这是因为现在对于这些看似纷乱的现象已经可以建立数学模型，然后经过演算和推理就能得出人们想知道的结论．金融、保险、教育、人口、资源、遗传，甚至语言、历史、文学都不同程度地采用数学方法，许多领域的科学论文都以它所使用的数学工具作为重要的评估标准之一．电视、通信、 摄影技术正在数字化，其目的在于通过计算机技术更准确细微地反映图像、声音．甚至计算歌星与球队的排名都有许多方法．因此有人说："一个国家的科学水平可以用它消耗的数学来度量．"

20世纪初期，科学的深刻变化促使人们从哲学高度进行反思，从整个文明发展进程的角度来加以总结，并认识到：数学是一种语言，它精确地描述着自然界和人类自身；数学是一种工具，它普遍地适用于所有科学领域；数学是一种精神，它理性地促使人类的思维日臻完善；数学是一种文化，它决定性地影响着人类的物质文明和精神文明的各个方面．

三、数学科学的形成与发展

当人类试图按照自己的意志来支配和改造自然界时，就需要用数学的方法来构想、描述和落实，因此，在人类文明之初就诞生了数学．古代的巴比伦、埃及、中国、希腊和印度在数学上都有重要的创新，不过从现代意义上说，数学形成于古希腊．著名的欧几里得几何学是第一个成熟的数学分支．相比于欧几里得几何学，其他文明中的数学并未形成一个独立的体系，也没有形成一套方法，而是表现为一系列相互无关的、用于解决日常问题的规则，诸如历法推算和用于农业与商业的数学法则等．这些法则如同人类的其他知识一样是源于经验归纳，因此往往只是近似正确的．例如，有许多像"径一周三"这样以三表示圆周率的命题．欧几里得几何学则完全不同，它是一个逻辑严密的庞大体系，仅从10条公理出发，就推导出487个命题，采用的是与归纳思维法相反的演绎推理法．归纳法是由特殊现象归纳出一般规律的思维方法，而演绎法则正好相反，它从已有的一般结论推导出特殊命题．例如，假定有"一个运用数学的学科是成熟的学科"这样一个公认正确的一般结论，即所谓的大前提；"物理学运用了数学"是一个特殊的命题，即所谓的小前提；由以上两点可以得出结论："物理学是成熟的学科"．这就是常说的"三段论"逻辑．演绎法就运用了这样的逻辑，其主要特征是在前提正确的情况下，结论一定正确．意识到逻辑推理的作用是古希腊文明对人类的一项巨大贡献．

在希腊被罗马帝国统治之后，希腊的数学研究中断了将近2 000年．在与罗马的历史平行的1 100年间，希腊没有出现过一位数学家．他们夸耀自己讲究实际，兴建过许多庞大的工程．但是过于务实的文化不能产生深刻的数学．在那之后统治欧洲的基督教提倡为心灵作好准备，以便死后去天国，对于现实的物理世界缺乏兴趣．这一时期，数学在中国、印度和阿拉伯地区继续发展，也有许多重要的创新．但是这些古代文明不像希腊文明那样追求绝对可靠的真理，因此没有形成大规模的理论结构体系. 例如, 著名的数学家祖冲之提出的圆周密率领先欧洲 1 000 多年, 但是他没有给出推导密率的理论依据.

被罗马帝国和基督教逐出的希腊文明, 在1 000 多年后重返欧洲. 当时, 教会仍然主宰一切, 真理只存在于《圣经》之中. 饱受压抑而善于思索的学者们看清了希腊文明远比教会高明, 于是他们立即接受了这份遗产, 特别是"世界按数学设计"的信念. 哥白尼经过多年的观察和计算, 创立了日心说, 认定太阳才是宇宙的中心, 而不是地球. 日心说不仅改变了那个时代人类对宇宙的认识, 而且动摇了宗教的基本教义: 上帝把最珍爱的创造物 —— 人类安置在宇宙的中心 —— 地球. 日心说是近代科学的开端, 而科学正是现代社会的标志. 科学使处于低水平的西欧文明迅速崛起, 短短两三百年后领先于全世界.

在这之后, 科学发展具有决定性意义的一步是由伽利略 (G. Galileo) 迈出、由牛顿完成的, 这就是**科学的数学化**. 伽利略认为, 基本原理必须源于经验和实验, 而不是智慧的大脑. 这是革命性的关键的一步, **它开辟了近代实验科学的新纪元**. 人脑可以提供假设, 但假设和猜想必须通过检验. 哥白尼的日心说如此, 牛顿的万有引力定律如此, 爱因斯坦的相对论也是如此. 为了使科学理论得以反复验证, 伽利略认为科学必须数学化, 他要求人们不要用定性的模糊的命题来解释现象, 而要追求定量的数学描述, 因为数量是可以反复验证和精确测定的. **追求数学描述而不顾物理原因是现代科学的特征**.

17 世纪60 年代, 牛顿用这种新的方法论取得了辉煌的成功, 以至几乎所有科学家都立即接受了这种方法, 并取得了丰硕的成果. 这种方法称为西欧工业革命的科学基础. 牛顿决心找出宇宙的一般法则, 他提出了著名的力学三定律和万有引力定律. 然后用他发明的微积分方法, 经过复杂的计算和演绎, 既导出了地球上物体的运动规律, 也导出了太空中物体的运动规律, 统一了宇宙中的各种运动, 而这些都是由数学推导完成的, 从而引起了巨大的轰动. 17 世纪的伟大学者们发现了一个量化了的世界, 这就是繁荣至今的科学数学化的开始.

牛顿的广泛的研究方向, 以及他和莱布尼茨 (G. W. Leibniz) 共同创造的微积分, 成为从那以后的100 多年间科学家研究的课题. 由于追求量化的结论, 当时的科学家都是数学家, 而伟大的数学家也毫无例外地都是科学家. 科学家寻求一个量化的世界的努力一直延续至今, 他们的主要目标不再是解释自然, 而是为了作出预测, 以便实现各种理想和愿望. 在这个过程中, 以几何为基础的数学, 重心转移到了代数、微积分及其各种数量关系的后续分支上.

代数成为一门学科可以认为开始于韦达 (F. Viète) 的研究. 在此之前, 代数是用文字表示的一些应用问题, 只不过是一些实用的方法和计算的"艺术", 没有自己的理论. 韦达的功绩是用一整套符号表示代数中的已知量、未知量和运算. 这使得代数问题可以抽象归结为符号算式, 这样就脱离了它的具体背景, 然后根据一整套规定的法则作恒等变形, 直至求出答案. 后来, 笛卡儿 (R. Descartes) 用坐标方法把点表示为坐标，把曲线表示为方程，实现了几何对象的代数化．传统的几何问题都可以量化为代数方程来求解．

代数方法是机械的，思路明确简单，不像几何问题那样需要机智巧妙的处理．那个时期，笛卡儿实际上已经洞察到了代数将使数学机械化，使得数学创造变成一项几乎自动化的工作．等到牛顿，尤其是莱布尼茨把微积分也像代数一样形式化并解决了大量科学问题之后，符号化的定量数学终于取代了几何学，成为数学的基础．20世纪中叶计算机出现以后，数学机械化的思想得以广泛应用于解决各个领域的实际问题，而借助于计算机工具，数学也越来越深入社会生活的各个领域．

四、结语

古往今来对数学做了开创性工作的大数学家，其创造动机都不是追求物质，而是追求一种理想，或是为了揭开自然的奥秘，或是出于某种哲学信念．数学是一种理想，为理想而奋斗才有力量．数学是人类智慧的杰出结晶，是人脑最富创造性的产物．与文学、艺术、音乐等创造有共同之处的是，指引数学创造的是数学家的一种审美直觉．数学是介于自然科学与人文科学之间的一种特殊学科，是影响人类文化全局的一种文化现象．每一个时代的总的特征与这个时代的数学活动密切相关．著名的数学史家克莱因(M. Klein)曾以抒情的笔调写道：“音乐能激起或平静人的心灵，绘画能愉悦人的视觉，诗歌能激发人的感情，哲学能使思想得到满足，工程技术能改善人的物质生活，而数学则能做到所有这一切．”

第一部分　微积分

第 1 章　函数、极限与连续

函数是现代数学的基本概念之一，是微积分的主要研究对象．极限概念是微积分的理论基础，极限方法是微积分的基本分析方法，因此，掌握、运用好极限方法是学好微积分的关键．连续是函数的一个重要性态．本章将介绍函数、极限与连续的基本知识和有关的基本方法，为今后的学习打下必要的基础．

§1.1　函　　数

在现实世界中，一切事物都在一定的空间中运动着．17 世纪初，数学首先从对运动(如天文、航海等问题)的研究中引出了函数这个基本概念．在那以后的 200 多年里，这个概念几乎在所有的科学研究工作中占据了中心位置．

本节将介绍函数的概念、函数的特性、函数关系的构建与初等函数．

一、实数与区间

公元前3 000年以前，人类的祖先最先认识的数是自然数1, 2, 3, ⋯．从那以后，伴随着人类文明的发展，数的范围不断扩展，这种扩展一方面与社会实践的需要有关，另一方面与数的运算需要有关．这里我们仅就数的运算需要做些解释，例如，在自然数的范围内，对于加法和乘法运算是封闭的，即两个自然数的和与积仍是自然数．然而，两个自然数的差就不一定是自然数了．为使自然数对于减法运算封闭，就引进了负数和零，这样，人类对数的认识就从自然数扩展到了整数．在整数范围内，加法运算、乘法运算与减法运算都是封闭的，但两个整数的商又不一定是整数了．探索使整数对于除法运算也封闭的数的集合，导致了整数集向有理数集的扩展．

任意一个有理数均可表示成 $\dfrac{p}{q}$ (其中 p, q 为整数，且 $q\neq0$)，与整数相比较，有理数具有整数所不具有的良好性质，例如，任意两个有理数之间都包含着无穷多个有理数，此即所谓的有理数集的**稠密性**；又如，任一有理数均可在数轴上找到唯一的对应点(称其为**有理点**)，而在数轴上有理点是从左到右按大小次序排列的，此即所谓的有理数集的**有序性**.

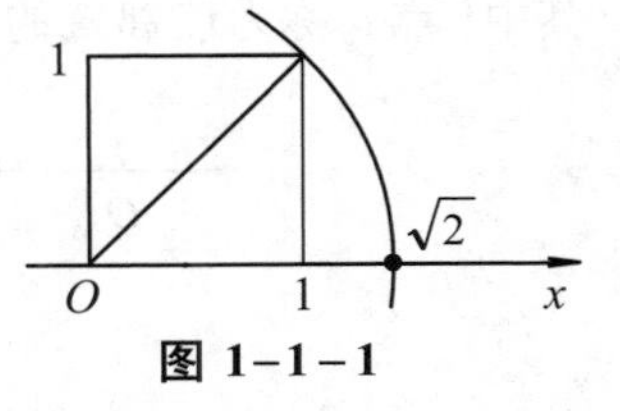

图 1–1–1

虽然有理点在数轴上是稠密的，但它并没有充满整个数轴. 例如，对于边长为1的正方形，假设其对角线长为x(见图1–1–1)，则由勾股定理，有$x^2=2$，解此方程，得$x=\sqrt{2}$，虽然这个点确定地落在数轴上，但在数轴上找不到一个有理点与它相对应，这说明在数轴上除了有理点外还有许多空隙，同时也说明了有理数尽管很稠密，但并不具有连续性. 我们把这些空隙处的点称为**无理点**，把无理点对应的数称为**无理数**. 无理数是无限不循环的小数，如$\sqrt{2}$，π，等等.

有理数与无理数的全体称为**实数**，这样就把有理数集扩展到了实数集. 实数集不仅对于四则运算是封闭的，而且对于开方运算也是封闭的. 可以证明，实数点能铺满整个数轴，而不会留下任何空隙，此即所谓的实数的**连续性**. 数学家完全弄清实数及其相关理论，已是19世纪的事情了.

由于任给一个实数，在数轴上就有唯一的点与它相对应；反之，数轴上任意的一个点也对应着唯一的实数，可见实数集等价于整个数轴上的点集，因此，在本书今后的讨论中，对实数与数轴上的点就不加区分. 此外，为后面的叙述方便，我们给出几个数集的常用记号：自然数集记为$\mathbf{N}$，整数集记为$\mathbf{Z}$，有理数集记为$\mathbf{Q}$，实数集记为$\mathbf{R}$.

区间是微积分中常用的实数集，包括四种**有限区间**和五种**无限区间**.

有限区间

设a,b为两个实数，且$a<b$，数集$\{x\mid a<x<b\}$称为开区间，记为(a,b)，即

$$(a,b)=\{x\mid a<x<b\}.$$

类似地，有闭区间和半开半闭区间：

$$[a,b]=\{x\mid a\le x\le b\},\ [a,b)=\{x\mid a\le x<b\},\ (a,b]=\{x\mid a<x\le b\}.$$

无限区间

引入记号 $+\infty$ (读作“正无穷大”) 及 $-\infty$ (读作“负无穷大”)，则可类似地表示无限区间. 例如

$$[a,+\infty)=\{x\mid a\le x\},\ (-\infty,b)=\{x\mid x<b\}.$$

特别地，全体实数的集合 $\mathbf{R}$ 也可表示为无限区间 $(-\infty,+\infty)$.

注：在本教程中，当不需要特别辨明区间是否包含端点、是有限还是无限时，常将其简称为“区间”，并常用I表示.

二、邻域

定义1 设a与δ是两个实数，且$\delta>0$，数集$\{x\mid a-\delta<x<a+\delta\}$称为点$a$的**$\delta$邻域**，记为

$$U(a,\delta)=\{x\mid a-\delta<x<a+\delta\}.$$

其中，点 a 称为该**邻域的中心**，δ 称为该**邻域的半径**（见图1–1–2）.

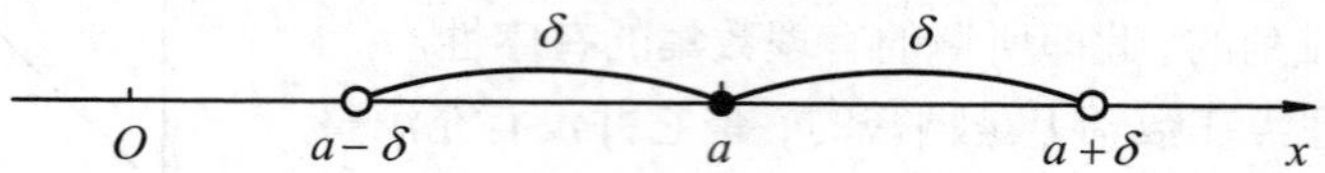

$U(a,\delta)=\{x\mid a-\delta<x<a+\delta\}$

图 1–1–2

由于 $a-\delta<x<a+\delta$ 相当于 $|x-a|<\delta$，因此

$$U(a,\delta)=\{x\,|\,|x-a|<\delta\}.$$

若把邻域 $U(a,\delta)$ 的中心去掉，所得到的邻域称为点 a 的**去心**的 δ 邻域，记为 $\mathring{U}(a,\delta)$，即

$$\mathring{U}(a,\delta)=\{x\mid 0<|x-a|<\delta\}.$$

更一般地，以 a 为中心的任何开区间均是点 a 的邻域，当不需要特别辨明邻域的半径时，可简记为 $U(a)$.

在实际应用中，有时还会用到左邻域与右邻域，此处一并引入如下：

记点 a 的左邻域：$U_{-}(a,\delta)=\{x\mid a-\delta<x\le a\}$；

记点 a 的右邻域：$U_{+}(a,\delta)=\{x\mid a\le x<a+\delta\}$.

三、函数的概念

函数是描述变量间相互依赖关系的一种数学模型.

在某一自然现象或社会现象中，往往同时存在多个不断变化的量，即变量，这些变量并不是孤立变化的，而是相互联系并遵循一定的规律. 函数就是描述这种联系的一个法则.

例如，在自由落体运动中，设物体下落的时间为 t，落下的距离为 s.

假定开始下落的时刻为 $t=0$，则变量 s 与 t 之间的相依关系由数学模型

$$s=\frac{1}{2}gt^2$$

给定，其中 g 是重力加速度.

定义2 设 x 和 y 是两个变量，D 是一个给定的非空实数集. 如果对于每个数 $x\in D$，按照一定法则 f，总有确定的数值与变量 y 对应，则称 y 是 x 的**函数**，记作

$$y=f(x),\ x\in D,$$

其中，x 称为**自变量**，y 称为**因变量**，数集 D 称为这个函数的**定义域**，也记为 D_f，即 $D_f=D$.

对 $x_0\in D$，按照对应法则 f，总有确定的值 y_0（记为 $f(x_0)$）与之对应，称 $f(x_0)$ 为函数在点 x_0 处的**函数值**. 因变量与自变量的这种相依关系通常称为**函数关系**.

当自变量 x 遍取 D 的所有数值时，对应的函数值 $f(x)$ 的全体构成的集合称为

函数 f 的**值域**，记为 W 或 $f(D)$，即

$$W=f(D)=\{y\mid y=f(x),\ x\in D\}.$$

函数定义明确地给出了函数模型的结构，它由定义域、对应法则和值域三个要素构成．定义域与对应法则是主导要素，值域则是派生要素，这一模型如同一部生产机器，从定义域中任取一实数 x，输入 $f(\ )$ 中，便产生出值域中的一个实数 y．

函数的图形

对函数 $y=f(x)(x\in D)$，若取自变量 x 为横坐标，因变量 y 为纵坐标，则在平面直角坐标系 xOy 中就确定了一个点 (x,y)，当 x 遍取定义域 D 中的每一个数值时，平面上的点集

$$C=\{(x,y)\mid y=f(x),\ x\in D\}$$

称为函数 $y=f(x)$ 的**图形**（见图1–1–3）．

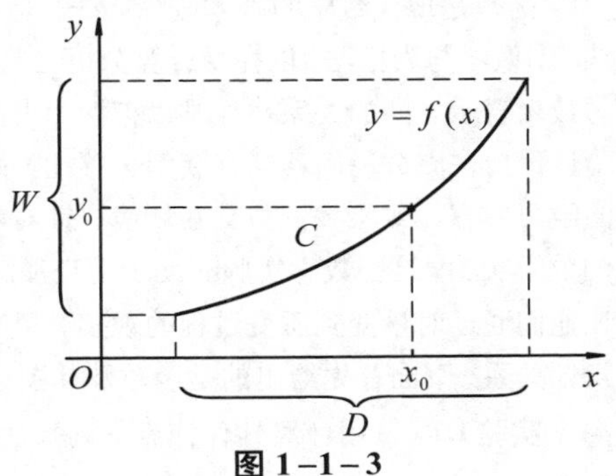

图 1–1–3

若自变量在定义域内任取一个数值，对应的函数值总是只有一个，这种函数称为**单值函数**．从几何上看，即：任意一条垂直于 x 轴的直线与函数的图形最多相交于一点（见图1–1–4）．

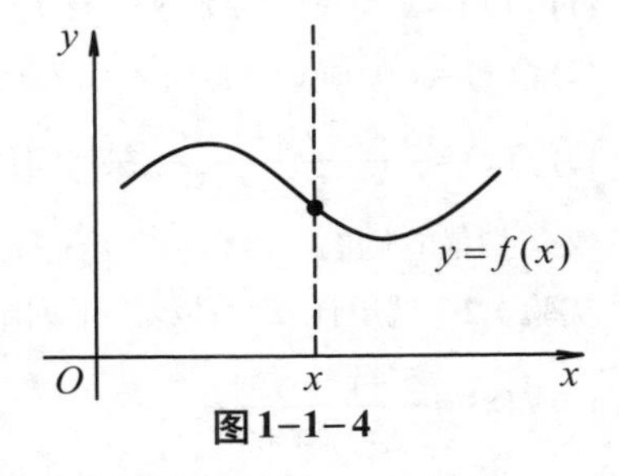

图 1–1–4

函数的常用表示法

(1) 表格法　将自变量的值与对应的函数值列成表格的方法．

(2) 图像法　在坐标系中用图形来表示函数关系的方法．

(3) 公式法（解析法）　将自变量和因变量之间的关系用数学表达式（又称为解析表达式）来表示的方法．根据函数的解析表达式的形式不同，函数也可分为**显函数**、**隐函数**和**分段函数**三种：

(i) 显函数：函数 y 由 x 的解析表达式直接表示．例如，$y=x^2+1$．

(ii) 隐函数：函数的自变量 x 与因变量 y 的对应关系由方程 $F(x,y)=0$ 来确定．例如，$\ln y=\sin(x+y)$，$x^3+y^3=1$，但后者的显函数表示为 $y=\sqrt[3]{1-x^3}$．

(iii) 分段函数：函数在其定义域的不同范围内具有不同的解析表达式．以下是几个分段函数的例子．

例 1　绝对值函数

$$y=|x|=\begin{cases}x, & x\geq 0\\ -x, & x<0\end{cases}$$

的定义域 $D=(-\infty,+\infty)$，值域 $W=[0,+\infty)$，图形如图1–1–5 所示．■

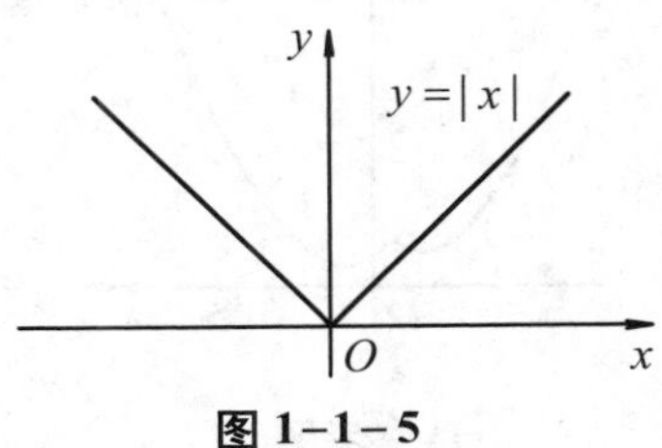

图 1–1–5

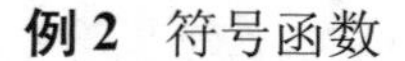

例 2　符号函数

$$y=\operatorname{sgn}x=\begin{cases}1, & x>0\\ 0, & x=0\\ -1, & x<0\end{cases}$$

的定义域 $D=(-\infty,+\infty)$，值域 $W=\{-1,0,1\}$，图形如图 1–1–6 所示. ■

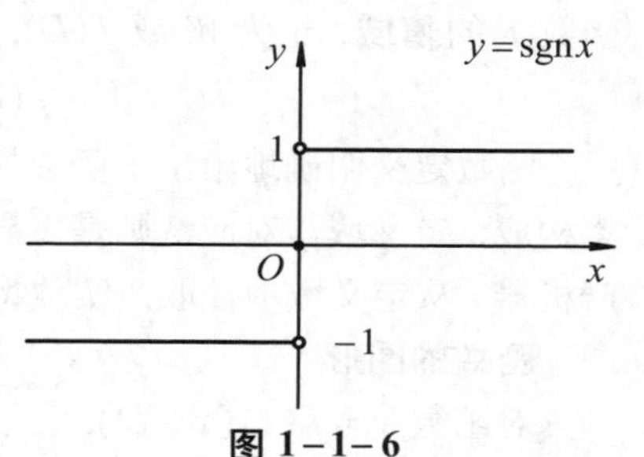

图 1–1–6

*数学实验

函数是现代数学的基本概念之一，是大学数学的主要研究对象，函数的表示法包括解析法、图像法与表格法. 以往受计算分析工具便利性的限制，人们对函数的解析表示、图像表示与数表表示之间的关系往往难以把握，大大影响了学习者对函数概念的理解与掌握. 数学实验设计旨在充分利用移动互联网、移动终端设备与相关信息技术软件为教材用户提供更优质的学习内容、实验案例与交互环境. 针对本课程，作者为各章节相关教学内容设计了一系列的数学实验，这些数学实验有助于用户加深对高等数学中基本概念、定理与思想方法的理解，让他们通过对量变到质变过程的观察，更深刻地理解数学中近似与精确、量变与质变之间的辩证关系. 下面首先给出的是函数及其图形计算方面的数学实验.

实验 1.1　试用计算软件计算下列函数值:

(1) $f(x)=x^{20}-3x^{10}+2x^{\sqrt{x}}$, $f(0.5)$, $f(0.8)$, $f(1.1)$, $f(1.3)$;

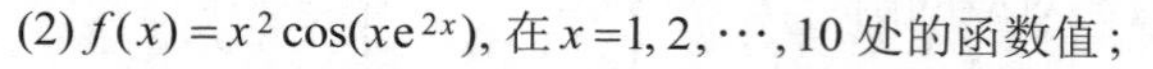

(2) $f(x)=x^2\cos(xe^{2x})$, 在 $x=1,2,\cdots,10$ 处的函数值;

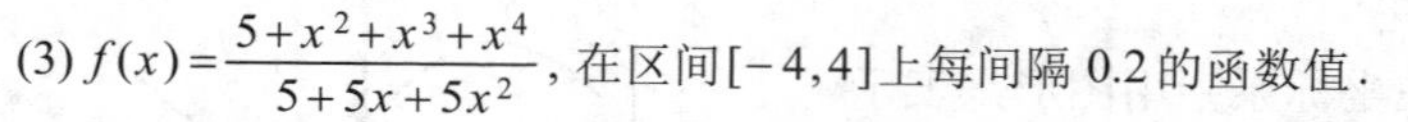

(3) $f(x)=\dfrac{5+x^2+x^3+x^4}{5+5x+5x^2}$, 在区间 $[-4,4]$ 上每间隔 0.2 的函数值.

函数计算实验

微信扫描右侧的二维码，即可进行重复或修改实验(详见教材配套的网络学习空间).

实验 1.2　试用计算软件绘制下列函数的图形:

(1) $f(x)=\dfrac{5+x^2+x^3+x^4}{5+5x+5x^2}$;　　(2) $f(x)=\begin{cases}\cos x, & x\le 0\\ e^x, & x>0\end{cases}$;

(3) $x^3+y^3-3xy=0$;　　(4) $x^{2/3}+y^{2/3}=2^{2/3}$;

(5) $f(x)=2e^{-\frac{1}{2}x^2}\cos(12x^2)$.

函数图形绘制

微信扫描右侧的二维码，即可进行重复或修改实验(详见教材配套的网络学习空间).

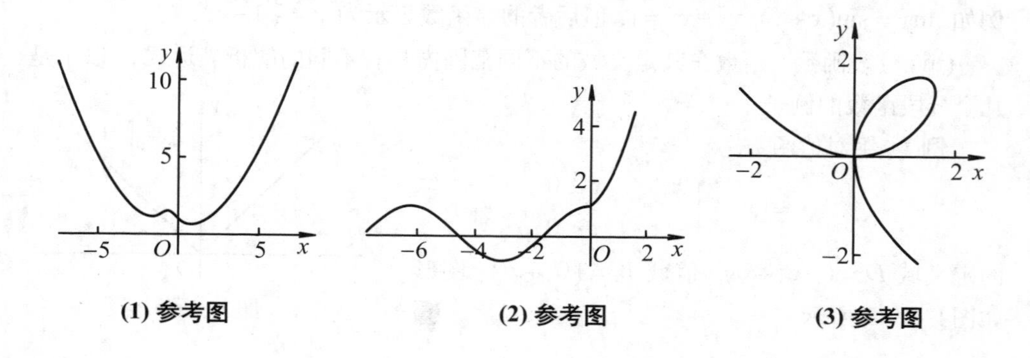

(1) 参考图　　**(2) 参考图**　　**(3) 参考图**

(4) 参考图 (5) 参考图

实验1.3 试用计算软件绘制下列参数方程的图形：

(1) $\begin{cases} x = 0.2\,t \\ y = 0.04\,t\cos 3t \end{cases}$ $(t>0)$； (2) $\begin{cases} x(t) = (1+\sin t-2\cos 4t)\cos t \\ y(t) = (1+\sin t-2\cos 4t)\sin t \end{cases}$；

(3) $\begin{cases} x(t) = 2\cos\left(-\dfrac{11}{5}t\right)+2.8\cos t \\ y(t) = 2\sin\left(-\dfrac{11}{5}t\right)+2.8\sin t \end{cases}$； (4) $\begin{cases} x = 2.6\cos t-\cos\left(\dfrac{13}{5}t\right) \\ y = 2.6\sin t-\sin\left(\dfrac{13}{5}t\right) \end{cases}$.

函数图形绘制

微信扫描右侧的二维码，即可进行重复或修改实验（详见教材配套的网络学习空间）.

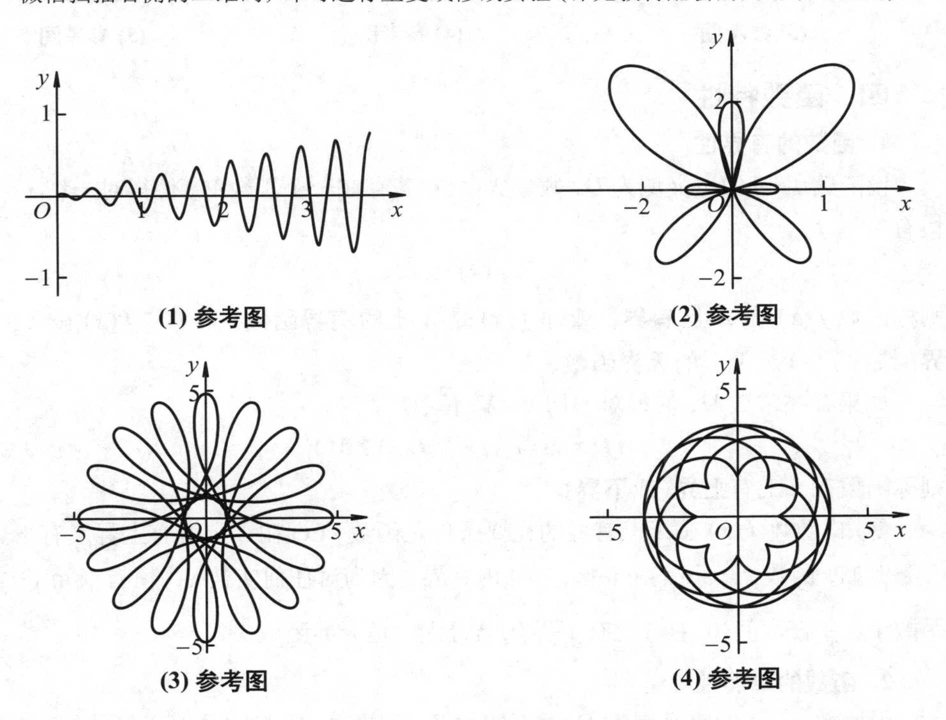

(1) 参考图 (2) 参考图

(3) 参考图 (4) 参考图

实验1.4 试用计算软件绘制下列极坐标系下函数的图形：

(1) $r = \mathrm{e}^{t/15}$； (2) $\rho = 2\cos(\pi\theta)\mathrm{e}^{\sin(\pi\theta)}$，$-7\pi \le \theta \le 7\pi$；

(3) $\rho = 0.04\theta\sin\left(\dfrac{25}{23}\theta\right)$，$0 \le \theta \le 81$； (4) $\rho = \sin(2.9\theta)\mathrm{e}^{\sin^4(4.9\theta)}$，$-5\pi \le \theta \le 5\pi$；

(5) $\rho=2\sin(\theta)e^{\sin^3(1.9\theta)}$, $-12\pi\le\theta\le12\pi$.

微信扫描右侧的二维码，即可进行重复或修改实验（详见教材配套的网络学习空间）.

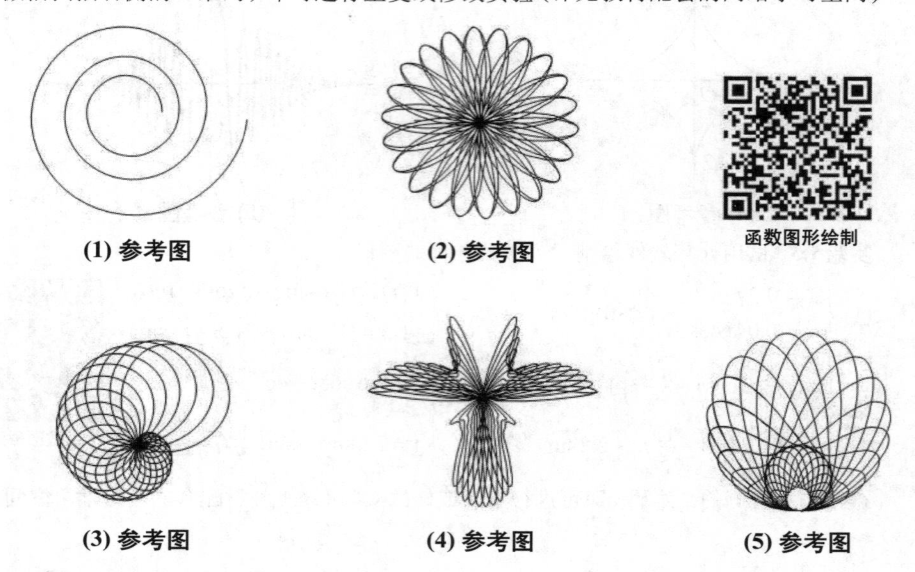

(1) 参考图　(2) 参考图　(3) 参考图　(4) 参考图　(5) 参考图

四、函数特性

1. 函数的有界性

设函数 $f(x)$ 的定义域为 D，数集 $X\subset D$，若存在一个正数 M，使得对一切 $x\in X$，恒有

$$|f(x)|\le M,$$

则称函数 $f(x)$ 在 X 上**有界**，或称 $f(x)$ 是 X 上的**有界函数**；否则称 $f(x)$ 在 X 上**无界**，或称 $f(x)$ 是 X 上的**无界函数**.

如果存在常数 M，使得对一切 $x\in X$，恒有

$$f(x)\le M\ (\text{或者 } f(x)\ge M),$$

则称函数在 X 上有**上界**（或**下界**）.

易知，函数 $f(x)$ 在 X 上有界的充要条件是函数 $f(x)$ 在 X 上既有上界又有下界.

例如，函数 $y=\sin x$ 在 $(-\infty,+\infty)$ 内有界，因为对任何实数 x，恒有 $|\sin x|\le1$. 函数 $y=\dfrac{1}{x}$ 在区间 $(0,+\infty)$ 上有下界 0，无上界，是无界函数.

2. 函数的单调性

设函数 $f(x)$ 的定义域为 D，区间 $I\subset D$. 如果对于区间 I 上任意两点 x_1 及 x_2，当 $x_1<x_2$ 时，恒有

$$f(x_1)<f(x_2),$$

则称函数 $f(x)$ 在区间 I 上是**单调增加函数**；如果对于区间 I 上任意两点 x_1 及 x_2，

当 $x_1<x_2$ 时，恒有

$$f(x_1)>f(x_2),$$

则称函数 $f(x)$ 在区间 I 上是**单调减少函数**. 单调增加函数和单调减少函数统称为**单调函数**.

例如，$y=x^2$ 在 $[0,+\infty)$ 内单调增加，在 $(-\infty,0]$ 内单调减少，但在 $(-\infty,+\infty)$ 内不是单调函数(见图1–1–7). 而 $y=x^3$ 在 $(-\infty,+\infty)$ 内是单调增加函数(见图1–1–8).

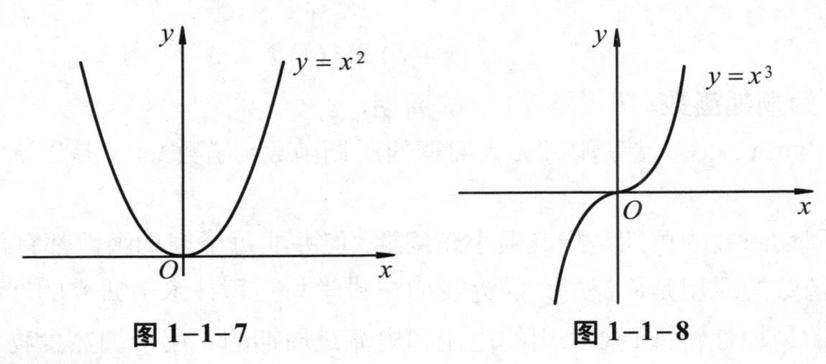

图 1–1–7　　**图 1–1–8**

3. 函数的奇偶性

设函数 $f(x)$ 的定义域 D 关于原点对称. 若 $\forall x\in D$，恒有

$$f(-x)=f(x),$$

则称 $f(x)$ 为**偶函数**；若 $\forall x\in D$，恒有

$$f(-x)=-f(x),$$

则称 $f(x)$ 为**奇函数**.

偶函数的图形关于 y 轴是对称的(见图1–1–9). 奇函数的图形关于原点是对称的(见图1–1–10).

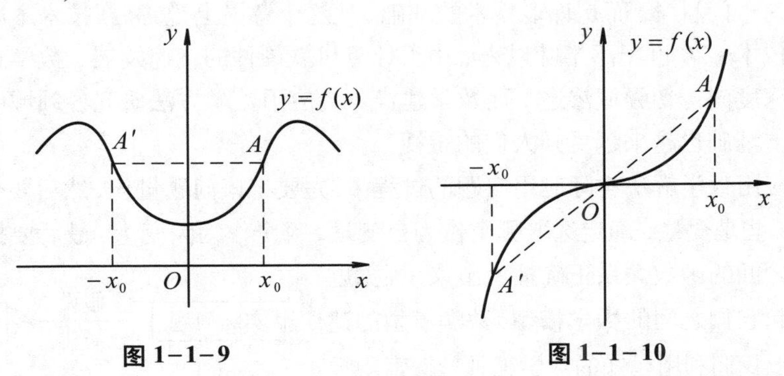

图 1–1–9　　**图 1–1–10**

例如，函数 $y=\dfrac{1}{x}$，$y=x^3$，$y=\sin x$ 是奇函数，$y=x^2$，$y=\cos x$ 是偶函数.

例 3　判断函数 $f(x)=\dfrac{2^x-1}{2^x+1}$ 的奇偶性.

解　由于关系式

$$f(-x)=\frac{2^{-x}-1}{2^{-x}+1}=\frac{1-2^{x}}{1+2^{x}}=-f(x),$$

所以函数 $f(x)=\dfrac{2^{x}-1}{2^{x}+1}$ 为奇函数. ■

4. 函数的周期性

设函数 $f(x)$ 的定义域为 D, 如果存在常数 $T>0$, 使得对一切 $x\in D$, 有 $(x\pm T)\in D$, 且

$$f(x+T)=f(x),$$

则称 $f(x)$ 为**周期函数**, T 称为 $f(x)$ 的**周期**.

例如, $\sin x$, $\cos x$ 都是以 2π 为周期的周期函数; 函数 $\tan x$ 是以 π 为周期的周期函数.

通常周期函数的周期是指其**最小正周期**. 但并非每个周期函数都有最小正周期.

周期函数的应用是广泛的, 因为我们在科学与工程技术中研究的许多现象都呈现出明显的周期性特征, 如家用的电压和电流是周期的, 用于加热食物的微波炉中的电磁场是周期的, 季节和气候是周期的, 月相和行星的运动是周期的, 等等.

五、数学建模——函数关系的建立

数学, 作为一门研究现实世界数量关系和空间形式的科学, 在它产生和发展的历史长河中, 一直是和人们生活的实际需要密切相关的. 作为用数学方法解决实际问题的第一步, 数学建模自然有着与数学同样悠久的历史. 牛顿的万有引力定律与爱因斯坦的质能公式都是科学发展史上数学建模的成功范例. 马克思说过, 一门科学只有成功地运用数学时, 才算达到了完善的地步. 在高新技术领域, 数学已不再仅仅作为一门科学, 而是许多技术的基础, 从这个意义上说, 高新技术本质上就是一种数学技术. 20 世纪下半叶以来, 由于计算机软硬件的飞速发展, 数学正以空前的广度和深度向一切领域渗透, 而数学建模作为应用数学方法研究各领域中定量关系的关键与基础也越来越受到人们的重视.

在应用数学解决实际应用问题的过程中, 先要将该问题量化, 然后要分析哪些是常量, 哪些是变量, 确定选取哪个作为自变量, 哪个作为因变量, 最后要把实际问题中变量之间的函数关系正确抽象出来, 根据题意建立起它们之间的**数学模型**. 数学模型的建立有助于我们利用已知的数学工具来探索隐藏其中的内在规律, 帮助我们把握现状、预测和规划未来, 从这个意义上说, 我们可以把数学建模设想为旨在研究人们感兴趣的特定的系统或行为的一种数学构想(见图1–1–11).

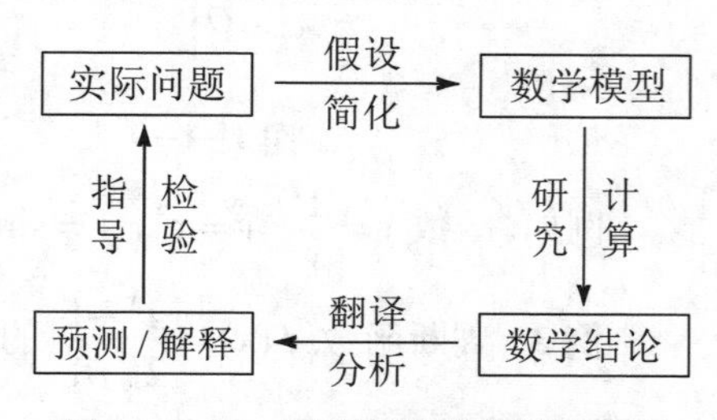

图 1–1–11　典型的数学建模流程图

在上述过程中，数学模型的建立是数学建模中最核心和最困难之处．在本课程的学习中，我们将结合所学内容逐步深入地探讨不同的数学建模问题．

1. 依题意建立函数关系

例 4 某工厂生产某型号车床，年产量为 a 台，分若干批进行生产，每批生产准备费为 b 元．设产品均匀投入市场，且上一批用完后立即生产下一批，即平均库存量为批量的一半．设每年每台库存费为 c 元．显然，生产批量大则库存费高；生产批量少则批数增多，因而生产准备费高．为了选择最优批量，试求出一年中库存费与生产准备费的和与批量的函数关系．

解 设批量为 x，库存费与生产准备费之和为 $f(x)$．因年产量为 a，所以每年生产的批数为 $\frac{a}{x}$（设其为整数）．于是，生产准备费为 $b\cdot\frac{a}{x}$，因库存量为 $\frac{x}{2}$，故库存费为 $c\cdot\frac{x}{2}$．由此可得

$$f(x)=b\cdot\frac{a}{x}+c\cdot\frac{x}{2}=\frac{ab}{x}+\frac{cx}{2}.$$

$f(x)$ 的定义域为 $(0,a]$，注意到本题中的 x 为车床的台数，批数 $\frac{a}{x}$ 为整数，所以 x 只取 $(0,a]$ 中 a 的正整数因子．■

有些情况下，我们需要用到分段函数来建立相应的数学模型．

例 5 某运输公司规定货物的吨·公里运价为：在 a 公里以内，每公里 k 元，超过部分为每公里 $\frac{4}{5}k$ 元．求运价 m 和里程 s 之间的函数关系．

解 根据题意，可列出函数关系如下：

$$m=\begin{cases} ks, & 0<s\le a \\ ka+\frac{4}{5}k(s-a), & a<s \end{cases},$$

这里运价 m 和里程 s 的函数关系是用分段函数来表示的，定义域为 $(0,+\infty)$．■

***2. 依据经验数据建立近似函数关系**

在许多实际问题中，人们往往只能通过观测或试验获取反映变量特征的部分经验数据，问题要求我们从这些数据出发来探求隐藏其中的某种模式或趋势．如果这种模式或趋势确实存在，而我们又能找到近似表达这种模式或趋势的曲线

$$y=f(x),$$

那么，我们一方面可以用这个函数表达式来概括这些数据，另一方面还能够以此来预测其他未知处的值．求这样一条拟合指定数据的特殊曲线类型的过程称为**回归分析**，而该曲线就称为**回归曲线**．

有关回归分析的理论要到后续课程（如概率统计课程）中才会涉及，这里，我们仅介绍其中较为简单且又广泛应用的**线性回归问题**．

设有n组经验数据$(x,y)(i=1,2,3,\cdots,n)$，在xOy平面上作出其散点图（见图1–1–12），如果这些数据之间大致呈线性关系，则可大致确定其线性回归方程为

$$y=ax+b,$$

其中，a,b是与上述经验数据有关的待定系数：

$$a=\frac{n(\sum_{i=1}^{n}x_iy_i)-(\sum_{i=1}^{n}x_i)(\sum_{i=1}^{n}y_i)}{n\sum_{i=1}^{n}x_i^2-(\sum_{i=1}^{n}x_i)^2},$$

$$b=\frac{(\sum_{i=1}^{n}y_i)(\sum_{i=1}^{n}x_i^2)-(\sum_{i=1}^{n}x_iy_i)(\sum_{i=1}^{n}x_i)}{n\sum_{i=1}^{n}x_i^2-(\sum_{i=1}^{n}x_i)^2}.$$

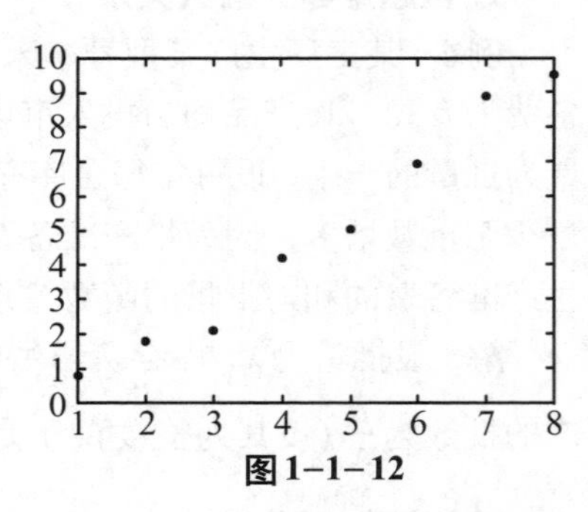
图1–1–12

注：作者主持的数苑团队推出的“统计图表工具”中，提供了“散点图与线性回归”功能菜单，支持用户在线输入指定经验数据后生成散点图并作线性回归. 教材用户既可登录与教材配套的网络学习空间在相应内容处调用，也可通过微信扫码功能扫描教材相应内容页面上的二维码调用，调用的内容还包括相应案例的原始数据，为用户重复或修改案例的实验提供了便利.

例6 为研究某国标准普通信件（重量不超过50克）的邮资与时间的关系，得到如下数据：

年份(年)	1983	1986	1989	1990	1992	1996	2000	2002	2006	2010	2013
邮资(分)	6	8	10	13	15	20	22	25	29	32	33

试构建一个邮资作为时间的函数的数学模型，在检验了这个模型是“合理”的之后，用这个模型来预测一下 2017 年的邮资.

计算实验

解 (1) 先将实际问题量化，确定自变量x和因变量y. 用x表示时间，为方便计算，设起始年1983年为0，用y（单位：分）表示相应年份的信件的邮资，得到下表：

x	0	3	6	7	9	13
y	6	8	10	13	15	20
x	17	19	23	27	30	
y	22	25	29	32	33	

(2) 用统计图表工具作出散点图（见图1–1–13）. 由此图可见邮资与时间大致呈线性关系，故可设y与x的函数关系为

$y=a+bx$，其中a,b为待定常数.

(3) 利用线性回归系数公式计算，得

$a=5.897\,8$，$b=0.961\,8$.

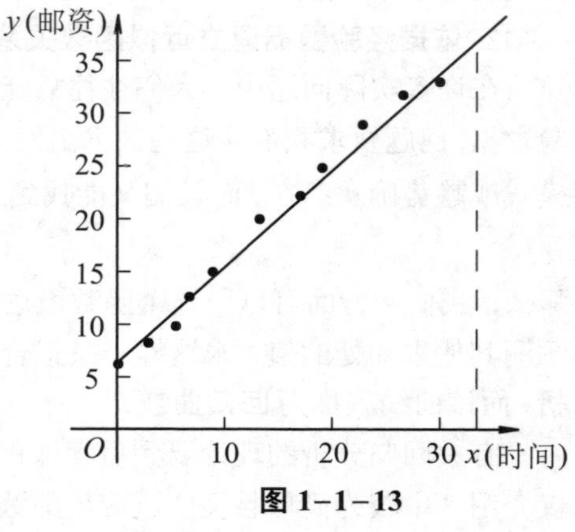

图1–1–13

从而得到回归直线为

$$y=5.897\,8+0.961\,8x.$$

(4) 在散点图中添加上述回归直线，可见该线性模型与散点图拟合得相当好，说明线性模型是合理的.

(5) 预测2017年的邮资，即$x=34$时y的取值. 将$x=34$代入上述回归直线方程可得$y\approx 39$. 即可预测2017年的邮资约为39分. ■

注：微信扫描右侧的二维码即可对本例进行验算.

散点图与线性回归

在例6中，问题所给邮资与时间的数据对之间大致呈线性关系，由回归分析知，直线为较理想的回归曲线，此类回归问题又称为**线性回归问题**，它是最简单的回归分析问题，但具有广泛的实际应用价值. 此外，许多更加复杂的非线性回归问题，如幂函数、指数函数与对数函数回归等都可以通过适当的变量替换化为线性回归问题来研究.

六、反函数

函数关系的实质就是从定量分析的角度来描述运动过程中变量之间的相互依赖关系. 但在研究过程中，哪个量作为自变量，哪个量作为因变量(函数)是由具体问题来决定的.

一般地，设函数$y=f(x)$的定义域为D，值域为W. 对于值域W中的任一数值y，在定义域D上至少可以确定一个数值x与y对应，且满足关系式

$$f(x)=y.$$

如果把y作为自变量，x作为函数，则由上述关系式可确定一个新函数

$$x=\varphi(y)\ \ (\text{或 } x=f^{-1}(y)),$$

这个新函数称为函数$y=f(x)$的**反函数**. 反函数的定义域为W，值域为D. 相对于反函数，函数$y=f(x)$称为**直接函数**.

注：(1) 习惯上，总是用x表示自变量，y表示因变量，因此，$y=f(x)$的反函数$x=\varphi(y)$常改写为

$$y=\varphi(x)\ (\text{或 } y=f^{-1}(x)).$$

(2) 在同一个坐标平面内，直接函数$y=f(x)$和反函数$y=\varphi(x)$的图形关于直线$y=x$是对称的.

例7　求函数$y=\dfrac{x}{1+x}$的反函数.

解　由$y=\dfrac{x}{1+x}$，解得$x=\dfrac{y}{1-y}$，改变变量的记号，即得到所求反函数：

$$y=\frac{x}{1-x}.$$ ■

七、基本初等函数

幂函数、指数函数、对数函数、三角函数和反三角函数是五类基本初等函数．由于在中学数学中我们已经深入学习过这些函数，这里只作简要复习．

1. 幂函数

幂函数 $y=x^{\alpha}$ (α 是任意实数)，其定义域要依 α 具体是什么数而定．当

$$\alpha=1,\ 2,\ 3,\ 1/2,\ -1$$

时是最常用的幂函数 (见图1−1−14)．

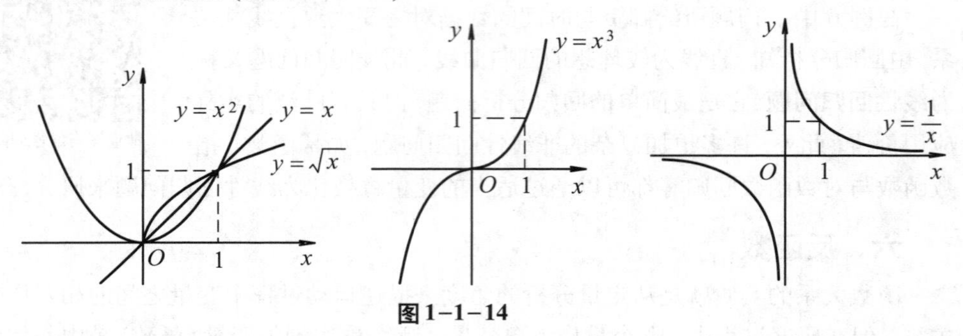

图 1−1−14

2. 指数函数

指数函数 $y=a^x$ (a 为常数，且 $a>0$, $a\neq 1$)，其定义域为 $(-\infty, +\infty)$．当 $a>1$ 时，指数函数 $y=a^x$ 单调增加；当 $0<a<1$ 时，指数函数 $y=a^x$ 单调减少．$y=a^{-x}$ 与 $y=a^x$ 的图形关于 y 轴对称 (见图 1−1−15)．其中最为常用的是以 e = 2.718 281 8 ⋯ 为底数的指数函数

$$y=\mathrm{e}^x.$$

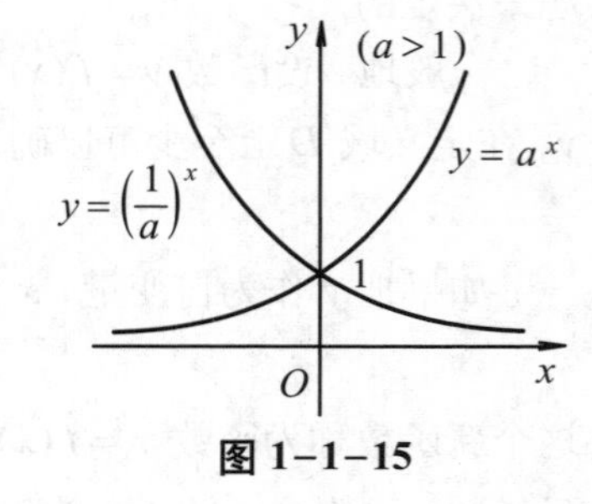

图 1−1−15

3. 对数函数

指数函数 $y=a^x$ 的反函数称为对数函数，记为

$$y=\log_a x\ (a\text{ 为常数, 且 } a>0,\ a\neq 1).$$

其定义域为 $(0, +\infty)$．

当 $a>1$ 时，对数函数 $y=\log_a x$ 单调增加；

当 $0<a<1$ 时，对数函数 $y=\log_a x$ 单调减少．见图1−1−16．

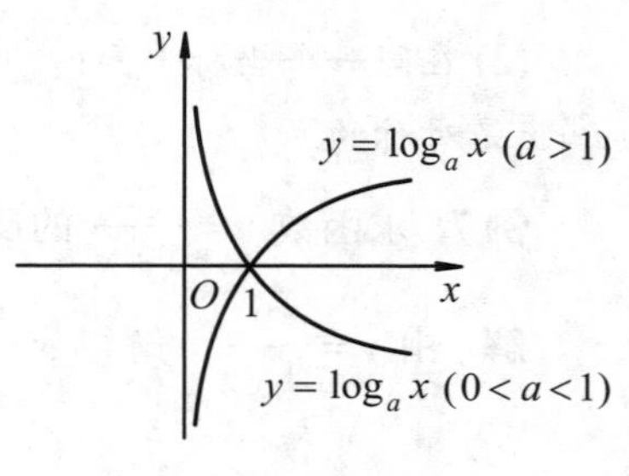

图 1−1−16

其中以 e 为底的对数函数称为**自然对数函数**，记为 $y=\ln x$．以10为底的对数函数称为**常用对数函数**，记为 $y=\lg x$．

4. 三角函数

(1) 正弦函数 $y=\sin x$，其定义域为$(-\infty,+\infty)$，值域为$[-1,1]$，是奇函数及以2π为周期的周期函数．

(2) 余弦函数 $y=\cos x$，其定义域为$(-\infty,+\infty)$，值域为$[-1,1]$，是偶函数及以2π为周期的周期函数．

(3) 正切函数 $y=\tan x$，其定义域为$\{x\,|\,x\neq k\pi+\pi/2,\, k\in\mathbf{Z}\}$，值域为$(-\infty,+\infty)$，是奇函数及以$\pi$为周期的周期函数．

(4) 余切函数 $y=\cot x$，其定义域为$\{x\,|\,x\neq k\pi,\, k\in\mathbf{Z}\}$，值域为$(-\infty,+\infty)$，是奇函数及以$\pi$为周期的周期函数．

5. 反三角函数

三角函数的反函数称为反三角函数，由于三角函数$y=\sin x$，$y=\cos x$，$y=\tan x$，$y=\cot x$ 不是单调的，为了得到它们的反函数，对这些函数限定在某个单调区间内来讨论．一般地，取反三角函数的"主值"．

(1) 反正弦函数$y=\arcsin x$，定义域为$[-1,1]$，值域为$|\arcsin x|\leq\dfrac{\pi}{2}$．

(2) 反余弦函数$y=\arccos x$，定义域为$[-1,1]$，值域为 $0\leq\arccos x\leq\pi$．

(3) 反正切函数 $y=\arctan x$，定义域为$(-\infty,+\infty)$，值域为$|\arctan x|<\dfrac{\pi}{2}$．

(4) 反余切函数 $y=\operatorname{arccot} x$，定义域为$(-\infty,+\infty)$，值域为$0<\operatorname{arccot} x<\pi$．

八、复合函数

定义3 设函数 $y=f(u)$ 的定义域为D_f，而函数 $u=\varphi(x)$ 的值域为R_φ，若

$$D_f\cap R_\varphi\neq\varnothing,$$

则称函数$y=f[\varphi(x)]$为x的**复合函数**．其中，x 称为**自变量**，y 称为**因变量**，u 称为**中间变量**．

注：(1) 不是任何两个函数都可以复合成一个复合函数．

例如，$y=\arcsin u$，$u=2+x^2$．因前者定义域为$[-1,1]$，而后者 $u=2+x^2\geq 2$，故这两个函数不能复合成复合函数．

(2) 复合函数可以由两个以上的函数经过复合构成．

例8 设$y=f(u)=\sin u$，$u=\varphi(x)=x^2+1$，求 $f[\varphi(x)]$．

解 $f[\varphi(x)]=f(x^2+1)=\sin(x^2+1)$． ■

例9 设 $y=f(u)=\arctan u$，$u=\varphi(t)=\dfrac{1}{\sqrt{t}}$，$t=\psi(x)=x^2-1$，求 $f\{\varphi[\psi(x)]\}$．

解 $f\{\varphi[\psi(x)]\}=f[\varphi(x^2-1)]=f\left(\dfrac{1}{\sqrt{x^2-1}}\right)=\arctan\dfrac{1}{\sqrt{x^2-1}}$． ■

例10 将下列函数分解成基本初等函数的复合．

(1) $y=\sqrt{\ln\sin^2 x}$；　　　　　　　　　　(2) $y=\mathrm{e}^{\arctan x^2}$.

解　(1) 所给函数是由

$$y=\sqrt{u},\ u=\ln v,\ v=w^2,\ w=\sin x$$

四个函数复合而成的;

(2) 所给函数是由

$$y=\mathrm{e}^u,\quad u=\arctan v,\ v=x^2$$

三个函数复合而成的. ■

*数学实验

实验 1.5　试用计算软件完成下列各题:

(1) 作出复合函数 $y=\mathrm{e}^{\sin(3x)}$ 的图形;

(2) 设 $f(x)=\dfrac{x}{\sqrt{1+x^2}}$，求 $f\{f[f(x)]\}$，并作出它们的图形;

(3) 作函数 $\sin x$ 及其下列自复合函数的图形:

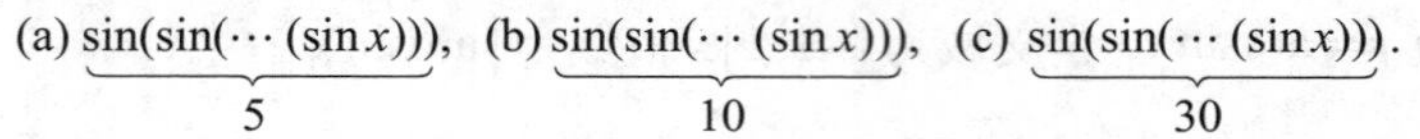

(a) $\underbrace{\sin(\sin(\cdots(\sin x)))}_{5}$, (b) $\underbrace{\sin(\sin(\cdots(\sin x)))}_{10}$, (c) $\underbrace{\sin(\sin(\cdots(\sin x)))}_{30}$.

计算实验

微信扫描右侧的二维码即可进行计算实验(详见教材配套的网络学习空间).

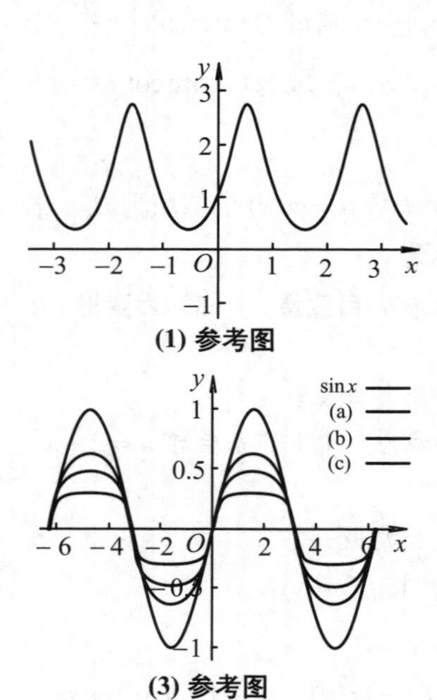

(1) 参考图

(3) 参考图

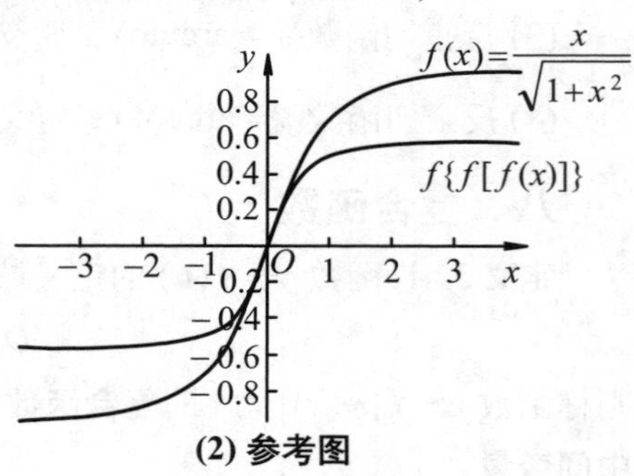

(2) 参考图

九、初等函数

由常数和基本初等函数经过有限次的四则运算和有限次的函数复合步骤构成并可用一个式子表示的函数，称为**初等函数**.

初等函数的基本特征：在函数有定义的区间内，初等函数的图形是不间断的. 如符号函数 $y=\operatorname{sgn}x$ 等分段函数均不是初等函数.

*数学实验

实验1.6 试用计算软件完成下列各题：

(1) 作出函数 $y=x$、$y=2\sin x$ 和 $y=x+2\sin x$ 的图形，观察函数的叠加；

(2) 作出函数 $y=\mathrm{e}^{x}$、$y=-1/2x^{2}$ 和 $y=\mathrm{e}^{(-1/2x^{2})}$ 的图形，观察函数的复合；

(3) 作出函数 $f(x)=x^{2}\sin(cx)$ 的图形动画，观察参数 c 对函数图形的影响.

计算实验

微信扫描右侧的二维码即可进行计算实验（详见教材配套的网络学习空间）.

(1) 参考图

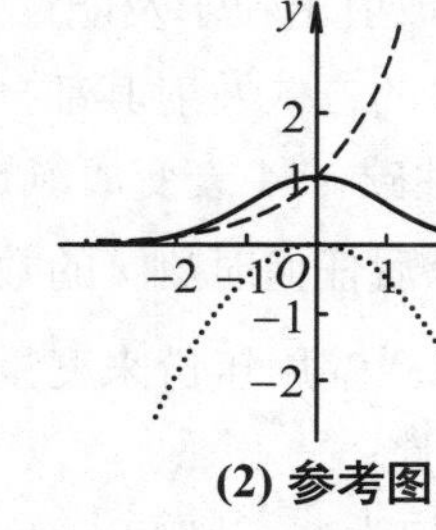

(2) 参考图

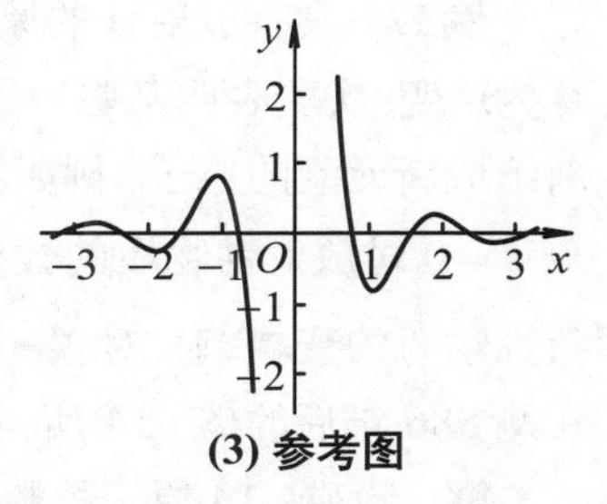

(3) 参考图

在科学和工程技术领域中，初等函数有着极其重要和广泛的应用. 本段我们将通过实例来考察指数函数和对数函数在储蓄存款增长、放射性物质衰减、地震强度计算等问题的数学建模中的应用. 构成这些模型的数学基础是优美和深刻的.

函数 $y=y_0\mathrm{e}^{kx}$，当 $k>0$ 时称为**指数增长模型**，当 $k<0$ 时称为**指数衰减模型**.

作为指数增长模型应用的一个例子，我们来考察投资公司在计算投资增值 S 时常常利用的连续复利模型（参见 §1.3）：

$$S=P\mathrm{e}^{rt},$$

其中 P 为初始投资，r 为年利率，t 是按年计算的时间. 我们知道，同样的问题，按单利与按年复利计算，则 n 年后的投资增值情况分别为

$$S=P(1+nr) \text{ 与 } S=P(1+r)^{n}.$$

例 11 某人在2008年初欲用1 000元投资5年，设年利率为5%，试分别按单利、复利和连续复利计算到第5年末该人应得的本利和 S.

解 按单利计算：

$$S=1\,000\,(1+0.05\times 5)=1\,250\,(\text{元});$$

按复利计算：

$$S=1\,000\,(1+0.05)^{5}\approx 1\,276.28\ (\text{元});$$

按连续复利计算：

$$S=1\,000\,\mathrm{e}^{5\times 0.05}\approx 1\,284.03\ (\text{元}).$$

■

表1–1–1中我们比较了2008年到2012年利息按单利、复利和连续复利计算的本利和，我们看到,当按连续复利计算时，投资者赚钱最多;按单利计算时,投资者赚钱最少.

银行为了吸引顾客，可以用额外多出来的钱来做广告——我们按连续复利计算.

表1–1–1

年份	总额(元)按单利计	总额(元)按复利计	总额(元)按连续复利计
2008	1 050.00	1 050.00	1 051.27
2009	1 100.00	1 102.50	1 105.17
2010	1 150.00	1 157.63	1 161.83
2011	1 200.00	1 215.51	1 221.40
2012	1 250.00	1 276.28	1 284.03

例12　具有放射性的原子核在放射出粒子及能量后可变得较为稳定，这个过程称为**衰变**. 实验表明某些原子以辐射的方式发射其部分质量,该原子用其剩余部分重新组成新元素的原子. 例如，放射性碳 −14 衰变成氮；镭最终衰变成铅. 若 y_0 是时刻 $x=0$ 时放射性物质的数量，在以后任何时刻 x 的数量为 $y=y_0\mathrm{e}^{-rx}$ ($r>0$, 称为放射性物质的**衰减率**). 对碳 −14 而言，当 x 用年份来度量时，其衰减率 $r=1.2\times10^{-4}$. 试预测 886 年后的碳 −14 所占的百分比.

解　设碳 −14 原子核数量初始值为 y_0，则 886 年后的剩余量是

$$y(886)=y_0\mathrm{e}^{(-1.2\times10^{-4})\times886}\approx0.899\,y_0,$$

即 886 年后的碳 −14 中约有 89.9% 的留存，约有 10.1% 的碳 −14 衰减掉了. ■

例13　物理学中，我们称放射性物质从最初的质量到衰变为自身质量的一半所花费的时间为**半衰期**. 试证明半衰期是一个常数，它只依赖于放射性物质本身，而不依赖于其初始质量.

证明　设 y_0 是时刻 $t=0$ 时放射性物质的质量，在以后任何时刻 t 的质量为

$$y=y_0\mathrm{e}^{-kt}.$$

我们求出 t 使得此时放射性物质的质量等于初始质量的一半，即

$$y_0\mathrm{e}^{-kt}=\frac{1}{2}y_0 \Rightarrow t=\frac{\ln2}{k},$$

t 的值就是该元素的半衰期，它只依赖于 k 的值，而与 y_0 无关. ■

例如，钋 −210 的衰减率 $k=5\times10^{-3}$，所以该元素的半衰期为

$$t=\frac{\ln2}{k}=\frac{\ln2}{5\times10^{-3}}\approx139(\text{天}).$$

不同物质的半衰期差别极大，如铀的普通同位素 (^{238}U) 的半衰期约为50亿年;通常镭 (^{226}Ra) 的半衰期为 1 600 年，而镭的另一同位素 ^{230}Ra 的半衰期仅为 1 小时.

放射性物质的半衰期反映了该物质的一种重要特征，1 克 ^{226}Ra 衰变成半克所需

要的时间与 1 吨 ^{226}Ra 衰变成半吨所需要的时间同样都是1 600 年, 正是这一事实才构成了确定考古发现日期时使用的著名的碳 - 14 测验的基础.

例14　地震的里氏震级用常用对数来刻画. 以下是它的公式:

$$\text{里氏震级}\ R=\lg\left(\frac{a}{T}\right)+B,$$

其中 a 是在监听站处以微米计的地面运动的幅度, T 是地震波以秒计的周期, 而 B 是当离震中的距离增大时地震波减弱所允许的一个经验因子. 对监听站 10 000 千米处的地震来说, $B=6.8$. 如果记录的垂直地面运动为 $a=10\,\mu\text{m}$, 而周期 $T=1\text{s}$, 那么震级为

$$R=\lg\left(\frac{a}{T}\right)+B=\lg\left(\frac{10}{1}\right)+6.8=7.8,$$

这种强度的地震在其震中附近会造成极大的破坏. ■

§1.2　极限的概念

极限的思想是由于求某些实际问题的精确解而产生的. 例如, 数学家刘徽① 利用圆内接正多边形来推算圆面积的方法 —— 割圆术, 就是极限思想在几何学上的应用. 图1−2−1给出了用单位圆内接正12 边形 (面积为3) 近似圆面积的示例, 其动画演示见教材配套的网络学习空间.

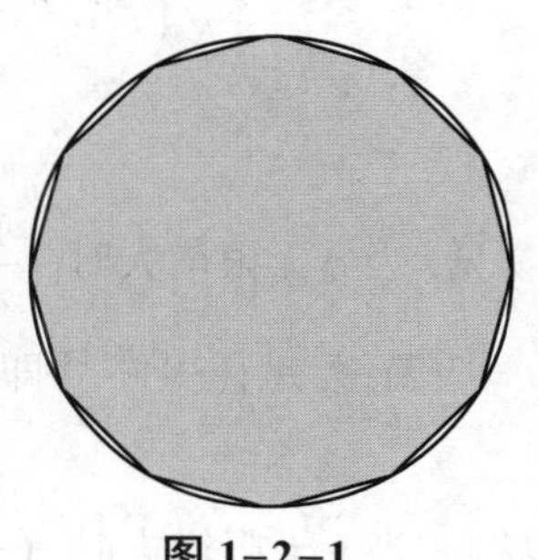

图 1−2−1

又如, 春秋战国时期的哲学家庄子(公元前4 世纪) 在《庄子·天下篇》中对“截丈问题”有一段名言:“一尺之棰, 日取其半, 万世不竭”, 其中也隐含了深刻的极限思想.

极限是研究变量的变化趋势的基本工具, 微积分中许多基本概念, 例如连续、导数、定积分等都是建立在极限的基础上. 极限方法也是研究函数的一种最基本的方法. 本节将首先给出数列极限的定义.

一、数列的极限

1. 数列极限的定性描述

按一定次序排列的无穷多个数

$$x_1, x_2, \cdots, x_n, \cdots$$

① 刘徽 (公元3 世纪), 中国数学家.

称为无穷数列，简称**数列**，可简记为$\{x_n\}$. 其中的每个数称为数列的项，x_n 称为**通项**(一般项).

定义 1 设有数列$\{x_n\}$与常数 a，如果当 n 无限增大时，x_n 无限接近于 a，则称常数 a 为**数列$\{x_n\}$的极限**，或称**数列$\{x_n\}$收敛于 a**，记为

$$\lim_{n\to\infty} x_n = a，或\ x_n \to a\ (n\to\infty).$$

如果一个数列没有极限，就称该数列是**发散**的.

注：记号 $x_n \to a\ (n\to\infty)$ 常读作：当 n 趋于无穷大时，x_n 趋于 a.

例 1 下列各数列是否收敛？若收敛，试指出其收敛于何值.

(1) $\{2^n\}$；　　(2) $\left\{\dfrac{1}{n}\right\}$；

(3) $\{(-1)^{n+1}\}$；　　(4) $\left\{\dfrac{n-1}{n}\right\}$.

解 (1) 数列$\{2^n\}$即为

$$2, 4, 8, \cdots, 2^n, \cdots,$$

易见，当 n 无限增大时，2^n 也无限增大，故该数列是发散的；

(2) 数列$\left\{\dfrac{1}{n}\right\}$即为

$$1, \frac{1}{2}, \frac{1}{3}, \cdots, \frac{1}{n}, \cdots,$$

易见，当 n 无限增大时，$\dfrac{1}{n}$ 无限接近于 0，故该数列收敛于 0；

(3) 数列$\{(-1)^{n+1}\}$即为

$$1, -1, 1, -1, \cdots, (-1)^{n+1}, \cdots,$$

易见，当 n 无限增大时，$(-1)^{n+1}$无休止地反复取 1 和 -1 两个数，而不会无限接近于任何一个确定的常数，故该数列是发散的；

(4) 数列$\left\{\dfrac{n-1}{n}\right\}$即为

$$0, \frac{1}{2}, \frac{2}{3}, \frac{3}{4}, \cdots, \frac{n-1}{n}, \cdots,$$

易见，当 n 无限增大时，$\dfrac{n-1}{n}$ 无限接近于 1，故该数列收敛于 1. ■

***数学实验**

实验 1.7 (1) 观察数列$\sqrt[n]{n}$的前100项的变化趋势，并绘出其散点图.

利用计算软件易绘出该数列前100项的散点图(见下图)，从该散点图看，这个数列似乎收敛于1.

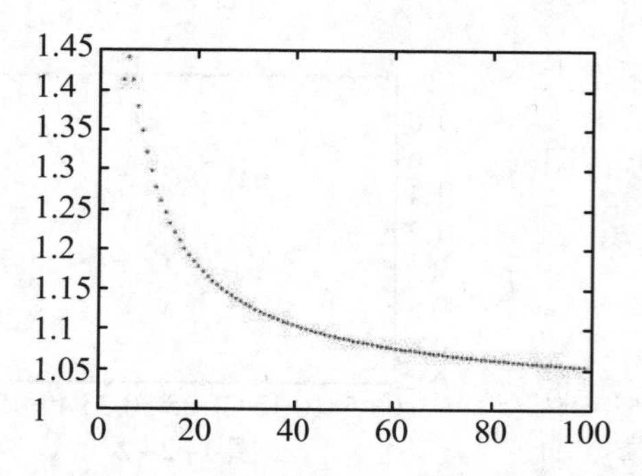

n	$\sqrt[n]{n}$	$\sqrt[n]{n}-1$
500	1.012 507	0.012 507
1 000	1.006 932	0.006 932
5 000	1.001 705	0.001 705
10 000	1.000 921	0.000 921
100 000	1.000 115	0.000 115
……	……	……

进一步计算，得到上表数据，从该表结果观察，可以初步判断该数列收敛于1，即

$$\lim_{n\to\infty}\sqrt[n]{n}=1.$$

(2) 观察数列 $x_n=\dfrac{2n^3+1}{5n^3+1}$ 当 $n\to+\infty$ 时的变化趋势.

利用计算软件，得

n	x_n	$x_n-0.4$	n	x_n	$x_n-0.4$
1	0.500 000	0.100 000	9	0.400 165	0.000 165
2	0.414 634	0.014 634	10	0.400 120	0.000 120
3	0.404 412	0.004 412	11	0.400 090	0.000 090
4	0.401 869	0.001 869	12	0.400 069	0.000 069
5	0.400 958	0.000 958	13	0.400 055	0.000 055
6	0.400 555	0.000 555	14	0.400 044	0.000 044
7	0.400 350	0.000 350	15	0.400 036	0.000 036
8	0.400 234	0.000 234	…	……	……

从上表结果可见，随着 n 的增大，x_n 越来越接近0.4. 由此可以初步判断该数列收敛于 0.4. 事实上，在本节例 3 中对这个判断给出了肯定的回答.

微信扫描右侧的二维码，即可进行重复或修改实验 (详见教材配套的网络学习空间).

2. 数列极限的定量描述

定义 1 给出的数列极限的概念，实质上是在运动观点的基础上凭借几何直观产生的自觉用自然语言作出的定性描述，其中 n 的变化过程与数列 $\{x_n\}$ 的变化趋势均借助了"无限" 这样一个明显带有直观模糊性的形容词. 从文学的角度看，不可不谓尽善尽美，并且能激起人们诗一般的想象. 几何直观在数学的发展和创造中扮演着充满活力的积极的角色，但在数学中仅凭直观是不可靠的，必须将凭直观产生的定性描述转化为用数学语言表达的超越现实原型的定量描述.

观察数列 $\{x_n\}=\left\{\dfrac{n+(-1)^{n-1}}{n}\right\}$ 当 n 无限增大时的变化趋势 (见图1–2–2), 易见其当 n 无限增大时其无限接近于1, 事实上, 由

$$\left|x_n-1\right|=\left|\frac{(-1)^{n-1}}{n}\right|=\frac{1}{n}$$

可见, 当 n 无限增大时, x_n 与1的距离无限接近于0, 若以确定的数学语言来描述这种趋势, 即有: 对于任意给定的正数 ε (不论它多么小), 总可以找到正整数 N, 使得当 $n>N$ 时, 恒有

$$\left|x_n-1\right|=\frac{1}{n}<\varepsilon.$$

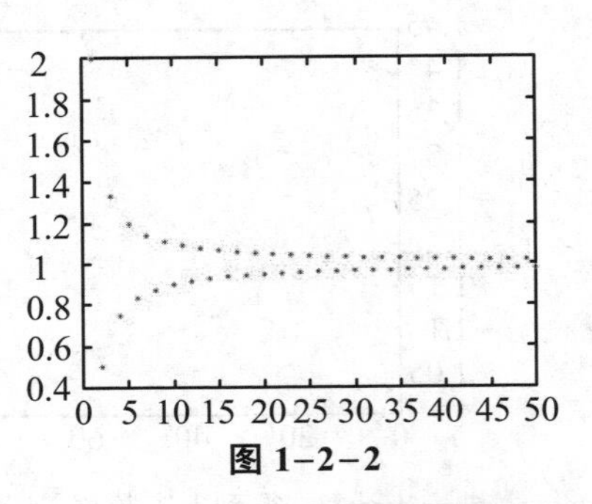

图 1–2–2

图形动态实验

受此启发, 我们可以给出用数学语言表达的数列极限的定量描述.

定义2　设有数列 $\{x_n\}$ 与常数 a, 若对于任意给定的正数 ε (不论它多么小), 总存在正整数 N, 使得对于 $n>N$ 时的一切 x_n, 不等式

$$|x_n-a|<\varepsilon$$

都成立, 则称常数 a 是**数列 $\{x_n\}$ 的极限**, 或称**数列 $\{x_n\}$ 收敛于 a**, 记为

$$\lim_{n\to\infty}x_n=a,\ \text{或}\ \ x_n\to a\ (n\to\infty).$$

在微积分于17世纪诞生后的近200年间, 虽然微积分的理论和应用有了巨大的发展, 但整个微积分的理论建立在直观的、模糊不清的极限概念上, 没有一个牢固的基础, 直到19世纪, 由法国数学家柯西① 和德国数学家魏尔斯特拉斯② 建立了严密的极限理论后, 才使微积分完全建立在严格的极限理论基础之上.

数列极限 $\lim\limits_{n\to\infty}x_n=a$ 的几何解释:

将常数 a 及数列 $x_1,x_2,\cdots,x_n,\cdots$ 表示在数轴上, 并在数轴上作邻域 $U(a,\varepsilon)$(见图1–2–3).

$a-\varepsilon$　　2ε　　$a+\varepsilon$

x_2　x_1　x_{N+1}　x_{N+3}　a　x_{N+2}　x_3　x

图 1–2–3

注意到不等式 $|x_n-a|<\varepsilon$ 等价于 $a-\varepsilon<x_n<a+\varepsilon$, 所以数列 $\{x_n\}$ 的极限为 a 在几何上即表示: 当 $n>N$ 时, 所有的点 x_n 都落在开区间 $(a-\varepsilon,a+\varepsilon)$ 内, 而落在这个区间之外的点至多只有 N 个.

---

① 柯西 (A. L. Cauchy, 1789—1857), 法国数学家.

② 魏尔斯特拉斯 (K. T. W. Weierstrass, 1815—1897), 德国数学家.

定义2常称为柯西($\varepsilon-N$)定义，简称为**$\varepsilon-N$ 定义**，它给出了论证数列$\{x_n\}$的极限为a的方法，常称为**$\varepsilon-N$ 论证法**，其论证步骤为:

(1) 对于任意给定的正数 ε;

(2) 由 $|x_n-a|<\varepsilon$ 开始分析倒推，推出 $n>\varphi(\varepsilon)$;

(3) 取 $N\geq[\varphi(\varepsilon)]$，再用 $\varepsilon-N$ 语言顺述结论．

例2 证明 $\lim\limits_{n\to\infty}\dfrac{n+(-1)^{n-1}}{n}=1$.

证明 由

$$|x_n-1|=\left|\frac{n+(-1)^{n-1}}{n}-1\right|=\frac{1}{n}$$

易见，对任意给定的$\varepsilon>0$，要使$|x_n-1|<\varepsilon$，只要$\dfrac{1}{n}<\varepsilon$，即$n>\dfrac{1}{\varepsilon}$，取$N=\left[\dfrac{1}{\varepsilon}\right]$，则对任意给定的$\varepsilon>0$，当$n>N$时，就有

$$\left|\frac{n+(-1)^{n-1}}{n}-1\right|<\varepsilon,$$

即 $$\lim_{n\to\infty}\frac{n+(-1)^{n-1}}{n}=1.$$ ■

例3 证明 $\lim\limits_{n\to\infty}\dfrac{2n^3+1}{5n^3+1}=\dfrac{2}{5}$.

证明 由

$$\left|x_n-\frac{2}{5}\right|=\left|\frac{2n^3+1}{5n^3+1}-\frac{2}{5}\right|=\frac{3}{5(5n^3+1)}<\frac{3}{25n^3}<\frac{1}{n^3}<\frac{1}{n}\ (n>1)$$

易见，对任意给定的$\varepsilon>0$，要使$\left|x_n-\dfrac{2}{5}\right|<\varepsilon$，只要$\dfrac{1}{n}<\varepsilon$，即$n>\dfrac{1}{\varepsilon}$，取$N=\left[\dfrac{1}{\varepsilon}\right]$，则对任意给定的$\varepsilon>0$，当$n>N$时，就有

$$\left|\frac{2n^3+1}{5n^3+1}-\frac{2}{5}\right|<\varepsilon,$$

即 $$\lim_{n\to\infty}\frac{2n^3+1}{5n^3+1}=\frac{2}{5}.$$ ■

从柯西给出的关于数列极限的 $\varepsilon-N$ 定义出发，即可严密地推导出作为整个微积分基础的极限理论．但作为文科专业的学生，学习的重点不在于这种严密的论证过程本身，而在于理解数学家追求定量地刻画世界的理性思维和科学精神.

数列的极限中隐含着丰富的辩证思想．设数列$\{x_n\}$的极限为a，则在n无限增大的过程中x_n是一个变量，数列$x_1, x_2, \cdots, x_n, \cdots$反映了变量$x_n$无限变化的过程，极限$a$反映了变量$x_n$无限变化的结果．数列$\{x_n\}$中的每一个$x_n$都不是$a$，反映了

过程与结果相对立的一面；但取极限的结果又使 x_n 转化为 a，这又反映了过程与结果相统一的一面. 因此，极限 a 的取得是变量 x_n 的变化过程与变化结果的对立统一. 可见极限是利用有限来认识无限的一种数学方法，同时也说明极限是有限与无限的对立统一. 每个 x_n 都是极限 a 的近似值，一般地，n 越大，近似程度就越好，但无论 n 多么大，x_n 总是 a 的近似值，当 $n \to \infty$ 时，近似值 x_n 就转化为精确值 a，体现了近似与精确的对立统一.

*数学实验

递归数列是一种用归纳方法定义的数列，也是常用的数列定义方法之一，实验 1.8 中介绍的数列就是递归数列.

实验 1.8　观察斐波那契 (Fibonacci) 数列的变化趋势：

$$F_0 = 1,\ F_1 = 1,\ F_n = F_{n-1} + F_{n-2}.$$

斐波那契 (1170 — 1250) 是意大利数学家，是西方研究斐波那契数列的第一人. 斐波那契数列是数学家斐波那契以兔子繁殖为例子而引入的，故又称为“**兔子数列**”. 它在现代物理、准晶体结构、化学等领域都有直接的应用，为此，美国数学学会从 1963 年起发行了以《斐波纳契数列季刊》为名的数学杂志，专门用于刊载这方面的研究成果.

利用计算软件，易得到斐波那契数列的前 24 项：

1, 1, 2, 3, 5, 8, 13, 21, 34, 55, 89, 144,

233, 377, 610, 987, 1 597, 2 584, 4 181,

6 765, 10 946, 17 711, 28 657, 46 368, ⋯,

其散点图如右图所示.

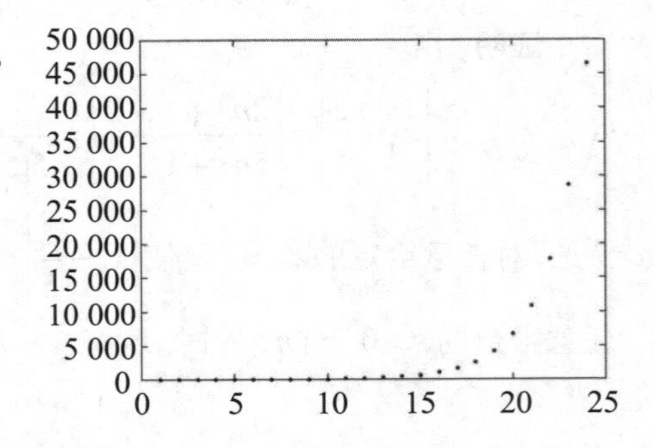

有趣的是，这样一个完全是自然数的数列，通项公式却是用无理数来表达的，即

$$F_n = \frac{1}{\sqrt{5}}\left[\left(\frac{1+\sqrt{5}}{2}\right)^n - \left(\frac{1-\sqrt{5}}{2}\right)^n\right].$$

斐波那契数列又称为黄金分割数列，当 n 趋向于无穷大时，该数列的前一项与后一项的比值越来越逼近**黄金分割**比值 0.618 (详见教材配套的网络学习空间).

二、函数的极限

数列可看作自变量为正整数 n 的函数：$x_n = f(n)$，数列 $\{x_n\}$ 的极限为 a，即：当自变量 n 取正整数且无限增大 $(n \to \infty)$ 时，对应的函数值 $f(n)$ 无限接近数 a. 若将数列极限概念中自变量 n 和函数值 $f(n)$ 的特殊性撇开，可以由此引出函数极限的一般概念：在自变量 x 的某个变化过程中，如果对应的函数值 $f(x)$ 无限接近于某个确定的数 A，则 A 就称为 x 在该变化过程中函数 $f(x)$ 的极限. 显然，极限 A 是与自变

量 x 的变化过程紧密相关的，下面将分类进行讨论.

1. 自变量趋向无穷大时函数的极限

定义 3　如果当 x 的绝对值无限增大时，函数 $f(x)$ 无限接近于常数 A，则称常数 A 为**函数 $f(x)$ 当 $x\to\infty$ 时的极限**，记作

$$\lim_{x\to\infty} f(x)=A \ \text{或}\ f(x)\to A\ (x\to\infty).$$

如果在上述定义中，限定 x 只取正值或者只取负值，即有

$$\lim_{x\to+\infty} f(x)=A \ \text{或}\ \lim_{x\to-\infty} f(x)=A,$$

则称常数 A 为**函数 $f(x)$ 当 $x\to+\infty$ 或 $x\to-\infty$ 时的极限**.

注意到 $x\to\infty$ 意味着同时考虑 $x\to+\infty$ 与 $x\to-\infty$，可以得到下面的定理:

定理 1　极限 $\lim\limits_{x\to\infty} f(x)=A$ 的充分必要条件是 $\lim\limits_{x\to+\infty} f(x)=\lim\limits_{x\to-\infty} f(x)=A$.

例 4　求极限 $\lim\limits_{x\to\infty}\left(1+\dfrac{1}{x}\right)$.

解　因为当 x 的绝对值无限增大时，$\dfrac{1}{x}$ 无限接近于 0，即函数 $1+\dfrac{1}{x}$ 无限接近于常数1，所以

$$\lim_{x\to\infty}\left(1+\frac{1}{x}\right)=1.$$ ■

例 5　讨论极限 $\lim\limits_{x\to-\infty}\arctan x$，$\lim\limits_{x\to+\infty}\arctan x$ 及 $\lim\limits_{x\to\infty}\arctan x$.

解　观察函数 $y=\arctan x$ 的图形 (见图1−2−4) 易知：当 $x\to-\infty$ 时，曲线 $y=\arctan x$ 无限接近于直线 $y=-\dfrac{\pi}{2}$，即对应的函数值 y 无限接近于常数 $-\dfrac{\pi}{2}$；

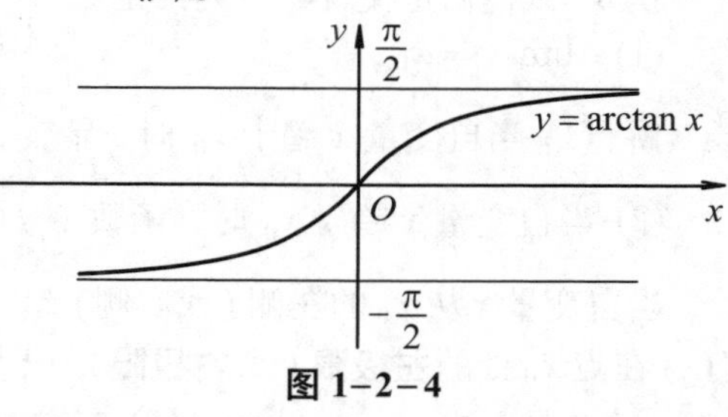

图 1−2−4

当 $x\to+\infty$ 时，曲线 $y=\arctan x$ 无限接近于直线 $y=\dfrac{\pi}{2}$，即对应的函数值 y 无限接近于常数 $\dfrac{\pi}{2}$. 所以极限

$$\lim_{x\to-\infty}\arctan x=-\frac{\pi}{2},\quad \lim_{x\to+\infty}\arctan x=\frac{\pi}{2}.$$

由于 $\lim\limits_{x\to-\infty}\arctan x\neq\lim\limits_{x\to+\infty}\arctan x$，所以极限 $\lim\limits_{x\to\infty}\arctan x$ 不存在. ■

注：在函数的极限中，下面一类极限经常用到，应当记住，即

$$\lim_{x\to+\infty} q^x=0\ (0<q<1);\qquad \lim_{x\to-\infty} q^x=0\ \ (q>1).$$

与数列极限类似，我们也可以给出用 $\varepsilon-X$ 语言来定量描述的极限定义.

定义 4　设函数 $f(x)$ 当 $|x|$ 大于某一正数时有定义. 如果对任意给定的正数 ε (不

论它多么小), 总存在着正数X, 使得对于满足不等式$|x|>X$的一切x, 总有

$$|f(x)-A|<\varepsilon,$$

则称常数A为**函数$f(x)$当$x\to\infty$时的极限**.

***数学实验**

实验1.9 试用计算软件研究函数$f(x)=\dfrac{1}{x^2}\sin x$当$x\to+\infty$时的变化趋势.

利用计算软件, 先在一个较小的区间[1, 20]上作出函数$f(x)$的图形(见右图), 从图中可以看出, 随着x的增大, $f(x)$的图形逐渐趋于0, 逐次取更大的区间作出$f(x)$的图形, 可以更有力地说明这一趋势. 事实上, 可利用极限的定义参照例1的方法证明:

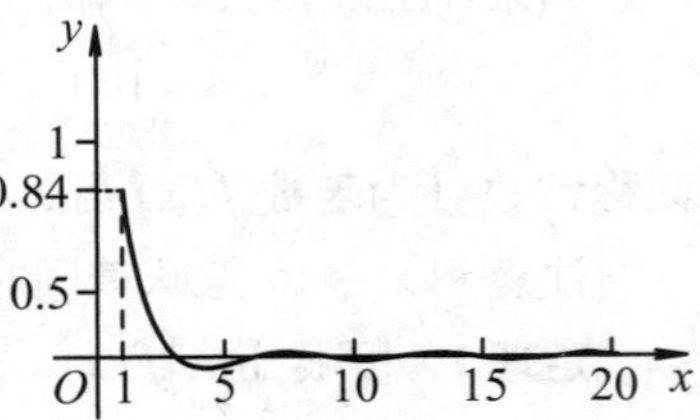

$$\lim_{x\to\infty}\frac{1}{x^2}\sin x=0.$$

2. 自变量趋向有限值时函数的极限

现在研究自变量x无限接近有限值x_0(即$x\to x_0$)时, 函数$f(x)$的变化趋势.

定义5 设函数$f(x)$在点x_0的某一去心邻域内有定义. 如果当$x\to x_0\ (x\neq x_0)$时, 函数$f(x)$无限接近于常数A, 则称常数A为**函数$f(x)$当$x\to x_0$时的极限**. 记作

$$\lim_{x\to x_0}f(x)=A \text{ 或 } f(x)\to A\ (x\to x_0).$$

例6 试根据定义说明下列结论:

(1) $\lim\limits_{x\to x_0}x=x_0$; (2) $\lim\limits_{x\to x_0}C=C$ (C为常数).

解 (1) 当自变量x趋于x_0时, 显然, 函数$y=x$也趋于x_0, 故$\lim\limits_{x\to x_0}x=x_0$;

(2) 当自变量x趋于x_0时, 函数$y=C$始终取相同的值C, 故$\lim\limits_{x\to x_0}C=C$.

当自变量x从x_0的左侧(或右侧)趋于x_0时, 函数$f(x)$趋于常数A, 则称A为$f(x)$在点x_0处的**左极限**(或**右极限**), 记为

$$\lim_{x\to x_0^-}f(x)=A \text{ (或 } \lim_{x\to x_0^+}f(x)=A).$$

图1-2-5和图1-2-6中给出了左极限和右极限的示意图.

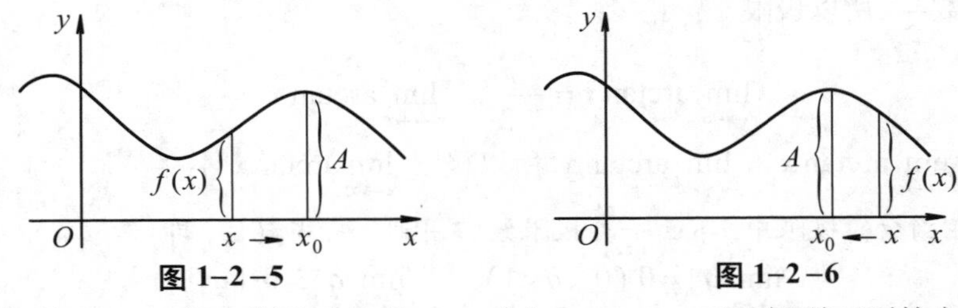

图1-2-5 **图1-2-6**

注意到$x\to x_0$意味着同时考虑$x\to x_0^+$与$x\to x_0^-$, 可以得到下面的定理:

定理2 极限$\lim\limits_{x\to x_0}f(x)=A$的充分必要条件为$\lim\limits_{x\to x_0^-}f(x)=\lim\limits_{x\to x_0^+}f(x)=A$.

例 7 设$f(x)=\begin{cases} x, & x\ge 0 \\ -x+1, & x<0 \end{cases}$，求$\lim\limits_{x\to 0} f(x)$.

解 因为

$$\lim_{x\to 0^-} f(x)=\lim_{x\to 0^-}(-x+1)=1,$$
$$\lim_{x\to 0^+} f(x)=\lim_{x\to 0^+} x=0.$$

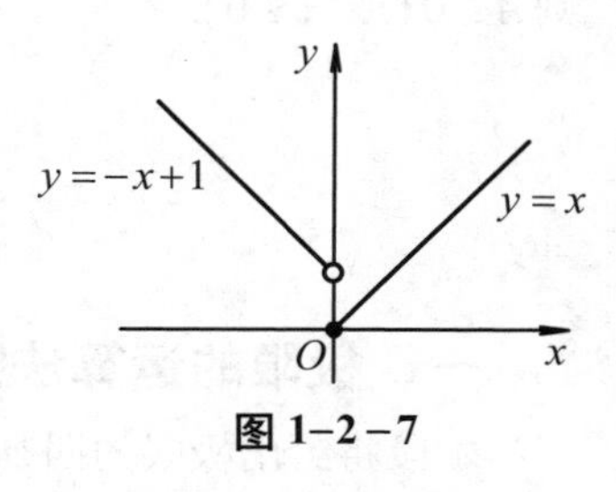

图 1–2–7

即有

$$\lim_{x\to 0^-} f(x)\ne \lim_{x\to 0^+} f(x),$$

所以$\lim\limits_{x\to 0} f(x)$不存在 (见图1–2–7). ■

与数列极限类似, 我们也可以给出用$\varepsilon-\delta$语言来定量描述的极限定义.

定义 6 设函数$f(x)$在点x_0的某一去心邻域内有定义. 若对任意给定的正数ε (不论它多么小), 总存在正数δ, 使得对于满足不等式$0<|x-x_0|<\delta$的一切x, 恒有

$$|f(x)-A|<\varepsilon,$$

则称常数A为**函数$f(x)$当$x\to x_0$时的极限**.

注: (1) 函数极限与$f(x)$在点x_0处是否有定义无关;

(2) δ与任意给定的正数ε有关.

$\lim\limits_{x\to x_0} f(x)=A$的几何解释: 任意给定一正数$\varepsilon$, 作平行于$x$轴的两条直线$y=A+\varepsilon$和$y=A-\varepsilon$. 根据定义, 对于给定的$\varepsilon$, 存在点$x_0$的一个$\delta$去心邻域

$$0<|x-x_0|<\delta,$$

当$y=f(x)$的图形上的点的横坐标x落在该邻域内时, 这些点对应的纵坐标落在带形区域$A-\varepsilon<f(x)<A+\varepsilon$内(见图1–2–8).

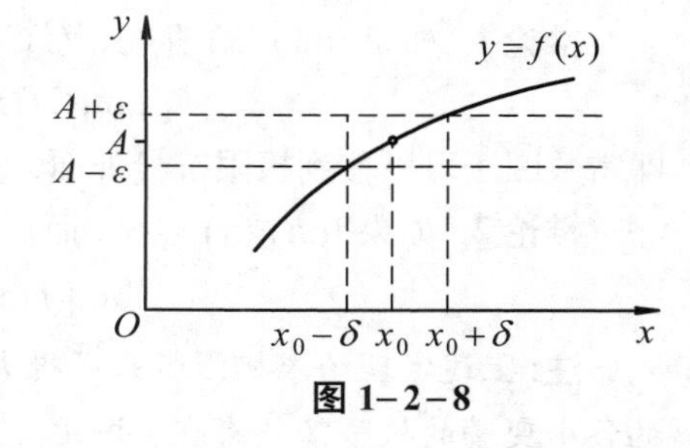

图 1–2–8

三、极限的性质

利用函数极限的定义，可以得到函数极限的一些重要性质. 下面仅以$x\to x_0$的极限形式为代表不加证明地给出这些性质，至于其他形式的极限的性质，只需作些修改即可得到.

性质 1 (唯一性) 若极限$\lim\limits_{x\to x_0} f(x)$存在，则其极限是唯一的.

性质 2 (有界性) 若极限$\lim\limits_{x\to x_0} f(x)$存在，则函数$f(x)$必在点$x_0$的某个去心邻域内有界.

性质 3 (保号性) 若$\lim\limits_{x\to x_0} f(x)=A$, 且$A>0$ (或$A<0$), 则在点x_0的某个去心邻域内恒有$f(x)>0$ (或$f(x)<0$).

推论 若 $\lim\limits_{x \to x_0} f(x) = A$, 且在点 x_0 的某个去心邻域内恒有 $f(x) \geq 0$ (或 $f(x) \leq 0$), 则 $A \geq 0$ (或 $A \leq 0$).

§1.3 极限的运算

一、极限的运算法则

本段将给出极限的四则运算法则和复合函数的极限运算法则. 在下面的讨论中, 记号“lim”下面没有表明自变量的变化过程, 是指对 $x \to x_0$ 和 $x \to \infty$ 以及单侧极限均成立.

定理1 设 $\lim f(x) = A$, $\lim g(x) = B$, 则

(1) $\lim[f(x) \pm g(x)] = A \pm B = \lim f(x) \pm \lim g(x)$;

(2) $\lim[f(x) \cdot g(x)] = A \cdot B = \lim f(x) \cdot \lim g(x)$;

(3) $\lim \dfrac{f(x)}{g(x)} = \dfrac{A}{B} = \dfrac{\lim f(x)}{\lim g(x)} \quad (B \neq 0)$.

注: 法则 (1)、(2) 均可推广到有限个函数的情形.

推论1 如果 $\lim f(x)$ 存在, 而 C 为常数, 则

$$\lim[Cf(x)] = C\lim f(x).$$

即常数因子可以移到极限符号外面.

推论2 如果 $\lim f(x)$ 存在, 而 n 是正整数, 则

$$\lim[f(x)]^n = [\lim f(x)]^n.$$

注: 上述定理给求极限带来了很大方便, 但应注意, 运用该定理的前提是被运算的各个变量的极限必须存在, 并且, 在除法运算中, 还要求分母的极限不为零.

例1 求 $\lim\limits_{x \to 2}(x^2 - 3x + 5)$.

解
$$\lim_{x \to 2}(x^2 - 3x + 5) = \lim_{x \to 2} x^2 - \lim_{x \to 2} 3x + \lim_{x \to 2} 5 = \left(\lim_{x \to 2} x\right)^2 - 3\lim_{x \to 2} x + \lim_{x \to 2} 5$$
$$= 2^2 - 3 \cdot 2 + 5 = 3.$$
■

例2 求 $\lim\limits_{x \to 3} \dfrac{2x^2 - 9}{5x^2 - 7x - 2}$.

解 因为 $\lim\limits_{x \to 3}(5x^2 - 7x - 2) = 22 \neq 0$, 所以

$$\lim_{x \to 3} \frac{2x^2 - 9}{5x^2 - 7x - 2} = \frac{\lim\limits_{x \to 3}(2x^2 - 9)}{\lim\limits_{x \to 3}(5x^2 - 7x - 2)} = \frac{2 \cdot 3^2 - 9}{5 \cdot 3^2 - 7 \cdot 3 - 2} = \frac{9}{22}.$$
■

例3 求 $\lim\limits_{x \to 1} \dfrac{x^2 - 1}{x^2 + 2x - 3}$.

解 当$x\to 1$时，分子和分母的极限都是零．此时应先约去不为零的无穷小因子$(x-1)$后再求极限．

$$\lim_{x\to 1}\frac{x^2-1}{x^2+2x-3}=\lim_{x\to 1}\frac{(x+1)(x-1)}{(x+3)(x-1)}=\lim_{x\to 1}\frac{x+1}{x+3}=\frac{1}{2}.$$ ■

例 4 计算$\lim\limits_{x\to 4}\dfrac{x-4}{\sqrt{x+5}-3}$．

解 当$x\to 4$时，$(\sqrt{x+5}-3)\to 0$，不能直接使用商的极限运算法则，但可采用分母有理化消去分母中趋向于零的因子．

$$\lim_{x\to 4}\frac{x-4}{\sqrt{x+5}-3}=\lim_{x\to 4}\frac{(x-4)(\sqrt{x+5}+3)}{(\sqrt{x+5}-3)(\sqrt{x+5}+3)}=\lim_{x\to 4}\frac{(x-4)(\sqrt{x+5}+3)}{x-4}$$

$$=\lim_{x\to 4}(\sqrt{x+5}+3)=\lim_{x\to 4}\sqrt{x+5}+3=6.$$ ■

定理 2（复合函数的极限运算法则） 设函数$y=f[g(x)]$是由函数$y=f(u)$与函数$u=g(x)$复合而成，若

$$\lim_{x\to x_0}g(x)=u_0,\quad \lim_{u\to u_0}f(u)=A,$$

且在点x_0的某个去心邻域内有$g(x)\neq u_0$，则

$$\lim_{x\to x_0}f[g(x)]=\lim_{u\to u_0}f(u)=A.$$

注：定理 2 表明：若函数$f(u)$和$g(x)$满足该定理的条件，则作代换$u=g(x)$，可把求$\lim\limits_{x\to x_0}f[g(x)]$化为求$\lim\limits_{u\to u_0}f(u)$，其中$u_0=\lim\limits_{x\to x_0}g(x)$．

例 5 计算$\lim\limits_{x\to 0}\sin 2x$．

解 令$u=2x$，则函数$y=\sin 2x$可视为由$y=\sin u$，$u=2x$构成的复合函数．因为$x\to 0$，$u=2x\to 0$，且$u\to 0$时$\sin u\to 0$，所以

$$\lim_{x\to 0}\sin 2x=\lim_{u\to 0}\sin u=0.$$ ■

例 6 计算$\lim\limits_{x\to\infty}2^{\frac{1}{x}}$．

解 令$u=\dfrac{1}{x}$，则$\lim\limits_{x\to\infty}\dfrac{1}{x}=0$，且$\lim\limits_{u\to 0}2^u=1$，所以

$$\lim_{x\to\infty}2^{\frac{1}{x}}=\lim_{u\to 0}2^u=1.$$ ■

*数学实验

实验 1.10 试用计算软件求下列极限：

(1) $\lim\limits_{x\to 0}\dfrac{(1+x)^5-(1+5x)}{x^2+x^5}$；　　(2) $\lim\limits_{x\to 0^+}\dfrac{\ln\cot x}{\ln x}$；

(3) $\lim\limits_{x\to a}\dfrac{(x^n-a^n)-na^{n-1}(x-a)}{(x-a)^2}(n\in\mathbf{N})$;　　(4) $\lim\limits_{x\to 0^+}x^2\ln x$;

(5) $\lim\limits_{x\to 0}\dfrac{e^x-e^{-x}-2x}{x-\sin x}$;　　(6) $\lim\limits_{x\to 0}\left(\dfrac{\sin x}{x}\right)^{\frac{1}{1-\cos x}}$.

微信扫描右侧的二维码即可进行计算实验(详见教材配套的网络学习空间).

二、两个重要极限

数学中常常会对一些重要且有典型意义的问题进行研究并加以总结，以期通过对该问题的解决带动一类相关问题的解决，本段介绍的重要极限就体现了这样的一种思路，利用它们并通过函数的恒等变形与极限的运算法则就可以使得两类常用极限的计算问题得到解决.

1. $\lim\limits_{x\to 0}\dfrac{\sin x}{x}=1$

考察表 1–3–1 中 x 与 $\sin x$ 取值的变化情况，有助于读者理解这个重要极限.

表 1–3–1

x	1	0.5	0.1	0.05	0.01	0.005	0.001	…
$\sin x$	0.841 5	0.479 4	0.099 8	0.049 98	0.009 999 8	0.004 999 98	0.001 000 0	…

例 7　求 $\lim\limits_{x\to 0}\dfrac{\tan x}{x}$.

解
$$\lim_{x\to 0}\frac{\tan x}{x}=\lim_{x\to 0}\frac{\sin x}{x}\cdot\frac{1}{\cos x}=\lim_{x\to 0}\frac{\sin x}{x}\cdot\lim_{x\to 0}\frac{1}{\cos x}=1.$$ ■

例 8　求 $\lim\limits_{x\to 0}\dfrac{\sin 3x}{x}$.

解
$$\lim_{x\to 0}\frac{\sin 3x}{x}=\lim_{x\to 0}3\cdot\frac{\sin 3x}{3x}\xlongequal{令 3x=t}3\lim_{t\to 0}\frac{\sin t}{t}=3.$$ ■

例 9　求 $\lim\limits_{x\to 0}\dfrac{1-\cos x}{x^2}$.

解
$$\lim_{x\to 0}\frac{1-\cos x}{x^2}=\lim_{x\to 0}\frac{2\sin^2\frac{x}{2}}{x^2}=\frac{1}{2}\lim_{x\to 0}\frac{\sin^2\frac{x}{2}}{\left(\frac{x}{2}\right)^2}=\frac{1}{2}\lim_{x\to 0}\left(\frac{\sin\frac{x}{2}}{\frac{x}{2}}\right)^2=\frac{1}{2}\cdot 1^2=\frac{1}{2}.$$ ■

例 10　求 $\lim\limits_{x\to 0}\dfrac{x-\sin 2x}{x+\sin 2x}$.

解
$$\lim_{x\to 0}\frac{x-\sin 2x}{x+\sin 2x}=\lim_{x\to 0}\frac{1-\frac{\sin 2x}{x}}{1+\frac{\sin 2x}{x}}=\lim_{x\to 0}\frac{1-2\frac{\sin 2x}{2x}}{1+2\frac{\sin 2x}{2x}}=\frac{1-2}{1+2}=-\frac{1}{3}.$$ ■

2. $\lim\limits_{x\to\infty}\left(1+\dfrac{1}{x}\right)^x=\mathrm{e}$

等式右端的数e是数学中的一个重要常数,其值为e=2.718 281 828 459 045…,基本初等函数中的指数函数 $y=\mathrm{e}^x$ 以及自然对数 $y=\ln x$ 中的底e就是这个常数. 表1–3–2有助于读者理解这个极限.

表1–3–2

x	10	50	100	1 000	10 000	100 000	1 000 000	…
$\left(1+\dfrac{1}{x}\right)^x$	2.59	2.69	2.70	2.717	2.718 1	2.718 27	2.718 28	…
x	–10	–50	–100	–1 000	–10 000	–100 000	–1 000 000	…
$\left(1+\dfrac{1}{x}\right)^x$	2.87	2.75	2.73	2.720	2.718 4	2.718 30	2.718 28	…

注:在实际应用中,利用复合函数的极限运算法则,可将这个极限变形,例如,若 $u(x)\to\infty$,则

$$\lim_{u(x)\to\infty}\left(1+\frac{1}{u(x)}\right)^{u(x)}=\mathrm{e}.$$

函数计算实验

例11　求 $\lim\limits_{x\to\infty}\left(1+\dfrac{1}{x}\right)^{x+3}$.

解　$$\lim_{x\to\infty}\left(1+\frac{1}{x}\right)^{x+3}=\lim_{x\to\infty}\left[\left(1+\frac{1}{x}\right)^x\cdot\left(1+\frac{1}{x}\right)^3\right]$$

$$=\lim_{x\to\infty}\left(1+\frac{1}{x}\right)^x\cdot\lim_{x\to\infty}\left(1+\frac{1}{x}\right)^3=\mathrm{e}\cdot1=\mathrm{e}.$$ ■

例12　求 $\lim\limits_{x\to\infty}\left(1+\dfrac{k}{x}\right)^x$.

解　原式 $=\lim\limits_{x\to\infty}\left[\left(1+\dfrac{k}{x}\right)^{\frac{x}{k}}\right]^k=\left[\lim\limits_{x\to\infty}\left(1+\dfrac{k}{x}\right)^{\frac{x}{k}}\right]^k=\mathrm{e}^k$.

特别地,当 $k=-1$ 时,有 $\lim\limits_{x\to\infty}\left(1-\dfrac{1}{x}\right)^x=\mathrm{e}^{-1}$. ■

例13　求 $\lim\limits_{y\to0}(1+y)^{\frac{1}{y}}$.

解　令 $y=\dfrac{1}{x}$,则 $y\to0$ 时,$x\to\infty$,于是

$$\lim_{y\to0}(1+y)^{\frac{1}{y}}=\lim_{x\to\infty}\left(1+\frac{1}{x}\right)^x=\mathrm{e}.$$ ■

注:本例的结果 $\lim\limits_{y\to0}(1+y)^{\frac{1}{y}}=\mathrm{e}$,今后常作为公式使用.

例14 求 $\lim\limits_{x\to 0}(1-2x)^{\frac{1}{x}}$.

解 $\lim\limits_{x\to 0}(1-2x)^{\frac{1}{x}}=\lim\limits_{x\to 0}\left[(1-2x)^{-\frac{1}{2x}}\right]^{-2}=\left[\lim\limits_{x\to 0}(1-2x)^{-\frac{1}{2x}}\right]^{-2}=\mathrm{e}^{-2}$. ■

例15 求 $\lim\limits_{x\to\infty}\left(\dfrac{3+x}{2+x}\right)^{2x}$.

解

$$\begin{aligned}\lim_{x\to\infty}\left(\frac{3+x}{2+x}\right)^{2x}&=\lim_{x\to\infty}\left[\left(1+\frac{1}{x+2}\right)^{x}\right]^{2}\\&=\lim_{x\to\infty}\left[\left(1+\frac{1}{x+2}\right)^{x+2}\right]^{2}\cdot\left(1+\frac{1}{x+2}\right)^{-4}\\&=\left[\lim_{x\to\infty}\left(1+\frac{1}{x+2}\right)^{x+2}\right]^{2}\cdot\lim_{x\to\infty}\left(1+\frac{1}{x+2}\right)^{-4}=\mathrm{e}^{2}.\end{aligned}$$ ■

3. 连续复利问题

设初始本金为P(元), 年利率为r, 按复利付息, 若一年分m次付息, 则第t年末的本利和为

$$S_t=P\left(1+\frac{r}{m}\right)^{mt}.$$

利用二项展开式 $(1+x)^m=1+mx+\dfrac{m(m-1)}{2}x^2+\cdots+x^m$, 有

$$\left(1+\frac{r}{m}\right)^{m}>1+r,$$

因而

$$P\left(1+\frac{r}{m}\right)^{mt}>P(1+r)^t\quad(t>0).$$

这就是说, 一年计算m次复利的本利和比一年计算一次复利的本利和要大, 且复利计算次数越多, 计算所得的本利和数额就越大, 但是也不会无限增大, 因为

$$\lim_{m\to\infty}P\left(1+\frac{r}{m}\right)^{mt}=P\lim_{m\to\infty}\left(1+\frac{r}{m}\right)^{\frac{m}{r}\cdot rt}=P\mathrm{e}^{rt},$$

所以, 本金为P, 按名义年利率r不断计算复利, 则t年后的本利和

$$S=P\mathrm{e}^{rt}.\tag{3.1}$$

上述极限称为**连续复利公式**, 式中的t可视为连续变量. 上述公式仅是一个理论公式, 在实际应用中并不使用它, 仅作为存期较长情况下的一种近似估计.

例16 小孩出生之后, 父母拿出P元作为初始投资, 希望到孩子20岁生日时增长到100 000元, 如果投资按8%的连续复利计算, 则初始投资应该是多少?

解 利用公式$S=P\mathrm{e}^{rt}$, 求P. 现有方程

$$100\,000=P\mathrm{e}^{0.08\times 20},$$

由此得到

$$P = 100\,000\,\mathrm{e}^{-1.6} \approx 20\,189.65\,(\text{元}).$$

于是，父母现在必须存储20 189.65元，到孩子20岁生日时才能增长到100 000元（见图1-3-1）.

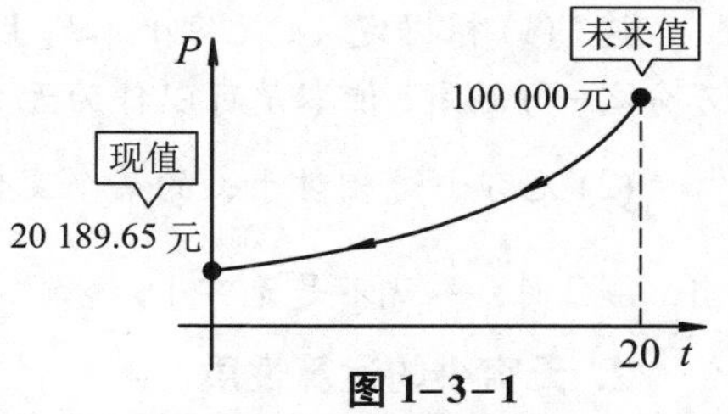

图1-3-1

经济学家把20 189.65元称为按8%的连续复利计算20年后到期的100 000元的**现值**. 计算现值的过程称为**贴现**. 这个问题的另一种表达式是"按8%的连续复利计算，现在必须投资多少元才能在20年后结余100 000元"，答案是20 189.65元，这就是100 000元的现值.

计算现值可以理解成从未来值返回到现值的指数衰退.

一般地，t年后金额S的现值P，可以通过解下列关于P的方程得到：

$$S = P\mathrm{e}^{kt},\quad P = \frac{S}{\mathrm{e}^{kt}} = S\mathrm{e}^{-kt}.$$ ■

§1.4　无穷小与无穷大

没有任何问题可以像无穷那样深深地触动人的情感，很少有别的观念能像无穷那样激励理智产生富有成果的思想，然而也没有任何其他概念能像无穷那样需要加以阐明.

——**大卫 · 希尔伯特**[①]

一、无穷小

1. 无穷小的概念

对无穷小的认识问题，可以追溯到古希腊，那时，阿基米德[②]就曾用无限小量方法得到许多重要的数学结果，但他认为无限小量方法存在着不合理的地方. 直到1821年，柯西在他的《分析教程》中才对无限小（即这里所说的无穷小）这一概念给出了明确的回答. 而有关无穷小的理论就是在柯西的理论基础上发展起来的.

定义1　极限为零的变量（函数）称为**无穷小**.

例如，

(1) $\lim\limits_{x\to 0}\sin x = 0$，所以函数$\sin x$是当$x\to 0$时的无穷小；

(2) $\lim\limits_{x\to\infty}\dfrac{1}{x} = 0$，函数$\dfrac{1}{x}$是当$x\to\infty$时的无穷小；

(3) $\lim\limits_{n\to\infty}\dfrac{(-1)^n}{n} = 0$，所以函数$\dfrac{(-1)^n}{n}$是当$n\to\infty$时的无穷小.

① 希尔伯特（D. Hilbert，1862－1943），德国数学家.

② 阿基米德（Archimedes，公元前287－公元前212），古希腊数学家.

注：(1) 根据定义，无穷小本质上是一个变量(函数)，不能将它与很小的数(如千万分之一)混淆．但零是可以作为无穷小的唯一常数．

(2) 无穷小是相对于 x 的某个变化过程而言的，例如，当 $x\to\infty$ 时，$\dfrac{1}{x}$ 是无穷小；当 $x\to 2$ 时，$\dfrac{1}{x}$ 就不是无穷小．

2. 无穷小的运算性质

性质 1　有限个无穷小的代数和仍是无穷小．

性质 2　有界函数与无穷小的乘积是无穷小．

性质 3　常数与无穷小的乘积是无穷小．

性质 4　有限个无穷小的乘积也是无穷小．

例 1　求 $\lim\limits_{x\to\infty}\dfrac{\sin x}{x}$．

解　因为

$$\lim_{x\to\infty}\frac{\sin x}{x}=\lim_{x\to\infty}\frac{1}{x}\cdot\sin x,$$

当 $x\to\infty$ 时，$\dfrac{1}{x}$ 是无穷小，$\sin x$ 是有界量 ($|\sin x|\le 1$)，故

$$\lim_{x\to\infty}\frac{\sin x}{x}=0.$$

■

3. 函数极限与无穷小的关系

定理 1　$\lim f(x)=A$ 的充分必要条件是 $f(x)=A+\alpha$，其中 $\lim\alpha=0$．

这个定理的结论在理论推导和证明中具有非常重要的作用，它将函数的极限运算问题转化为常数与无穷小的代数运算问题．

二、无穷大

1. 无穷大的概念

定义 2　如果在 $x\to x_0$ (或 $x\to\infty$) 时，函数 $f(x)$ 的绝对值无限增大，则称函数 $f(x)$ 为当 $x\to x_0$ (或 $x\to\infty$) 时的**无穷大**．

当 $x\to x_0$ (或 $x\to\infty$) 时为无穷大的函数 $f(x)$，按通常的意义来说，极限是不存在的．但为了叙述函数这一性态的方便，我们也说"函数的极限是无穷大"．并记作

$$\lim_{x\to x_0}f(x)=\infty\ \left(\text{或}\lim_{x\to\infty}f(x)=\infty\right).$$

如果在定义中，将"函数 $f(x)$ 的绝对值无限增大"改为"函数 $f(x)$ 取正值无限增大或取负值无限减小"，就称函数 $f(x)$ 当 $x\to x_0$ (或 $x\to\infty$) 时为**正无穷大**(或**负无穷大**)，分别记为 $\lim\limits_{\substack{x\to x_0\\(x\to\infty)}}f(x)=+\infty$ (或 $\lim\limits_{\substack{x\to x_0\\(x\to\infty)}}f(x)=-\infty$)．

例如，当 $x\to 0$ 时，$\left|\dfrac{1}{x}\right|$ 无限增大，故 $\dfrac{1}{x}$ 是当 $x\to 0$ 时的无穷大，即 $\lim\limits_{x\to 0}\dfrac{1}{x}=\infty$．

2. 无穷小与无穷大的关系

无穷大与无穷小之间有着密切的关系. 例如，当 $x\to 0$ 时，函数 $\dfrac{1}{x}$ 是无穷大，但其倒数 x 则是同一变化过程中的无穷小；又如，当 $x\to\infty$ 时，函数 $\dfrac{1}{x^2}$ 是无穷小，但其倒数 x^2 则是同一变化过程中的无穷大. 一般地，可以证明下列定理.

定理2　在自变量的同一变化过程中，无穷大的倒数为无穷小；恒不为零的无穷小的倒数为无穷大.

根据这个定理，我们可将无穷大的讨论归结为关于无穷小的讨论.

例2　求 $\lim\limits_{x\to 1}\dfrac{4x-1}{x^2+2x-3}$.

解　因 $\lim\limits_{x\to 1}(x^2+2x-3)=0$，又 $\lim\limits_{x\to 1}(4x-1)=3\neq 0$，故

$$\lim_{x\to 1}\frac{x^2+2x-3}{4x-1}=\frac{0}{3}=0,$$

由无穷小与无穷大的关系，得

$$\lim_{x\to 1}\frac{4x-1}{x^2+2x-3}=\infty. \qquad ■$$

例3　求 $\lim\limits_{x\to\infty}\dfrac{2x^3+3x^2+5}{7x^3+4x^2-1}$.

解　当 $x\to\infty$ 时，分子和分母的极限都是无穷大，此时可采用所谓的**无穷小因子分出法**，即以分母中自变量的最高次幂除分子和分母，以分出无穷小，然后再用求极限的方法. 对本例，先用 x^3 去除分子和分母，分出无穷小，再求极限.

$$\lim_{x\to\infty}\frac{2x^3+3x^2+5}{7x^3+4x^2-1}=\lim_{x\to\infty}\frac{2+\dfrac{3}{x}+\dfrac{5}{x^3}}{7+\dfrac{4}{x}-\dfrac{1}{x^3}}=\frac{\lim\limits_{x\to\infty}\left(2+\dfrac{3}{x}+\dfrac{5}{x^3}\right)}{\lim\limits_{x\to\infty}\left(7+\dfrac{4}{x}-\dfrac{1}{x^3}\right)}=\frac{2}{7}. \qquad ■$$

三、无穷小的比较

1. 无穷小比较的概念

根据无穷小的运算性质，两个无穷小的和、差、积仍是无穷小. 但两个无穷小的商会出现不同情况，例如，当 $x\to 0$ 时，$x, x^2, \sin x$ 都是无穷小，而

$$\lim_{x\to 0}\frac{x^2}{x}=0,\quad \lim_{x\to 0}\frac{x}{x^2}=\infty,\quad \lim_{x\to 0}\frac{\sin x}{x}=1.$$

从中可看出各无穷小趋于 0 的快慢程度：x^2 比 x 快些，x 比 x^2 慢些，$\sin x$ 与 x 大致相同，即无穷小之比的极限不同，反映了无穷小趋向于零的 **快慢** 程度不同.

定义3　设 α, β 是在自变量变化的同一过程中的两个无穷小，且 $\alpha\neq 0$.

(1) 如果 $\lim \dfrac{\beta}{\alpha}=0$, 则称 **$\beta$ 是比 α 高阶的无穷小**, 记作 $\beta=o(\alpha)$, 此时, 也称 **α 是比 β 低阶的无穷小**.

(2) 如果 $\lim \dfrac{\beta}{\alpha}=C\ (C\neq 0)$, 则称 **$\beta$ 与 α 是同阶无穷小**; 特别地, 如果

$$\lim \frac{\beta}{\alpha}=1,$$

则称 **β 与 α 是等价无穷小**, 记作 $\alpha\sim\beta$.

例如, 就前述三个无穷小 x, x^2, $\sin x\ (x\to 0)$ 而言, 根据定义知道, x^2 是比 x 高阶的无穷小, x 是比 x^2 低阶的无穷小, 而 $\sin x$ 与 x 是等价无穷小.

2. 等价无穷小及其应用

根据等价无穷小的定义, 可以证明, 当 $x\to 0$ 时, 有下列常用的等价无穷小关系:

$\sin x\sim x$　　$\tan x\sim x$　　$\arcsin x\sim x$　　$\arctan x\sim x$

$\ln(1+x)\sim x$　　$\mathrm{e}^x-1\sim x$　　$a^x-1\sim x\ln a\ (a>0)$

$(1+x)^\alpha-1\sim\alpha x$ ($\alpha\neq 0$ 且为常数)

例 4　证明: $\mathrm{e}^x-1\sim x\ (x\to 0)$.

证明　令 $y=\mathrm{e}^x-1$, 则 $x=\ln(1+y)$, 且 $x\to 0$ 时, $y\to 0$, 因此

$$\lim_{x\to 0}\frac{\mathrm{e}^x-1}{x}=\lim_{y\to 0}\frac{y}{\ln(1+y)}=\lim_{y\to 0}\frac{1}{\ln(1+y)^{1/y}}=\frac{1}{\ln \mathrm{e}}=1.$$

函数图形实验

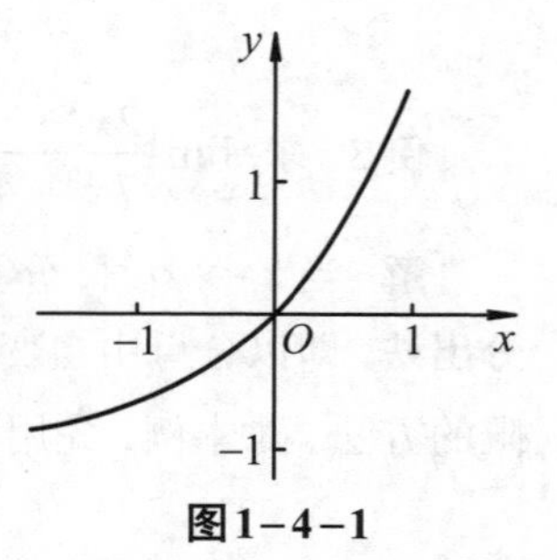

图1-4-1

即有等价关系 $\mathrm{e}^x-1\sim x\ (x\to 0)$. 如图1-4-1所示. ■

上述证明同时也给出了等价关系: $\ln(1+x)\sim x\ (x\to 0)$.

定理 3　设 $\alpha,\alpha',\beta,\beta'$ 是同一过程中的无穷小, 且 $\alpha\sim\alpha'$, $\beta\sim\beta'$, $\lim\dfrac{\beta'}{\alpha'}$ 存在, 则

$$\lim\frac{\beta}{\alpha}=\lim\frac{\beta'}{\alpha'}.$$

证明

$$\lim\frac{\beta}{\alpha}=\lim\left(\frac{\beta}{\beta'}\cdot\frac{\beta'}{\alpha'}\cdot\frac{\alpha'}{\alpha}\right)=\lim\frac{\beta}{\beta'}\cdot\lim\frac{\beta'}{\alpha'}\cdot\lim\frac{\alpha'}{\alpha}=\lim\frac{\beta'}{\alpha'}.$$ ■

这个定理表明, 在求两个无穷小之比的极限时, 分子及分母都可以用等价无穷小替换. 因此, 如果无穷小的替换运用得当, 则可化简极限的计算.

例 5　求 $\displaystyle\lim_{x\to 0}\frac{\tan 2x}{\sin 5x}$.

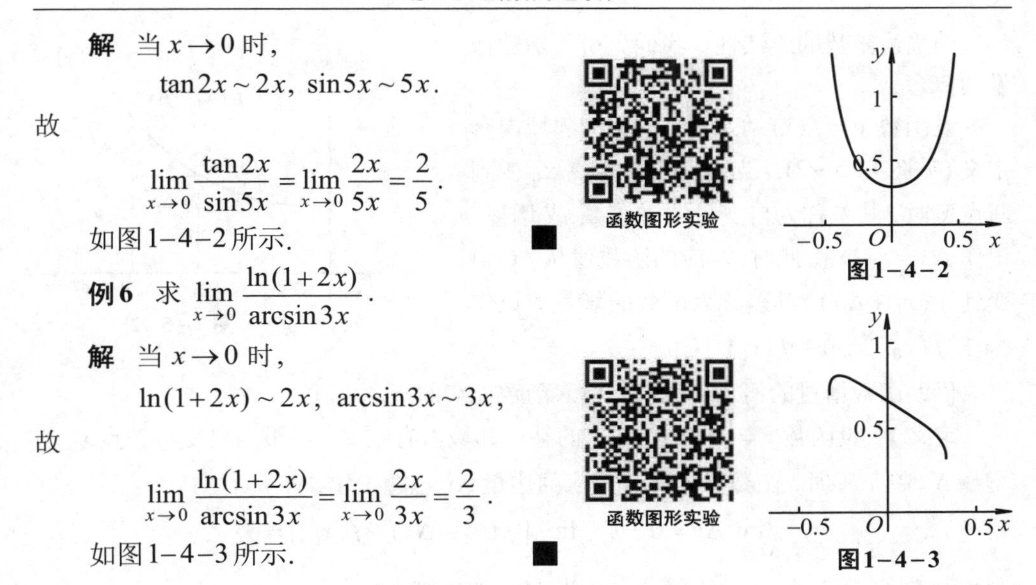

解 当 $x \to 0$ 时,

$$\tan 2x \sim 2x,\ \sin 5x \sim 5x.$$

故

$$\lim_{x \to 0} \frac{\tan 2x}{\sin 5x} = \lim_{x \to 0} \frac{2x}{5x} = \frac{2}{5}.$$

如图1−4−2所示. ■

图1−4−2

例6 求 $\lim\limits_{x \to 0} \dfrac{\ln(1+2x)}{\arcsin 3x}$.

解 当 $x \to 0$ 时,

$$\ln(1+2x) \sim 2x,\ \arcsin 3x \sim 3x,$$

故

$$\lim_{x \to 0} \frac{\ln(1+2x)}{\arcsin 3x} = \lim_{x \to 0} \frac{2x}{3x} = \frac{2}{3}.$$

如图1−4−3所示. ■

图1−4−3

§1.5 函数的连续性

一、连续函数的概念

客观世界的许多现象和事物不仅是运动变化的，而且其运动变化的过程往往是连续不断的, 比如日月星空、岁月流逝、植物生长、物种变化等, 这些连续不断发展变化的事物在量的方面的反映就是函数的连续性. 本节将要引入的连续函数就是刻画变量连续变化的数学模型.

16 — 17 世纪微积分的酝酿和产生直接肇始于对物体的连续运动的研究. 例如, 伽利略所研究的自由落体运动等都是连续变化的量.

依赖直觉来理解函数的连续性是不够的. 早在 20 世纪20 年代，物理学家就已发现，我们直觉上认为是连续运动的光实际上是由离散的光粒子组成，而且受热的原子是以离散的频率发射光线的 (见图1−5−1), 因此, 光既有波动性又具有粒子性 (光的“波粒二象性”), 但它是不连续的. 20世纪以来由于诸如此类的发现以及在计算机科学、统计学和数学建模中间断函数的大量应用，连续性的问题就成为在实践中和理论上均有重大意义的问题之一.

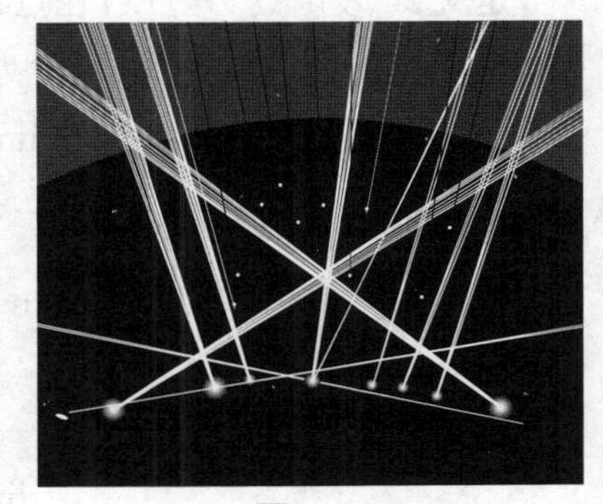
图 1−5−1

连续函数不仅是微积分的研究对象,而且微积分中的主要概念、定理、公式法则等, 往往都要求函数具有连续性.

为描述函数的连续性，我们先引入函数增量的概念.

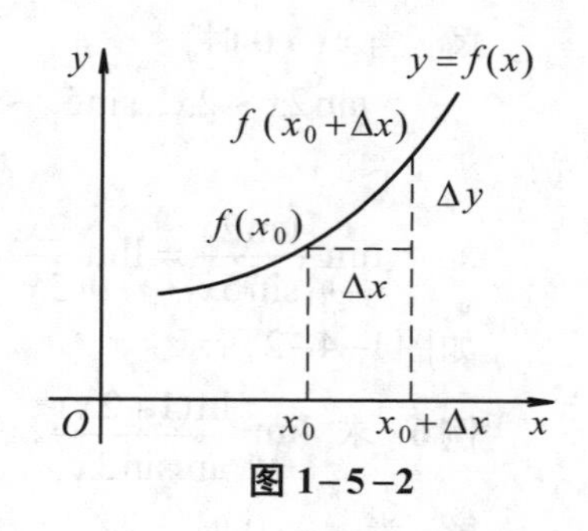

图 1-5-2

设函数 $y=f(x)$ 在点 x_0 的某一邻域内有定义(见图 1-5-2)，当自变量从定点 x_0 变到新点 x 时，其差称为自变量的**改变量**或**增量**，记作 $\Delta x=x-x_0$，此时，对应的函数值从 $f(x_0)$ 变到 $f(x_0+\Delta x)$，其差称为函数的**增量**，记作 $\Delta y=f(x_0+\Delta x)-f(x_0)$.

借助函数增量的概念，我们再引入函数连续的概念.

定义 1　设函数 $y=f(x)$ 在点 x_0 的某一邻域内有定义. 如果当自变量在点 x_0 的增量 Δx 趋于零时，函数 $y=f(x)$ 对应的增量 Δy 也趋于零，即

$$\lim_{\Delta x\to 0}\Delta y=0 \quad 或 \quad \lim_{\Delta x\to 0}[f(x_0+\Delta x)-f(x_0)]=0,$$

则称函数 $f(x)$ 在点 x_0 处**连续**，x_0 称为 $f(x)$ 的**连续点**.

注：该定义表明，函数在一点处连续的本质特征是：自变量变化很小时，对应的函数值的变化也很小.

例如，函数 $y=x^2$ 在点 $x_0=2$ 处是连续的，因为

$$\begin{aligned}\lim_{\Delta x\to 0}\Delta y&=\lim_{\Delta x\to 0}[f(2+\Delta x)-f(2)]\\&=\lim_{\Delta x\to 0}[(2+\Delta x)^2-2^2]\\&=\lim_{\Delta x\to 0}[4\Delta x+(\Delta x)^2]=0.\end{aligned}$$

在定义 1 中，若令 $x=x_0+\Delta x$，即 $\Delta x=x-x_0$，则当 $\Delta x\to 0$，即当 $x\to x_0$ 时，有

$$\Delta y=f(x_0+\Delta x)-f(x_0)=f(x)-f(x_0).$$

因而，函数在点 x_0 处连续的定义又可叙述如下：

定义 2　设函数 $y=f(x)$ 在点 x_0 的某一邻域内有定义. 如果函数 $f(x)$ 当 $x\to x_0$ 时的极限存在，且等于它在点 x_0 处的函数值 $f(x_0)$，即

$$\lim_{x\to x_0}f(x)=f(x_0),$$

则称函数 $f(x)$ 在点 x_0 处**连续**.

例 1　试证函数 $f(x)=\begin{cases}x\sin\dfrac{1}{x}, & x\neq 0\\ 0, & x=0\end{cases}$ 在点 $x=0$ 处连续.

函数图形实验

证明　因为

$$\lim_{x\to 0}x\sin\frac{1}{x}=0,$$

且 $f(0)=0$, 故有

$$\lim_{x\to 0} f(x)=f(0),$$

由定义 2 知, 函数 $f(x)$ 在点 $x=0$ 处连续. 如图1–5–3 所示. ■

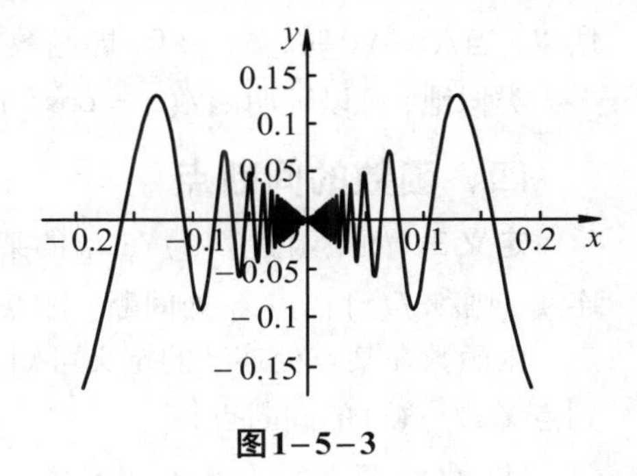

图1–5–3

二、左连续与右连续

若函数 $f(x)$ 在 $(a, x_0]$ 内有定义, 且

$$\lim_{x\to x_0^-} f(x)=f(x_0),$$

则称 $f(x)$ 在点 x_0 处**左连续**; 若函数 $f(x)$ 在 $[x_0, b)$ 内有定义, 且

$$\lim_{x\to x_0^+} f(x)=f(x_0),$$

则称 $f(x)$ 在点 x_0 处**右连续**.

定理 1 函数 $f(x)$ 在点 x_0 处连续的充分必要条件是函数 $f(x)$ 在点 x_0 处既左连续又右连续.

例 2 已知函数 $f(x)=\begin{cases} x^2+1, & x<0 \\ 2x-b, & x\geq 0 \end{cases}$ 在点 $x=0$ 处连续, 求 b 的值.

解 $\lim\limits_{x\to 0^-} f(x)=\lim\limits_{x\to 0^-}(x^2+1)=1$, $\lim\limits_{x\to 0^+} f(x)=\lim\limits_{x\to 0^+}(2x-b)=-b$,

因为 $f(x)$ 在点 $x=0$ 处连续, 故

$$\lim_{x\to 0^-} f(x)=\lim_{x\to 0^+} f(x),$$

即 $b=-1$. ■

三、连续函数与连续区间

在区间上每一点处都连续的函数, 称为该区间上的连续函数, 或者说函数在该**区间上连续**.

如果函数在开区间 (a, b) 内连续, 并且在左端点 $x=a$ 处右连续, 在右端点 $x=b$ 处左连续, 则称函数 $f(x)$ **在闭区间 $[a, b]$ 上连续**.

连续函数的图形是一条连续而不间断的曲线.

例 3 证明函数 $y=\sin x$ 在区间 $(-\infty, +\infty)$ 内连续.

证明 任取 $x\in(-\infty, +\infty)$, 则

$$\Delta y=\sin(x+\Delta x)-\sin x=2\sin\frac{\Delta x}{2}\cdot\cos\left(x+\frac{\Delta x}{2}\right),$$

由 $\left|\cos\left(x+\dfrac{\Delta x}{2}\right)\right|\leq 1$, 得

$$|\Delta y|\leq 2\left|\sin\frac{\Delta x}{2}\right|<|\Delta x|,$$

所以，当 $\Delta x \to 0$ 时，$\Delta y \to 0$，即函数 $y=\sin x$ 对任意 $x\in(-\infty,+\infty)$ 都是连续的. ■

类似地，可以证明函数 $y=\cos x$ 在区间 $(-\infty,+\infty)$ 内连续.

四、函数的间断点

定义 3　如果函数 $f(x)$ 在 x_0 的某一个空心邻域内有定义，且 $f(x)$ 在点 x_0 处不连续，则称 $f(x)$ 在点 x_0 处**间断**，称点 x_0 为 $f(x)$ 的**间断点**.

由函数在某点处连续的定义可知，如果 $f(x)$ 在点 x_0 处满足下列三个条件之一，则点 x_0 为 $f(x)$ 的间断点：

(1) $f(x)$ 在点 x_0 处没有定义；

(2) $\lim\limits_{x\to x_0} f(x)$ 不存在；

(3) 在点 x_0 处 $f(x)$ 有定义，且 $\lim\limits_{x\to x_0} f(x)$ 存在，但是 $\lim\limits_{x\to x_0} f(x)\neq f(x_0)$.

例如，函数 $y=\dfrac{1}{x}$ 在点 $x=0$ 处没有定义，所以 $x=0$ 是该函数的间断点.

例 4　讨论 $f(x)=\begin{cases} x+2, & x\geq 0 \\ x-2, & x<0 \end{cases}$ 在点 $x=0$ 处的连续性.

解　因为

$$\lim_{x\to 0^+} f(x)=\lim_{x\to 0^+}(x+2)=2,$$

$$\lim_{x\to 0^-} f(x)=\lim_{x\to 0^-}(x-2)=-2,$$

即 $f(x)$ 在点 $x=0$ 处的左、右极限存在但不相等，所以，函数 $f(x)$ 在点 $x=0$ 处的极限不存在，从而 $x=0$ 是函数 $f(x)$ 的间断点(见图1-5-4). ■

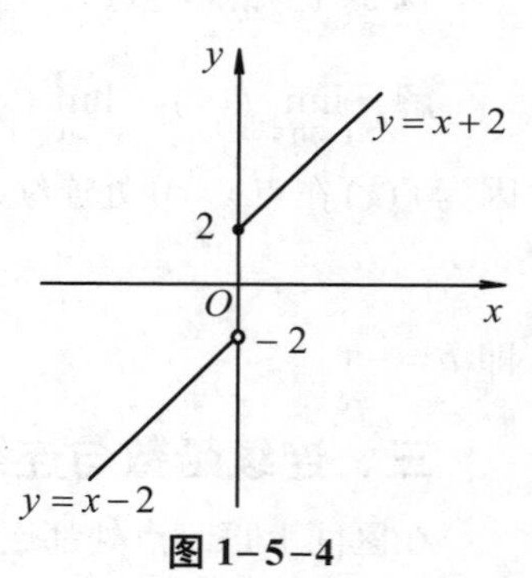

图 1-5-4

五、初等函数的连续性

1. 连续函数的四则运算

若函数 $f(x)$, $g(x)$ 在点 x_0 处连续，则

$$Cf(x)\,(C\text{为常数}),\quad f(x)\pm g(x),\quad f(x)\cdot g(x),\quad \frac{f(x)}{g(x)}\,(g(x)\neq 0)$$

在点 x_0 处也连续.

例如，$\sin x$, $\cos x$ 在 $(-\infty,+\infty)$ 内连续，故

$$\tan x=\frac{\sin x}{\cos x},\ \cot x=\frac{\cos x}{\sin x},\quad \sec x=\frac{1}{\cos x},\ \csc x=\frac{1}{\sin x}$$

在其定义域内连续.

2. 反函数与复合函数的连续性

定理 2　若函数 $y=f(x)$ 在区间 I_x 上单调连续，则它的反函数 $x=\varphi(y)$ 也在对

应的区间 $I_y=\{y\,|\,y=f(x),\ x\in I_x\}$ 上单调连续.

例如，因为余弦函数 $y=\cos x$ 在 $[0,\pi]$ 上单调连续，所以，反余弦函数 $y=\arccos x$ 在其定义区间 $[-1,1]$ 上也单调连续.

同理可知，$y=\arcsin x$ 在 $[-1,1]$ 上单调连续；$y=\arctan x$ 在区间 $(-\infty,+\infty)$ 内单调连续；$y=\operatorname{arccot} x$ 在区间 $(-\infty,+\infty)$ 内单调连续.

定理 3 设函数 $u=\varphi(x)$ 在点 x_0 处连续，且 $\varphi(x_0)=u_0$，而函数 $y=f(u)$ 在点 $u=u_0$ 处连续，则复合函数 $f[\varphi(x)]$ 在点 x_0 处也连续.

根据这个定理，求复合函数 $f[\varphi(x)]$ 的极限时，极限符号与函数符号 f 可以交换次序，即 $\lim\limits_{x\to x_0} f[\varphi(x)]=f[\lim\limits_{x\to x_0}\varphi(x)]$.

例 5 求 $\lim\limits_{x\to 0}\ln(1+x)^{\frac{1}{x}}$.

解 $\lim\limits_{x\to 0}\ln(1+x)^{\frac{1}{x}}=\ln\left[\lim\limits_{x\to 0}(1+x)^{\frac{1}{x}}\right]=\ln \mathrm{e}=1.$ ■

3. 初等函数的连续性

根据连续函数的定义和前面所述的几个定理，我们已经可以证明：**基本初等函数在其定义域内是连续的**. 因为初等函数是由基本初等函数经过有限次四则运算和复合运算所构成的，所以有下列定理：

定理 4 一切初等函数在其定义区间内都是连续的.

定理 4 的结论非常重要，因为微积分的研究对象主要是连续或分段连续的函数. 而一般应用中所遇到的函数基本上是初等函数，其连续性的条件总是满足的，从而使微积分具有强大的生命力和广阔的应用前景. 此外，根据定理 4，求初等函数在其定义区间内某点处的极限，只需求初等函数在该点处的函数值. 即

$$\lim_{x\to x_0} f(x)=f(x_0)\ \ (x_0\in \text{定义区间}).$$

例 6 求 $\lim\limits_{x\to 2}\dfrac{\mathrm{e}^x}{2x+1}$.

解 因为 $f(x)=\dfrac{\mathrm{e}^x}{2x+1}$ 是初等函数，且 $x_0=2$ 是其定义区间内的点，所以 $f(x)=\dfrac{\mathrm{e}^x}{2x+1}$ 在点 $x_0=2$ 处连续，于是

$$\lim_{x\to 2}\frac{\mathrm{e}^x}{2x+1}=\frac{\mathrm{e}^2}{2\times 2+1}=\frac{\mathrm{e}^2}{5}.$$ ■

六、闭区间上连续函数的性质

下面介绍闭区间上连续函数的几个基本性质，它们的证明涉及严密的实数理论，但我们可以借助几何直观地来理解.

先说明最大值和最小值的概念. 对于在区间 I 上有定义的函数 $f(x)$，如果存在

$x_0 \in I$, 使得对于任一 $x \in I$ 都有

$$f(x) \le f(x_0) \quad (f(x) \ge f(x_0)),$$

则称 $f(x_0)$ 是函数 $f(x)$ 在区间 I 上的**最大值(最小值)**.

例如, 函数 $y=1+\sin x$ 在区间 $[0, 2\pi]$ 上有最大值 2 和最小值 0. 函数 $y=\operatorname{sgn}x$ 在 $(-\infty, +\infty)$ 内有最大值 1 和最小值 -1.

定理 5 (最大最小值定理)　在闭区间上连续的函数一定有最大值和最小值.

定理 5 表明: 若函数 $f(x)$ 在闭区间 $[a, b]$ 上连续, 则至少存在一点 $\xi_1 \in [a, b]$, 使 $f(\xi_1)$ 是 $f(x)$ 在闭区间 $[a, b]$ 上的最小值; 又至少存在一点 $\xi_2 \in [a, b]$, 使 $f(\xi_2)$ 是 $f(x)$ 在闭区间 $[a, b]$ 上的最大值(见图1-5-5).

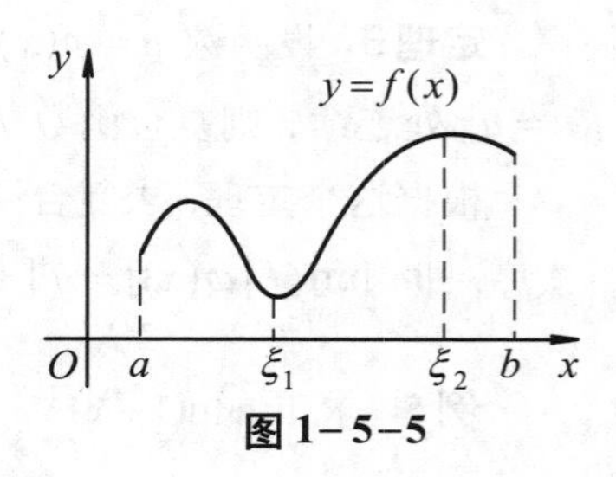

图 1-5-5

由定理 5 易得到下面的结论:

定理 6 (有界性定理)　在闭区间上连续的函数一定在该区间上有界.

如果 x_0 使 $f(x_0)=0$, 则称 x_0 为函数 $f(x)$ 的**零点**.

定理 7 (零点定理)　设函数 $f(x)$ 在闭区间 $[a, b]$ 上连续, 且 $f(a)$ 与 $f(b)$ 异号(即 $f(a)\cdot f(b)<0$), 则在开区间 (a, b) 内至少有函数 $f(x)$ 的一个零点, 即至少存在一点 $\xi\ (a<\xi<b)$, 使 $f(\xi)=0$.

注: 如图 1-5-6 所示, 在闭区间 $[a, b]$ 上连续的曲线 $y=f(x)$ 满足 $f(a)<0$, $f(b)>0$, 且与 x 轴相交于 ξ 处, 即有 $f(\xi)=0$.

定理 8 (介值定理)　设函数 $f(x)$ 在闭区间 $[a, b]$ 上连续, 且在该区间的端点处有不同的函数值 $f(a)=A$ 及 $f(b)=B$, 那么, 对于 A 与 B 之间的任意一个数 C, 在开区间 (a, b) 内至少有一点 ξ, 使得

$$f(\xi)=C \quad (a<\xi<b).$$

注: 如图 1-5-7 所示, 在闭区间 $[a, b]$ 上连续的曲线 $y=f(x)$ 与直线 $y=C$ 有三个交点 ξ_1, ξ_2, ξ_3, 即

$$f(\xi_1)=f(\xi_2)=f(\xi_3)=C \quad (a<\xi_1, \xi_2, \xi_3<b).$$

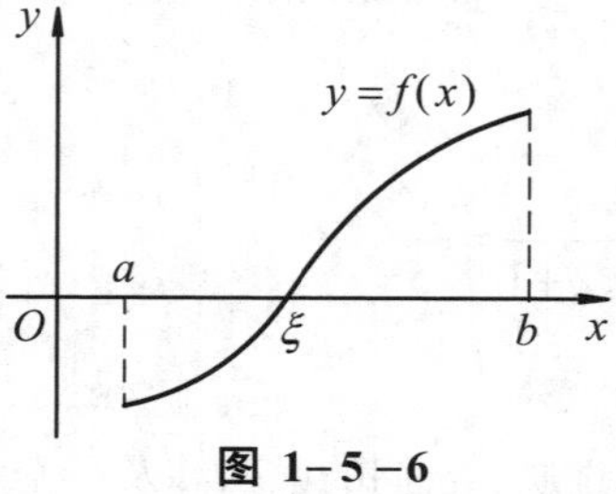

图 1-5-6 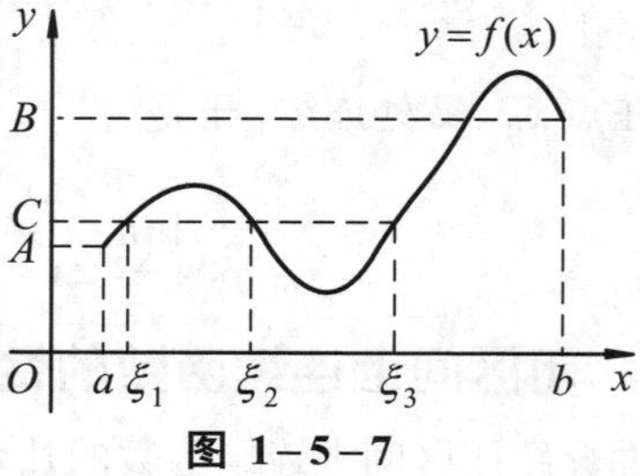　　**图 1-5-7**

推论　在闭区间上连续的函数必取得介于最大值 M 与最小值 m 之间的任何值.

例7　证明方程 $x^3-4x^2+1=0$ 在区间 $(0, 1)$ 内至少有一个实根.

证明 令 $f(x)=x^3-4x^2+1$，则 $f(x)$ 在 $[0,1]$ 上连续．又

$$f(0)=1>0,\ f(1)=-2<0,$$

由零点定理，$\exists\xi\in(0,1)$，使

$$f(\xi)=0,$$

即

$$\xi^3-4\xi^2+1=0,$$

所以方程 $x^3-4x^2+1=0$ 在 $(0,1)$ 内至少有一个实根 ξ（见图1−5−8）． ■

函数图形实验

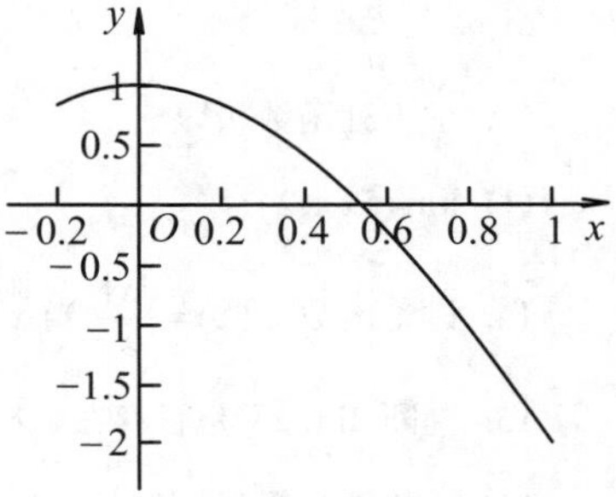

图1−5−8

***数学实验**

实验1.11 试用计算软件完成下列各题：

(1) 已知方程 $x^5-4x^2+1=0$ 在区间 $[0,1]$ 内有一实根，求其近似值（精确到 10^{-2}）．

(2) 已知方程 $3^{-x}+x\sin(2x)=0$ 在区间 $[2,4]$ 内有一实根，求其近似值（精确到 10^{-2}）．

详见教材配套的网络学习空间．

习 题 一

1. 求下列函数的定义域：

(1) $y=\dfrac{1}{x}-\sqrt{1-x^2}$； (2) $y=\arcsin\dfrac{x-1}{2}$； (3) $y=\sqrt{3-x}+\arctan\dfrac{1}{x}$．

2. 下列各题中，函数是否相同？为什么？

(1) $f(x)=\lg x^2$ 与 $g(x)=2\lg x$； (2) $y=2x+1$ 与 $x=2y+1$．

3. 设 $y=\pi(x)\,(x\geq 0)$，表示不超过 x 的素数的数量．对于自变量 $0\leq x\leq 20$ 的值，作出这个函数的图形．

4. 下列函数中哪些是偶函数？哪些是奇函数？哪些既非奇函数又非偶函数？

(1) $y=\tan x-\sec x+1$； (2) $y=\dfrac{e^x+e^{-x}}{2}$； (3) $y=|x\cos x|e^{\cos x}$．

5. 下列各函数中哪些是周期函数？对于周期函数，指出其周期．

(1) $y=\cos(x-1)$； (2) $y=x\tan x$； (3) $y=\sin^2 x$．

6. 火车站行李收费规定如下：当行李不超过50kg时，按每千克0.15元收费，当超出50kg时，超重部分按每千克0.25元收费，试建立行李收费 $f(x)$（元）与行李重量 x(kg)之间的函数关系．

7. 求函数 $y=\dfrac{1-x}{1+x}$ 的反函数．

8. 设函数 $f(x)=x^3-x$，$\varphi(x)=\sin 2x$，求 $f\left[\varphi\left(\dfrac{\pi}{12}\right)\right]$，$f\{f[f(1)]\}$．

9. 设 $f(x)=\dfrac{x}{1-x}$，求 $f[f(x)]$ 和 $f\{f[f(x)]\}$．

10. 已知 $f[\varphi(x)]=1+\cos x$，$\varphi(x)=\sin\dfrac{x}{2}$，求 $f(x)$.

11. $f(x)=\sin x$，$f[\varphi(x)]=1-x^2$，求 $\varphi(x)$ 及其定义域.

12. 观察一般项 x_n 如下的数列 $\{x_n\}$ 的变化趋势，写出它们的极限：

(1) $x_n=\dfrac{1}{3^n}$；　(2) $x_n=(-1)^n\dfrac{1}{n}$；　(3) $x_n=2+\dfrac{1}{n^3}$；

(4) $x_n=\dfrac{n-2}{n+2}$；　(5) $x_n=(-1)^n n$.

13. 求下列函数极限：

(1) $\lim\limits_{x\to 2}(5x+2)$；　(2) $\lim\limits_{x\to 2}\dfrac{1}{x-1}$；　(3) $\lim\limits_{x\to\infty}\dfrac{2x+3}{3x}$.

14. 讨论函数 $f(x)=\dfrac{|x|}{x}$ 当 $x\to 0$ 时的极限.

15. 判断 $\lim\limits_{x\to\infty}\mathrm{e}^{\frac{1}{x}}$ 是否存在，若将极限过程改为 $x\to 0$ 呢？

16. 计算下列极限：

(1) $\lim\limits_{x\to 1}\dfrac{x^2-2x+1}{x^2-1}$；　(2) $\lim\limits_{x\to\infty}\left(2-\dfrac{1}{x}+\dfrac{1}{x^2}\right)$；　(3) $\lim\limits_{x\to 4}\dfrac{x^2-6x+8}{x^2-5x+4}$；

(4) $\lim\limits_{x\to 0}\dfrac{4x^3-2x^2+x}{3x^2+2x}$；　(5) $\lim\limits_{h\to 0}\dfrac{(x+h)^2-x^2}{h}$；　(6) $\lim\limits_{x\to\infty}\left(1+\dfrac{1}{x}\right)\left(2-\dfrac{1}{x^2}\right)$；

(7) $\lim\limits_{x\to+\infty}\dfrac{\cos x}{\mathrm{e}^x+\mathrm{e}^{-x}}$；　(8) $\lim\limits_{x\to\infty}\dfrac{\arctan x}{x}$.

17. 计算下列极限：

(1) $\lim\limits_{x\to 0}\dfrac{\tan 5x}{x}$；　(2) $\lim\limits_{x\to 0}x\cot x$；　(3) $\lim\limits_{x\to 0}\dfrac{\tan x-\sin x}{x}$；

(4) $\lim\limits_{x\to 0}\dfrac{1-\cos 2x}{x\sin x}$；　(5) $\lim\limits_{x\to\pi}\dfrac{\sin x}{\pi-x}$；　(6) $\lim\limits_{x\to 0}\dfrac{x-\sin x}{x+\sin x}$.

18. 计算下列极限：

(1) $\lim\limits_{x\to 0}(1-x)^{1/x}$；　(2) $\lim\limits_{x\to 0}(1+2x)^{1/x}$；　(3) $\lim\limits_{x\to\infty}\left(\dfrac{1+x}{x}\right)^{3x}$；

(4) $\lim\limits_{x\to\infty}\left(1-\dfrac{1}{x}\right)^{5x}$；　(5) $\lim\limits_{x\to\infty}\left(\dfrac{x}{x+1}\right)^{x+3}$；　(6) $\lim\limits_{x\to\infty}\left(\dfrac{x+a}{x-a}\right)^{x}$.

19. 有2 000元存入银行，按年利率6%进行连续复利计算，问20年后的本利和为多少？

20. 有一笔年利率为6.5%的投资，16年后得到1 200元，问当初的投资额为多少？

21. 判断题：

(1) 非常小的数是无穷小；　(　　)

(2) 零是无穷小；　(　　)

(3) 无穷小是一个函数；　(　　)

(4) 两个无穷小的商是无穷小；　(　　)

(5) 两个无穷大的和一定是无穷大.　(　　)

22. 指出下列哪些是无穷小，哪些是无穷大.

(1) $\dfrac{1+(-1)^n}{n}$ $(n\to\infty)$； (2) $\dfrac{\sin x}{1+\cos x}$ $(x\to 0)$； (3) $\dfrac{x+1}{x^2-4}$ $(x\to 2)$.

23. 计算下列极限：

(1) $\lim\limits_{x\to+\infty}(\sqrt{x^2+x+1}-\sqrt{x^2-x+1})$； (2) $\lim\limits_{x\to\infty}\dfrac{(2x-1)^{30}(3x-2)^{20}}{(2x+1)^{50}}$；

(3) $\lim\limits_{n\to\infty}\dfrac{1+2+3+\cdots+(n-1)}{n^2}$； (4) $\lim\limits_{n\to\infty}\dfrac{(n+1)(n+2)(n+3)}{5n^3}$.

24. 当 $x\to 0$ 时，$x-x^2$ 与 x^2-x^3 相比，哪一个是高阶无穷小？

25. 利用等价无穷小性质求下列极限：

(1) $\lim\limits_{x\to 0}\dfrac{\arctan 3x}{5x}$； (2) $\lim\limits_{x\to 0}\dfrac{\sqrt{1+x\sin x}-1}{x\arctan x}$； (3) $\lim\limits_{x\to 0}\dfrac{e^{5x}-1}{x}$.

26. 讨论函数 $f(x)=\begin{cases}x^2, & 0\le x\le 1\\ 2-x, & 1<x\le 2\end{cases}$ 的连续性，并画出函数的图形.

27. 讨论函数 $f(x)=\begin{cases}x^2\sin\dfrac{1}{x}, & x\ne 0\\ 0, & x=0\end{cases}$ 在点 $x=0$ 处的连续性.

28. 判断下列函数的指定点是否为函数的间断点.

(1) $y=\dfrac{1}{(x+2)^2}$，$x=-2$； (2) $y=\dfrac{x^2-1}{x^2-3x+2}$，$x=0$, $x=2$； (3) $y=\cos^2\dfrac{1}{x}$，$x=0$.

29. 设 $f(x)=\begin{cases}e^x, & x<0\\ a+x, & x\ge 0\end{cases}$，应当如何选择数 a，使得 $f(x)$ 成为 $(-\infty,+\infty)$ 内的连续函数？

30. 求下列极限：

(1) $\lim\limits_{x\to 0}\sqrt{x^2-2x+5}$； (2) $\lim\limits_{x\to\frac{\pi}{6}}\ln(2\cos 2x)$； (3) $\lim\limits_{x\to 0}\dfrac{\sqrt{x+1}-1}{x}$；

(4) $\lim\limits_{x\to 0}\ln\dfrac{\sin x}{x}$； (5) $\lim\limits_{x\to 0}\dfrac{\ln(1+x^2)}{\sin(1+x^2)}$.

31. 证明方程 $x^5-3x=1$ 至少有一个根介于 1 和 2 之间.

32. 证明曲线 $y=x^4-3x^2+7x-10$ 在 $x=1$ 与 $x=2$ 之间至少与 x 轴有一个交点.

33. 收音机每台售价为 90 元，成本为 60 元. 厂方为鼓励销售商大量采购，决定凡是订购量超过 100 台的，每多订购 1 台，售价就降低 1 分，但最低价为每台 75 元.

(1) 将每台的实际售价 p 表示为订购量 x 的函数；

(2) 将厂方所获的利润 L 表示成订购量 x 的函数；

(3) 某一销售商订购了 1 000 台，厂方可获利润多少？

*34. 为了估计山上积雪融化后对下游灌溉的影响，在山上建立了一个观察站，测量了最大积雪深度 (x) 与当年灌溉面积 (y)，得到连续 10 年的数据（见下表）：

x	15.2	10.4	21.2	18.6	26.4	23.4	13.5	16.7	24.0	19.1
y	28.6	19.3	40.5	35.6	48.9	45.0	29.2	34.1	46.7	37.4

(1) 试确定最大积雪深度与当年灌溉面积间的关系模型；

(2) 试预测当年积雪的最大深度为 27.5 时的灌溉面积.

35. x 小时后在某细菌培养溶液中的细菌数为 $B=100\,\mathrm{e}^{0.693x}$.

(1) 一开始的细菌数是多少?

(2) 6 小时后有多少细菌?

(3) 近似计算一下什么时候细菌数为 200?

36. 磷 - 32 的半衰期约为 14 天, 一开始有 6.6 克.

(1) 写出磷 - 32 的残余量关于时间 x 的函数.

(2) 什么时候只剩下 1 克磷 - 32 了?

37. 小孩出生之后, 父母拿出 P 元作为初始投资, 希望到孩子 20 岁生日时增长到 50 000 元, 如果投资按 6% 的连续复利计算, 则初始投资应该是多少?

数学家简介 [1]

阿基米德

——数学之神

阿基米德 (Archimedes, 公元前 287 — 前 212) 生于西西里岛 (Sicilia, 今属意大利) 的叙拉古. 阿基米德从小热爱学习, 善于思考, 喜欢辩论. 当他刚满 11 岁时, 借助与王室的关系, 漂洋过海到埃及的亚历山大求学. 他跟随当时著名的科学家欧几里得的学生柯农学习哲学、数学、天文学、物理学等知识, 最后博古通今, 掌握了丰富的希腊文化遗产. 回到叙拉古后, 他坚持和亚历山大的学者们保持联系, 交流科学研究成果. 他继承了欧几里得证明定理时的严谨性, 但他的才智和成就远远高于欧几里得. 他把数学研究和力学、机械学紧密结合起来, 用数学研究力学和其他实际问题.

阿基米德

阿基米德的主要成就是在纯几何方面, 他善于继承和创造. 他运用穷竭法解决了几何图形的面积、体积、曲线弧长等大量的计算问题, 这些方法是微积分的先导, 其结果也与微积分的结果一致. 阿基米德在数学上的成就在当时达到了登峰造极的地步, 对后世影响的深远程度也是其他任何一位数学家所无法企及的. 阿基米德被后世的数学家尊称为"数学之神". 任何一张列出人类有史以来三位最伟大的数学家的名单中必定会包含阿基米德.

最引人入胜, 也使阿基米德最为人称道的是他从智破金冠案中发现了一个科学基本原理. 国王让金匠做一顶新的纯金王冠, 金匠如期完成了任务, 理应得到奖赏, 但这时有人告密说金匠从金冠中偷去了一部分金子, 以等重的银子掺入. 可是, 做好的王冠无论从重量还是外形上都看不出问题. 国王把这个难题交给了阿基米德.

阿基米德日思夜想. 一天, 他去澡堂洗澡, 当他慢慢坐进澡盆时, 水从盆边溢了出来, 他望着溢出来的水，突然大叫一声："我知道了！"接着，阿基米德竟然一丝不挂地跑回家中. 原来他想出办法了. 阿基米德把金王冠放进一个装满水的缸中，一些水溢出来了. 他取出王冠，把水装满，再将一块同王冠一样重的金子放进水里，又有一些水溢出来. 他把两次的水加以比较，发现第一次溢出来的水多于第二次，于是，他断定金冠中掺了银子. 经过一番试验，他算出了银子的重量. 当他宣布他的发现时，金匠目瞪口呆.

这次试验的意义远远大过查出金匠欺骗了国王. 阿基米德从中发现了一条原理，即物体在液体中减轻的重量等于它所排出的液体的重量. 后人把这条原理以阿基米德的名字命名. 一直到现在，人们还在利用这个原理测定船舶载重量等.

公元前 215 年，罗马将领马塞拉斯率领大军，乘坐战舰来到了历史名城叙拉古城下，马塞拉斯以为小小的叙拉古城会不攻自破，听到罗马大军的显赫名声，城里的人还不开城投降？然而，回答罗马军队的是一阵阵密集可怕的镖箭和石头. 罗马人的小盾牌抵挡不住数不清的大大小小的石头，他们被打得丧魂落魄，争相逃命. 突然，从城墙上伸出了无数巨大的起重机式的机械巨手，它们分别抓住罗马人的战船，把船吊在半空中摇来晃去，最后甩在海边的岩石上，或是把船重重地摔在海里，船毁人亡. 马塞拉斯侥幸没有受伤，但惊恐万分，完全失去了刚来时的骄傲和狂妄，变得不知所措. 最后只好下令撤退，把船开到了安全地带. 罗马军队死伤无数，被叙拉古人打得晕头转向. 可是，敌人在哪里呢？他们连影子也找不到. 马塞拉斯最后感慨万千地对身边的士兵说："怎么样？在这位几何学'百手巨人'面前，我们只得放弃作战. 他拿我们的战船当玩具扔着玩. 刹那间，他向我们投射了这么多镖、箭和石块，他难道不比神话里的'百手巨人'还厉害吗？"

传说，阿基米德还曾利用抛物镜面的聚光作用，把集中的阳光照射到入侵叙拉古的罗马船只上，让它们自己燃烧起来. 罗马的许多船只都被烧毁了，但罗马人找不到失火的原因. 900多年后，有位科学家据史书介绍的阿基米德的方法制造了一面凹面镜，成功地点着了距离镜子 45 米远的木头，而且烧化了距离镜子 42 米远的铝. 所以，许多科技史家通常都把阿基米德看成是人类利用太阳能的始祖.

马塞拉斯进攻叙拉古时屡受袭击，在万般无奈下，他带着舰队，远远离开了叙拉古附近的海面. 他们采取了围而不攻的办法，断绝城内和外界的联系. 3 年以后，终因粮绝和内讧，叙拉古城陷落了. 马塞拉斯十分敬佩阿基米德的聪明才智，下令不许伤害他，还派一名士兵去请他. 此时阿基米德不知城门已破，还在凝视着木板上的几何图形沉思呢. 当士兵的利剑指向他时，他却用身子护住木板，大叫："不要动我的图形！"他要求把原理证明完再走，但这一举动激怒了那个鲁莽无知的士兵，他竟将利剑刺入阿基米德的胸膛，就这样，一位彪炳千秋的科学巨人惨死在野蛮的罗马士兵手下. 阿基米德之死标志着古希腊灿烂文化毁灭的开始.

第 2 章 导数与微分

数学中研究导数、微分及其应用的部分称为**微分学**，研究不定积分、定积分及其应用的部分称为**积分学**. 微分学与积分学统称为**微积分学**.

微积分学是高等数学最基本、最重要的组成部分，是现代数学许多分支的基础，是人类认识客观世界、探索宇宙奥秘乃至人类自身的典型数学模型之一.

恩格斯[①]曾指出:“在一切理论成就中，未必再有什么像17世纪下半叶微积分的发明那样被看作人类精神的最高胜利了.”微积分的发展历史曲折跌宕，撼人心灵，是培养人们正确的世界观、科学的方法论和对人们进行文化熏陶的极好素材(本部分内容详见教材配套的网络学习空间).

积分的雏形可追溯到古希腊和我国魏晋时期，但微分概念直至16世纪才应运而生. 本章及下一章将介绍一元函数微分学及其应用的有关内容.

§2.1 导 数 概 念

从15世纪初文艺复兴时期起，欧洲的工业、农业、航海事业与商贾贸易得到了大规模的发展，形成了一个新的经济时代. 而16世纪的欧洲正处在资本主义萌芽时期，生产力得到了很大的发展. 生产实践的发展对自然科学提出了新的课题，迫切要求力学、天文学等基础学科向前发展，而这些学科都深刻依赖于数学，因而其发展也推动了数学的发展. 在各类学科对数学提出的种种要求中，下列三类问题导致了微分学的产生:

(1) 求变速运动的瞬时速度；

(2) 求曲线上某一点处的切线；

(3) 求最大值和最小值.

这三类实际问题的现实原型在数学上都可归结为函数相对于自变量变化而变化的快慢程度，即所谓的**函数的变化率**问题. 牛顿[②]从第一个问题出发，莱布尼茨[③]从第二个问题出发，分别给出了导数的概念.

---

① 恩格斯 (F. Engels，1820－1895)，德国哲学家，马克思主义创始人之一.

② 牛顿 (I. Newton，1642－1727)，英国数学家.

③ 莱布尼茨 (G. W. Leibniz，1646－1716)，德国数学家.

一、引例

引例 1 变速直线运动的瞬时速度

假设一物体作变速直线运动，在 $[0, t]$ 这段时间内所经过的路程为 s，则 s 是时间 t 的函数 $s = s(t)$. 求该物体在时刻 $t_0 \in [0, t]$ 的瞬时速度 $v(t_0)$.

首先考虑物体在时刻 t_0 附近很短一段时间内的运动. 设物体从 t_0 到 $t_0 + \Delta t$ 这段时间间隔内路程从 $s(t_0)$ 变到 $s(t_0 + \Delta t)$，其改变量为

$$\Delta s = s(t_0 + \Delta t) - s(t_0),$$

在这段时间间隔内的平均速度为

$$\bar{v} = \frac{\Delta s}{\Delta t} = \frac{s(t_0 + \Delta t) - s(t_0)}{\Delta t}.$$

当时间间隔很小时，可以认为物体在时间 $[t_0, t_0 + \Delta t]$ 内近似地做匀速运动. 因此，可以用 $\bar{v}$ 作为 $v(t_0)$ 的近似值，且 Δt 越小，其近似程度越高. 当时间间隔 $\Delta t \to 0$ 时，我们把平均速度 $\bar{v}$ 的极限称为时刻 t_0 的瞬时速度，即

$$v(t_0) = \lim_{\Delta t \to 0} \frac{\Delta s}{\Delta t} = \lim_{\Delta t \to 0} \frac{s(t_0 + \Delta t) - s(t_0)}{\Delta t}. \quad ■$$

引例 2 平面曲线的切线

设曲线 C 是函数 $y = f(x)$ 的图形，求曲线 C 在点 $M(x_0, y_0)$ 处的切线的斜率.

如图 2–1–1 所示，设点

$$N(x_0 + \Delta x, y_0 + \Delta y)\ (\Delta x \neq 0)$$

为曲线 C 上的另一点，连接点 M 和点 N 的直线 MN 称为曲线 C 的割线. 设割线 MN 的倾角为 φ，其斜率为

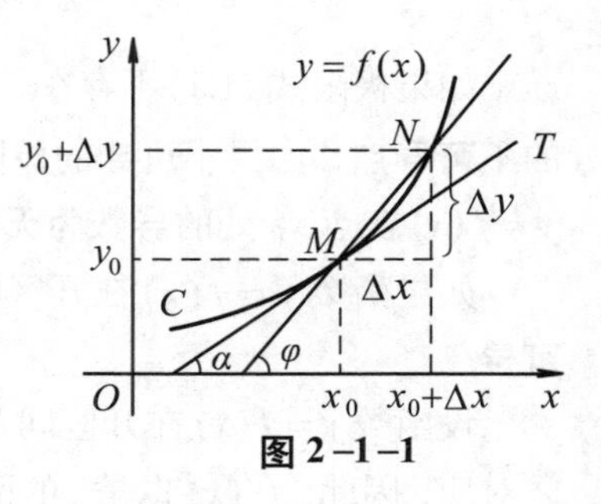

图 2–1–1

$$\tan\varphi = \frac{\Delta y}{\Delta x} = \frac{f(x_0 + \Delta x) - f(x_0)}{\Delta x},$$

所以当点 N 沿曲线 C 趋近于点 M 时，割线 MN 的倾角 φ 趋近于切线 MT 的倾角 α，故割线 MN 的斜率 $\tan\varphi$ 趋近于切线 MT 的斜率 $\tan\alpha$. 因此，曲线 C 在点 $M(x_0, y_0)$ 处的切线斜率为

$$\tan\alpha = \lim_{\Delta x \to 0} \tan\varphi = \lim_{\Delta x \to 0} \frac{\Delta y}{\Delta x} = \lim_{\Delta x \to 0} \frac{f(x_0 + \Delta x) - f(x_0)}{\Delta x}. \quad ■$$

上面两例的实际意义完全不同，但从抽象的数量关系来看，其实质都是函数的改变量与自变量的改变量之比在自变量改变量趋于零时的极限. 我们把这种特定的极限称为函数的导数.

二、导数的定义

定义 1 设函数 $y = f(x)$ 在点 x_0 的某个邻域内有定义，当自变量 x 在点 x_0 处取

得增量 Δx (点 $x_0+\Delta x$ 仍在该邻域内) 时，相应地，函数 y 取得增量

$$\Delta y = f(x_0+\Delta x) - f(x_0),$$

如果当 $\Delta x \to 0$ 时，极限

$$\lim_{\Delta x \to 0} \frac{\Delta y}{\Delta x} = \lim_{\Delta x \to 0} \frac{f(x_0+\Delta x)-f(x_0)}{\Delta x} \tag{1.1}$$

存在，则称此极限值为函数 $y=f(x)$ 在点 x_0 处的**导数**，并称函数 $y=f(x)$ 在点 x_0 处**可导**，记为

$$f'(x_0),\ \ y'|_{x=x_0},\ \ \left.\frac{\mathrm{d}y}{\mathrm{d}x}\right|_{x=x_0} \ \ 或\ \ \left.\frac{\mathrm{d}f(x)}{\mathrm{d}x}\right|_{x=x_0}.$$

函数 $f(x)$ 在点 x_0 处可导有时也称为函数 $f(x)$ 在点 x_0 处**具有导数**或**导数存在**.

导数的定义也可采取不同的表达形式.

例如，在式 (1.1) 中，令 $h=\Delta x$，则

$$f'(x_0) = \lim_{h \to 0} \frac{f(x_0+h)-f(x_0)}{h}. \tag{1.2}$$

令 $x=x_0+\Delta x$，则

$$f'(x_0) = \lim_{x \to x_0} \frac{f(x)-f(x_0)}{x-x_0}. \tag{1.3}$$

如果极限式 (1.1) 不存在，则称函数 $y=f(x)$ 在点 x_0 处**不可导**，称 x_0 为 $y=f(x)$ 的**不可导点**. 如果不可导的原因是式 (1.1) 的极限为 ∞，为方便起见，有时也称函数 $y=f(x)$ 在点 x_0 处的**导数为无穷大**.

如果函数 $y=f(x)$ 在开区间 I 内的每点处都可导，则称函数 $f(x)$ 在**开区间 I 内可导**.

设函数 $y=f(x)$ 在开区间 I 内可导，则对 I 内每一点 x，都有一个导数值 $f'(x)$ 与之对应，因此，$f'(x)$ 也是 x 的函数，称其为 $f(x)$ 的**导函数**，记作

$$y',\ f'(x),\ \frac{\mathrm{d}y}{\mathrm{d}x}\ 或\ \frac{\mathrm{d}f(x)}{\mathrm{d}x}.$$

根据导数的定义求导，一般包含以下三个步骤：

(1) 求函数的增量：$\Delta y = f(x+\Delta x) - f(x)$;

(2) 求两增量的比值：$\dfrac{\Delta y}{\Delta x} = \dfrac{f(x+\Delta x)-f(x)}{\Delta x}$;

(3) 求极限 $y' = \lim\limits_{\Delta x \to 0} \dfrac{\Delta y}{\Delta x} = \lim\limits_{\Delta x \to 0} \dfrac{f(x+\Delta x)-f(x)}{\Delta x}$.

例1 求函数 $f(x)=x^2$ 在点 $x=1$ 处的导数 $f'(1)$.

解 当 x 由 1 变到 $1+\Delta x$ 时，函数相应的增量为

$$\Delta y = (1+\Delta x)^2 - 1^2 = 2\Delta x + (\Delta x)^2,$$

$$\frac{\Delta y}{\Delta x}=2+\Delta x,$$

所以
$$f'(1)=\lim_{\Delta x\to 0}\frac{\Delta y}{\Delta x}=\lim_{\Delta x\to 0}(2+\Delta x)=2.$$ ■

注: 函数 $f(x)$ 在点 x_0 处的导数 $f'(x_0)$ 就是其导函数 $f'(x)$ 在点 x_0 处的函数值,即
$$f'(x_0)=f'(x)|_{x=x_0}.$$

三、用定义计算导数

下面我们根据导数的定义来求部分初等函数的导数.

例 2 求函数 $f(x)=C$ (C 为常数) 的导数.

解 $f'(x)=\lim\limits_{h\to 0}\dfrac{f(x+h)-f(x)}{h}=\lim\limits_{h\to 0}\dfrac{C-C}{h}=0.$

即
$$(C)'=0.$$ ■

例 3 设函数 $f(x)=\sin x$, 求 $(\sin x)'$ 及 $(\sin x)'|_{x=\pi/4}$.

解
$$(\sin x)'=\lim_{h\to 0}\frac{\sin(x+h)-\sin x}{h}=\lim_{h\to 0}\cos\left(x+\frac{h}{2}\right)\cdot\frac{\sin\frac{h}{2}}{\frac{h}{2}}=\cos x.$$

即
$$(\sin x)'=\cos x.\ (\sin x)'|_{x=\pi/4}=\cos x|_{x=\pi/4}=\frac{\sqrt{2}}{2}.$$ ■

注: 同理可得 $(\cos x)'=-\sin x$.

例 4 求函数 $y=x^n$ (n 为正整数) 的导数.

解
$$\begin{aligned}(x^n)'&=\lim_{h\to 0}\frac{(x+h)^n-x^n}{h}\\&=\lim_{h\to 0}\left[nx^{n-1}+\frac{n(n-1)}{2!}x^{n-2}h+\cdots+h^{n-1}\right]=nx^{n-1},\end{aligned}$$

即
$$(x^n)'=nx^{n-1}.$$

更一般地
$$(x^\mu)'=\mu x^{\mu-1}\ (\mu\in\mathbf{R}).$$

例如
$$(\sqrt{x})'=\frac{1}{2}x^{\frac{1}{2}-1}=\frac{1}{2\sqrt{x}},\ \left(\frac{1}{x}\right)'=(x^{-1})'=(-1)x^{-1-1}=-\frac{1}{x^2}.$$ ■

例 5 求函数 $f(x)=a^x$ $(a>0,\ a\neq 1)$ 的导数.

解
$$(a^x)'=\lim_{h\to 0}\frac{a^{x+h}-a^x}{h}=a^x\lim_{h\to 0}\frac{a^h-1}{h}=a^x\lim_{h\to 0}\frac{h\ln a}{h}=a^x\ln a.$$

即
$$(a^x)'=a^x\ln a,$$

特别地, 当 $a=\mathrm{e}$ 时, $(\mathrm{e}^x)'=\mathrm{e}^x$. ■

四、导数的几何意义

根据引例2的讨论可知，如果函数 $y=f(x)$ 在点 x_0 处可导，则 $f'(x_0)$ 就是曲线 $y=f(x)$ 在点 $M(x_0,y_0)$ 处的切线的斜率，即

$$k=\tan\alpha=f'(x_0),$$

其中 α 是曲线 $y=f(x)$ 在点 M 处的切线的倾角（见图2-1-2）.

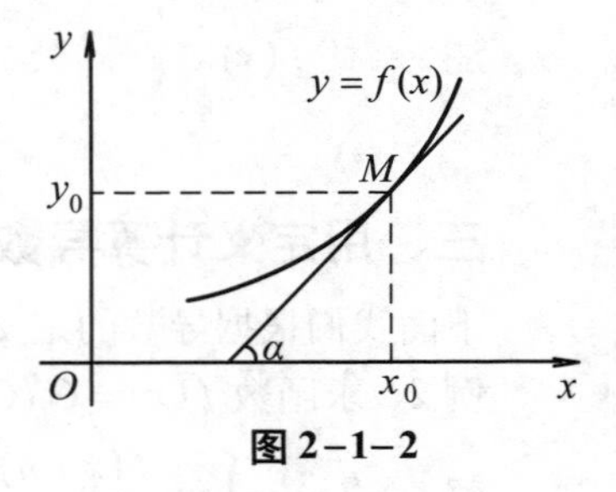

图 2-1-2

于是，由直线的点斜式方程，曲线 $y=f(x)$ 在点 $M(x_0,y_0)$ 处的切线方程为

$$y-y_0=f'(x_0)(x-x_0). \tag{1.4}$$

法线方程为

$$y-y_0=-\frac{1}{f'(x_0)}(x-x_0). \tag{1.5}$$

如果 $f'(x_0)=0$，则切线方程为 $y=y_0$，即切线平行于 x 轴.

如果 $f'(x_0)$ 为无穷大，则切线方程为 $x=x_0$，即切线垂直于 x 轴.

例6 求曲线 $y=\sqrt{x}$ 在点 $(1,1)$ 处的切线方程和法线方程.

解 因为

$$y'=(\sqrt{x})'=\frac{1}{2\sqrt{x}},\ y'\Big|_{x=1}=\frac{1}{2\sqrt{1}}=\frac{1}{2},$$

故所求切线方程为

$$y-1=\frac{1}{2}(x-1),$$

即

$$x-2y+1=0.$$

所求法线方程为

$$y-1=-2(x-1),$$

即

$$2x+y-3=0.$$

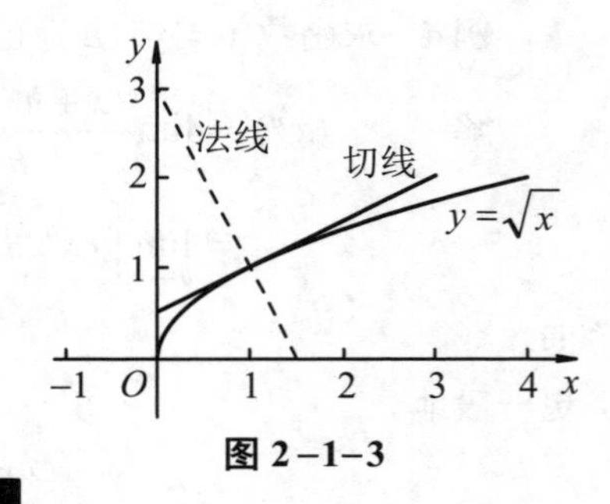

图 2-1-3

如图2-1-3所示. ■

五、函数的可导性与连续性的关系

我们知道，初等函数在其有定义的区间上都是连续的，那么函数的连续性与可导性之间有什么联系呢？下面的定理从一方面回答了这个问题.

定理1 如果函数 $y=f(x)$ 在点 x_0 处可导，则它在点 x_0 处连续.

证明 因为函数 $y=f(x)$ 在点 x_0 处可导，故有

$$\lim_{\Delta x\to 0}\frac{\Delta y}{\Delta x}=f'(x_0),$$

$$\lim_{\Delta x\to 0}\Delta y=\lim_{\Delta x\to 0}\frac{\Delta y}{\Delta x}\cdot\Delta x=\lim_{\Delta x\to 0}\frac{\Delta y}{\Delta x}\cdot\lim_{\Delta x\to 0}\Delta x=f'(x_0)\cdot 0=0,$$

所以，函数 $f(x)$ 在点 x_0 处连续. ■

但是这个定理的逆命题不成立. 即函数在某点处连续，但在该点处不一定可导.

例如，函数 $f(x)=x^{1/3}$ 在点 $x=0$ 处是连续的(见图2–1–4)，但它在点 $x=0$ 处的导数不存在，因为

$$\lim_{\Delta x\to 0}\frac{\Delta y}{\Delta x}=\lim_{\Delta x\to 0}\frac{f(0+\Delta x)-f(0)}{\Delta x}=\lim_{\Delta x\to 0}\frac{(0+\Delta x)^{1/3}-0}{\Delta x}=\lim_{\Delta x\to 0}\frac{1}{(\Delta x)^{2/3}}=\infty.$$

一般地，如果曲线 $y=f(x)$ 的图形在点 x_0 处出现“尖点”(见图2–1–5)，则它在该点处不可导. 因此，如果函数在一个区间内可导，则其图形不会出现“尖点”，或者说其图形是一条连续的光滑曲线.

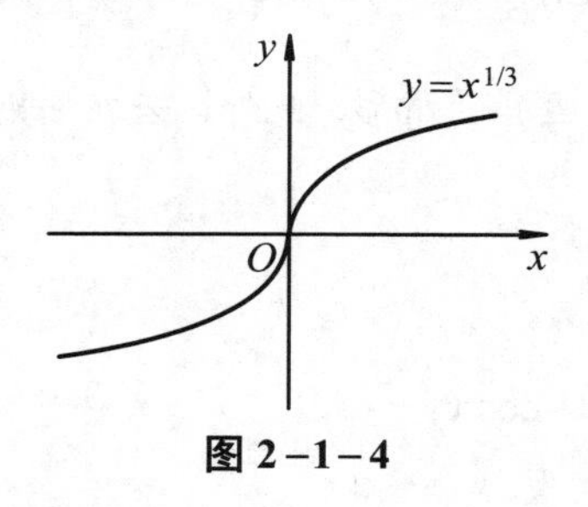

图 2–1–4

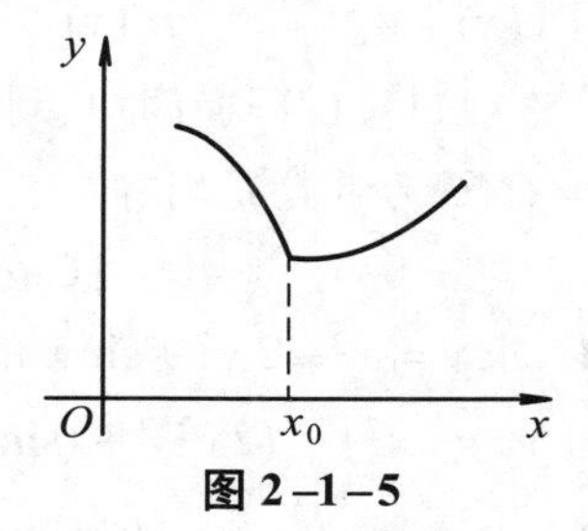

图 2–1–5

***数学实验**

实验 2.1　试用计算软件完成下列各题：

(1) 用导数的定义求函数 $f(x)=x^3-3x^2+x+1$ 的导函数，并在同一坐标系内作出该函数及其导函数的图形.

(2) 用导数的定义求函数 $f(x)=2x^3+3x^2-12x+7$ 在点 $x=-1$ 处的导数，并求出该点处的切线方程.

函数图形实验

详见教材配套的网络学习空间.

§2.2　函数的求导法则

> 要发明，就要挑选恰当的符号，要做到这一点，就要用含义简明的少量符号来表达和比较忠实地描绘事物的内在本质，从而最大限度地减少人的思维活动.
>
> ——**G.W. 莱布尼茨**

求函数的变化率——导数，是理论研究和实践应用中经常遇到的一个普遍问题. 但根据定义求导往往非常烦琐，有时甚至是不可行的. 能否找到求导的一般法则或

常用函数的求导公式，使求导的运算变得更为简单易行呢？从微积分诞生之日起，数学家们就在探求这一途径．牛顿和莱布尼茨都做了大量的工作．特别是博学多才的数学符号大师莱布尼茨对此做出了不朽的贡献．今天我们所学的微积分学中的法则、公式，特别是所采用的符号，大体上是由莱布尼茨完成的．

一、导数的四则运算法则

定理 1 若函数 $u(x)$, $v(x)$ 在点 x 处可导，则它们的和、差、积、商 (分母不为零) 在点 x 处也可导，且

(1) $[u(x)\pm v(x)]'=u'(x)\pm v'(x)$;

(2) $[u(x)\cdot v(x)]'=u'(x)v(x)+u(x)v'(x)$;

(3) $\left[\dfrac{u(x)}{v(x)}\right]'=\dfrac{u'(x)v(x)-u(x)v'(x)}{v^2(x)}\ (v(x)\neq 0)$.

注：法则 (1)、(2) 均可推广到有限多个函数运算的情形．此外，若在法则 (2) 中，令 $v(x)=C$ (C 为常数)，则有

$$[Cu(x)]'=Cu'(x).$$

例 1 求 $y=x^3-2x^2+\sin x$ 的导数．

解 $y'=(x^3)'-(2x^2)'+(\sin x)'=3x^2-4x+\cos x$. ■

例 2 求 $y=2\sqrt{x}\sin x$ 的导数．

解

$$y'=(2\sqrt{x}\sin x)'=2(\sqrt{x}\sin x)'=2[(\sqrt{x})'\sin x+\sqrt{x}(\sin x)']$$

$$=2\left(\frac{1}{2\sqrt{x}}\sin x+\sqrt{x}\cos x\right)=\frac{1}{\sqrt{x}}\sin x+2\sqrt{x}\cos x.$$ ■

例 3 求 $y=\tan x$ 的导数．

解

$$y'=\left(\frac{\sin x}{\cos x}\right)'=\frac{(\sin x)'\cos x-\sin x(\cos x)'}{\cos^2 x}=\frac{\cos x\cos x-\sin x(-\sin x)}{\cos^2 x}$$

$$=\frac{\cos^2 x+\sin^2 x}{\cos^2 x}=\frac{1}{\cos^2 x}=\sec^2 x,$$

即

$$(\tan x)'=\sec^2 x.$$

同理可得

$$(\cot x)'=-\csc^2 x,\quad (\sec x)'=\sec x\tan x,\quad (\csc x)'=-\csc x\cot x.$$ ■

例 4 人体对一定剂量药物的反应有时可用方程 $R=M^2\left(\dfrac{C}{2}-\dfrac{M}{3}\right)$ 来刻画，其中，C 为一正常数，M 表示血液中吸收的药物量．反应 R 可以有不同的衡量方式：若用血压的变化衡量，单位是毫米水银柱；若用温度的变化衡量，则单位是摄氏度．求反

应 R 关于血液中吸收的药物量 M 的导数 $\frac{dR}{dM}$，这个导数称为人体对药物的**敏感性**.

解 $\frac{dR}{dM}=2M\left(\frac{C}{2}-\frac{M}{3}\right)+M^2\left(-\frac{1}{3}\right)=MC-M^2.$ ■

二、应用举例——作为变化率的导数

1. 瞬时变化率

例5 圆面积 A 和其直径 D 的关系为 $A=\frac{\pi}{4}D^2$，当 $D=10$ 米时，面积关于直径的变化率是多大？

解 圆面积关于直径的变化率为

$$\frac{dA}{dD}=\frac{\pi}{4}\times 2D=\frac{\pi D}{2},$$

当 $D=10$ 米时，圆面积的变化率为

$$\frac{\pi}{2}\times 10=5\pi\ (\text{平方米/米}),$$

即当直径 D 由10 米增加 1米变为 11 米后圆面积约增加了 5π 平方米． ■

2. 质点的垂直运动模型

例6 一质点以每秒50米的发射速度垂直射向空中，t 秒后达到的高度为 $s=50t-5t^2$ (米) (见图2–2–1)，假设在此运动过程中重力为唯一的作用力，试求：

(1) 该质点能达到的最大高度是多少？

(2) 该质点离地面120米时的速度是多少？

(3) 该质点何时重新落回地面？

解 依题设及引例 1 的讨论，易知时刻 t 的速度为

$$v=\frac{d}{dt}(50t-5t^2)=-10(t-5)\ (\text{米/秒}).$$

(1) 当 $t=5$ 秒时，v 变为0，此时质点达到最大高度

$$s=50\times 5-5\times 5^2=125\ (\text{米}).$$

(2) 令 $s=50t-5t^2=120$，解得 $t=4$ 或 6，故

$$v=10\ (\text{米/秒}) \quad \text{或} \quad v=-10\ (\text{米/秒}).$$

(3) 令 $s=50t-5t^2=0$，解得 $t=10$ (秒)，即该质点10 秒后重新落回地面. ■

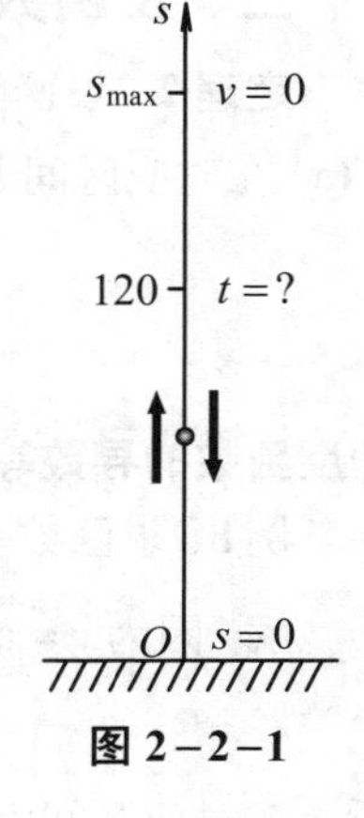

图 2–2–1

3. 经济学中的导数

在经济学中，函数在一点处的变化率称为**边际**．例如，在工业生产的经营管理中，产品成本 $C(x)$ 和销售收入 $R(x)$ 均是所生产的单位产品的数量 x 的函数．生产的**边际成本**就是成本函数关于生产水平的变化率，即 $C'(x)$；**边际收入**就是收入函

数关于生产水平的变化率，即 $R'(x)$.

实际应用中，常把生产的边际成本近似定义为多生产一个单位产品的成本：

$$\frac{\Delta C}{\Delta x}=\frac{C(x+1)-C(x)}{1},$$

并用 $C'(x)$ 的值作为其近似值. 对边际收入亦然.

显然，若 $C(x)$ 的图形 (见图2–2–2) 的斜率在点 x 附近变化不是很快，则这种近似是可以接受的.

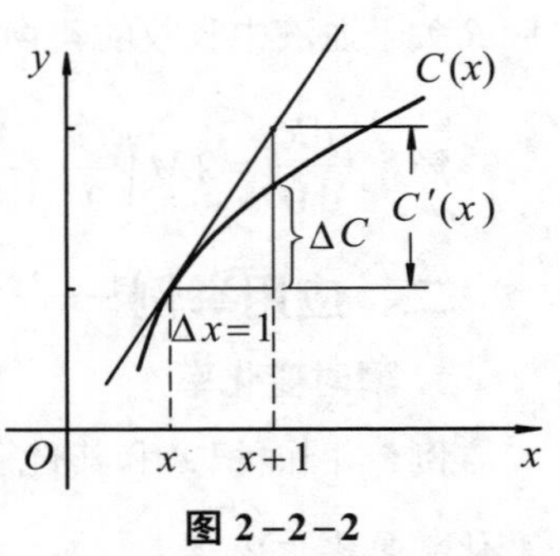

图 2–2–2

例7 某产品在生产8到20件的情况下，生产 x 件的成本与销售 x 件的收入分别为

$$C(x)=x^3-2x^2+12x\,(\text{元}) \text{ 与 } R(x)=x^3-3x^2+10x\,(\text{元}),$$

某工厂目前每天生产10件，试问每天多生产一件产品的成本为多少？每天多销售一件产品而获得的收入为多少？

解 在每天生产10件的基础上再多生产一件的成本大约为 $C'(10)$:

$$C'(x)=\frac{\mathrm{d}}{\mathrm{d}x}(x^3-2x^2+12x)=3x^2-4x+12,\ C'(10)=272(\text{元}),$$

即多生产一件的附加成本为272元. 边际收入为

$$R'(x)=\frac{\mathrm{d}}{\mathrm{d}x}(x^3-3x^2+10x)=3x^2-6x+10,\ R'(10)=250(\text{元}),$$

即多销售一件产品而增加的收入为250元. ■

三、反函数的导数

定理2 设函数 $x=\varphi(y)$ 在某区间 I_y 内单调、可导且 $\varphi'(y)\neq 0$，则其反函数 $y=f(x)$ 在对应区间 I_x 内也可导，且

$$f'(x)=\frac{1}{\varphi'(y)} \quad \text{或} \quad \frac{\mathrm{d}y}{\mathrm{d}x}=\frac{1}{\frac{\mathrm{d}x}{\mathrm{d}y}}.$$

即**反函数的导数等于直接函数导数的倒数**.

例8 求函数 $y=\arcsin x$ 的导数.

解 因为 $y=\arcsin x$ 的反函数 $x=\sin y$ 在 $I_y=\left(-\frac{\pi}{2},\frac{\pi}{2}\right)$ 内单调、可导，且

$$(\sin y)'=\cos y>0,$$

所以在对应区间 $I_x=(-1,1)$ 内，有

$$(\arcsin x)'=\frac{1}{(\sin y)'}=\frac{1}{\cos y}=\frac{1}{\sqrt{1-\sin^2 y}}=\frac{1}{\sqrt{1-x^2}}.$$

即

$$(\arcsin x)'=\frac{1}{\sqrt{1-x^2}}.$$

同理可得

$$(\arccos x)'=-\frac{1}{\sqrt{1-x^2}},\quad (\arctan x)'=\frac{1}{1+x^2},\quad (\operatorname{arccot} x)'=-\frac{1}{1+x^2}.$$ ■

例 9 求函数 $y=\log_a x\,(a>0, a\neq 1)$ 的导数.

解 因为 $y=\log_a x$ 的反函数 $x=a^y$ 在 $I_y=(-\infty,+\infty)$ 内单调、可导，且

$$(a^y)'=a^y\ln a\neq 0,$$

所以在对应区间 $I_x=(0,+\infty)$ 内，有

$$(\log_a x)'=\frac{1}{(a^y)'}=\frac{1}{a^y\ln a}=\frac{1}{x\ln a},$$

即

$$(\log_a x)'=\frac{1}{x\ln a}.$$

特别地，当 $a=\mathrm{e}$ 时，$(\ln x)'=\frac{1}{x}$. ■

四、复合函数的求导法则

定理 3 若函数 $u=g(x)$ 在点 x 处可导，而 $y=f(u)$ 在点 $u=g(x)$ 处可导，则复合函数 $y=f[g(x)]$ 在点 x 处可导，且其导数为

$$\frac{\mathrm{d}y}{\mathrm{d}x}=f'(u)\cdot g'(x) \quad 或 \quad \frac{\mathrm{d}y}{\mathrm{d}x}=\frac{\mathrm{d}y}{\mathrm{d}u}\cdot\frac{\mathrm{d}u}{\mathrm{d}x}.$$

注: 复合函数的求导法则可叙述为: **复合函数的导数，等于函数对中间变量的导数乘以中间变量对自变量的导数**. 这一法则又称为**链式法则**.

复合函数的求导法则可推广到多个中间变量的情形. 例如，设

$$y=f(u),\ u=\varphi(v),\ v=\psi(x),$$

则复合函数 $y=f\{\varphi[\psi(x)]\}$ 的导数为

$$\frac{\mathrm{d}y}{\mathrm{d}x}=\frac{\mathrm{d}y}{\mathrm{d}u}\cdot\frac{\mathrm{d}u}{\mathrm{d}v}\cdot\frac{\mathrm{d}v}{\mathrm{d}x}.$$

例 10 求函数 $y=\ln\sin x$ 的导数.

解 设 $y=\ln u$, $u=\sin x$, 则

$$\frac{\mathrm{d}y}{\mathrm{d}x}=\frac{\mathrm{d}y}{\mathrm{d}u}\cdot\frac{\mathrm{d}u}{\mathrm{d}x}=\frac{1}{u}\cdot\cos x=\frac{\cos x}{\sin x}=\cot x.$$ ■

例 11 求函数 $y=(x^2+1)^{10}$ 的导数.

解 设 $y=u^{10}$, $u=x^2+1$, 则

$$\frac{\mathrm{d}y}{\mathrm{d}x}=\frac{\mathrm{d}y}{\mathrm{d}u}\cdot\frac{\mathrm{d}u}{\mathrm{d}x}=10u^9\cdot 2x=10(x^2+1)^9\cdot 2x=20x(x^2+1)^9.$$ ■

注：复合函数求导既是重点又是难点．在求复合函数的导数时，首先要分清函数的复合层次，然后从外向里，逐层推进求导，不要遗漏，也不要重复．在求导的过程中，始终要明确所求的导数是哪个函数对哪个变量（不管是自变量还是中间变量）的导数．在开始时可以先设中间变量，一步一步去做．熟练之后，中间变量可以省略不写，只把中间变量看在眼里、记在心上，直接把表示中间变量的部分写出来，整个过程一气呵成．

比如，例10可以这样做：

$$y'=(\ln\sin x)'=\frac{1}{\sin x}\cdot(\sin x)'=\frac{\cos x}{\sin x}=\cot x.$$

例11可以这样做：

$$y'=[(x^2+1)^{10}]'=10(x^2+1)^9\cdot(x^2+1)'=20x(x^2+1)^9.$$

例12 求函数 $y=\ln\dfrac{\sqrt{x^2+1}}{\sqrt[3]{x-2}}\ (x>2)$ 的导数．

解 因为 $y=\dfrac{1}{2}\ln(x^2+1)-\dfrac{1}{3}\ln(x-2)$，所以

$$\begin{aligned}y'&=\frac{1}{2}\cdot\frac{1}{x^2+1}\cdot(x^2+1)'-\frac{1}{3}\cdot\frac{1}{x-2}\cdot(x-2)'=\frac{1}{2}\cdot\frac{1}{x^2+1}\cdot 2x-\frac{1}{3(x-2)}\\&=\frac{x}{x^2+1}-\frac{1}{3(x-2)}.\end{aligned}$$

■

例13 求函数 $y=(x+\sin^2 x)^3$ 的导数．

解

$$\begin{aligned}y'&=[(x+\sin^2x)^3]'=3(x+\sin^2x)^2(x+\sin^2x)'\\&=3(x+\sin^2x)^2[1+2\sin x\cdot(\sin x)']=3(x+\sin^2x)^2(1+\sin 2x).\end{aligned}$$

■

五、基本初等函数的求导公式

为方便查阅，我们把基本初等函数的求导公式汇集如下，以备查用．

(1) $(C)'=0$； (2) $(x^\mu)'=\mu x^{\mu-1}$；

(3) $(\sin x)'=\cos x$； (4) $(\cos x)'=-\sin x$；

(5) $(\tan x)'=\sec^2 x$； (6) $(\cot x)'=-\csc^2 x$；

(7) $(\sec x)'=\sec x\tan x$； (8) $(\csc x)'=-\csc x\cot x$；

(9) $(a^x)'=a^x\ln a$； (10) $(\mathrm{e}^x)'=\mathrm{e}^x$；

(11) $(\log_a x)'=\dfrac{1}{x\ln a}$； (12) $(\ln x)'=\dfrac{1}{x}$；

(13) $(\arcsin x)'=\dfrac{1}{\sqrt{1-x^2}}$； (14) $(\arccos x)'=-\dfrac{1}{\sqrt{1-x^2}}$；

(15) $(\arctan x)'=\dfrac{1}{1+x^2}$； (16) $(\operatorname{arccot} x)'=-\dfrac{1}{1+x^2}$．

*数学实验

实验 2.2 试用计算软件完成下列各题:

(1) 求函数 $y=x^3-2x+1$ 的单调区间;

(2) 作函数 $f(x)=2x^3+3x^2-12x+7$ 的图形和在点 $x=-1$ 处的切线;

(3) 求函数 $y=\ln\left[\tan\left(\dfrac{x}{2}+\dfrac{\pi}{4}\right)\right]$ 的导数;

(4) 求函数 $y=x\arcsin\sqrt{\dfrac{x}{1+x}}+\arctan\sqrt{x}-\sqrt{x}$ 的导数;

(5) 求函数 $y=\dfrac{1}{6}\ln\dfrac{(x+1)^2}{x^2-x+1}+\dfrac{1}{\sqrt{3}}\arctan\dfrac{2x-1}{\sqrt{3}}$ 的导数;

(6) 求函数 $y=\sin ax\cos bx$ 的一阶导数, 并求 $f'\left(\dfrac{1}{a+b}\right)$.

计算实验

详见教材配套的网络学习空间.

六、隐函数的导数

假设由方程 $F(x,y)=0$ 所确定的函数为 $y=f(x)$, 则把它代回方程 $F(x,y)=0$ 中, 得到恒等式

$$F(x,f(x))\equiv 0.$$

利用复合函数求导法则, 在上式两边同时对自变量 x 求导, 再解出所求导数 $\dfrac{dy}{dx}$, 这就是**隐函数求导法**.

例 14 求由方程 $xy+\ln y=1$ 所确定的函数 $y=f(x)$ 的导数.

解 在题设方程两边同时对自变量 x 求导, 得

$$y+xy'+\frac{1}{y}y'=0,$$

所以 $y'=-\dfrac{y^2}{xy+1}$. ■

例 15 求由方程 $y\sin x-\cos(x-y)=0$ 所确定的函数的导数.

解 在题设方程两边同时对自变量 x 求导, 得

$$y\cos x+\sin x\cdot\frac{dy}{dx}+\sin(x-y)\cdot\left(1-\frac{dy}{dx}\right)=0,$$

整理得

$$[\sin(x-y)-\sin x]\frac{dy}{dx}=\sin(x-y)+y\cos x,$$

解得

$$\frac{dy}{dx}=\frac{\sin(x-y)+y\cos x}{\sin(x-y)-\sin x}.$$ ■

***数学实验**

计算实验

实验2.3 试用计算软件完成下列各题:

(1) $\arctan\dfrac{y}{x}=\ln\sqrt{x^2+y^2}$, 求$\dfrac{\mathrm{d}y}{\mathrm{d}x}$.

(2) $\ln(ax)+b\mathrm{e}^{\frac{cy}{x}}=\mathrm{e}$, 求$\dfrac{\mathrm{d}y}{\mathrm{d}x}$;

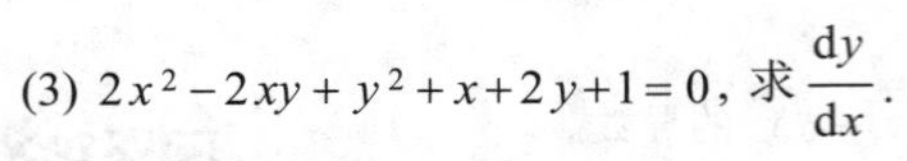

(3) $2x^2-2xy+y^2+x+2y+1=0$, 求$\dfrac{\mathrm{d}y}{\mathrm{d}x}$.

详见教材配套的网络学习空间.

七、对数求导法

对于幂指函数 $y=u(x)^{v(x)}$, 直接使用前面介绍的求导法则不能求出其导数, 对于这类函数, 可以先在函数两边取对数, 然后在等式两边同时对自变量x求导, 最后解出所求导数. 我们把这种方法称为**对数求导法**.

例16 设 $y=x^{\sin x}\,(x>0)$, 求 y'.

解 在题设等式两边取对数, 得

$$\ln y=\sin x\cdot\ln x,$$

等式两边对x求导, 得

$$\frac{1}{y}y'=\cos x\cdot\ln x+\sin x\cdot\frac{1}{x},$$

所以 $$y'=y\left(\cos x\cdot\ln x+\sin x\cdot\frac{1}{x}\right)=x^{\sin x}\left(\cos x\cdot\ln x+\frac{\sin x}{x}\right).$$ ■

例17 设 $(\cos y)^x=(\sin x)^y$, 求 y'.

解 在题设等式两边取对数, 得

$$x\ln\cos y=y\ln\sin x,$$

等式两边对x求导, 得

$$\ln\cos y-x\frac{\sin y}{\cos y}\cdot y'=y'\ln\sin x+y\cdot\frac{\cos x}{\sin x}.$$

所以 $$y'=\frac{\ln\cos y-y\cot x}{x\tan y+\ln\sin x}.$$ ■

此外, 对数求导法还常用于求多个函数乘积的导数.

例18 设 $y=\dfrac{(x+1)\sqrt[3]{x-1}}{(x+4)^2\mathrm{e}^x}\,(x>1)$, 求 y'.

解 在题设等式两边取对数, 得

$$\ln y=\ln(x+1)+\frac{1}{3}\ln(x-1)-2\ln(x+4)-x,$$

上式两边对 x 求导，得

$$\frac{y'}{y}=\frac{1}{x+1}+\frac{1}{3(x-1)}-\frac{2}{x+4}-1.$$

所以

$$y'=\frac{(x+1)\sqrt[3]{x-1}}{(x+4)^2\mathrm{e}^x}\left[\frac{1}{x+1}+\frac{1}{3(x-1)}-\frac{2}{x+4}-1\right].$$ ■

***数学实验**

实验 2.4 试用计算软件求下列函数的导数：

(1) 设 $y=(ax^n+b)^{\sin cx}$，求 y' 和 y''；

(2) 设 $y=\left(\sqrt{x}+\frac{\pi}{x}\right)^{2+\ln x}$，求 $y^{(5)}(2017)$；

(3) 设 $y=x+x^x+x^{x^x}$，求 y'.

详见教材配套的网络学习空间.

计算实验

八、高阶导数

根据 §2.1 的引例 1 知道，物体作变速直线运动，其瞬时速度 $v(t)$ 就是路程函数 $s=s(t)$ 对时间 t 的导数，即

$$v(t)=s'(t).$$

根据物理学知识，速度函数 $v(t)$ 对于时间 t 的导数就是加速度 $a(t)$，即加速度 $a(t)$ 就是路程函数 $s(t)$ 对时间 t 的导数的导数，称其为 $s(t)$ 对 t 的**二阶导数**，记为

$$a(t)=s''(t).$$

一般地，如果函数 $y=f(x)$ 的导函数 $f'(x)$ 仍可导，则称 $f'(x)$ 的导数 $[f'(x)]'$ 为函数 $y=f(x)$ 的**二阶导数**，记为

$$f''(x),\quad y'',\quad \frac{\mathrm{d}^2y}{\mathrm{d}x^2} \text{ 或 } \frac{\mathrm{d}^2f(x)}{\mathrm{d}x^2}.$$

类似地，二阶导数的导数称为**三阶导数**，记为

$$f'''(x),\quad y''',\quad \frac{\mathrm{d}^3y}{\mathrm{d}x^3} \text{ 或 } \frac{\mathrm{d}^3f(x)}{\mathrm{d}x^3}.$$

一般地，$f(x)$ 的 $n-1$ 阶导数的导数称为 $f(x)$ 的 ***n* 阶导数**，记为

$$f^{(n)}(x),\ y^{(n)},\ \frac{\mathrm{d}^ny}{\mathrm{d}x^n} \text{ 或 } \frac{\mathrm{d}^nf(x)}{\mathrm{d}x^n}.$$

注：二阶和二阶以上的导数统称为**高阶导数**. 相应地，$f(x)$ 称为**零阶导数**；$f'(x)$ 称为**一阶导数**.

由此可见，求函数的高阶导数，就是利用基本求导公式及导数的运算法则，对函数逐阶求导.

例19　设 $y=2x^3-3x^2+5$，求 y''.

解　$y'=6x^2-6x$，$y''=12x-6$. ■

例20　设 $y=x^2\ln x$，求 $f'''(2)$.

解　$$y'=(x^2\ln x)'=(x^2)'\ln x+x^2(\ln x)'=2x\ln x+x,$$

$$y''=2\ln x+3,\quad y'''=\frac{2}{x},$$

所以　$$f'''(2)=\left.\frac{2}{x}\right|_{x=2}=1.$$ ■

例21　求指数函数 $y=\mathrm{e}^x$ 的 n 阶导数.

解　$$y'=\mathrm{e}^x,\ y''=\mathrm{e}^x,\ y'''=\mathrm{e}^x,\ y^{(4)}=\mathrm{e}^x.$$

一般地，可得 $y^{(n)}=\mathrm{e}^x$，即有 $(\mathrm{e}^x)^{(n)}=\mathrm{e}^x$. ■

例22　求 $y=\sin x$ 的 n 阶导数.

解　$$y'=\cos x=\sin\left(x+\frac{\pi}{2}\right),$$

$$y''=\cos\left(x+\frac{\pi}{2}\right)=\sin\left(x+\frac{\pi}{2}+\frac{\pi}{2}\right)=\sin\left(x+2\cdot\frac{\pi}{2}\right),$$

$$y'''=\cos\left(x+2\cdot\frac{\pi}{2}\right)=\sin\left(x+3\cdot\frac{\pi}{2}\right),$$

一般地，可得

$$(\sin x)^{(n)}=\sin\left(x+n\cdot\frac{\pi}{2}\right).$$

同理可得　$$(\cos x)^{(n)}=\cos\left(x+n\cdot\frac{\pi}{2}\right).$$ ■

***数学实验**

实验2.5　试用计算软件求下列函数的高阶导数：

(1) $y=\sin^2 x\ln x$，求 $y^{(6)}$；

(2) $y=\dfrac{1-nx}{\sqrt{1+x}}$，求 $y^{(20)}$；

(3) $y=x^3\operatorname{sh}(ax+b)$，求 $y^{(2017)}$；

(4) $y=\sin ax\cos bx$，求 $y^{(5)}$，$f^{(5)}\left(\dfrac{ab}{a+b}\right)$.

详见教材配套的网络学习空间.

计算实验

§2.3　函数的微分

在理论研究和实际应用中，常常会遇到这样的问题：当自变量 x 有微小变化时，

求函数$y=f(x)$的微小改变量

$$\Delta y=f(x+\Delta x)-f(x).$$

这个问题初看起来似乎只要做减法运算就可以了，然而，对于较复杂的函数$f(x)$，差值$f(x+\Delta x)-f(x)$却是一个更复杂的表达式，不易求出其值．一个想法是：我们设法将Δy表示成Δx的线性函数，即**线性化**，从而把复杂问题化为简单问题．微分就是实现这种线性化的一种数学模型．

一、微分的定义

先分析一个具体问题．设有一块边长为x_0的正方形金属薄片，由于受到温度变化的影响，边长从x_0变到$x_0+\Delta x$，问此薄片的面积改变了多少？

如图2－3－1所示，此薄片原面积$A=x_0^2$．薄片受到温度变化的影响后，面积变为$(x_0+\Delta x)^2$，故面积A的改变量为

$$\Delta A=(x_0+\Delta x)^2-x_0^2=2x_0\Delta x+(\Delta x)^2.$$

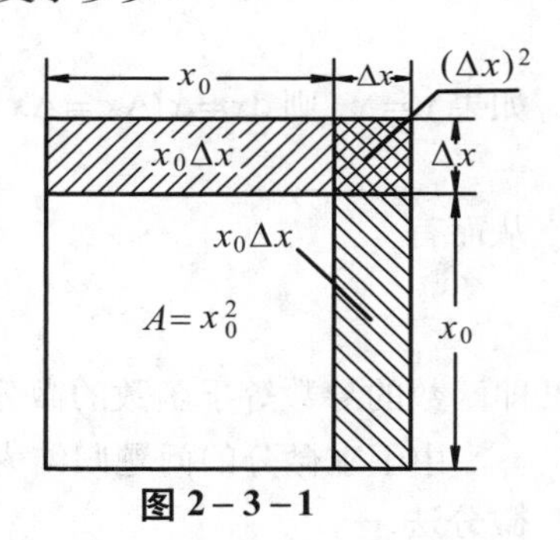

图2－3－1

上式包含两部分，第一部分$2x_0\Delta x$是Δx的线性函数，即图2－3－1中带有斜线的两个矩形面积之和；第二部分$(\Delta x)^2$是图中带有交叉斜线的小正方形的面积．当$\Delta x\to 0$时，$(\Delta x)^2$是比Δx高阶的无穷小，即

$$(\Delta x)^2=o(\Delta x)\ (\Delta x\to 0).$$

由此可见，如果边长有微小改变时(即$|\Delta x|$很小时)，我们可以忽略第二部分$(\Delta x)^2$这个高阶无穷小，而用第一部分$2x_0\Delta x$近似地表示ΔA，即$\Delta A\approx 2x_0\Delta x$．我们把$2x_0\Delta x$称为$A=x^2$在点$x_0$处的微分．

是否所有函数的改变量都能在一定的条件下表示为一个线性函数（改变量的主要部分）与一个高阶无穷小的和呢？这个线性部分是什么？如何求？本节我们将具体来讨论这些问题．

定义1　设函数$y=f(x)$在某区间内有定义，x_0及$x_0+\Delta x$在该区间内，如果函数的改变量(增量) $\Delta y=f(x_0+\Delta x)-f(x_0)$可表示为

$$\Delta y=A\cdot\Delta x+o(\Delta x), \tag{3.1}$$

其中A是与Δx无关的常数，则称函数$y=f(x)$在点x_0处**可微**，并且称$A\cdot\Delta x$为函数$y=f(x)$在点x_0处相应于自变量的改变量Δx的**微分**，记作$\mathrm{d}y$，即

$$\mathrm{d}y=A\cdot\Delta x. \tag{3.2}$$

注：由定义可见：如果函数$y=f(x)$在点x_0处可微，则

(1) 函数$y=f(x)$在点x_0处的微分$\mathrm{d}y$是自变量的改变量Δx的线性函数；

(2) 由式(3.1)，得

$$\Delta y = \mathrm{d}y + o(\Delta x), \tag{3.3}$$

我们称 $\mathrm{d}y$ 是 Δy 的**线性主部**. 式(3.3)还表明, 以微分 $\mathrm{d}y$ 近似代替函数增量 Δy 时, 其误差为 $o(\Delta x)$, 因此, 当 $|\Delta x|$ 很小时, 有近似等式

$$\Delta y \approx \mathrm{d}y. \tag{3.4}$$

二、函数可微的条件

定理1 函数 $y=f(x)$ 在点 x_0 处可微的充分必要条件是函数 $y=f(x)$ 在点 x_0 处可导, 并且函数的微分等于函数的导数与自变量的改变量的乘积, 即

$$\mathrm{d}y = f'(x_0)\Delta x.$$

函数 $y=f(x)$ 在任意点 x 上的微分, 称为**函数的微分**, 记为 $\mathrm{d}y$ 或 $\mathrm{d}f(x)$, 即有

$$\mathrm{d}y = f'(x)\Delta x. \tag{3.5}$$

如果 $y=x$, 则 $\mathrm{d}x = x'\Delta x = \Delta x$ (即自变量的微分等于自变量的改变量), 所以

$$\mathrm{d}y = f'(x)\,\mathrm{d}x, \tag{3.6}$$

从而有

$$\frac{\mathrm{d}y}{\mathrm{d}x} = f'(x), \tag{3.7}$$

即函数的导数等于函数的微分与自变量的微分的商. 因此, 导数又称为 **"微商"**.

由于求微分的问题归结为求导数的问题, 因此, 求导数与求微分的方法统称为**微分法**.

例1 求函数 $y=x^2$ 当 x 由 1 改变到 1.01 时的微分.

解 因为 $\mathrm{d}y = f'(x)\,\mathrm{d}x = 2x\mathrm{d}x$, 由题设条件知

$$x=1,\ \mathrm{d}x = \Delta x = 1.01-1 = 0.01,$$

所以

$$\mathrm{d}y = 2\times 1\times 0.01 = 0.02.$$

■

例2 求函数 $y=x^3$ 在点 $x=2$ 处的微分.

解 函数 $y=x^3$ 在点 $x=2$ 处的微分为

$$\mathrm{d}y = (x^3)'\Big|_{x=2}\mathrm{d}x = (3x^2)\Big|_{x=2}\mathrm{d}x = 12\,\mathrm{d}x.$$

■

三、基本初等函数的微分公式与微分运算法则

根据函数微分的表达式

$$\mathrm{d}y = f'(x)\,\mathrm{d}x,$$

函数的微分等于函数的导数乘以自变量的微分 (改变量). 由此可以得到基本初等函数的微分公式和微分运算法则.

1. 基本初等函数的微分公式

(1) $\mathrm{d}(C)=0$ (C 为常数);

(2) $\mathrm{d}(x^\mu) = \mu x^{\mu-1}\mathrm{d}x$;

(3) $\mathrm{d}(\sin x) = \cos x\mathrm{d}x$;

(4) $\mathrm{d}(\cos x) = -\sin x\mathrm{d}x$;

(5) $d(\tan x)=\sec^2 x dx$; (6) $d(\cot x)=-\csc^2 x dx$;

(7) $d(\sec x)=\sec x\tan x dx$; (8) $d(\csc x)=-\csc x\cot x dx$;

(9) $d(a^x)=a^x\ln a dx$; (10) $d(e^x)=e^x dx$;

(11) $d(\log_a x)=\dfrac{1}{x\ln a}dx$; (12) $d(\ln x)=\dfrac{1}{x}dx$;

(13) $d(\arcsin x)=\dfrac{1}{\sqrt{1-x^2}}dx$; (14) $d(\arccos x)=-\dfrac{1}{\sqrt{1-x^2}}dx$;

(15) $d(\arctan x)=\dfrac{1}{1+x^2}dx$; (16) $d(\operatorname{arc}\cot x)=-\dfrac{1}{1+x^2}dx$.

2. 微分的四则运算法则

(1) $d(Cu)=Cdu$; (2) $d(u\pm v)=du\pm dv$;

(3) $d(uv)=vdu+udv$; (4) $d\left(\dfrac{u}{v}\right)=\dfrac{vdu-udv}{v^2}$.

我们以乘积的微分运算法则为例加以证明:

$$\begin{aligned}d(uv)&=(uv)'dx=(u'v+uv')dx=u'vdx+uv'dx\\&=v(u'dx)+u(v'dx)=vdu+udv.\end{aligned}$$

即有
$$d(uv)=vdu+udv.$$

其他运算法则可以类似地证明.

例3 求函数 $y=x^3e^{2x}$ 的微分.

解 因为
$$y'=3x^2e^{2x}+2x^3e^{2x}=x^2e^{2x}(3+2x),$$
所以
$$dy=y'dx=x^2e^{2x}(3+2x)dx.$$ ■

例4 求函数 $y=\dfrac{\sin x}{x}$ 的微分.

解 因为
$$y'=\left(\frac{\sin x}{x}\right)'=\frac{x\cos x-\sin x}{x^2},$$
所以
$$dy=y'dx=\frac{x\cos x-\sin x}{x^2}dx.$$ ■

3. 微分形式的不变性

设 $y=f(u)$, $u=\varphi(x)$, 现在我们进一步来推导复合函数
$$y=f[\varphi(x)]$$
的微分法则.

如果 $y=f(u)$ 及 $u=\varphi(x)$ 都可导, 则 $y=f[\varphi(x)]$ 的微分为
$$dy=y'_x dx=f'(u)\varphi'(x)dx.$$
由于 $\varphi'(x)dx=du$, 故 $y=f[\varphi(x)]$ 的微分公式也可写成

$$\mathrm{d}y = f'(u)\,\mathrm{d}u \text{ 或 } \mathrm{d}y = y_u'\,\mathrm{d}u.$$

由此可见，无论u是自变量还是复合函数的中间变量，函数$y = f(u)$的微分形式总是可以按公式(3.6)的形式来写，即有

$$\mathrm{d}y = f'(u)\,\mathrm{d}u.$$

这一性质称为**微分形式的不变性**. 利用这一特性，可以简化微分的有关运算.

例5 设$y = \sin(2x+3)$，求$\mathrm{d}y$.

解 设$y = \sin u$，$u = 2x+3$，则

$$\begin{aligned}\mathrm{d}y &= \mathrm{d}(\sin u) = \cos u\mathrm{d}u = \cos(2x+3)\mathrm{d}(2x+3)\\ &= \cos(2x+3)\cdot 2\mathrm{d}x = 2\cos(2x+3)\mathrm{d}x.\end{aligned}$$ ■

注：与复合函数求导类似，求复合函数的微分也可不写出中间变量，这样更加直接和方便.

例6 设$y = \mathrm{e}^{\sin^2 x}$，求$\mathrm{d}y$.

解 应用微分形式的不变性，有

$$\begin{aligned}\mathrm{d}y &= \mathrm{e}^{\sin^2 x}\mathrm{d}(\sin^2 x) = \mathrm{e}^{\sin^2 x}\cdot 2\sin x\mathrm{d}(\sin x)\\ &= \mathrm{e}^{\sin^2 x}\cdot 2\sin x\cos x\mathrm{d}x = \sin 2x\mathrm{e}^{\sin^2 x}\mathrm{d}x.\end{aligned}$$ ■

例7 在等式$\mathrm{d}(\quad) = \cos\omega t\mathrm{d}t$的括号中填入适当的函数，使等式成立.

解 因为$\mathrm{d}(\sin\omega t) = \omega\cos\omega t\mathrm{d}t$，所以

$$\cos\omega t\mathrm{d}t = \frac{1}{\omega}\mathrm{d}(\sin\omega t) = \mathrm{d}\left(\frac{1}{\omega}\sin\omega t\right),$$

一般地，有

$$\mathrm{d}\left(\frac{1}{\omega}\sin\omega t + C\right) = \cos\omega t\mathrm{d}t,$$

故应填$\dfrac{1}{\omega}\sin\omega t + C$. ■

*数学实验

实验2.6 试用计算软件求下列函数的微分：

(1) $y = \ln(x + \sqrt{x^2 + a^2})$;

(2) 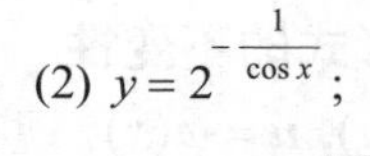 $y = 2^{-\frac{1}{\cos x}}$;

(3) $y = \dfrac{\sin x}{2\cos^2 x} + \dfrac{1}{2}\ln\left|\tan\left(\dfrac{x}{2} + \dfrac{\pi}{4}\right)\right|$;

(4) $x^3 + y^3 = \mathrm{e}^x + xy$;

(5) $y = \mathrm{e}^{ax}\left(bx - \dfrac{c}{\ln x}\right)$.

计算实验

详见教材配套的网络学习空间.

四、微分的几何意义

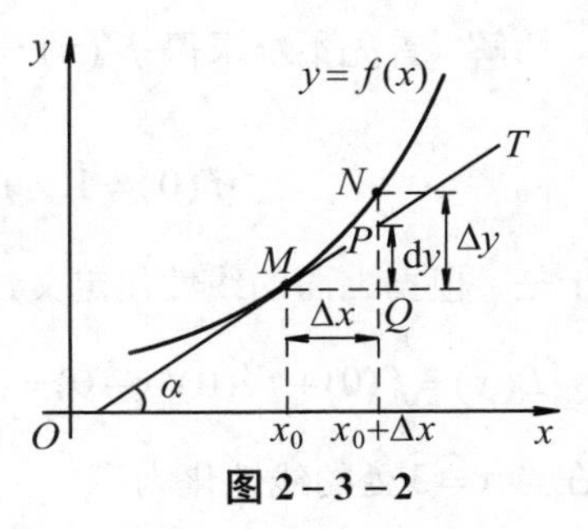

图 2-3-2

函数的微分有明显的几何意义. 在直角坐标系中, 函数 $y=f(x)$ 的图形是一条曲线. 设点 $M(x_0, y_0)$ 是该曲线上的一个定点, 当自变量 x 在点 x_0 处取改变量 Δx 时, 就得到曲线上另一个点 $N(x_0+\Delta x, y_0+\Delta y)$. 由图 2-3-2 可见:

$$MQ=\Delta x,\quad QN=\Delta y.$$

过点 M 作曲线的切线 MT, 它的倾角为 α, 则 $QP=MQ\cdot\tan\alpha=\Delta x\cdot f'(x_0)$, 即

$$\mathrm{d}y=QP=f'(x_0)\,\mathrm{d}x.$$

由此可知, 当 Δy 是曲线 $y=f(x)$ 上点的纵坐标的增量时, $\mathrm{d}y$ 就是曲线的切线上点的纵坐标的增量.

五、函数的线性化

从前面的讨论已知, 当函数 $y=f(x)$ 在点 x_0 处的导数 $f'(x_0)\neq 0$ 且 $|\Delta x|$ 很小时 (在下面的讨论中我们假定这两个条件均得到满足), 有

$$\Delta y\approx \mathrm{d}y, \tag{3.8}$$

即

$$f(x_0+\Delta x)-f(x_0)\approx f'(x_0)\Delta x,$$

令 $x=x_0+\Delta x$, 则 $\Delta x=x-x_0$, 从而

$$f(x)-f(x_0)\approx f'(x_0)(x-x_0),$$

即

$$f(x)\approx f(x_0)+f'(x_0)(x-x_0) \tag{3.9}$$

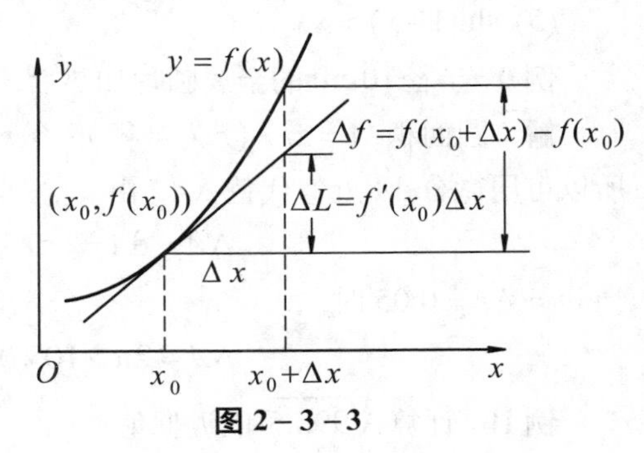

图 2-3-3

若记上式右端的线性函数为

$$L(x)=f(x_0)+f'(x_0)(x-x_0),$$

它的图形就是曲线 $y=f(x)$ 过点 $(x_0, f(x_0))$ 的切线, 如图 2-3-3 所示.

式 (3.9) 表明: 当 $|\Delta x|$ 很小时, 线性函数 $L(x)$ 给出了函数 $f(x)$ 的很好的近似.

定义 2 如果 $f(x)$ 在点 x_0 处可微, 那么线性函数

$$L(x)=f(x_0)+f'(x_0)(x-x_0)$$

就称为 $f(x)$ 在点 x_0 处的**线性化**. 近似式 $f(x)\approx L(x)$ 称为 $f(x)$ 在点 x_0 处的**标准线性近似**, 点 x_0 称为该近似的**中心**.

例 8 求 $f(x)=\sqrt{1+x}$ 在点 $x=0$ 与点 $x=3$ 处的线性化.

解 首先不难求得 $f'(x)=\dfrac{1}{2\sqrt{1+x}}$, 则

$$f(0)=1,\quad f(3)=2,\quad f'(0)=\frac{1}{2},\quad f'(3)=\frac{1}{4},$$

于是, 根据上面的线性化定义知 $f(x)$ 在点 $x=0$ 处的线性化

$$L(x)=f(0)+f'(0)(x-0)=\frac{1}{2}x+1,$$

在点 $x=3$ 处的线性化为

$$L(x)=f(3)+f'(3)(x-3)=\frac{1}{4}x+\frac{5}{4},$$

如图 2-3-4 所示. 综上可知,

$$\sqrt{1+x}\approx 1+\frac{1}{2}x\,(\text{在点 } x=0 \text{ 处}),$$

$$\sqrt{1+x}\approx \frac{1}{4}x+\frac{5}{4}\,(\text{在点 } x=3 \text{ 处}).$$ ■

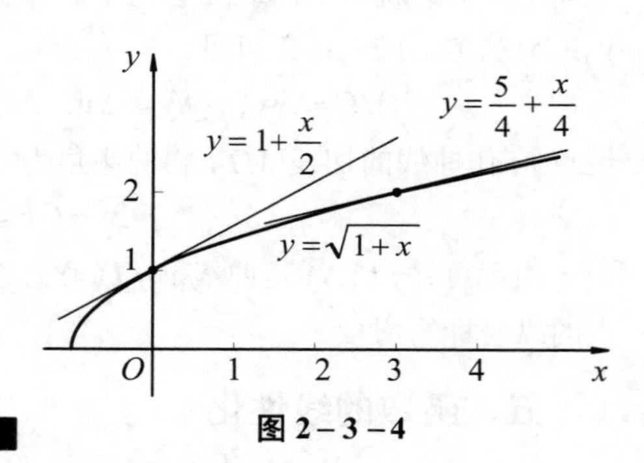

图 2-3-4

注: 下面列举了一些常用函数在点 $x=0$ 处的标准线性近似公式:

(1) $\sqrt[n]{1+x}\approx 1+\frac{1}{n}x$; (3.10)

(2) $\sin x\approx x$ (x 为弧度); (3.11)

(3) $\tan x\approx x$ (x 为弧度); (3.12)

(4) $e^x\approx 1+x$; (3.13)

(5) $\ln(1+x)\approx x$. (3.14)

例 9 半径10 cm 的金属圆片加热后, 半径伸长了 0.05 cm , 问面积增大了多少?

解 圆面积 $A=\pi r^2$ (r 为半径), 令 $r=10$, $\Delta r=0.05$. 因为 Δr 相对于 r 较小, 所以可用微分 dA 近似代替 ΔA. 由

$$\Delta A\approx dA=(\pi r^2)'\cdot dr=2\pi r\cdot dr,$$

当 $dr=\Delta r=0.05$ 时, 得

$$\Delta A\approx 2\pi\times 10\times 0.05=\pi\,(\text{cm}^2).$$ ■

例 10 计算 $\sqrt[3]{998.5}$ 的近似值.

解 $\sqrt[3]{998.5}=10\sqrt[3]{1-0.001\,5}$, 利用公式 (3.10) 进行计算, 这里, 取 $x=-0.001\,5$, 其值相对很小, 故有

$$\sqrt[3]{998.5}=10\sqrt[3]{1-0.001\,5}\approx 10\left(1-\frac{1}{3}\times 0.001\,5\right)=9.995.$$ ■

例 11 最后我们来看一个线性近似在质能转换关系中的应用. 我们知道, 牛顿第二运动定律 $F=ma$ (a 为加速度) 中的质量 m 是被假定为常数的, 但严格说来这

是不对的，因为物体的质量随其速度的加快而增长. 在爱因斯坦修正后的公式中，质量为$m=\dfrac{m_0}{\sqrt{1-v^2/c^2}}$，当$v$和$c$相比很小时，$v^2/c^2$接近于零，从而有

$$m=\frac{m_0}{\sqrt{1-v^2/c^2}}\approx m_0\left[1+\frac{1}{2}\left(\frac{v^2}{c^2}\right)\right]=m_0+\frac{1}{2}m_0v^2\left(\frac{1}{c^2}\right),$$

即

$$m\approx m_0+\frac{1}{2}m_0v^2\left(\frac{1}{c^2}\right),$$

注意到上式中$\frac{1}{2}m_0v^2=K$是物体的动能，整理得

$$(m-m_0)c^2\approx\frac{1}{2}m_0v^2=\frac{1}{2}m_0v^2-\frac{1}{2}m_0 0^2=\Delta K,$$

或

$$(\Delta m)c^2\approx\Delta K. \tag{3.15}$$

换言之，物体从速度 0 到速度v的动能的变化ΔK近似等于$(\Delta m)c^2$.

因为$c=3\times10^8$米/秒，代入式(3.15)中，得

$$\Delta K\approx 90\,000\,000\,000\,000\,000\,\Delta m(\text{焦耳}).$$

由此可知，小的质量变化可以创造出大的能量变化. 例如，1克质量转换成的能量就相当于爆炸一颗2万吨级的原子弹释放的能量. ■

习 题 二

1. 设$f(x)=10x^2$，试按定义求$f'(-1)$.

2. 设$f'(x_0)$存在，试利用导数的定义求下列极限：

(1) $\lim\limits_{\Delta x\to0}\dfrac{f(x_0-\Delta x)-f(x_0)}{\Delta x}$； (2) $\lim\limits_{h\to0}\dfrac{f(x_0+h)-f(x_0-h)}{h}$.

3. 设$f(x)$在点$x=2$处连续，且$\lim\limits_{x\to2}\dfrac{f(x)}{x-2}=2$，求$f'(2)$.

4. 给定抛物线$y=x^2-x+2$，求过点$(1,2)$的切线方程与法线方程.

5. 求曲线$y=\mathrm{e}^x$在点$(0,1)$处的切线方程和法线方程.

6. 试讨论函数$y=\begin{cases}x^2\sin\dfrac{1}{x}, & x\neq0\\ 0, & x=0\end{cases}$在点$x=0$处的连续性与可导性.

7. 设$\varphi(x)$在点$x=a$处连续，$f(x)=(x^2-a^2)\varphi(x)$，求$f'(a)$.

8. 当物体的温度高于周围介质的温度时，物体就不断冷却，若物体的温度T与时间t的函数关系为$T=T(t)$，应怎样确定该物体在时刻t的冷却速度？

9. 计算下列函数的导数：

(1) $y=3x+5\sqrt{x}$； (2) $y=5x^3-2^x+3e^x$； (3) $y=2\tan x+\sec x-1$；

(4) $y=\sin x\cdot\cos x$； (5) $y=x^3\ln x$； (6) $y=e^x\cos x$；

(7) $y=\dfrac{\ln x}{x}$； (8) $s=\dfrac{1+\sin t}{1+\cos t}$.

10. 求下列函数的导数：

(1) $y=\cos(4-3x)$； (2) $y=e^{-3x^2}$； (3) $y=\sqrt{a^2-x^2}$；

(4) $y=\tan(x^2)$； (5) $y=\arctan(e^x)$； (6) $y=\arcsin(1-2x)$；

(7) $y=\arccos\dfrac{1}{x}$； (8) $y=\ln\ln x$.

11. 求下列方程所确定的隐函数 y 的导数 $\dfrac{dy}{dx}$：

(1) $xy=e^{x+y}$； (2) $xy-\sin(\pi y^2)=0$； (3) $e^{xy}+y^3-5x=0$；

(4) $y=1+xe^y$； (5) $\arctan\dfrac{y}{x}=\ln\sqrt{x^2+y^2}$.

12. 用对数求导法则求下列函数的导数：

(1) $y=(1+x^2)^{\tan x}$； (2) $y=\dfrac{\sqrt[5]{x-3}\sqrt[3]{3x-2}}{\sqrt{x+2}}$； (3) $y=\dfrac{\sqrt{x+2}(3-x)^4}{(x+1)^5}$.

13. 求下列函数的二阶导数：

(1) $y=x^5+4x^3+2x$； (2) $y=e^{3x-2}$； (3) $y=x\sin x$；

(4) $y=\tan x$； (5) $y=\sqrt{1-x^2}$； (6) $y=xe^{x^2}$.

14. 设 $f(x)=(3x+1)^{10}$，求 $f'''(0)$.

15. 已知 $y=x^3-1$，在点 $x=2$ 处计算当 Δx 分别为1, 0.1, 0.01时的 Δy 及 dy 之值.

16. 将适当的函数填入下列括号内，使等式成立：

(1) d( ) $=5x dx$； (2) d( ) $=\sin\omega x dx$； (3) d( ) $=\dfrac{1}{2+x}dx$；

(4) d( ) $=e^{-2x}dx$； (5) d( ) $=\dfrac{1}{\sqrt{x}}dx$； (6) d( ) $=\sec^2 2x dx$.

17. 求下列函数的微分：

(1) $y=\ln x+2\sqrt{x}$； (2) $y=x\sin 2x$； (3) $y=x^2e^{2x}$；

(4) $y=\ln\sqrt{1-x^3}$； (5) $y=(e^x+e^{-x})^2$.

18. 当 $|x|$ 较小时，证明下列近似公式：

(1) $\sin x\approx x$； (2) $e^x\approx 1+x$； (3) $\sqrt[n]{1+x}\approx 1+\dfrac{x}{n}$.

19. 计算下列各式的近似值：

(1) $\sqrt[100]{1.002}$； (2) $\cos 29^\circ$.

20. 现给一气球充气，在充气膨胀的过程中，我们均近似认为它为球形：

(1) 当气球半径为10 cm时，其体积膨胀的变化率是多少？

(2) 试估算当气球半径由10 cm 膨胀到 11cm 时气球增长的体积数.

21. 某物体的运动轨迹可以用其位移和时间关系式 $s=s(t)$ 来刻画，其中 s 以米计，t 以秒计，下面是其两个不同的运动轨迹：

$$s_1=t^2-3t+2,\ 0\le t\le 2,\qquad s_2=-t^3+3t^2-3t,\ 0\le t\le 3.$$

试分别计算：

(1) 物体在给定时间区间内的平均速率； (2) 求物体在区间端点的速度；

(3) 物体在给定的时间区间内运动方向是否发生了变化？若是，在何时发生改变？

22. 若保持某柱体中的气体恒温，其压力 P 和体积 V 之间的变化关系可用式子

$$P=\frac{nRT}{V-nb}-\frac{an^2}{V^2}$$

来刻画，其中 a, b, n, R 均为常数，求压力 P 关于体积 V 的变化率．

23. 某型号电视机的生产成本（元）与生产量（台）的关系函数为：

$$C(x)=6\,000+900x-0.8x^2.$$

(1) 求生产前 100 台电视机的平均成本；

(2) 求当第 100 台电视机生产出来时的边际成本．

24. 选择合适的中心对下面的函数给出其线性化，然后估算在给定点处的函数值．

(1) $f(x)=\sqrt[3]{1+x}$, $x_0=6.5$； (2) $f(x)=\dfrac{x}{1+x}$, $x_0=1.1$.

第3章　导数的应用

只有将数学应用于社会科学的研究之后，才能使得文明社会的发展成为可控制的现实.

—— 怀海德[1]

从§2.1中我们已经知道，导致微分学产生的第三类问题是“求最大值和最小值”. 此类问题在当时的生产实践中具有深刻的应用背景，例如，求炮弹从炮管里射出后运行的水平距离(即射程)，其依赖于炮筒对地面的倾斜角(即发射角). 又如，在天文学中，求行星离开太阳的最远和最近距离等. 一直以来，导数作为函数的变化率，在研究函数变化的性态中有着十分重要的意义，因而在自然科学、工程技术以及社会科学等领域中得到了广泛的应用.

在第2章中，我们介绍了微分学的两个基本概念——导数与微分及其计算方法. 本章以微分学基本定理——微分中值定理为基础，以导数为工具，解决一类特殊极限的计算、判断函数的单调性、求函数的极值以及求最大值和最小值等问题.

§3.1　中值定理

中值定理揭示了函数在某区间上的整体性质与函数在该区间内某一点处的导数之间的关系，中值定理既是用微分学知识解决应用问题的理论基础，又是解决微分学自身发展的一种理论性模型，因而称为微分中值定理.

一、罗尔[2]定理

观察图 3-1-1，设函数 $y=f(x)$ 在区间 $[a,b]$ 上的图形是一条连续光滑的曲线弧，这条曲线在区间(a,b)内每一点处都存在不垂直于x轴的切线，且区间$[a,b]$的两个端点处的函数值相等，即 $f(a)=f(b)$，则可以发现在曲线弧上的最高点或最低点处，曲线有水平切线，即有 $f'(\xi)=0$. 如果用数学分析的语言把这

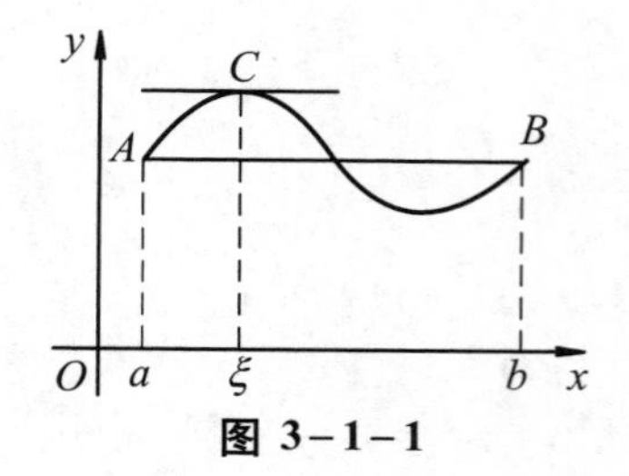

图 3-1-1

① 怀海德 (Whitehead，1861—1947)，英国数学家.

② 罗尔 (M. Rolle，1652—1719)，法国数学家.

种几何现象描述出来，就可得到下面的罗尔定理.

定理1(罗尔定理) 如果函数 $y=f(x)$ 满足: (1) 在闭区间 $[a,b]$ 上连续；(2) 在开区间 (a,b) 内可导；(3) 在区间端点处的函数值相等即 $f(a)=f(b)$, 则在 (a,b) 内至少存在一点 $\xi\,(a<\xi<b)$, 使得 $f'(\xi)=0$.

罗尔定理的假设并不要求 $f(x)$ 在点 a 和点 b 处可导，满足在点 a 和点 b 处的连续性就足够了.

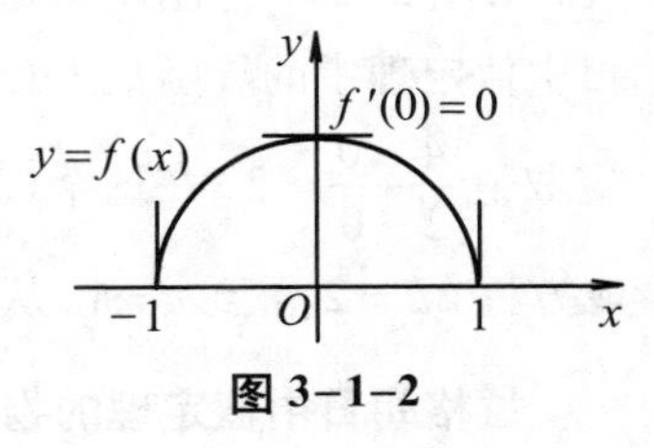

图 3−1−2

例如，函数 $f(x)=\sqrt{1-x^2}$ 在 $[-1,1]$ 上满足罗尔定理的假设(和结论)，即使 f 在点 $x=-1$ 和点 $x=1$ 处不可导. 若取 $\xi=0\in(-1,1)$, 则有 $f'(\xi)=0$ (见图 3−1−2).

但要注意，在一般情形下，罗尔定理只给出了结论中导函数的零点的存在性，通常这样的零点是不易具体求出的.

例1 对函数 $f(x)=\sin^2 x$ 在区间 $[0,\pi]$ 上验证罗尔定理的正确性.

解 显然 $f(x)$ 在 $[0,\pi]$ 上连续，在 $(0,\pi)$ 内可导，且

$$f(0)=f(\pi)=0,$$

而在 $(0,\pi)$ 内确实存在一点 $\xi=\dfrac{\pi}{2}$ 使

$$f'\left(\frac{\pi}{2}\right)=(2\sin x\cos x)\big|_{x=\pi/2}=0.$$ ■

二、拉格朗日[①]中值定理

在罗尔定理中，$f(a)=f(b)$ 这个条件是相当特殊的，它使罗尔定理的应用受到了限制. 拉格朗日在罗尔定理的基础上作了进一步研究，取消了罗尔定理中这个条件的限制，但仍保留了其余两个条件，得到了在微分学中具有重要地位的拉格朗日中值定理.

定理2 (拉格朗日中值定理) 如果函数 $y=f(x)$ 满足: (1) 在闭区间 $[a,b]$ 上连续；(2) 在开区间 (a,b) 内可导，则在 (a,b) 内至少存在一点 $\xi\,(a<\xi<b)$, 使得

$$f(b)-f(a)=f'(\xi)(b-a). \tag{1.1}$$

接下来介绍拉格朗日中值定理的几何意义. 式 (1.1) 可改写为

$$\frac{f(b)-f(a)}{b-a}=f'(\xi), \tag{1.2}$$

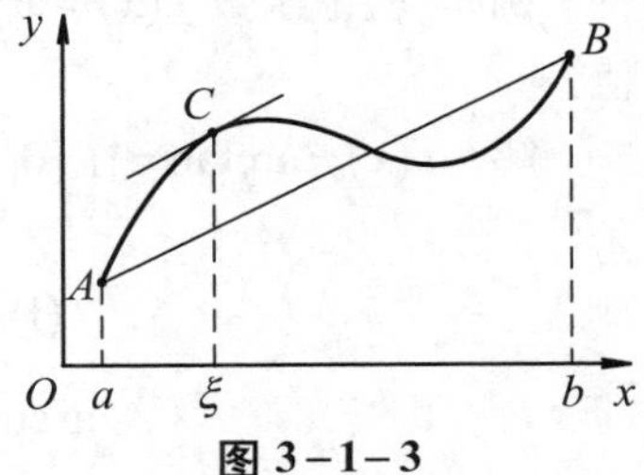

图 3−1−3

从图3−1−3 可见，$\dfrac{f(b)-f(a)}{b-a}$ 为弦 AB 的斜率，而 $f'(\xi)$ 为曲线在点 C 处的切线的斜率. 拉格朗

① 拉格朗日 (J. L. Lagrange, 1736—1813)，法国数学家.

日中值定理表明, 在满足定理条件的情况下, 曲线 $y=f(x)$ 上至少有一点 C, 使曲线在点 C 处的切线平行于弦 AB.

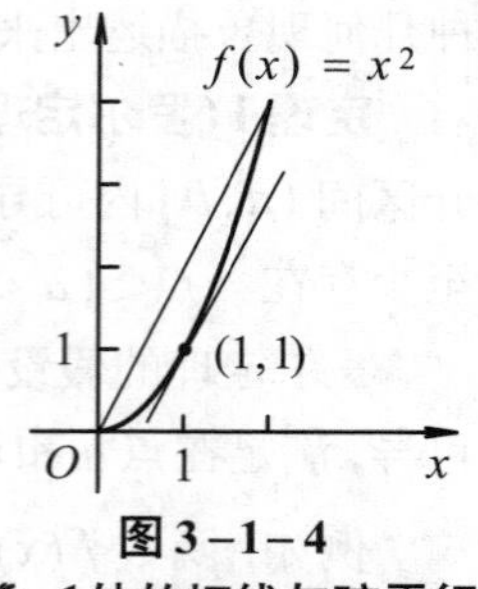

图 3-1-4
在 $\xi=1$ 处的切线与弦平行

例如, 函数 $f(x)=x^2$ 在 $[0,2]$ 上连续且在 $(0,2)$ 内可导, 如图 3-1-4 所示. 因为 $f(0)=0$ 和 $f(2)=4$, 拉格朗日中值定理中的导函数 $f'(x)=2x$ 在区间中的某点 ξ 处一定取值 $\dfrac{4-0}{2-0}=2$. 在这个 (例外的) 情形中, 我们可以通过解方程 $2\xi=2$ 得到 $\xi=1$, 从而具体确定了 ξ.

拉格朗日中值定理的物理解释: 把数 $\dfrac{f(b)-f(a)}{b-a}$ 设想为 $f(x)$ 在 $[a,b]$ 上的平均变化率而 $f'(\xi)$ 是点 $x=\xi$ 处的瞬时变化率. 拉格朗日中值定理是说, 在整个区间上的平均变化率一定等于某个内点处的瞬时变化率.

我们知道, 常数的导数等于零; 但反过来, 导数为零的函数是否为常数呢? 回答是肯定的, 现在就用拉格朗日中值定理来证明其正确性.

推论 1 如果函数 $f(x)$ 在区间 I 上的导数恒为零, 那么 $f(x)$ 在区间 I 上是一个常数.

证明 在区间 I 上任取两点 $x_1, x_2\,(x_1<x_2)$, 在区间 $[x_1, x_2]$ 上应用拉格朗日中值定理, 由式 (1.1) 得

$$f(x_1)-f(x_2)=f'(\xi)(x_1-x_2) \quad (x_1<\xi<x_2).$$

由假设 $f'(\xi)=0$, 于是

$$f(x_1)=f(x_2),$$

再由 x_1, x_2 的任意性知, $f(x)$ 在区间 I 上任意点处的函数值都相等, 即 $f(x)$ 在区间 I 上是一个常数. ■

注: 推论 1 表明: 导数为零的函数就是常数函数. 这一结论以后在积分学中将会用到. 由推论 1 立即可得下面的推论 2.

推论 2 如果函数 $f(x)$ 与 $g(x)$ 在区间 I 上恒有 $f'(x)=g'(x)$, 则在区间 I 上

$$f(x)=g(x)+C \quad (C\text{ 为常数}).$$

例 2 验证函数 $f(x)=\arctan x$ 在 $[0,1]$ 上满足拉格朗日中值定理, 并由结论求 ξ 值.

解 $f(x)=\arctan x$ 在 $[0,1]$ 上连续, 在 $(0,1)$ 内可导, 故满足拉格朗日中值定理的条件, 则

$$f(1)-f(0)=f'(\xi)(1-0) \qquad (0<\xi<1),$$

即

$$\arctan 1-\arctan 0=\left.\frac{1}{1+x^2}\right|_{x=\xi}=\frac{1}{1+\xi^2}.$$

故

$$\frac{1}{1+\xi^2}=\frac{\pi}{4} \Rightarrow \xi=\sqrt{\frac{4-\pi}{\pi}} \quad (0<\xi<1).$$

■

例 3 证明: 当 $x>0$ 时, $\frac{x}{1+x}<\ln(1+x)<x$.

证明 设 $f(x)=\ln(1+x)$, 显然, $f(x)$ 在 $[0, x]$ 上满足拉格朗日中值定理的条件, 由式(1.1), 有

$$f(x)-f(0)=f'(\xi)(x-0) \quad (0<\xi<x).$$

因为 $f(0)=0$, $f'(x)=\frac{1}{1+x}$, 故上式即为

$$\ln(1+x)=\frac{x}{1+\xi} \quad (0<\xi<x).$$

由于 $0<\xi<x$, 所以 $\frac{x}{1+x}<\frac{x}{1+\xi}<x$, 即

$$\frac{x}{1+x}<\ln(1+x)<x.$$

■

三、柯西中值定理

拉格朗日中值定理表明: 如果连续曲线弧 $\overset{\frown}{AB}$ 上除端点外处处具有不垂直于横轴的切线, 则这段弧上至少有一点 C, 使曲线在点 C 处的切线平行于弦 AB. 设弧 $\overset{\frown}{AB}$ 的参数方程为 $\begin{cases} X=g(t) \\ Y=f(t) \end{cases} (a\le t\le b)$ (见图 3-1-5), 其中 t 是参数.

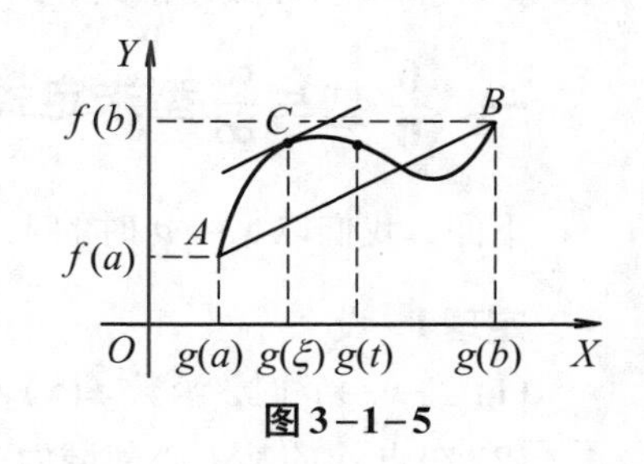

图 3-1-5

那么曲线上点 (X, Y) 处的斜率为

$$\frac{\mathrm{d}Y}{\mathrm{d}X}=\frac{f'(t)}{g'(t)},$$

弦 AB 的斜率为 $\frac{f(b)-f(a)}{g(b)-g(a)}$.

假设点 C 对应于参数 $t=\xi$, 那么曲线上点 C 处的切线平行于弦 AB, 即

$$\frac{f(b)-f(a)}{g(b)-g(a)}=\frac{f'(\xi)}{g'(\xi)}.$$

与这一事实相应的是下述定理 3.

定理 3 (柯西中值定理) 如果函数 $f(x)$ 及 $g(x)$ 满足: (1) 在闭区间 $[a, b]$ 上连续; (2) 在开区间 (a, b) 内可导; (3) 在 (a, b) 内每一点处 $g'(x)\neq 0$, 则在 (a, b) 内至少存在一点 $\xi\,(a<\xi<b)$, 使得

$$\frac{f(b)-f(a)}{g(b)-g(a)}=\frac{f'(\xi)}{g'(\xi)}.$$

注：若在这个定理中取 $g(x)=x$，则 $g(b)-g(a)=b-a$，$g'(x)=1$，因而，柯西中值定理就变成拉格朗日中值定理（微分中值定理）了．所以柯西中值定理又称为**广义中值定理**．

§3.2 洛必达[①]法则

如果当 $x\to a$（或 $x\to\infty$）时，两个函数 $f(x)$ 与 $g(x)$ 都趋于零或都趋于无穷大，则极限 $\lim\limits_{x\to a}\frac{f(x)}{g(x)}\left(\text{或}\lim\limits_{x\to\infty}\frac{f(x)}{g(x)}\right)$ 可能存在，也可能不存在，通常把这种极限称为**未定式**，并分别记为 $\frac{0}{0}$ 或 $\frac{\infty}{\infty}$．

例如，$\lim\limits_{x\to0}\frac{\sin x}{x}$，$\lim\limits_{x\to0}\frac{1-\cos x}{x^2}$，$\lim\limits_{x\to+\infty}\frac{x^3}{\mathrm{e}^x}$ 等就是未定式．

在第 1 章中，我们曾计算过两个无穷小之比及两个无穷大之比的未定式的极限．其中，计算未定式的极限往往需要经过适当的变形，转化成可利用极限运算法则或重要极限进行计算的形式．这种变形没有一般方法，需视具体问题而定，属于特定的方法．本节将以导数为工具，给出计算未定式极限的一般方法，即**洛必达法则**．

一、$\frac{0}{0}$ 型与 $\frac{\infty}{\infty}$ 型未定式

下面，我们以 $x\to a$ 时的未定式 $\frac{0}{0}$ 的情形为例进行讨论．

定理 1　设

(1) 当 $x\to a$ 时，函数 $f(x)$ 及 $g(x)$ 都趋于零，

(2) 在点 a 的某去心邻域内，$f'(x)$ 及 $g'(x)$ 都存在且 $g'(x)\neq0$，

(3) $\lim\limits_{x\to a}\frac{f'(x)}{g'(x)}$ 存在（或为无穷大），

则

$$\lim_{x\to a}\frac{f(x)}{g(x)}=\lim_{x\to a}\frac{f'(x)}{g'(x)}.$$

上述定理给出的这种在一定条件下通过对分子和分母分别先求导、再求极限来确定未定式的值的方法称为**洛必达法则**．

① 洛必达（L'Hôpital，1661—1704），法国数学家．

例 1 求 $\lim\limits_{x\to 0}\dfrac{\sin kx}{x}\ (k\neq 0)$.

解 这是 $\dfrac{0}{0}$ 型未定式，由洛必达法则，可得

$$\lim_{x\to 0}\frac{\sin kx}{x}=\lim_{x\to 0}\frac{(\sin kx)'}{(x)'}=\lim_{x\to 0}\frac{k\cos kx}{1}=k. \quad ■$$

例 2 求 $\lim\limits_{x\to 1}\dfrac{x^3-3x+2}{x^3-x^2-x+1}$.

解 这是 $\dfrac{0}{0}$ 型未定式，连续应用洛必达法则两次，可得

$$\lim_{x\to 1}\frac{x^3-3x+2}{x^3-x^2-x+1}=\lim_{x\to 1}\frac{3x^2-3}{3x^2-2x-1}=\lim_{x\to 1}\frac{6x}{6x-2}=\frac{3}{2}. \quad ■$$

注：上式中的 $\lim\limits_{x\to 1}\dfrac{6x}{6x-2}$ 已经不是未定式，不能再对它应用洛必达法则．否则会导致错误．

例 3 求 $\lim\limits_{x\to 0}\dfrac{e^x-e^{-x}-2x}{x-\sin x}$.

解 $\lim\limits_{x\to 0}\dfrac{e^x-e^{-x}-2x}{x-\sin x}=\lim\limits_{x\to 0}\dfrac{e^x+e^{-x}-2}{1-\cos x}=\lim\limits_{x\to 0}\dfrac{e^x-e^{-x}}{\sin x}=\lim\limits_{x\to 0}\dfrac{e^x+e^{-x}}{\cos x}=2.$ ■

注：我们指出，对于 $x\to\infty$ 时的未定式 $\dfrac{0}{0}$，以及 $x\to a$ 或 $x\to\infty$ 时的未定式 $\dfrac{\infty}{\infty}$，也有相应的洛必达法则．例如，对于 $x\to\infty$ 时的未定式 $\dfrac{0}{0}$，有：

定理 2 设

(1) 当 $x\to\infty$ 时，函数 $f(x)$ 及 $g(x)$ 都趋于零，

(2) 对于充分大的 $|x|$，$f'(x)$ 及 $g'(x)$ 都存在且 $g'(x)\neq 0$，

(3) $\lim\limits_{x\to\infty}\dfrac{f'(x)}{g'(x)}$ 存在（或为无穷大），

则

$$\lim_{x\to\infty}\frac{f(x)}{g(x)}=\lim_{x\to\infty}\frac{f'(x)}{g'(x)}.$$

例 4 求 $\lim\limits_{x\to+\infty}\dfrac{\frac{\pi}{2}-\arctan x}{\frac{1}{x}}$.

解 $\lim\limits_{x\to+\infty}\dfrac{\frac{\pi}{2}-\arctan x}{\frac{1}{x}}=\lim\limits_{x\to+\infty}\dfrac{-\frac{1}{1+x^2}}{-\frac{1}{x^2}}=\lim\limits_{x\to+\infty}\dfrac{x^2}{1+x^2}=1.$ ■

例5 求 $\lim\limits_{x\to 0^+}\dfrac{\ln\cot x}{\ln x}$.

解 $$\lim_{x\to 0^+}\frac{\ln\cot x}{\ln x}=\lim_{x\to 0^+}\frac{(\ln\cot x)'}{(\ln x)'}=\lim_{x\to 0^+}\frac{\frac{1}{\cot x}\left(-\frac{1}{\sin^2 x}\right)}{\frac{1}{x}}=-\lim_{x\to 0^+}\frac{x}{\sin x\cos x}$$

$$=-\lim_{x\to 0^+}\frac{x}{\sin x}\lim_{x\to 0^+}\frac{1}{\cos x}=-1.$$ ■

例6 求 $\lim\limits_{x\to+\infty}\dfrac{\ln x}{x^n}\ (n>0)$.

解 $$\lim_{x\to+\infty}\frac{\ln x}{x^n}=\lim_{x\to+\infty}\frac{\frac{1}{x}}{nx^{n-1}}=\lim_{x\to+\infty}\frac{1}{nx^n}=0.$$ ■

例7 求 $\lim\limits_{x\to+\infty}\dfrac{x^n}{\mathrm{e}^{\lambda x}}$ (n为正整数, $\lambda>0$).

解 反复应用洛必达法则 n 次, 得

$$\lim_{x\to+\infty}\frac{x^n}{\mathrm{e}^{\lambda x}}=\lim_{x\to+\infty}\frac{nx^{n-1}}{\lambda\mathrm{e}^{\lambda x}}=\lim_{x\to+\infty}\frac{n(n-1)x^{n-2}}{\lambda^2\mathrm{e}^{\lambda x}}=\cdots=\lim_{x\to+\infty}\frac{n!}{\lambda^n\mathrm{e}^{\lambda x}}=0.$$ ■

注: 对数函数 $\ln x$、幂函数 x^n、指数函数 $\mathrm{e}^{\lambda x}(\lambda>0)$ 均为 $x\to+\infty$ 时的无穷大, 但它们增大的速度很不一样, 幂函数增大的速度远比对数函数快, 而指数函数增大的速度又远比幂函数快.

二、其他类型的未定式 ($0\cdot\infty$, $\infty-\infty$, 0^0, 1^∞, ∞^0)

(1) 对于 $0\cdot\infty$ 型, 可将乘积化为除的形式, 即化为 $\dfrac{0}{0}$ 或 $\dfrac{\infty}{\infty}$ 型的未定式来计算.

例8 求 $\lim\limits_{x\to+\infty}x^{-2}\mathrm{e}^x$.

解 $$\lim_{x\to+\infty}x^{-2}\mathrm{e}^x=\lim_{x\to+\infty}\frac{\mathrm{e}^x}{x^2}=\lim_{x\to+\infty}\frac{\mathrm{e}^x}{2x}=\lim_{x\to+\infty}\frac{\mathrm{e}^x}{2}=+\infty.$$ ■

(2) 对于 $\infty-\infty$ 型, 可利用通分化为 $\dfrac{0}{0}$ 型的未定式来计算.

例9 求 $\lim\limits_{x\to\pi/2}(\sec x-\tan x)$.

解 $$\lim_{x\to\pi/2}(\sec x-\tan x)=\lim_{x\to\pi/2}\left(\frac{1}{\cos x}-\frac{\sin x}{\cos x}\right)$$

$$=\lim_{x\to\pi/2}\frac{1-\sin x}{\cos x}=\lim_{x\to\pi/2}\frac{-\cos x}{-\sin x}=\frac{0}{1}=0.$$ ■

(3) 对 $0^0, 1^\infty, \infty^0$ 型, 可以先化为以 e 为底的指数函数的极限, 再利用指数函数的连续性, 化为直接求指数的极限, 一般地, 我们有

$$\lim_{x\to a}\ln f(x)=A\Rightarrow\lim_{x\to a}f(x)=\lim_{x\to a}\mathrm{e}^{\ln f(x)}=\mathrm{e}^{\lim\limits_{x\to a}\ln f(x)}=\mathrm{e}^A,$$

其中a是有限数或无穷.

下面我们用洛必达法则来重新求§1.3中的第二个重要极限.

例10　求$\lim\limits_{x\to\infty}\left(1+\dfrac{1}{x}\right)^x$.

解　这是1^∞型未定式, 将它变形为

$$\ln\left(1+\frac{1}{x}\right)^x=\frac{\ln\left(1+\dfrac{1}{x}\right)}{\dfrac{1}{x}},$$

由于

$$\lim_{x\to\infty}\ln\left(1+\frac{1}{x}\right)^x=\lim_{x\to\infty}\frac{\ln\left(1+\dfrac{1}{x}\right)}{\dfrac{1}{x}}=\lim_{x\to\infty}\frac{\dfrac{x}{x+1}\left(-\dfrac{1}{x^2}\right)}{-\dfrac{1}{x^2}}=\lim_{x\to\infty}\frac{x}{x+1}=1,$$

故

$$\lim_{x\to\infty}\left(1+\frac{1}{x}\right)^x=\mathrm{e}.$$

■

§3.3　函数的单调性、极值与最优化

我们已经会用初等数学的方法研究一些函数的单调性和某些简单函数的性质, 但这些方法使用范围狭小, 并且有些需要借助某些特殊的技巧, 因而不具有一般性. 本节将以导数为工具, 介绍研究函数单调性、极值及最大值最小值的一般性的方法.

一、函数的单调性

定理1　设函数$y=f(x)$在$[a, b]$上连续, 在(a, b)内可导.

(1) 若在(a, b)内$f'(x)>0$, 则函数$y=f(x)$在$[a, b]$上单调增加;

(2) 若在(a, b)内$f'(x)<0$, 则函数$y=f(x)$在$[a, b]$上单调减少.

证明　任取两点$x_1, x_2\in(a, b)$, 设$x_1<x_2$, 由拉格朗日中值定理知, 存在$\xi(x_1<\xi<x_2)$, 使得

$$f(x_2)-f(x_1)=f'(\xi)(x_2-x_1).$$

(1) 若在(a, b)内, $f'(x)>0$, 则$f'(\xi)>0$, 所以$f(x_2)>f(x_1)$, 即$y=f(x)$在$[a, b]$上单调增加;

(2) 若在(a, b)内, $f'(x)<0$, 则$f'(\xi)<0$, 所以$f(x_2)<f(x_1)$, 即$y=f(x)$在$[a, b]$上单调减少. ■

注: 将此定理中的闭区间换成其他各种区间 (包括无穷区间), 结论仍成立.

函数的单调性是一个区间上的性质，要用导数在这一区间上的符号来判定，而不能用导数在一点处的符号来判别函数在一个区间上的单调性，区间内个别点处导数为零并不影响函数在该区间上的单调性.

例如，函数 $y=x^3$ 在其定义域 $(-\infty,+\infty)$ 内是单调增加的(见图3-3-1)，但其导数 $y'=3x^2$ 在点 $x=0$ 处为零.

如果函数在其定义域的某个区间内是单调的，则称该区间为函数的**单调区间**.

图 3-3-1

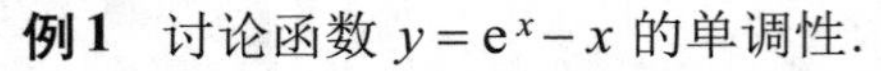

例1　讨论函数 $y=\mathrm{e}^x-x$ 的单调性.

解　题设函数的定义域为 $(-\infty,+\infty)$，又

$$y'=\mathrm{e}^x-1.$$

因为在 $(-\infty,0)$ 内，$y'<0$，所以题设函数在 $(-\infty,0]$ 内单调减少；而在 $(0,+\infty)$ 内，$y'>0$，所以题设函数在 $[0,+\infty)$ 内单调增加. ■

例2　讨论函数 $y=\sqrt[3]{x^2}$ 的单调区间.

解　题设函数的定义域为 $(-\infty,+\infty)$，又

$$y'=\frac{2}{3\sqrt[3]{x}}\quad (x\neq 0),$$

显然，当 $x=0$ 时，题设函数的导数不存在.

因为在 $(-\infty,0)$ 时，$y'<0$，所以题设函数在 $(-\infty,0]$ 内单调减少；而在 $(0,+\infty)$ 内，$y'>0$，所以题设函数在 $[0,+\infty)$ 内单调增加（见图3-3-2）. ■

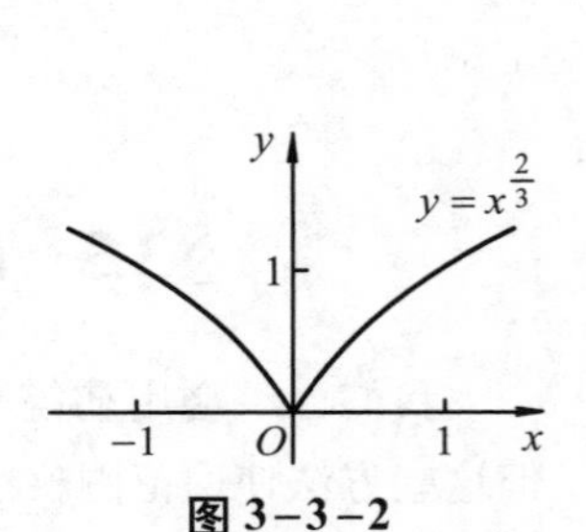

图 3-3-2

注：从上述两例可见，对函数 $y=f(x)$ 单调性的讨论，应先求出使导数等于零的点或使导数不存在的点，并用这些点将函数的定义域划分为若干个子区间，然后逐个判断函数的导数 $f'(x)$ 在各子区间的符号，从而确定出函数 $y=f(x)$ 在各子区间上的单调性，每个使得 $f'(x)$ 的符号保持不变的子区间都是函数 $y=f(x)$ 的单调区间.

例3　确定函数 $f(x)=\dfrac{x^3}{3}+\dfrac{x^2}{2}-2x-1$ 的单调区间.

解　题设函数的定义域为 $(-\infty,+\infty)$，又

$$f'(x)=x^2+x-2=(x-1)(x+2),$$

解方程 $f'(x)=0$，得 $x_1=-2$，$x_2=1$.

当 $-\infty<x<-2$ 时，$f'(x)>0$，所以 $f(x)$ 在 $(-\infty,-2]$ 上单调增加；

当 $-2<x<1$ 时，$f'(x)<0$，所以 $f(x)$ 在 $[-2,1]$ 上单调减少；

函数图形实验

当$1<x<+\infty$时，$f'(x)>0$，所以$f(x)$在$[1,+\infty)$上单调增加.

于是，$f(x)$的单调区间为$(-\infty,-2]$，$[-2,1]$，$[1,+\infty)$（见图 3-3-3）. ■

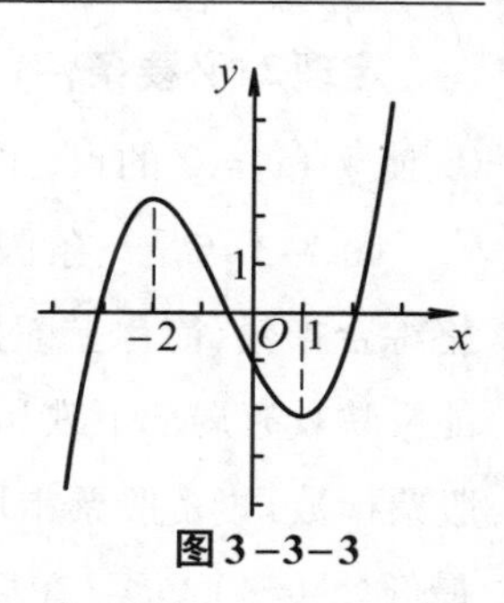

图 3-3-3

二、函数的极值

在讨论函数的单调性时，曾遇到这样的情形，函数先是单调增加（或减少），到达某一点后又变为单调减少（或增加），这一类点实际上就是使函数单调性发生变化的分界点. 如在本节例 3 的图3-3-3中，点$x=-2$和点$x=1$就是具有这样性质的点，易见，对于$x=-2$的某个邻域内的任一点$x\,(x\neq-2)$，恒有$f(x)<f(-2)$，即曲线在点$(-2,\ f(-2))$处达到“峰顶”；同样，对于$x=1$的某个邻域内的任一点$x\,(x\neq 1)$，恒有$f(x)>f(1)$，即曲线在点$(1,\ f(1))$处达到“谷底”. 具有这种性质的点在实际应用中有着重要的意义. 由此我们引入函数极值的概念.

定义1 设函数$f(x)$在点x_0的某邻域内有定义，如果对于该邻域内任意一点x $(x\neq x_0)$，恒有

$$f(x)<f(x_0)\ \ (\text{或}\ f(x)>f(x_0))$$

则称$f(x)$在点x_0处取得**极大值**（或**极小值**），而点x_0称为函数$f(x)$的**极大值点**（或**极小值点**）.

极大值与极小值统称为函数的**极值**，极大值点与极小值点统称为函数的**极值点**.

例如，余弦函数$y=\cos x$在点$x=0$处取得极大值1，在点$x=\pi$处取得极小值-1.

函数的极值的概念是局部性的. 如果$f(x_0)$是函数$f(x)$的一个极大值（或极小值），只是就点x_0邻近的一个局部范围内，$f(x_0)$是最大的（或最小的），对函数$f(x)$的整个定义域来说就不一定是最大的（或最小的）了.

在图 3-3-4 中，函数$f(x)$有两个极大值$f(x_2)$、$f(x_5)$，三个极小值$f(x_1)$、$f(x_4)$、$f(x_6)$，其中极大值$f(x_2)$比极小值$f(x_6)$还小. 就整个区间$[a,\ b]$而言，只有一个极小值$f(x_1)$同时也是最小值，而没有一个极大值是最大值.

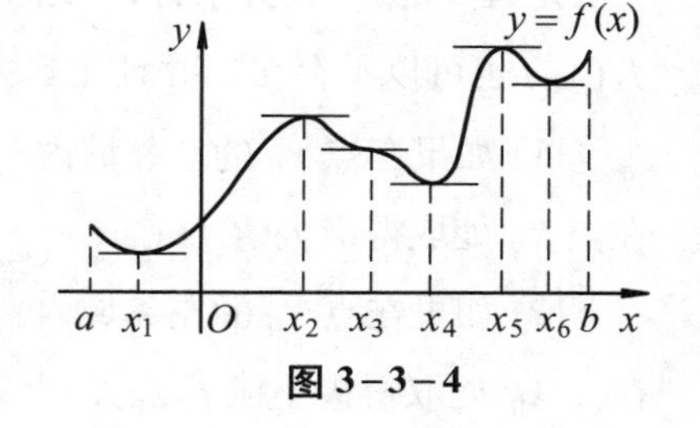

图 3-3-4

从图3-3-4中还可看到，在函数取得极值处，曲线的切线是水平的，即函数在极值点处的导数等于零. 但曲线上有水平切线的地方（如点$x=x_3$处），函数不一定取得极值.

定理2(必要条件) 如果$f(x)$在点x_0处可导,且在点x_0处取得极值,则$f'(x_0)=0$. 使$f'(x)=0$的点,称为函数$f(x)$的**驻点**.

图3–3–5是一条假设的上海证券交易所股票价格综合指数(简称上证指数)曲线.上证指数是一种能反映具有局部下跌和上涨的股票市场总体增长的股票指数.投资股票市场的目标无疑是低买(在局部最低处买进)高卖(在局部最高处卖出).但是,这种对股票时机的把握是难以捉摸的,因为我们不可能准确预测股市的趋势.当投资人刚意识到股市确实在上涨(或下跌)时,局部最低点(或局部最高点)早已过去了.

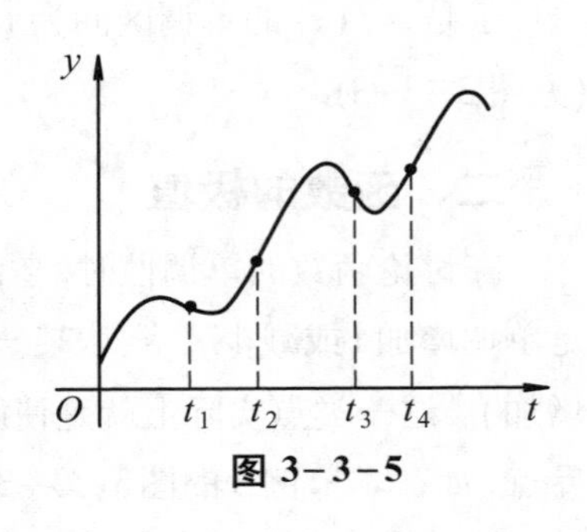

图 3–3–5

拐点为投资者提供了在逆转趋势发生之前预测它的方法,因为拐点标志着函数增长率的根本改变.以拐点(或接近拐点)处的价格购进股票能使投资者待在较长期的上涨趋势中(拐点预警了趋势的改变),降低了因股市的浮动给投资者带来的风险,这种方法使投资者能在长时间的过程中抓住股指上涨的趋势.

根据定理2,可导函数$f(x)$的极值点必定是它的驻点,但函数的驻点不一定是极值点.例如,$y=x^3$在点$x=0$处的导数等于零,但显然$x=0$不是$y=x^3$的极值点.此外,函数在它的导数不存在的点处也可能取得极值.

当我们求出函数的驻点或不可导点后,还要从这些点中判断哪些是极值点,以及进一步判断极值点是极大值点还是极小值点.由函数极值的定义和函数单调性的判定法易知,函数在其极值点的邻近两侧单调性改变(即函数一阶导数的符号改变),由此可导出关于函数极值点判定的一个充分条件.

定理3(第一充分条件) 设函数$f(x)$在点x_0的某个邻域内连续并且可导(导数$f'(x_0)$也可以不存在),并且在其去心邻域内可导.

(1) 如果在点x_0的左邻域内,$f'(x)>0$;在点x_0的右邻域内,$f'(x)<0$,则$f(x)$在点x_0处取得极大值$f(x_0)$;

(2) 如果在点x_0的左邻域内,$f'(x)<0$;在点x_0的右邻域内,$f'(x)>0$,则$f(x)$在点x_0处取得极小值$f(x_0)$.

证明 (1)由题设条件,函数$f(x)$在点x_0的左邻域内单调增加,在点x_0的右邻域内单调减少,且$f(x)$在点x_0处连续,故由定义可知$f(x)$在点x_0处取得极大值

$f(x_0)$ (见图3-3-6(a)).

同理可证 (2) (见图3-3-6(b)). ■

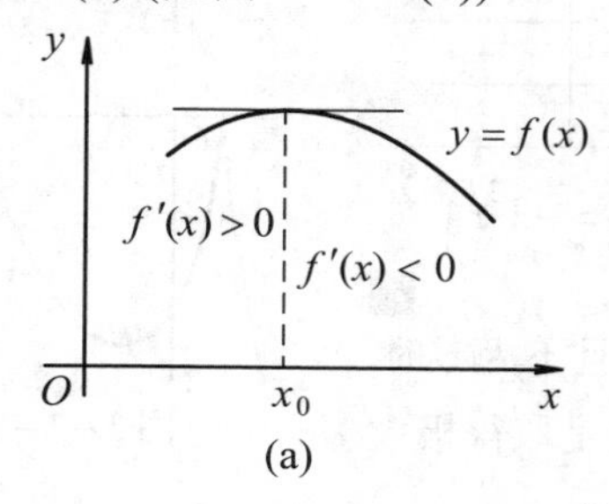

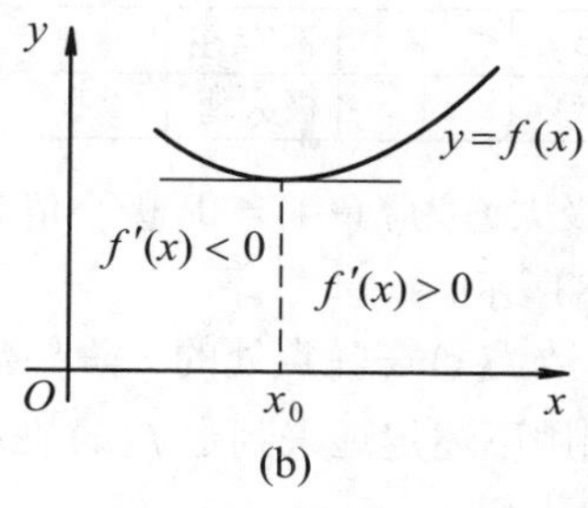

图 3-3-6

注: 如果在点 x_0 的去心邻域内, $f'(x)$ 不变号, 则 $f(x)$ 在点 x_0 处没有极值.

根据定理 2 和定理 3, 如果函数 $f(x)$ 在所讨论的区间内连续，除个别点外处处可导, 则可按下列步骤来求函数的极值点和极值.

(1) 确定函数 $f(x)$ 的定义域, 并求其导数 $f'(x)$;

(2) 解方程 $f'(x)=0$, 求出 $f(x)$ 的全部驻点与不可导点;

(3) 讨论 $f'(x)$ 在邻近驻点和不可导点左、右两侧符号变化的情况, 确定函数的极值点;

(4) 求出各极值点的函数值, 就得到函数 $f(x)$ 的全部极值.

例4　求出函数 $f(x)=x^3-3x^2-9x+5$ 的极值.

解　(1) 函数 $f(x)$ 在 $(-\infty,+\infty)$ 内连续, 且

$$f'(x)=3x^2-6x-9=3(x+1)(x-3).$$

(2) 令 $f'(x)=0$, 得驻点 $x_1=-1$, $x_2=3$.

(3) 列表讨论如下:

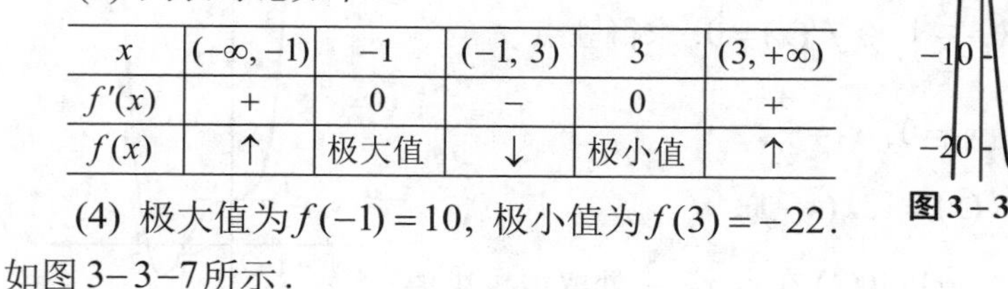

x	$(-\infty,-1)$	-1	$(-1,3)$	3	$(3,+\infty)$
$f'(x)$	+	0	−	0	+
$f(x)$	↑	极大值	↓	极小值	↑

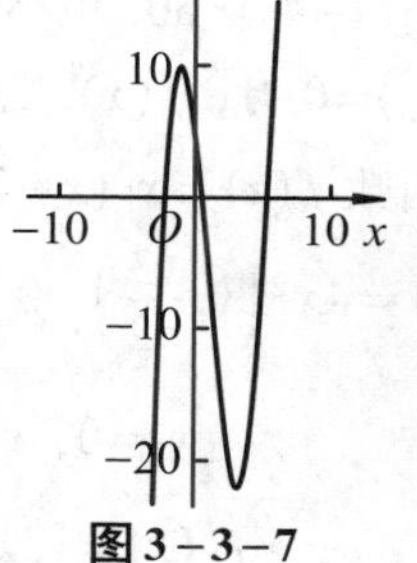

图 3-3-7

函数图形实验

(4) 极大值为 $f(-1)=10$, 极小值为 $f(3)=-22$. 如图 3-3-7 所示. ■

例5　求函数 $f(x)=(x-4)\sqrt[3]{(x+1)^2}$ 的极值.

解　(1) 函数 $f(x)$ 在 $(-\infty,+\infty)$ 内连续, 除点 $x=-1$ 外处处可导, 且

$$f'(x)=\frac{5(x-1)}{3\sqrt[3]{x+1}};$$

函数图形实验

(2) 令 $f'(x)=0$, 得驻点 $x=1$, 而 $x=-1$ 为 $f(x)$ 的不可导点;

(3) 列表讨论如下:

x	$(-\infty,-1)$	-1	$(-1,1)$	1	$(1,+\infty)$
$f'(x)$	+	不存在	−	0	+
$f(x)$	↑	极大值	↓	极小值	↑

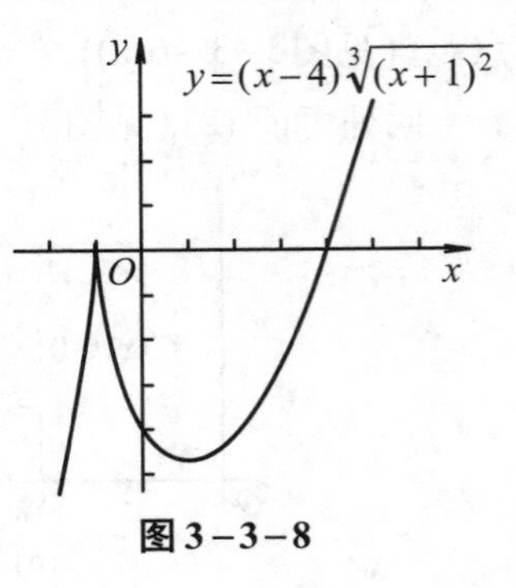

图 3−3−8

(4) 极大值为 $f(-1)=0$, 极小值为 $f(1)=-3\sqrt[3]{4}$. 如图3−3−8所示. ■

当函数 $f(x)$ 在驻点处的二阶导数存在且不为零时, 也可以利用下述定理来判定 $f(x)$ 在驻点处是取得极大值还是极小值.

定理 4 (第二充分条件) 设 $f(x)$ 在点 x_0 处具有二阶导数, 且

$$f'(x_0)=0,\ f''(x_0)\neq 0,$$

则 (1) 当 $f''(x_0)<0$ 时, 函数 $f(x)$ 在点 x_0 处取得极大值;

(2) 当 $f''(x_0)>0$ 时, 函数 $f(x)$ 在点 x_0 处取得极小值.

例 6 求出函数 $f(x)=x^3+3x^2-24x-20$ 的极值.

解 函数 $f(x)$ 在 $(-\infty,+\infty)$ 内连续, 且

$$f'(x)=3x^2+6x-24=3(x+4)(x-2).$$

令 $f'(x)=0$, 得驻点 $x_1=-4$, $x_2=2$. 又 $f''(x)=6x+6$, 因为

$$f''(-4)=-18<0,$$

$$f''(2)=18>0,$$

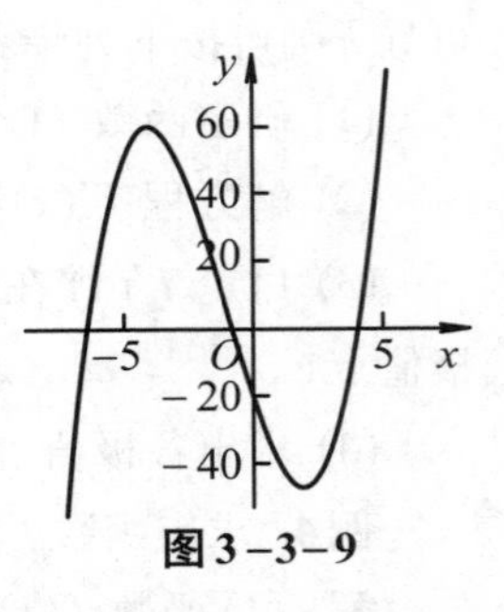

图 3−3−9

所以, 极大值 $f(-4)=60$, 极小值 $f(2)=-48$. $f(x)$ 的图形如图3−3−9所示. ■

注: $f''(x_0)=0$ 时, $f(x)$ 在点 x_0 处不一定取极值, 仍用第一充分条件进行判断.

例 7 求函数 $f(x)=x^3(x-2)+1$ 的极值.

解 $f'(x)=4x^2\left(x-\dfrac{3}{2}\right)$. 令 $f'(x)=0$, 求得驻点

$$x_1=0,\ x_2=\frac{3}{2}.$$

又 $$f''(x)=12x(x-1).$$

因为 $f''\left(\dfrac{3}{2}\right)=9>0$, 所以 $f(x)$ 在点 $x=\dfrac{3}{2}$ 处取得极小值, 极小值为 $f\left(\dfrac{3}{2}\right)=-\dfrac{11}{16}$. 而 $f''(0)=0$, 故用定理 4 无法判别.

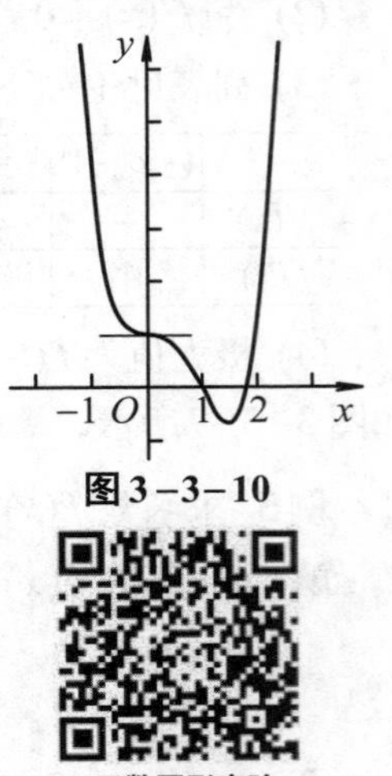

图 3−3−10

函数图形实验

考察一阶导数 $f'(x)$ 在驻点 $x_1=0$ 左右临近处的符号:

当 x 取 0 的左侧临近处的值时, $f'(x)<0$;

当 x 取 0 的右侧临近处的值时, $f'(x)<0$.

因为 $f'(x)$ 的符号没有改变, 所以 $f(x)$ 在点 $x=0$ 处没有极值 (见图 3−3−10). ■

***数学实验**

实验 3.1 试用计算软件完成下列各题:

(1) 求函数 $f(x)=x^{2}\mathrm{e}^{-\frac{1}{2}x}$ 的单调区间;

(2) 求函数 $f(x)=\dfrac{2+7x}{\sqrt{3+5x+3x^{2}}}$ 的极值;

(3) 求函数 $y=2\sin^{2}(2x)+\dfrac{5}{2}x\cos^{2}\left(\dfrac{x}{2}\right)$ 的位于区间 $(0,\pi)$ 内的极值的近似值;

(4) 作函数 $y=\dfrac{x^{2}-x+4}{x-1}$ 及其导函数的图形，并求函数的单调区间和极值;

(5) 作函数 $y=(x-3)(x-8)^{\frac{2}{3}}$ 及其导函数的图形，并求函数的单调区间和极值;

(6) 设 $h(x)=x^{3}+8x^{2}+19x-12$, $k(x)=\dfrac{1}{2}x^{2}-x-\dfrac{1}{8}$, 求方程 $h(x)=k(x)$ 的近似根;

(7) 设 $f(x)=\mathrm{e}^{-\frac{x^{2}}{16}}\cos\left(\dfrac{x}{\pi}\right)$, $g(x)=\sin\sqrt{x^{3}}+\dfrac{5}{4}$, 作出两个函数在区间$[0,\pi]$上的图形，并求方程 $f(x)=g(x)$ 在该区间的近似根.

详见教材配套的网络学习空间.

三、函数的最大值与最小值

在实际应用中，常常会遇到求最大值和最小值的问题. 如用料最省、容量最大、花钱最少、效率最高、利润最大等. 此类问题在数学上往往可归结为求某一函数(通常称为**目标函数**) 的最大值或最小值问题.

假定函数 $f(x)$ 在闭区间 $[a,b]$ 上连续，则函数在该区间上必取得最大值和最小值. 函数的最大(小) 值与函数的极值是有区别的，前者是指在整个闭区间 $[a,b]$ 上的所有函数值中为最大(小)的, 因而最大(小) 值是全局性的概念. 但是, 如果函数的最大(小) 值在 (a,b) 内达到，则最大(小) 值同时也是极大(小) 值. 此外，函数的最大(小) 值也可能在区间的端点处达到.

综上所述, 求函数在 $[a,b]$ 上的最大(小) 值的步骤如下:

(1) 计算函数 $f(x)$ 一切可能极值点上的函数值, 并将它们与 $f(a)$, $f(b)$ 相比较, 这些值中最大的就是最大值, 最小的就是最小值;

(2)对于闭区间$[a,b]$上的连续函数$f(x)$, 如果在这个区间内只有一个可能的极值点，并且函数在该点处确有极值，则该点就是函数在所给区间上的最大值 (或最小值)点. 图 3–3–11 给出了极大(小) 值与最大(小) 值分布的一种典型情况.

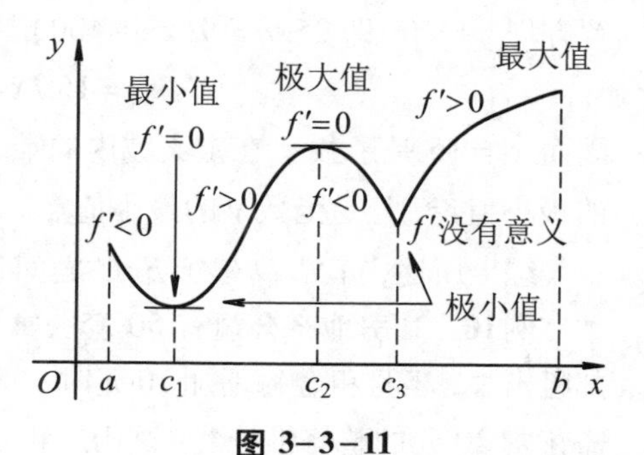

图 3–3–11

例8　求 $y=f(x)=2x^3+3x^2-12x+14$ 在 $[-3,4]$ 上的最大值与最小值.

解　因为 $f'(x)=6(x+2)(x-1)$, 解方程 $f'(x)=0$, 得

$$x_1=-2,\ x_2=1.$$

计算得

$$f(-3)=23;\ f(-2)=34;$$
$$f(1)=7;\quad f(4)=142.$$

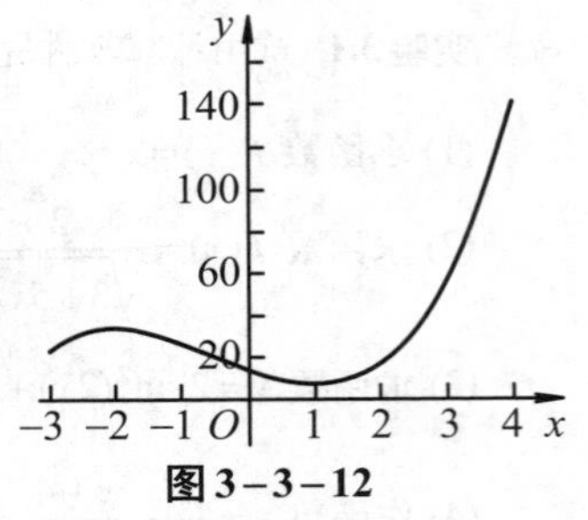

图 3–3–12

比较得: 最大值 $f(4)=142$, 最小值 $f(1)=7$.

如图 3–3–12 所示. ■

例9　设工厂 A 到铁路线的垂直距离为20千米, 垂足为 B. 铁路线上距离 B 为100千米处有一原料供应站 C, 如图 3–3–13 所示. 现在要在铁路 BC 段上 D 处修建一个原料中转车站, 再由车站 D 向工厂修一条公路. 如果已知每千米的铁路运费与公路运费之比为 3∶5, 那么, D 应选在何处, 才能使从原料供应站 C 运货到工厂 A 所需运费最省?

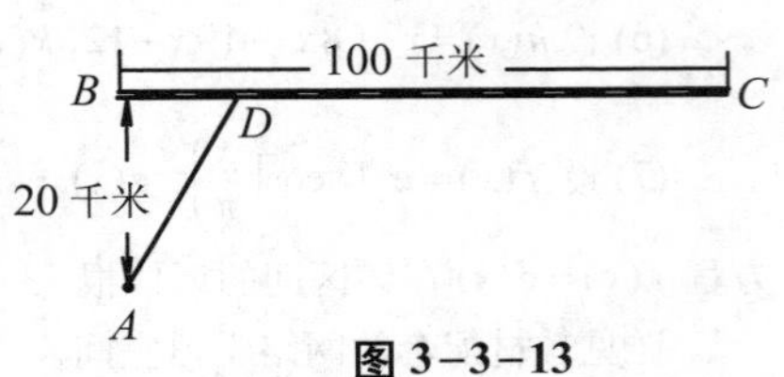

图 3–3–13

解　设 BD 之间的距离为 x (单位: 千米), 则 A, D 之间的距离和 C, D 之间的距离分别为

$$|AD|=\sqrt{x^2+20^2},\quad |CD|=100-x.$$

如果公路运费为 a 元/千米, 则铁路运费为 $\frac{3}{5}a$ 元/千米, 故从原料供应站 C 途经中转站 D 到工厂 A 所需总运费 y (**目标函数**) 为

$$y=\frac{3}{5}a|CD|+a|AD|=\frac{3}{5}a(100-x)+a\sqrt{x^2+400}\quad(0\le x\le 100).$$

由

$$y'=-\frac{3}{5}a+\frac{ax}{\sqrt{x^2+400}}=\frac{a(5x-3\sqrt{x^2+400})}{5\sqrt{x^2+400}},\ y''=\frac{400a}{(x^2+400)^{3/2}},$$

解方程 $y'=0$, 即 $25x^2=9(x^2+400)$, 得驻点

$$x_1=15,\ x_2=-15\ (舍去),$$

因而 $x_1=15$ 是函数 y 在定义域内的唯一驻点. 又 $y''(15)>0$, 由此知 $x_1=15$ 是函数 y 的极小值点, 且是函数 y 的最小值点.

综上所述, 车站 D 建于 B, C 之间且与 B 相距15千米处时, 运费最省. ■

例10　某房地产公司有 50 套公寓要出租, 当租金定为每月180 元时, 公寓可全部租出去. 当月租金每增加10 元时, 就有一套公寓租不出去. 而租出去的房子每月需花费 20 元的整修维护费. 试问房租定为多少可获得最大收入?

解 设房租为每月x元，则租出去的房子为$\left(50-\dfrac{x-180}{10}\right)$套，每月的总收入为

$$R(x)=(x-20)\left(50-\frac{x-180}{10}\right)=(x-20)\left(68-\frac{x}{10}\right),$$

由

$$R'(x)=\left(68-\frac{x}{10}\right)+(x-20)\left(-\frac{1}{10}\right)=70-\frac{x}{5},$$

解方程$R'(x)=0$，得唯一驻点$x=350$. 又$R''(x)=-1/5$, $R''(350)<0$, 因此$R(350)$是极大值，也是最大值. 所以每月每套租金为350元时收入最大，最大收入为

$$R(350)=10\,890(\text{元}).$$

■

四、对抛射体运动建模

我们将要为理想抛射体运动建模. 假定抛射体的行为像一个在竖直坐标平面内运动的质点，不计空气阻力，抛射体在(靠近地球表面)飞行过程中作用在它上面的唯一的力是总指向正下方的重力.

假设抛射体在时刻$t=0$以初速度v被发射到第一象限(见图3-3-14), 若v和水平线成角α(即抛射角), 则抛射体的运动轨迹由参数方程

$$x(t)=(v\cos\alpha)t,\ y(t)=(v\sin\alpha)t-\frac{1}{2}gt^2$$

给出，其中g是重力加速度(9.8米/秒^2). 上面第一个方程描述了抛射体在时刻$t\geq 0$的水平位置，而第二个方程描述了抛射体在时刻$t\geq 0$的竖直位置.

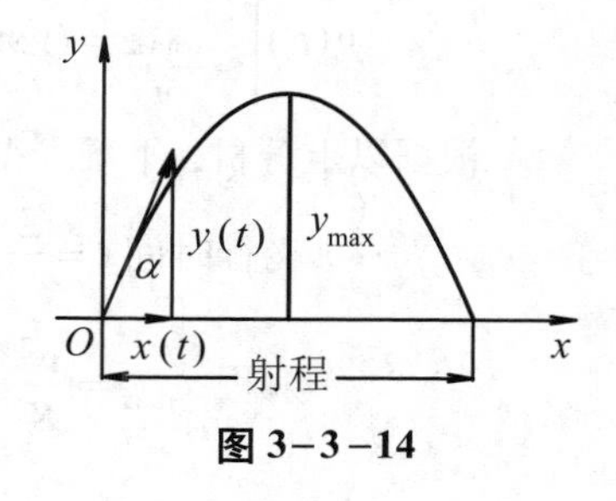

图 3-3-14

例 11 在地面上以400米/秒的初速度和$\pi/3$的抛射角发射一个抛射体. 求发射10秒后抛射体的位置.

解 由$v=400$米/秒, $\alpha=\pi/3$, $t=10$, 则

$$x(10)=\left(400\cos\frac{\pi}{3}\right)\times 10=2\,000,$$

$$y(10)=\left(400\sin\frac{\pi}{3}\right)\times 10-\frac{1}{2}\times 9.8\times 10^2\approx 2\,974,$$

即发射10秒后抛射体离开发射点的水平距离为2 000米，在空中的高度为2 974米. ■

虽然由参数方程确定的运动轨迹能够解决理想抛射体的大部分问题，但是有时我们还需要知道关于它的飞行时间、射程(即从发射点到水平地面的碰撞点的距离)和最大高度.

由抛射体在时刻$t\geq 0$的竖直位置解出t:

$$t\left(v\sin\alpha-\frac{1}{2}gt\right)=0\ \Rightarrow\ t=0\text{ 或 }t=\frac{2v\sin\alpha}{g}.$$

因为抛射体在时刻 $t=0$ 发射，故 $t=\dfrac{2v\sin\alpha}{g}$ 必然是抛射体碰到地面的时刻. 此时抛射体的水平距离，即射程为

$$x(t)\Big|_{t=\frac{2v\sin\alpha}{g}}=(v\cos\alpha)t\Big|_{t=\frac{2v\sin\alpha}{g}}=\frac{v^2}{g}\sin 2\alpha,$$

当 $\sin 2\alpha=1$ 时，即 $\alpha=\dfrac{\pi}{4}$ 时射程最大.

抛射体在它的竖直速度为零时，即

$$y'(t)=v\sin\alpha-gt=0,$$

从而

$$t=\frac{v\sin\alpha}{g},$$

故最大高度

$$y(t)\Big|_{t=\frac{v\sin\alpha}{g}}=(v\sin\alpha)\left(\frac{v\sin\alpha}{g}\right)-\frac{1}{2}g\left(\frac{v\sin\alpha}{g}\right)^2=\frac{(v\sin\alpha)^2}{2g}.$$

根据以上分析，不难求得例 11 中的抛射体的飞行时间、射程和最大高度：

$$\text{飞行时间 } t=\frac{2v\sin\alpha}{g}=\frac{2\times 400}{9.8}\sin\frac{\pi}{3}\approx 70.70\,(\text{秒}),$$

$$\text{射程 } x_{\max}=\frac{v^2}{g}\sin 2\alpha=\frac{400^2}{9.8}\sin\frac{2\pi}{3}\approx 14\,139\,(\text{米}),$$

$$\text{最大高度 } y(t)_{\max}=\frac{(v\sin\alpha)^2}{2g}=\frac{\left(400\sin\frac{\pi}{3}\right)^2}{2\times 9.8}\approx 6\,122\,(\text{米}).$$

下面我们再来看一个实例.

例 12　1992 年巴塞罗那夏季奥运会开幕式上的奥运火炬是由射箭铜牌获得者安东尼奥 • 雷波罗用一支燃烧的箭点燃的(见图3−3−15(a))，奥运火炬位于高约 21 米的火炬台顶端的圆盘中，假定雷波罗在地面以上 2 米距火炬台顶端圆盘约 70 米处的位置射出火箭，若火箭恰好在达到其最大飞行高度 1 秒后落入火炬圆盘中，试确定火箭的发射角 α 和初速度 v_0.(假定火箭射出后在空中的运动过程中受到的阻力为零，且 $g=10$米/秒^2, $\arctan\dfrac{21.91}{21.11}\approx 46.06^\circ$, $\sin 46.06^\circ\approx 0.72$, 要求精确到小数点后 2 位.)

解　建立如图 3−3−15(b) 所示坐标系，设火箭被射向空中的初速度为 v_0 米/秒，即 $v_0=(v_0\cos\alpha, v_0\sin\alpha)$，则火箭在空中运动 t 秒后的位移方程为

$$s(t)=(x(t), y(t))=(v_0\cos\alpha t,\ 2+v_0\sin\alpha t-5t^2).$$

(a)

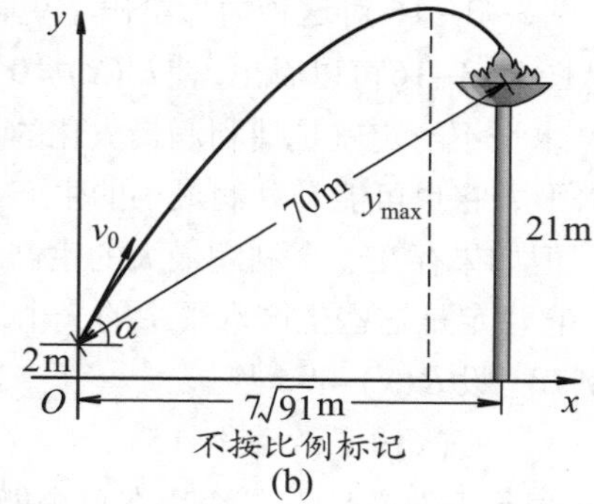

(b)

图 3-3-15

火箭在其速度的竖直分量为零时达到最高点, 故有

$$\frac{\mathrm{d}y(t)}{\mathrm{d}t}=(2+v_0\sin\alpha t-5t^2)'=v_0\sin\alpha-10t=0\Rightarrow t=\frac{v_0}{10}\sin\alpha,$$

于是可得出当火箭达到最高点 1 秒后的时刻其水平位移和竖直位移分别为

$$x(t)\Big|_{t=\frac{v_0\sin\alpha}{10}+1}=v_0\cos\alpha\left(\frac{v_0}{10}\sin\alpha+1\right)=\sqrt{70^2-19^2},$$

$$y(t)\Big|_{t=\frac{v_0\sin\alpha}{10}+1}=\frac{v_0^2\sin^2\alpha}{20}-3=21,$$

解得: $v_0\sin\alpha\approx 21.91$, $v_0\cos\alpha\approx 21.11$, 从而

$$\tan\alpha=\frac{21.91}{21.11}\Rightarrow\alpha\approx 46.06^\circ,$$

又

$$v_0\sin\alpha\approx 21.91,\ \alpha\approx 46.06^\circ\Rightarrow v_0\approx 30.43(\text{米/秒}),$$

所以, 火箭的发射角 α 和初速度 v_0 分别约为 46.06° 和 30.43 米/秒. ■

五、在经济学中的应用

最后, 我们还要介绍最大值和最小值方法在经济学中的应用.

最大利润问题: 假设生产 x 件产品的成本为 $C(x)$, 销售 x 件产品的收入为 $R(x)$, 则销售 x 件产品产生的利润为

$$L(x)=R(x)-C(x).$$

在这个生产水平 (x 件产品) 上的边际利润即为 $L'(x)$.

我们假定成本函数 $C(x)$ 和收入函数 $R(x)$ 对一切 x ($x>0$) 可微, 则如果利润函数 $L(x)$ 有最大值, 那么它一定在使 $L'(x)=0$ 的生产水平处达到. 因

$$L'(x)=R'(x)-C'(x),$$

所以 $L'(x)=0$ 蕴含着

$$R'(x)-C'(x)=0\ \text{或}\ R'(x)=C'(x).$$

这个等式给出了如下结论: 最大利润在使边际收入等于边际成本的生产水平处

达到. 图3－3－16对这种情形给出了更多的信息.

从图3－3－16可以看出, 使$L'(x)=0$的生产水平不一定就是使利润最大化的生产水平，它也可能是利润最小的生产水平. 但如果存在一个利润最大的生产水平，它肯定是这些生产水平中的一个.

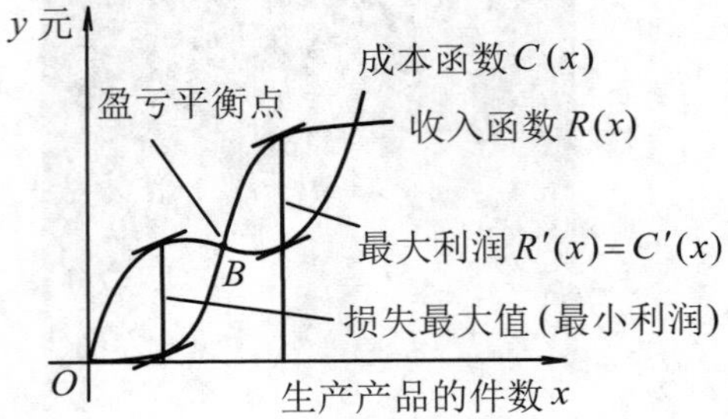

y元
成本函数$C(x)$
盈亏平衡点
收入函数$R(x)$
最大利润$R'(x)=C'(x)$
B
损失最大值(最小利润)
O
生产产品的件数x

图 3－3－16

例13　设$R(x)=9x$且

$$C(x)=x^3-6x^2+15x,$$

其中x表示千件产品. 是否存在一个能使利润最大化的生产水平？如果存在，求出它的值.

解　注意到$R'(x)=9$且

$$C'(x)=3x^2-12x+15,$$

令$3x^2-12x+15=9$, 解之得

$$x_1=2+\sqrt{2}\approx 3.414$$

及

$$x_2=2-\sqrt{2}\approx 0.586.$$

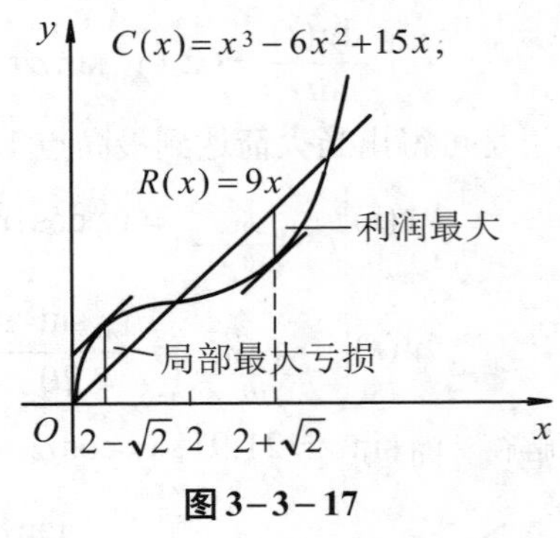

图 3－3－17

可能使利润最大的生产水平为$x_1\approx 3.414$千件或$x_2\approx 0.586$千件. 图3－3－17的图形表明，在$x=3.414$千件附近(在该处收入超过成本) 实现最大利润, 而最大亏损发生在大约$x=0.586$千件的生产水平上. ■

例14 某人利用原材料每天要制作5个贮藏橱. 假设外来木材的运送成本为6 000元，而贮存每个单位材料的成本为8元. 为使他在两次运送期间的制作周期内平均每天的成本最小，每次他应该订多少原材料以及多长时间订一次货？

解　设每x天订一次货，那么在运送周期内必须订$5x$单位材料. 而平均贮存量大约为运送数量的一半，即$5x/2$. 因此

$$\text{每个周期的成本}=\text{运送成本}+\text{贮存成本}=6\,000+\frac{5x}{2}\cdot x\cdot 8,$$

$$\text{平均成本}\ \overline{C}(x)=\frac{\text{每个周期的成本}}{x}=\frac{6\,000}{x}+20x,\ \ x>0.$$

由$\overline{C}'(x)=-\dfrac{6\,000}{x^2}+20$解方程$\overline{C}'(x)=0$, 得驻点

$$x_1=10\sqrt{3}\approx 17.32,\quad x_2=-10\sqrt{3}\approx -17.32\ (\text{舍去}).$$

因$\overline{C}''(x)=\dfrac{12\,000}{x^3}$, 则$\overline{C}''(x_1)>0$, 所以在点$x_1=10\sqrt{3}\approx 17.32$(天)处取得最小值.

贮藏橱制作者应该安排每隔17天运送外来木材$5\times 17=85$单位材料. ■

*数学实验

实验3.2 试借助计算软件完成下列各题：

(1) 求函数 $y=x^{\frac{1}{3}}(2-x)^{\frac{2}{3}}$ 在区间[0, 2]上的最大值；

(2) 求函数 $y=\mathrm{e}^{-x}(1+2x-3x^2)$ 的最小值、最大值.

详见教材配套的网络学习空间.

习 题 三

1. 验证函数 $f(x)=x\sqrt{3-x}$ 在区间 [0, 3] 上满足罗尔定理的条件，并求出满足罗尔定理的值 ξ.

2. 验证拉格朗日中值定理对函数 $y=4x^3-5x^2+x-2$ 在区间 [0, 1] 上的正确性.

3. 已知函数 $f(x)=x^4$ 在区间 [1, 2] 上满足拉格朗日中值定理的条件，试求满足定理的 ξ.

4. 试证明对函数 $y=px^2+qx+r$ 应用拉格朗日中值定理时所求得的点 ξ 总是位于区间的正中间.

5. 一位货车司机在收费亭处收到一张罚款单，说他在限速为65公里/小时的收费道路上在2小时内走了159公里. 罚款单列出的违章理由为该司机超速行驶. 为什么？

6. 15世纪郑和下西洋时最大的宝船能在12小时内一次航行110海里. 试解释为什么在航行过程中的某时刻宝船的速度一定超过 9 海里/小时.

7. 证明下列不等式：

(1) 当 $x>1$ 时，$\mathrm{e}^x>\mathrm{e}\cdot x$；　　(2) 设 $\pi/4<x<\pi/2$，证明：$\tan x>2x+1-\pi/2$.

8. 若函数 $f(x)$ 在 (a, b) 内具有二阶导函数，且 $f(x_1)=f(x_2)=f(x_3)$ $(a<x_1<x_2<x_3<b)$，证明：在 (x_1, x_3) 内至少有一点 ξ，使得 $f''(\xi)=0$.

9. 用洛必达法则求下列极限：

(1) $\lim\limits_{x\to 0}\dfrac{\mathrm{e}^x-\mathrm{e}^{-x}}{\sin x}$；　(2) $\lim\limits_{x\to a}\dfrac{\sin x-\sin a}{x-a}$；　(3) $\lim\limits_{x\to 0}\dfrac{\tan x-x}{x-\sin x}$；

(4) $\lim\limits_{x\to 1}\dfrac{x^3-1+\ln x}{\mathrm{e}^x-\mathrm{e}}$；　(5) $\lim\limits_{x\to 0}x\cot 2x$；　(6) $\lim\limits_{x\to 0}x^2\mathrm{e}^{1/x^2}$；

(7) $\lim\limits_{x\to\infty}x(\mathrm{e}^{\frac{1}{x}}-1)$；　(8) $\lim\limits_{x\to 0}\left(\dfrac{1}{x}-\dfrac{1}{\mathrm{e}^x-1}\right)$；　(9) $\lim\limits_{x\to 1}\left(\dfrac{x}{x-1}-\dfrac{1}{\ln x}\right)$；

(10) $\lim\limits_{x\to 0^+}x^{\sin x}$；　(11) $\lim\limits_{x\to 0^+}\left(\dfrac{1}{x}\right)^{\tan x}$；　(12) $\lim\limits_{x\to 0}(1+\sin x)^{\frac{1}{x}}$.

10. 验证极限 $\lim\limits_{x\to\infty}\dfrac{x+\sin x}{x}$ 存在，但不能用洛必达法则求出.

11. 证明函数 $y=x-\ln(1+x^2)$ 单调增加.

12. 判定函数 $f(x)=x+\sin x$ $(0\le x\le 2\pi)$ 的单调性.

13. 求下列函数的单调区间：

(1) $y=\frac{1}{3}x^3-x^2-3x+1$；　(2) $y=2x+\frac{8}{x}\ (x>0)$；　(3) $y=\frac{2}{3}x-\sqrt[3]{x^2}$；

(4) $y=(1+\sqrt{x})x$；　(5) $y=2x^2-\ln x$.

14. 证明下列不等式：

(1) 当 $x>0$ 时，$1+\frac{1}{2}x>\sqrt{1+x}$；

(2) 当 $x\geq 0$ 时，$(1+x)\ln(1+x)\geq \arctan x$.

15. 求下列函数的极值：

(1) $f(x)=\frac{1}{3}x^3-x^2-3x$；　(2) $y=x-\ln(1+x)$；　(3) $y=\frac{\ln^2 x}{x}$；

(4) $y=x+\sqrt{1-x}$；　(5) $y=\mathrm{e}^x\cos x$.

16. 试问 a 为何值时，函数 $f(x)=a\sin x+\frac{1}{3}\sin 3x$ 在点 $x=\frac{\pi}{3}$ 处取得极值？并求此极值.

17. 求下列函数的最大值、最小值：

(1) $y=x^4-8x^2+2$，$-1\leq x\leq 3$；　(2) $y=\sin x+\cos x$，$[0, 2\pi]$；

(3) $y=x+\sqrt{1-x}$，$-5\leq x\leq 1$；　(4) $y=\ln(x^2+1)$，　$[-1, 2]$.

18. 从一块边长为 a 的正方形铁皮的四角上截去同样大小的正方形，然后按虚线把四边折起来做成一个无盖的盒子（见题18图），问要截去多大的小方块，才能使盒子的容量最大？

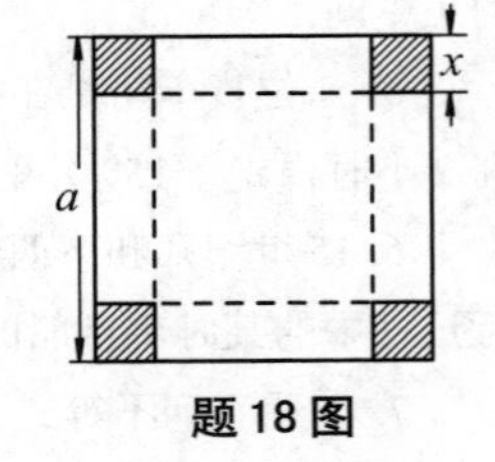

题18图

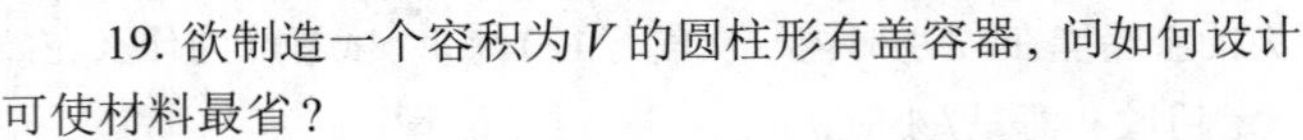

19. 欲制造一个容积为 V 的圆柱形有盖容器，问如何设计可使材料最省？

20. 甲船以每小时 20 浬的速度向东行驶，同一时间乙船在甲船正北 82 浬处以每小时 16 浬的速度向南行驶，问经过多少时间两船距离最近？

21. 假设高出地面0.5米的一个足球被踢出时，它的初速度为30米/秒，并与水平线成30°角. 假定足球被踢出后在空中的运动过程中受到的阻力为零，$g=10$ 米/秒^2.

(1) 足球何时达到最大高度？最大高度是多少？

(2) 求足球的飞行时间和射程 .

22. 用输油管把离岸12公里的一座油田和沿岸往下20公里处的炼油厂连接起来（见题22图）. 如果水下输油管的铺设成本为5万元/公里，陆地铺设成本为3万元/公里. 如何组合水下和陆地的输油管使得铺设费用最少？

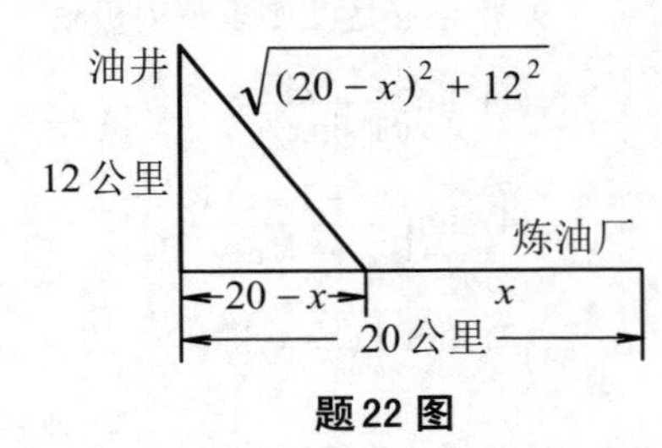

题22图

23. 制造和销售每个背包的成本为 C 元. 如果每个背包的售价为 x 元，售出背包数由 $n=\frac{a}{x-C}+b(100-x)$ 给出，其中 a 和 b 是正常数，售价定为何值时，能带来最大利润？

24. 设生产某产品的固定成本为10 000元，可变成本与产品日产量 x 吨的立方成正比，已知日产量为20吨时，总成本为 10 320 元，问：日产量为多少吨时，能使平均成本最低？并求最低平均成本（假定日最高产量为100吨）.

数学家简介 [2]

拉格朗日

——数学世界里一座高耸的金字塔

拉格朗日

拉格朗日(Lagrange, 1736—1813)是18世纪伟大的数学家、力学家和天文学家，1736年生于意大利都灵. 青年时代，在数学家雷维里 (F. A. Revelli) 的指导下学习几何学后，激发了他的数学天才. 17岁开始专攻当时迅速发展的数学分析. 19岁时，拉格朗日写出了用纯分析方法求变分极值的论文，对变分法的创立作出了贡献，此成果使他在都灵出了名. 当年，他被聘为都灵皇家炮兵学校教授. 1763年，拉格朗日完成的关于“月球天平动研究”的论文因较好地解释了月球自转和公转的角速度的差异，获得了巴黎科学院1764年度奖，此后他还四次获得巴黎科学院征奖课题研究的年度奖. 1766年，在达朗贝尔和欧拉的推荐下，普鲁士国王腓特烈大帝写信给拉格朗日说：欧洲最大之王希望欧洲最大之数学家来他的宫廷工作. 拉格朗日接受邀请，于当年8月21日离开都灵前往柏林科学院，并担任了柏林科学院数学部主任一职，一直到1787年才移居巴黎.

拉格朗日的学术生涯主要在18世纪后半期. 当时数学、物理学和天文学是自然科学的主体. 数学的主流是由微积分发展起来的数学分析，以欧洲大陆为中心；物理学的主流是力学；天文学的主流是天体力学. 数学分析的发展使力学和天体力学得以深化，而力学和天体力学的课题又成为数学分析发展的动力. 拉格朗日在数学、力学和天文学三个学科中都有重大的历史性贡献，但他主要是数学家，研究力学和天文学的目的是表明数学分析的威力. 他的全部著作、论文、学术报告记录、学术通讯超过500篇. 几乎在当时所有的数学领域中，拉格朗日都作出了重要贡献，其最突出的贡献是在使数学分析的基础脱离几何与力学方面起了决定性的作用. 他使得数学的独立性更为清楚，而不仅仅是其他学科的工具. 他的工作总结了18世纪的数学成果，同时又开辟了19世纪数学研究的道路.

拉格朗日在使天文学力学化、力学分析化方面也起了决定性作用，促使力学和天文学更深入地发展. 他最精心之作当推《天体力学》，他为之倾注了37年的心血，用数学把宇宙描绘成一个优美和谐的力学体系，被哈密顿 (Hamilton) 誉为“科学诗”.

拉格朗日科学的思想方法也对后人产生了深远的影响. 拉格朗日常数变易法的实质就是矛盾转化法. 他在探索微分方程求解的过程中，巧妙地运用了高阶与低阶、常量与变量、线性与非线性、齐次与非齐次等各种转化. 拉格朗日解决数学问题的精妙之处，就在于他能洞察到数学对象之间深层次的联系，从而创造有利条件，使问题迎刃而解.

拉格朗日是欧洲最伟大的数学家之一，拿破仑曾称赞他是“一座高耸在数学世界的金字塔”.

第4章 不 定 积 分

数学中的转折点是笛卡儿的变数. 有了变数，运动进入了数学；有了变数，辩证法进入了数学；有了变数，微分和积分也就立刻成为必要的了，而它们也就立刻产生，并且是由牛顿和莱布尼茨大体上完成的，但不是由他们发明的.

——**恩格斯**

数学发展的动力主要源于社会发展的环境力量. 17世纪，微积分的创立首先是为了解决当时数学面临的四类核心问题中的第四类问题，即求曲线的长度、曲线围成的面积、曲面围成的体积、物体的重心和引力，等等. 此类问题的研究具有久远的历史. 例如，古希腊人曾用穷竭法求出了某些图形的面积和体积，我国南北朝时期的祖冲之[①] 和他的儿子祖暅也曾推导出某些图形的面积和体积. 在欧洲，对此类问题的研究兴起于17世纪，先是穷竭法被逐渐修改，后来由于微积分的创立彻底改变了解决这一大类问题的方法.

由求物体的运动速度、曲线的切线和极值等问题产生了导数和微分，构成了微积分学的微分学部分；同时由已知速度求路程、已知切线求曲线以及上述求面积与体积等问题，产生了不定积分和定积分，构成了微积分学的积分学部分.

前面已经介绍了已知函数求导数的问题，现在我们要考虑其反问题：已知导数求其函数，即求一个未知函数，使其导数恰好是某一已知函数. 这种由导数或微分求原函数的逆运算称为不定积分. 本章将介绍不定积分的概念及其计算方法.

§4.1 不定积分的概念与性质

一、原函数的概念

从微分学知道：若已知曲线方程 $y=f(x)$, 则可求出该曲线在任一点 x 处的切线的斜率 $k=f'(x)$.

例如, 曲线 $y=x^2$ 在点 x 处切线的斜率为 $k=2x$.

若已知某产品的成本函数 $C=C(q)$, 则可求得其边际成本函数 $C'=C'(q)$.

例如, 对固定成本为2的成本函数 $C_1(q)=q^2+3q+2$, 其边际成本函数为 $C_1'(q)=2q+3$.

① 祖冲之 (429－500), 中国数学家.

现在要解决其**逆问题**:

(1) 已知曲线上任意一点 x 处的切线的斜率，要求该曲线的方程;

(2) 已知某产品的边际成本函数，求生产该产品的成本函数.

为此，我们引入原函数的概念.

定义1 设$f(x)$是定义在区间I上的函数，若存在函数$F(x)$，使得对任何$x\in I$均有

$$F'(x)=f(x) \quad \text{或} \quad \mathrm{d}F(x)=f(x)\,\mathrm{d}x,$$

则称函数$F(x)$为$f(x)$在区间I上的**原函数**.

例如，因为$(\sin x)'=\cos x$，故$\sin x$是$\cos x$的一个原函数.

因为$(x^2)'=2x$，故x^2是$2x$的一个原函数.

因为$(x^2+1)'=2x$，故x^2+1是$2x$的一个原函数.

…………

从上述后面两个例子可见：**一个函数的原函数不是唯一的**.

事实上，若$F(x)$为$f(x)$在区间I上的原函数，则有

$$F'(x)=f(x),$$

$$[F(x)+C]'=f(x) \quad (C\text{为任意常数}).$$

从而，$F(x)+C$也是$f(x)$在区间I上的原函数.

一个函数的任意两个原函数之间相差一个常数.

事实上，设$F(x)$和$G(x)$都是$f(x)$的原函数，则

$$[F(x)-G(x)]'=F'(x)-G'(x)=f(x)-f(x)=0,$$

即$F(x)-G(x)=C$ (C为任意常数).

由此知道，若$F(x)$为$f(x)$在区间I上的一个原函数，则函数$f(x)$的**全体原函数**为$F(x)+C$ (C为任意常数).

原函数的存在性将在下一章讨论，这里先介绍一个结论:

定理1 区间I上的连续函数一定有原函数.

注：求函数$f(x)$的原函数，实质上就是问它是由什么函数求导得来的. 而若求得$f(x)$的一个原函数$F(x)$，其全体原函数即为

$$F(x)+C \quad (C\text{为任意常数}).$$

二、不定积分的概念

定义2 在某区间I上的函数$f(x)$，若存在原函数，则称$f(x)$为**可积函数**，并将$f(x)$的全体原函数记为

$$\int f(x)\,\mathrm{d}x,$$

称它是函数$f(x)$在区间I内的**不定积分**，其中$\int$称为**积分符号**，$f(x)$称为**被积函数**，x称为**积分变量**.

由定义知，若$F(x)$为$f(x)$的原函数，则

$$\int f(x)\,\mathrm{d}x = F(x) + C \text{（}C\text{ 称为\textbf{积分常数}）}.$$

注: 函数 $f(x)$ 的原函数 $F(x)$ 的图形称为 $f(x)$ 的**积分曲线**.

由定义知, 求函数 $f(x)$ 的不定积分就是求 $f(x)$ 的全体原函数, 在 $\int f(x)\,\mathrm{d}x$ 中, 积分号 $\int$ 表示对函数 $f(x)$ 实行求原函数的运算, 故求不定积分的运算实质上就是求导 (或求微分) 运算的逆运算.

例 1　问 $\dfrac{\mathrm{d}}{\mathrm{d}x}\left(\int f(x)\,\mathrm{d}x\right)$ 与 $\int f'(x)\,\mathrm{d}x$ 是否相等?

解　不相等.

设 $F'(x) = f(x)$, 则

$$\frac{\mathrm{d}}{\mathrm{d}x}\left(\int f(x)\,\mathrm{d}x\right) = (F(x)+C)' = F'(x) + 0 = f(x).$$

而由不定积分定义得

$$\int f'(x)\,\mathrm{d}x = f(x) + C \text{（}C\text{ 为任意常数）}.$$

所以
$$\frac{\mathrm{d}}{\mathrm{d}x}\left(\int f(x)\,\mathrm{d}x\right) \neq \int f'(x)\,\mathrm{d}x.$$
■

例 2　求下列不定积分:

(1) $\int x^3\,\mathrm{d}x$;　　(2) $\int \dfrac{1}{x^2}\,\mathrm{d}x$;　　(3) $\int \dfrac{1}{1+x^2}\,\mathrm{d}x$.

解　(1) 因为 $\left(\dfrac{x^4}{4}\right)' = x^3$, 所以 $\dfrac{x^4}{4}$ 是 x^3 的一个原函数, 从而

$$\int x^3\,\mathrm{d}x = \frac{x^4}{4} + C \text{（}C\text{ 为任意常数）}.$$

(2) 因为 $\left(-\dfrac{1}{x}\right)' = \dfrac{1}{x^2}$, 所以 $-\dfrac{1}{x}$ 是 $\dfrac{1}{x^2}$ 的一个原函数, 从而

$$\int \frac{1}{x^2}\,\mathrm{d}x = -\frac{1}{x} + C \text{（}C\text{ 为任意常数）}.$$

(3) 因为 $(\arctan x)' = \dfrac{1}{1+x^2}$, 所以 $\arctan x$ 是 $\dfrac{1}{1+x^2}$ 的一个原函数, 从而

$$\int \frac{1}{1+x^2}\,\mathrm{d}x = \arctan x + C \text{（}C\text{ 为任意常数）}.$$
■

求一个不定积分有时是困难的, 但检验起来相对容易: 首先检查积分常数, 再对结果的右端求导, 其导数就应该是被积函数.

例 3　检验下列不定积分的正确性:

(1) $\int x\cos x\,\mathrm{d}x = x\sin x + C$;　　(2) $\int x\cos x\,\mathrm{d}x = x\sin x + \cos x + C$.

解　(1) 错误. 因为对等式的右端求导, 其导函数不是被积函数:

$$(x\sin x + C)' = x\cos x + \sin x + 0 \neq x\cos x.$$

(2) 正确. 因为

$$(x\sin x+\cos x+C)'=x\cos x+\sin x-\sin x+0=x\cos x.$$ ■

例 4 已知曲线 $y=f(x)$ 在任一点 x 处的切线斜率为 $2x$，且曲线通过点 $(1, 2)$，求此曲线的方程.

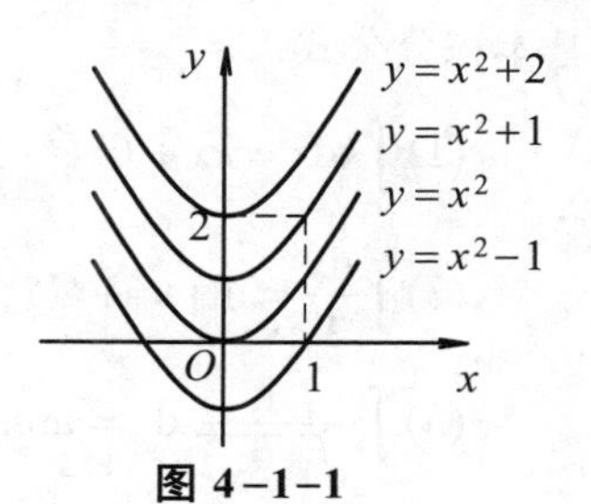

图 4−1−1

解 根据题意知

$$f'(x)=2x,$$

即 $f(x)$ 是 $2x$ 的一个原函数（见图 4−1−1），从而

$$f(x)=\int 2x\mathrm{d}x=x^2+C.$$

现要在上述积分曲线中选出通过点 $(1, 2)$ 的那条曲线.

由曲线通过点 $(1, 2)$ 得 $2=1^2+C$，即 $C=1$，故所求曲线方程为

$$y=x^2+1.$$ ■

三、不定积分的性质

由不定积分的定义知，若 $F(x)$ 为 $f(x)$ 在区间 I 上的原函数，即

$$F'(x)=f(x) \quad 或 \quad \mathrm{d}F(x)=f(x)\mathrm{d}x,$$

则 $f(x)$ 在区间 I 内的不定积分为

$$\int f(x)\mathrm{d}x=F(x)+C.$$

易见 $\int f(x)\mathrm{d}x$ 是 $f(x)$ 的原函数，故有：

性质 1 $\dfrac{\mathrm{d}}{\mathrm{d}x}\left[\int f(x)\mathrm{d}x\right]=f(x)$ 或 $\mathrm{d}\left[\int f(x)\mathrm{d}x\right]=f(x)\mathrm{d}x$.

又由于 $F(x)$ 是 $F'(x)$ 的原函数，故有：

性质 2 $\int F'(x)\mathrm{d}x=F(x)+C$ 或 $\int \mathrm{d}F(x)=F(x)+C$.

注：由上可见，**微分运算与积分运算是互逆的**. 两个运算连在一起时，$\mathrm{d}\int$ 完全抵消，$\int\mathrm{d}$ 抵消后相差一个常数.

利用微分运算法则和不定积分的定义，可得下列运算性质：

性质 3 两函数代数和的不定积分，等于它们各自不定积分的代数和，即

$$\int[f(x)\pm g(x)]\mathrm{d}x=\int f(x)\mathrm{d}x\pm\int g(x)\mathrm{d}x.$$

证明 $\left[\int f(x)\mathrm{d}x\pm\int g(x)\mathrm{d}x\right]'=\left[\int f(x)\mathrm{d}x\right]'\pm\left[\int g(x)\mathrm{d}x\right]'=f(x)\pm g(x).$ ■

注：此性质可推广到有限多个函数之和的情形.

性质 4 求不定积分时，非零常数因子可提到积分号外面. 即

$$\int kf(x)\mathrm{d}x=k\int f(x)\mathrm{d}x \quad (k\neq 0).$$

证明 $\left[k\int f(x)\mathrm{d}x\right]'=k\left[\int f(x)\mathrm{d}x\right]'=kf(x)=\left[\int kf(x)\mathrm{d}x\right]'.$ ■

四、基本积分表

根据不定积分的定义，由导数或微分基本公式，即可得到不定积分的基本公式.

这里我们列出**基本积分表**，请读者务必熟记．因为许多不定积分最终将归结为这些基本积分公式．

(1) $\int k\mathrm{d}x = kx + C$ (k 是常数)；　(2) $\int x^{\mu}\mathrm{d}x = \dfrac{x^{\mu+1}}{\mu+1} + C$ ($\mu \neq -1$)；

(3) $\int \dfrac{\mathrm{d}x}{x} = \ln|x| + C$；　(4) $\int \dfrac{1}{1+x^2}\mathrm{d}x = \arctan x + C$；

(5) $\int \dfrac{1}{\sqrt{1-x^2}}\mathrm{d}x = \arcsin x + C$；　(6) $\int a^x \mathrm{d}x = \dfrac{a^x}{\ln a} + C$；

(7) $\int \mathrm{e}^x \mathrm{d}x = \mathrm{e}^x + C$；　(8) $\int \cos x\mathrm{d}x = \sin x + C$；

(9) $\int \sin x\mathrm{d}x = -\cos x + C$；　(10) $\int \sec^2 x\mathrm{d}x = \tan x + C$；

(11) $\int \csc^2 x\mathrm{d}x = -\cot x + C$；　(12) $\int \sec x\tan x\mathrm{d}x = \sec x + C$；

(13) $\int \csc x\cot x\mathrm{d}x = -\csc x + C$．

五、直接积分法

从前面的例题知道，利用不定积分的定义来计算不定积分是非常不方便的．为解决不定积分的计算问题，这里我们先介绍一种利用不定积分的运算性质和基本积分公式，直接求出不定积分的方法，即**直接积分法**．

例如，计算不定积分 $\int (x^2 + 2x - 7)\mathrm{d}x$，有

$$\int (x^2 + 2x - 7)\mathrm{d}x = \int x^2 \mathrm{d}x + \int 2x\mathrm{d}x - \int 7\mathrm{d}x = \frac{x^3}{3} + x^2 - 7x + C.$$

注：每个积分号都含有任意常数，但由于这些任意常数之和仍是任意常数，因此，只要总的写出一个任意常数 C 即可．

例 5 求不定积分 $\int \dfrac{1}{x\sqrt[3]{x}}\mathrm{d}x$．

解 $\int \dfrac{1}{x\sqrt[3]{x}}\mathrm{d}x = \int x^{-\frac{4}{3}}\mathrm{d}x = \dfrac{1}{-\frac{4}{3}+1}x^{-\frac{4}{3}+1} + C = -3x^{-\frac{1}{3}} + C$. ■

例 6 求不定积分 $\int 2^x \mathrm{e}^x \mathrm{d}x$．

解 $\int 2^x \mathrm{e}^x \mathrm{d}x = \int (2\mathrm{e})^x \mathrm{d}x = \dfrac{(2\mathrm{e})^x}{\ln(2\mathrm{e})} + C = \dfrac{2^x \mathrm{e}^x}{1+\ln 2} + C$. ■

例 7 求不定积分 $\int \left(\dfrac{x}{2} + \dfrac{2}{x}\right)\mathrm{d}x$．

解 $\int \left(\dfrac{x}{2} + \dfrac{2}{x}\right)\mathrm{d}x = \int \dfrac{x}{2}\mathrm{d}x + \int \dfrac{2}{x}\mathrm{d}x = \dfrac{1}{2}\int x\mathrm{d}x + 2\int \dfrac{1}{x}\mathrm{d}x = \dfrac{x^2}{4} + 2\ln|x| + C$. ■

例 8 求不定积分$\int \frac{x^4}{1+x^2}\mathrm{d}x$.

解 $$\int \frac{x^4}{1+x^2}\mathrm{d}x=\int \frac{x^4-1+1}{1+x^2}\mathrm{d}x=\int \frac{(x^2+1)(x^2-1)+1}{1+x^2}\mathrm{d}x$$
$$=\int\left(x^2-1+\frac{1}{1+x^2}\right)\mathrm{d}x=\int x^2\mathrm{d}x-\int 1\mathrm{d}x+\int \frac{1}{1+x^2}\mathrm{d}x$$
$$=\frac{x^3}{3}-x+\arctan x+C.$$ ■

例 9 求不定积分$\int \tan^2 x\mathrm{d}x$.

解 $\int \tan^2 x\mathrm{d}x=\int(\sec^2 x-1)\mathrm{d}x=\int \sec^2 x\mathrm{d}x-\int 1\mathrm{d}x=\tan x-x+C.$ ■

§4.2 换元积分法与分部积分法

能用直接积分法计算的不定积分是十分有限的．本节介绍的换元积分法，是将复合函数的求导法则反过来用于不定积分，通过适当的变量替换 (换元)，把某些不定积分化为可利用基本积分公式的形式，再计算出所求的不定积分.

一、第一类换元法 (凑微分法)

如果不定积分$\int f(x)\mathrm{d}x$用直接积分法不易求得，但被积函数可分解为
$$f(x)=g[\varphi(x)]\varphi'(x),$$
作变量代换 $u=\varphi(x)$，并注意到 $\varphi'(x)\mathrm{d}x=\mathrm{d}\varphi(x)$，则可将关于变量$x$的积分转化为关于变量$u$的积分，于是有
$$\int f(x)\mathrm{d}x=\int g[\varphi(x)]\varphi'(x)\mathrm{d}x=\int g(u)\mathrm{d}u.$$
如果可以求出$\int g(u)\mathrm{d}u$，不定积分$\int f(x)\mathrm{d}x$的计算问题就解决了，这就是**第一类换元 (积分) 法 (凑微分法)**.

定理 1 (第一类换元法) 设$g(u)$的原函数为$F(u)$，$u=\varphi(x)$可导，则有公式
$$\int g[\varphi(x)]\varphi'(x)\mathrm{d}x=\int g(u)\mathrm{d}u=F(u)+C=F[\varphi(x)]+C.$$
注: 上述公式中，第一个等号表示换元$\varphi(x)=u$，最后一个等号表示回代$u=\varphi(x)$.

例 1 求不定积分$\int (2x+1)^{10}\mathrm{d}x$.

解 $$\int (2x+1)^{10}\mathrm{d}x=\frac{1}{2}\int (2x+1)^{10}(2x+1)'\mathrm{d}x=\frac{1}{2}\int (2x+1)^{10}\mathrm{d}(2x+1)$$
$$\xlongequal[\text{换元}]{2x+1=u}\frac{1}{2}\int u^{10}\mathrm{d}u=\frac{1}{2}\cdot\frac{u^{11}}{11}+C\xlongequal[\text{回代}]{u=2x+1}\frac{1}{22}(2x+1)^{11}+C.$$ ■

例 2　求不定积分$\int x\mathrm{e}^{x^2}\mathrm{d}x$.

解　$$\int x\mathrm{e}^{x^2}\mathrm{d}x=\frac{1}{2}\int \mathrm{e}^{x^2}(x^2)'\mathrm{d}x=\frac{1}{2}\int \mathrm{e}^{x^2}\mathrm{d}(x^2)\xlongequal[\text{换元}]{x^2=u}\frac{1}{2}\int \mathrm{e}^u\mathrm{d}u$$
$$=\frac{1}{2}\mathrm{e}^u+C\xlongequal[\text{回代}]{u=x^2}\frac{1}{2}\mathrm{e}^{x^2}+C.$$ ■

例 3　求不定积分$\int\frac{1}{x(1+2\ln x)}\mathrm{d}x$.

解　$$\int\frac{1}{x(1+2\ln x)}\mathrm{d}x=\int\frac{1}{1+2\ln x}(\ln x)'\mathrm{d}x=\int\frac{1}{2}\cdot\frac{1}{1+2\ln x}(1+2\ln x)'\mathrm{d}x$$
$$=\frac{1}{2}\int\frac{1}{1+2\ln x}\mathrm{d}(1+2\ln x)\xlongequal[\text{换元}]{1+2\ln x=u}\frac{1}{2}\int\frac{1}{u}\mathrm{d}u=\frac{1}{2}\ln|u|+C$$
$$\xlongequal[\text{回代}]{u=1+2\ln x}\frac{1}{2}\ln|1+2\ln x|+C.$$ ■

注: 一般地, 我们可根据微分基本公式得到表4–2–1中所列的常用凑微分公式.

表 4–2–1　　**常用凑微分公式**

	积分类型	换元公式
第一类换元法	1. $\int f(ax+b)\mathrm{d}x=\frac{1}{a}\int f(ax+b)\mathrm{d}(ax+b)\ \ (a\neq 0)$	$u=ax+b$
	2. $\int f(x^\mu)x^{\mu-1}\mathrm{d}x=\frac{1}{\mu}\int f(x^\mu)\mathrm{d}(x^\mu)\quad(\mu\neq 0)$	$u=x^\mu$
	3. $\int f(\ln x)\cdot\frac{1}{x}\mathrm{d}x=\int f(\ln x)\mathrm{d}(\ln x)$	$u=\ln x$
	4. $\int f(\mathrm{e}^x)\cdot\mathrm{e}^x\mathrm{d}x=\int f(\mathrm{e}^x)\mathrm{d}(\mathrm{e}^x)$	$u=\mathrm{e}^x$
	5. $\int f(a^x)\cdot a^x\mathrm{d}x=\frac{1}{\ln a}\int f(a^x)\mathrm{d}(a^x)$	$u=a^x$
	6. $\int f(\sin x)\cdot\cos x\mathrm{d}x=\int f(\sin x)\mathrm{d}(\sin x)$	$u=\sin x$
	7. $\int f(\cos x)\cdot\sin x\mathrm{d}x=-\int f(\cos x)\mathrm{d}(\cos x)$	$u=\cos x$
	8. $\int f(\tan x)\sec^2 x\mathrm{d}x=\int f(\tan x)\mathrm{d}(\tan x)$	$u=\tan x$
	9. $\int f(\cot x)\csc^2 x\mathrm{d}x=-\int f(\cot x)\mathrm{d}(\cot x)$	$u=\cot x$

对变量代换比较熟练后, 可省去书写中间变量的换元和回代过程.

例 4　求不定积分$\int\frac{\mathrm{e}^{3\sqrt{x}}}{\sqrt{x}}\mathrm{d}x$.

解　$$\int\frac{\mathrm{e}^{3\sqrt{x}}}{\sqrt{x}}\mathrm{d}x=2\int\mathrm{e}^{3\sqrt{x}}\mathrm{d}(\sqrt{x})=\frac{2}{3}\int\mathrm{e}^{3\sqrt{x}}\mathrm{d}(3\sqrt{x})=\frac{2}{3}\mathrm{e}^{3\sqrt{x}}+C.$$ ■

例 5　求不定积分$\int\frac{1}{x^2-2x+2}\mathrm{d}x$.

解 $\int\frac{1}{x^2-2x+2}\mathrm{d}x=\int\frac{1}{(x-1)^2+1}\mathrm{d}x=\int\frac{1}{(x-1)^2+1}\mathrm{d}(x-1)$

$=\arctan(x-1)+C.$ ■

例 6 求不定积分$\int\frac{1}{1+\mathrm{e}^x}\mathrm{d}x$.

解 $\int\frac{1}{1+\mathrm{e}^x}\mathrm{d}x=\int\frac{1+\mathrm{e}^x-\mathrm{e}^x}{1+\mathrm{e}^x}\mathrm{d}x=\int\left(1-\frac{\mathrm{e}^x}{1+\mathrm{e}^x}\right)\mathrm{d}x=\int\mathrm{d}x-\int\frac{\mathrm{e}^x}{1+\mathrm{e}^x}\mathrm{d}x$

$=\int\mathrm{d}x-\int\frac{1}{1+\mathrm{e}^x}\mathrm{d}(1+\mathrm{e}^x)=x-\ln(1+\mathrm{e}^x)+C.$ ■

例 7 求不定积分$\int\sin 2x\mathrm{d}x$.

解 方法一　原式 $=\frac{1}{2}\int\sin 2x\mathrm{d}(2x)=-\frac{1}{2}\cos 2x+C.$

方法二　原式 $=2\int\sin x\cos x\mathrm{d}x=2\int\sin x\mathrm{d}(\sin x)=(\sin x)^2+C.$

方法三　原式 $=2\int\sin x\cos x\mathrm{d}x=-2\int\cos x\mathrm{d}(\cos x)=-(\cos x)^2+C.$ ■

注：检验积分结果是否正确，只要把结果求导，如果导数等于被积函数，则结果正确，否则结果错误．

易检验，上述$-\frac{1}{2}\cos 2x$，$(\sin x)^2$，$-(\cos x)^2$均为$\sin 2x$的原函数．

例 8 求不定积分$\int\cos^2 x\mathrm{d}x$.

解 $\int\cos^2 x\mathrm{d}x=\int\frac{1+\cos 2x}{2}\mathrm{d}x=\frac{1}{2}\left(\int\mathrm{d}x+\int\cos 2x\mathrm{d}x\right)$

$=\frac{1}{2}\int\mathrm{d}x+\frac{1}{4}\int\cos 2x\mathrm{d}(2x)=\frac{x}{2}+\frac{\sin 2x}{4}+C.$ ■

例 9 求不定积分$\int\frac{1}{x^2-a^2}\mathrm{d}x$.

解 由于 $\frac{1}{x^2-a^2}=\frac{1}{2a}\left(\frac{1}{x-a}-\frac{1}{x+a}\right)$，所以

$$\int\frac{1}{x^2-a^2}\mathrm{d}x=\frac{1}{2a}\int\left(\frac{1}{x-a}-\frac{1}{x+a}\right)\mathrm{d}x=\frac{1}{2a}\left(\int\frac{1}{x-a}\mathrm{d}x-\int\frac{1}{x+a}\mathrm{d}x\right)$$

$$=\frac{1}{2a}\left[\int\frac{1}{x-a}\mathrm{d}(x-a)-\int\frac{1}{x+a}\mathrm{d}(x+a)\right]$$

$$=\frac{1}{2a}(\ln|x-a|-\ln|x+a|)+C=\frac{1}{2a}\ln\left|\frac{x-a}{x+a}\right|+C.$$ ■

二、第二类换元法

如果不定积分$\int f(x)\mathrm{d}x$用直接积分法或第一类换元法不易求得，但作适当的变量替换 $x=\varphi(t)$ 后，所得到的关于新积分变量 t 的不定积分

$$\int f[\varphi(t)]\varphi'(t)\,\mathrm{d}t$$

可以求得，则可解决$\int f(x)\,\mathrm{d}x$的计算问题，这就是所谓的**第二类换元(积分)法**.

定理 2(第二类换元法) 设$x=\varphi(t)$是单调、可导函数，且

$$\varphi'(t)\neq 0,$$

又设$f[\varphi(t)]\varphi'(t)$具有原函数$F(t)$，则

$$\int f(x)\,\mathrm{d}x=\int f[\varphi(t)]\varphi'(t)\,\mathrm{d}t=F(t)+C=F[\psi(x)]+C,$$

其中$\psi(x)$是$x=\varphi(t)$的反函数.

证明 因为$F(t)$是$f[\varphi(t)]\varphi'(t)$的原函数，令

$$G(x)=F[\psi(x)],$$

则
$$G'(x)=\frac{\mathrm{d}F}{\mathrm{d}t}\cdot\frac{\mathrm{d}t}{\mathrm{d}x}=f[\varphi(t)]\varphi'(t)\cdot\frac{1}{\varphi'(t)}=f[\varphi(t)]=f(x),$$

即$G(x)$为$f(x)$的原函数. 从而结论得证. ■

注：由定理 2 可见，第二类换元积分法的换元和回代过程与第一类换元积分法的换元和回代过程正好相反.

例 10 求不定积分$\int\frac{1}{x+\sqrt{x}}\,\mathrm{d}x$.

解 令变量$t=\sqrt{x}$，即作变量代换$x=t^2(t>0)$，从而$\mathrm{d}x=2t\mathrm{d}t$，所以不定积分

$$\int\frac{1}{x+\sqrt{x}}\,\mathrm{d}x=\int\frac{1}{t^2+t}\cdot 2t\mathrm{d}t=2\int\frac{1}{t+1}\,\mathrm{d}t=2\ln|t+1|+C=2\ln(\sqrt{x}+1)+C.$$ ■

例 11 求不定积分$\int\sqrt{a^2-x^2}\,\mathrm{d}x\ (a>0)$.

解 令$x=a\sin t$，则$\mathrm{d}x=a\cos t\mathrm{d}t$，$t\in\left(-\frac{\pi}{2},\frac{\pi}{2}\right)$，所以

$$\int\sqrt{a^2-x^2}\,\mathrm{d}x=\int a\cos t\cdot a\cos t\mathrm{d}t=\frac{a^2}{2}\int(1+\cos 2t)\,\mathrm{d}t$$
$$=\frac{a^2}{2}\left(t+\frac{1}{2}\sin 2t\right)+C=\frac{a^2}{2}(t+\sin t\cos t)+C.$$

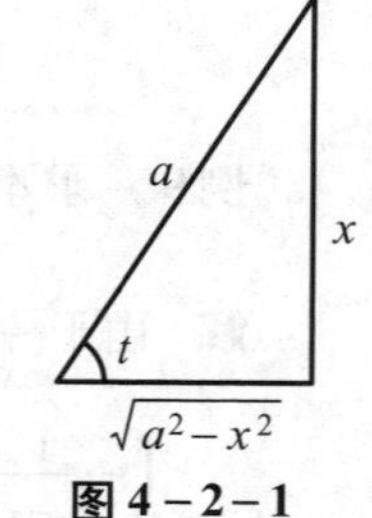

图 4-2-1

为将变量t还原回原来的积分变量x，由$x=a\sin t$作直角三角形(见图4-2-1)，可知$\cos t=\frac{\sqrt{a^2-x^2}}{a}$，代入上式，得

$$\int\sqrt{a^2-x^2}\,\mathrm{d}x=\frac{a^2}{2}\left(\arcsin\frac{x}{a}+\frac{x}{a}\cdot\frac{\sqrt{a^2-x^2}}{a}\right)+C$$
$$=\frac{a^2}{2}\arcsin\frac{x}{a}+\frac{x}{2}\cdot\sqrt{a^2-x^2}+C.$$ ■

注: 对本例, 若令 $x=a\cos t$, 同样可计算.

例12 求不定积分 $\int\frac{1}{\sqrt{x^2+a^2}}\mathrm{d}x \quad (a>0)$.

解 如图 4-2-2 所示. 令 $x=a\tan t$, 则

$$\mathrm{d}x=a\sec^2 t\mathrm{d}t,\quad t\in\left(-\frac{\pi}{2},\frac{\pi}{2}\right),$$

$$\int\frac{1}{\sqrt{x^2+a^2}}\mathrm{d}x=\int\frac{1}{a\sec t}\cdot a\sec^2 t\mathrm{d}t=\int\sec t\mathrm{d}t$$

$$=\ln|\sec t+\tan t|+C=\ln\left|\frac{x}{a}+\frac{\sqrt{x^2+a^2}}{a}\right|+C. \blacksquare$$

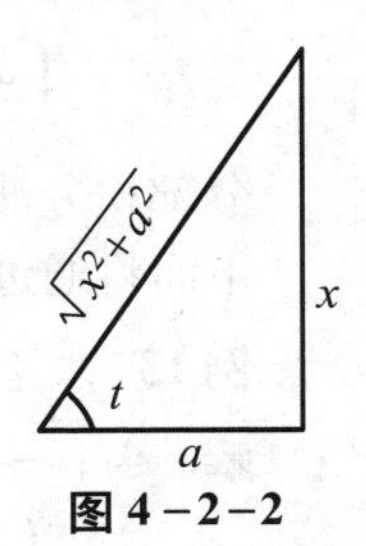

图 4-2-2

***数学实验**

实验 4.1 试用计算软件求下列不定积分:

(1) $\int\cos x\cos 2x\cos 3x\mathrm{d}x$; (2) $\int\frac{x^2}{\sqrt{1+x+x^2}}\mathrm{d}x$;

(3) $\int\frac{x^{10}}{x^2+x-2}\mathrm{d}x$; (4) $\int\frac{\sin x\cos x\mathrm{d}x}{\sqrt{a^2\sin^2 x+b^2\cos^2 x}}$;

(5) $\int\frac{\mathrm{d}x}{\sqrt{x^2+a^2}}$; (6) $\int\sqrt{a^2-x^2}\,\mathrm{d}x$;

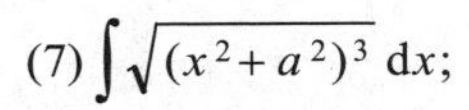
(7) $\int\sqrt{(x^2+a^2)^3}\,\mathrm{d}x$; 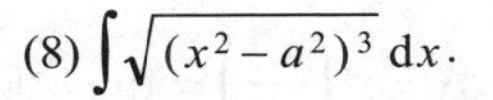
(8) $\int\sqrt{(x^2-a^2)^3}\,\mathrm{d}x$.

计算实验

详见教材配套的网络学习空间.

三、分部积分法

虽然前面介绍的换元积分法可以解决许多积分的计算问题, 但有些积分, 如 $\int xe^x\mathrm{d}x$, $\int x\cos x\mathrm{d}x$ 等, 利用换元法就无法求解.

本节我们要介绍另一种基本积分法 —— **分部积分法**.

设函数 $u=u(x)$ 和 $v=v(x)$ 具有连续导数, 则

$$\mathrm{d}(uv)=v\mathrm{d}u+u\mathrm{d}v,$$

移项得到

$$u\mathrm{d}v=\mathrm{d}(uv)-v\mathrm{d}u,$$

所以有

$$\int u\mathrm{d}v=uv-\int v\mathrm{d}u, \tag{2.1}$$

或

$$\int uv'\mathrm{d}x=uv-\int u'v\mathrm{d}x. \tag{2.2}$$

式 (2.1) 或式 (2.2) 称为**分部积分公式**.

利用分部积分公式求不定积分的关键在于如何将所给积分 $\int f(x)\mathrm{d}x$ 化为 $\int u\mathrm{d}v$ 形式, 使它更容易计算. 所采用的主要方法就是凑微分法, 例如,

$$\int xe^x dx = \int x d(e^x) = xe^x - \int e^x dx = xe^x - e^x + C = (x-1)e^x + C.$$

利用分部积分法计算不定积分，选择好u,v非常关键，选择不当将会使积分的计算变得更加复杂，例如，

$$\int xe^x dx = \int e^x d\left(\frac{x^2}{2}\right) = \frac{x^2}{2}e^x - \int \frac{x^2}{2}d(e^x) = \frac{x^2}{2}e^x - \int \frac{x^2}{2}e^x dx.$$

分部积分法实质上就是求两函数乘积的导数(或微分)的逆运算.

下面将通过例题介绍分部积分法的应用.

例13　求不定积分$\int x\cos x dx$.

解　令$u=x$，$\cos x dx = d(\sin x) = dv$，则

$$\int x\cos x dx = \int x d(\sin x) = x\sin x - \int \sin x dx = x\sin x + \cos x + C.$$ ■

有些函数的积分需要连续多次应用分部积分法.

例14　求不定积分$\int x^2 e^x dx$.

解　令$u=x^2$，$e^x dx = d(e^x) = dv$，则

$$\int x^2 e^x dx = \int x^2 d(e^x) = x^2 e^x - 2\int xe^x dx = x^2 e^x - 2\int x d(e^x)\text{(再次用分部积分法)}$$

$$= x^2 e^x - 2\left(xe^x - \int e^x dx\right) = x^2 e^x - 2(xe^x - e^x) + C.$$ ■

例15　求不定积分$\int x^3 \ln x dx$.

解　令$u=\ln x$，$x^3 dx = d\left(\frac{x^4}{4}\right) = dv$，则

$$\int x^3 \ln x dx = \int \ln x\, d\left(\frac{x^4}{4}\right) = \frac{1}{4}x^4 \ln x - \frac{1}{4}\int x^3 dx = \frac{1}{4}x^4 \ln x - \frac{1}{16}x^4 + C.$$ ■

例16　求不定积分$\int e^x \sin x dx$.

解　$\int e^x \sin x dx = \int \sin x d(e^x)$　(取三角函数为u)

$$= e^x \sin x - \int e^x d(\sin x) = e^x \sin x - \int e^x \cos x dx$$

$$= e^x \sin x - \int \cos x d(e^x) \quad \text{(再取三角函数为}u\text{)}$$

$$= e^x \sin x - \left[e^x \cos x - \int e^x d(\cos x)\right]$$

$$= e^x(\sin x - \cos x) - \int e^x \sin x dx.$$

解得

$$\int e^x \sin x dx = \frac{e^x}{2}(\sin x - \cos x) + C.$$ ■

本章我们介绍了不定积分的概念及计算方法．必须指出的是：初等函数在它有定义的区间上的不定积分一定存在，但不定积分存在与不定积分能否用初等函数表

示出来不是一回事．事实上，很多初等函数的不定积分是存在的，但它们的不定积分无法用初等函数表示出来，如

$$\int \mathrm{e}^{-x^2}\mathrm{d}x,\quad \int \frac{\sin x}{x}\mathrm{d}x,\quad \int \sqrt{1+x^3}\,\mathrm{d}x.$$

因此，在实际应用中，我们常常需要借助其他方法和工具来拓展计算积分的能力．例如，人们常将一些典型的积分公式汇集成“积分表”以供查用．此外，随着计算机的的广泛应用，人们已更多地借助数学软件进行计算．

*数学实验

实验4.2　试用计算软件求下列不定积分：

(1) $\int \frac{\sin x-\cos x}{\sin x+2\cos x}\mathrm{d}x$；　(2) $\int \mathrm{e}^{ax}\cos bx\mathrm{d}x$；

(3) $\int x^n \ln x\mathrm{d}x$；　(4) $\int \frac{x}{\sqrt{c+bx-ax^2}}\mathrm{d}x$；

计算实验

(5) $\int x^2\arctan\frac{x}{a}\mathrm{d}x$；　(6) $\int \mathrm{e}^{ax}\sin bx\,\mathrm{d}x$；

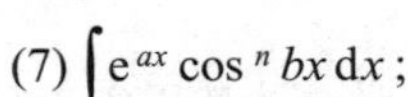 (7) $\int \mathrm{e}^{ax}\cos^n bx\,\mathrm{d}x$；　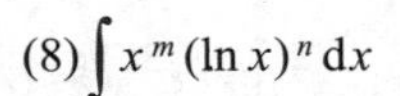 (8) $\int x^m(\ln x)^n\,\mathrm{d}x$

详见教材配套的网络学习空间．

习 题 四

1. 求下列不定积分：

(1) $\int \frac{\mathrm{d}x}{x^2\sqrt{x}}$；　(2) $\int \left(\sqrt[3]{x}-\frac{1}{\sqrt{x}}\right)\mathrm{d}x$；　(3) $\int (2^x+x^2)\mathrm{d}x$；

(4) $\int \sqrt{x}(x-3)\mathrm{d}x$；　(5) $\int \left(\frac{3}{1+x^2}-\frac{2}{\sqrt{1-x^2}}\right)\mathrm{d}x$；　(6) $\int \frac{x^2}{1+x^2}\mathrm{d}x$；

(7) $\int \frac{\mathrm{d}x}{x^2(1+x^2)}$；　(8) $\int \frac{\mathrm{e}^{2t}-1}{\mathrm{e}^t-1}\mathrm{d}t$；　(9) $\int 3^x\mathrm{e}^x\mathrm{d}x$；

(10) $\int \cos^2\frac{x}{2}\mathrm{d}x$；　(11) $\int \frac{\mathrm{d}x}{1+\cos 2x}$．

2. 设 $\int xf(x)\mathrm{d}x=\arccos x+C$，求 $f(x)$．

3. 设 $f(x)$ 的导函数是 $\sin x$，求 $f(x)$ 的原函数的全体．

4. 求下列不定积分：

(1) $\int \mathrm{e}^{3t}\mathrm{d}t$；　(2) $\int (3-5x)^3\mathrm{d}x$；　(3) $\int \frac{\mathrm{d}x}{3-2x}$；

(4) $\int \frac{\cos\sqrt{t}}{\sqrt{t}}\mathrm{d}t$；　(5) $\int \frac{\mathrm{d}x}{x\ln x\ln\ln x}$；　(6) $\int x\cos(x^2)\mathrm{d}x$；

(7) $\int \cos^3 x\mathrm{d}x$；　(8) $\int \frac{\sin x}{\cos^3 x}\mathrm{d}x$．

5. 求下列不定积分:

(1) $\int \frac{dx}{\sqrt{x}+\sqrt[4]{x}}$; (2) $\int \frac{dx}{1+\sqrt[3]{x+1}}$; (3) $\int \sqrt{\frac{a+x}{a-x}}\,dx$;

(4) $\int \frac{dx}{1+\sqrt{1-x^2}}$; (5) $\int \frac{dx}{(x^2+a^2)^{3/2}}$.

6. 求下列不定积分:

(1) $\int \arcsin x dx$; (2) $\int \ln(x^2+1)\,dx$; (3) $\int \arctan x dx$;

(4) $\int x\cos\frac{x}{2}\,dx$; (5) $\int x\ln(x-1)\,dx$; (6) $\int e^{\sqrt[3]{x}}\,dx$.

数学家简介 [3]

牛　　顿

——科学巨擘

数学和科学中的巨大进展，几乎总是建立在作出一点一滴贡献的许多人的工作之上. 需要一个人来走那最高和最后的一步，这个人要能够敏锐地从纷乱的猜测和说明中清理出前人有价值的想法，有足够的想象力把这些碎片重新组织起来，并且足够大胆地制定一个宏伟的计划. 在微积分中，这个人就是牛顿.

牛顿 (Newton, Isaac), 1642 年12月25 日生于英国林肯郡的一个普通农民家庭. 父亲在他出生前两个月就去世了，母亲在他 3 岁时改嫁，从那以后，他被寄养在贫穷的外祖母家. 牛顿并不是神童，他从小在低标准的地方学校接受教育，学业平庸，时常受到老师的批评和同学的欺负. 上中学时，牛顿对机械模型设计有特别的兴趣，曾制作了水车、风车、木钟等许多玩具. 1659 年，17岁的牛顿被母亲召回管理田庄，但在牛顿的舅父和当地格兰瑟姆中学校长的反复劝说下，他母亲最终同意让牛顿复学. 1660 年秋，牛顿在辍学 9 个月后又回到了格兰瑟姆中学，为升学做准备.

牛　　顿

1661年，牛顿如愿以偿，以优异的成绩考入久负盛名的剑桥大学三一学院，开始了苦读生涯. 大学期间除了巴罗 (Barrow) 外，他从他的老师那里只得到了很少的一点鼓舞，他自己做实验并且研读了大量自然科学著作，其中包括笛卡儿(Descartes)的《哲学原理》、伽利略(Galileo)的《恒星使节》与《两大世界体系的对话》、开普勒 (Kepler) 的《光学》等著作. 大学课程刚结束，学校因为伦敦地区鼠疫流行而关闭. 他回到家乡，度过了 1665 年和 1666 年，并在那里开始了他在机械、数学和光学上的伟大工作. 由观察苹果落地，他发现了万有引力定律，这是打开无所不包的力学科学的钥匙. 他研究流数法和反流数法，获得了解决微积分问题的一般方法. 他用三棱镜分解出七色彩虹，作出了划时代的发现，即像太阳光那样的白光，实际上是由从紫到红的各种颜色混合而成的. “所有这些”，牛顿后来说，“是在 1665 年和 1666 年两个鼠疫年中做的，因为在这些日子里，我正处在发现力最旺盛的时期，而且对于数学和(自然)哲学的关心，比其他任何时候都多.”后世有人评说：“科学史上没有别的成功的例子能和牛顿这两年黄金岁月相比.”

1667年复活节后不久，牛顿回到剑桥，但他对自己的重大发现未作宣布. 当年的10月他被选为三一学院的初级委员. 翌年，获得硕士学位，同时成为高级委员. 1669年，39岁的巴罗认识到牛顿的才华，主动宣布牛顿的学识已超过自己，欣然把卢卡斯(Lucas)教授的职位让给了年仅26岁的牛顿，这件事成为科学史上的一段佳话.

牛顿是他那个时代的世界著名的物理学家、数学家和天文学家. 牛顿工作的最大特点是辛勤劳动和独立思考. 他有时不分昼夜地工作，常常好几个星期一直在实验室里度过. 他总是不满足于自己的成就，是个非常谦虚的人. 他说：“我不知道，在别人看来，我是什么样的人. 但在自己看来，我不过就像是一个在海滨玩耍的小孩，为不时发现比寻常更为光滑的一块卵石或比寻常更为美丽的一片贝壳而沾沾自喜，而对于展现在我面前的浩瀚的真理的海洋，却全然没有发现.”

在牛顿的全部科学贡献中，数学成就占有突出的地位，这不仅因为这些成就开拓了崭新的近代数学，而且因为牛顿正是依靠他所创立的数学方法实现了自然科学的一次巨大综合，从而开拓了近代科学. 单就数学方面的成就，就使他与古希腊的阿基米德、德国的“数学王子”高斯一起，被称为人类有史以来最杰出的三大数学家.

微积分的发明和制定是牛顿最卓越的数学成就. 微积分所处理的一些具体问题，如切线问题、求积问题、瞬时速度问题和函数的极大、极小值问题等，在牛顿之前就已经有人研究. 17世纪上半叶，天文学、力学与光学等自然科学的发展使这些问题的解决日益成为燃眉之急. 当时几乎所有的科学大师都竭力寻求有关的数学新工具，特别是描述运动与变化的无穷小算法，并且在牛顿诞生前后的一个时期内取得了迅速发展. 牛顿超越前人的功绩在于他能站在更高的角度，对以往分散的努力加以综合，将自古希腊以来求解无限小问题的各种技巧统一为两类普遍的算法 —— 微分与积分，并确立了这两类运算的互逆关系，从而完成了微积分发明中最后的也是最关键的一步，为其深入发展与广泛应用铺平了道路.

牛顿将毕生的精力奉献于数学和科学事业，为人类作出了卓越的贡献，赢得了崇高的社会地位和荣誉. 自1669年担任卢卡斯教授职位后，1672年由于设计、制造了反射望远镜，他被选为英国皇家学会的会员. 1688年，被推选为国会议员. 1697年，出版了不朽之作《自然哲学的数学原理》. 1699年任英国造币厂厂长. 1703年当选为英国皇家学会会长，以后连选连任，直至逝世. 1705年被英国女王封为爵士，达到了他一生荣誉之巅. 1727年3月31日，牛顿在患肺炎与痛风症后溘然辞世，葬礼在威斯敏斯特大教堂耶路撒冷厅隆重举行. 当时参加了牛顿葬礼的伏尔泰(F. M. A. Voltaire)看到英国的大人物都争相抬牛顿的灵柩后感叹说：“英国人悼念牛顿就像悼念一位造福于民的国王.”三年后，诗人蒲柏(A. Pope)在为牛顿所作的墓志铭中写下了这样的名句：

自然和自然规律隐藏在黑夜里，
上帝说：降生牛顿！
于是世界就充满光明.

第 5 章　定积分及其应用

不定积分是微分法逆运算的一个侧面，本章要介绍的定积分则是它的另一个侧面. 定积分起源于求图形的面积和体积等实际问题. 古希腊的阿基米德用“穷竭法”，我国的刘徽用“割圆术”，都曾计算过一些几何体的面积和体积，这些均为定积分的雏形. 直到17世纪中叶，牛顿和莱布尼茨先后提出了定积分的概念，并发现了积分与微分之间的内在联系，给出了计算定积分的一般方法，从而才使定积分成为解决有关实际问题的有力工具，并使各自独立的微分学与积分学联系在一起，构成了完整的理论体系 —— 微积分学.

本章先从几何问题与力学问题引入定积分的定义，然后讨论定积分的性质、计算方法以及定积分在几何学与经济学中的应用.

§5.1　定积分概念

我们先从分析和解决几个典型问题入手，来看定积分的概念是怎样从现实原型中抽象出来的.

一、引例

1. 曲边梯形的面积

在中学，我们学过求矩形、三角形等以直线为边的图形的面积. 但在实际应用中，往往需要求以曲线为边的图形 (曲边形) 的面积.

设 $y=f(x)$ 在区间 $[a, b]$ 上非负、连续. 在直角坐标系中，由曲线 $y=f(x)$、直线 $x=a$、$x=b$ 和 $y=0$ 围成的图形称为**曲边梯形** (见图5-1-1).

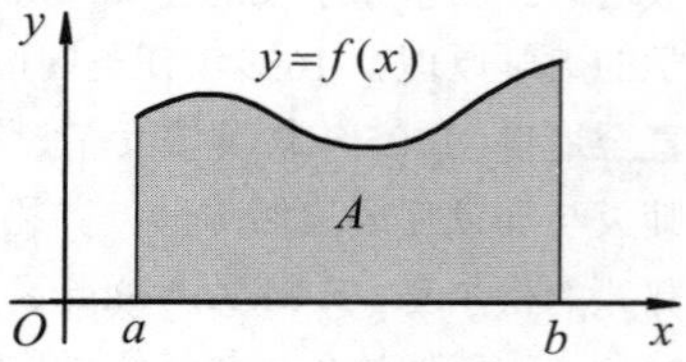

由于任何一个曲边形总可以分割成多个曲边梯形来考虑，因此，求曲边形面积的问题就转化为求曲边梯形面积的问题.

图 5-1-1

如何求曲边梯形的面积呢？

我们知道，矩形的面积 = 底 × 高，而曲边梯形在底边上各点的高 $f(x)$ 在区间 $[a, b]$ 上是变化的，故它的面积不能直接按矩形的面积公式来计算. 然而，由于 $f(x)$ 在区间 $[a, b]$ 上是连续变化的，在很小一段区间上它的变化也很小，因此，若把区

间 $[a, b]$ 划分为许多个小区间，在每个小区间上用其中某一点处的高来近似代替同一小区间上的**小曲边梯形**的高，则每个**小曲边梯形**就可以近似看成**小矩形**，我们就以所有这些**小矩形**的面积之和作为曲边梯形面积的近似值．当把区间 $[a, b]$ 无限细分，使得每个小区间的长度趋于零时，所有小矩形面积之和的极限就可以定义为**曲边梯形的面积**．这个定义同时也给出了计算曲边梯形面积的方法：

(1) **分割**　在区间 $[a, b]$ 中任意插入 $n-1$ 个分点

$$a=x_0<x_1<x_2<\cdots<x_{n-1}<x_n=b,$$

把 $[a, b]$ 分成 n 个小区间

$$[x_0, x_1],\ [x_1, x_2],\ \cdots,\ [x_{n-1}, x_n],$$

它们的长度分别为

$$\Delta x_1=x_1-x_0,\ \Delta x_2=x_2-x_1,\ \cdots,\ \Delta x_n=x_n-x_{n-1}.$$

过每一个分点，作平行于 y 轴的直线段，把曲边梯形分为 n 个小曲边梯形(见图5-1-2)．在每个小区间 $[x_{i-1}, x_i]$ 上任取一点 ξ_i，用以 $[x_{i-1}, x_i]$ 为底、$f(\xi_i)$ 为高的小矩形近似代替第 i 个小曲边梯形 $(i=1, 2, \cdots, n)$，则第 i 个小曲边梯形的面积近似为 $f(\xi_i)\Delta x_i$．

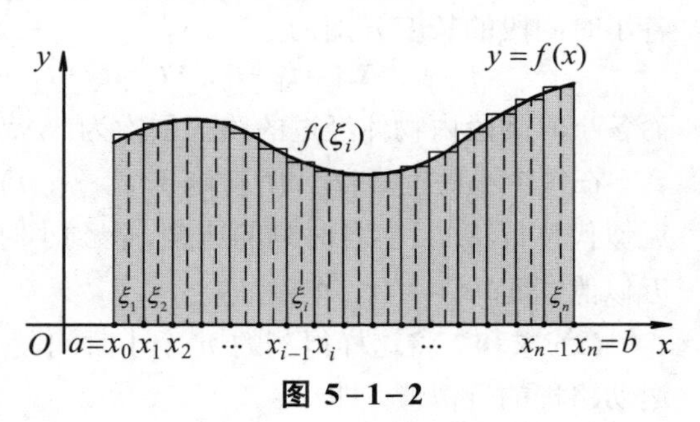

图 5-1-2

(2) **求和**　将这样得到的 n 个小矩形的面积之和作为所求的曲边梯形面积 A 的近似值，即

$$A\approx f(\xi_1)\Delta x_1+f(\xi_2)\Delta x_2+\cdots+f(\xi_n)\Delta x_n=\sum_{i=1}^{n} f(\xi_i)\Delta x_i.$$

(3) **取极限**　为保证所有小区间的长度都趋于零，我们要求小区间长度中的最大值趋于零，若记

$$\lambda=\max\{\Delta x_1,\ \Delta x_2, \cdots, \Delta x_n\},$$

则上述条件可表示为 $\lambda\to 0$．当 $\lambda\to 0$ 时(这时小区间的个数 n 无限增多，即 $n\to\infty$)，取上述和式的极限，便得到曲边梯形的面积

$$A=\lim_{\lambda\to 0}\sum_{i=1}^{n} f(\xi_i)\Delta x_i.$$

2. 变速直线运动的路程

在初等物理中，我们知道，对匀速直线运动有下列公式：

$$路程 = 速度 \times 时间.$$

现在我们来考察变速直线运动：设某物体作直线运动，已知速度 $v=v(t)$ 是时

间间隔$[T_1, T_2]$上t的连续函数，且$v(t)\geq 0$，求物体在这段时间内所经过的路程s.

在这个问题中，速度随时间t而变化，因此，所求路程不能直接按匀速直线运动的公式来计算．然而，由于$v(t)$是连续变化的，在很短一段时间内，其速度的变化也很小，可近似看作匀速的情形．因此，若把时间间隔划分为许多个小时间段，在每个小时间段内，以匀速运动代替变速运动，则可以计算出在每个小时间段内路程的近似值；再对每个小时间段内的路程的近似值求和，则得到整个路程的近似值；最后，利用求极限的方法算出路程的精确值．具体步骤如下：

(1) **分割** 在时间间隔$[T_1, T_2]$中任意插入$n-1$个分点

$$T_1=t_0<t_1<t_2<\cdots<t_{n-1}<t_n=T_2,$$

把$[T_1, T_2]$分成n个小时间段

$$[t_0, t_1],\ [t_1, t_2],\ \cdots,\ [t_{n-1}, t_n],$$

各小时间段的长度分别为

$$\Delta t_1=t_1-t_0,\ \Delta t_2=t_2-t_1,\ \cdots,\ \Delta t_n=t_n-t_{n-1},$$

而各小时间段内物体经过的路程依次为：$\Delta s_1, \Delta s_2, \cdots, \Delta s_n$.

在每个小时间段$[t_{i-1}, t_i]\ (i=1, 2, \cdots, n)$上任取一点$\tau_i$，再以时刻$\tau_i$的速度$v(\tau_i)$近似代替$[t_{i-1}, t_i]$上各时刻的速度，得到小时间段$[t_{i-1}, t_i]$内物体经过的路程$\Delta s_i$的近似值，即$\Delta s_i\approx v(\tau_i)\Delta t_i$.

(2) **求和** 将这样得到的n个小时间段上路程的近似值之和作为所求变速直线运动路程的近似值，即

$$s=\Delta s_1+\Delta s_2+\cdots+\Delta s_n=\sum_{i=1}^{n}\Delta s_i\approx\sum_{i=1}^{n}v(\tau_i)\Delta t_i.$$

(3) **取极限** 记$\lambda=\max\{\Delta t_1, \Delta t_2, \cdots, \Delta t_n\}$，当$\lambda\to 0$时，取上述和式的极限，便得到变速直线运动路程的精确值

$$s=\lim_{\lambda\to 0}\sum_{i=1}^{n}v(\tau_i)\Delta t_i.$$

二、定积分的定义

从前述两个引例我们看到，无论是求曲边梯形的面积问题，还是求变速直线运动的路程问题，实际背景完全不同，但通过“分割、求和、取极限”，都能转化为形如$\sum\limits_{i=1}^{n}f(\xi_i)\Delta x_i$的和式的极限问题．由此可抽象出定积分的定义.

定义1 设$f(x)$在$[a,b]$上有界，在$[a,b]$中任意插入$n-1$个分点

$$a=x_0<x_1<x_2<\cdots<x_{n-1}<x_n=b$$

把区间$[a, b]$分割成n个小区间

$$[x_0, x_1],\ [x_1, x_2],\ \cdots,\ [x_{n-1}, x_n],$$

各小区间的长度依次为

$$\Delta x_1 = x_1 - x_0,\ \Delta x_2 = x_2 - x_1,\ \cdots,\ \Delta x_n = x_n - x_{n-1}.$$

在每个小区间 $[x_{i-1}, x_i]$ 上任取一点 $\xi_i\,(x_{i-1} \le \xi_i \le x_i)$，作函数值 $f(\xi_i)$ 与小区间长度 Δx_i 的乘积 $f(\xi_i)\Delta x_i\ (i=1, 2, \cdots, n)$，并作和式

$$S_n = \sum_{i=1}^{n} f(\xi_i)\Delta x_i,$$

记 $\lambda = \max\{\Delta x_1, \Delta x_2, \cdots, \Delta x_n\}$，如果不论对 $[a, b]$ 采取怎样的分法，也不论在小区间 $[x_{i-1}, x_i]$ 上点 ξ_i 采取怎样的取法，只要当 $\lambda \to 0$ 时，和 S_n 总趋于确定的极限 I，我们就称这个极限 I 为函数 $f(x)$ 在区间 $[a, b]$ 上的**定积分**，记为

$$\int_a^b f(x)\,\mathrm{d}x = I = \lim_{\lambda \to 0} \sum_{i=1}^{n} f(\xi_i)\,\Delta x_i,$$

其中 $f(x)$ 称为**被积函数**，$f(x)\,\mathrm{d}x$ 称为**被积表达式**，x 称为**积分变量**，$[a, b]$ 称为**积分区间**，a 称为积分的**下限**，b 称为积分的**上限**.

关于定积分的定义，我们要作以下几点说明：

(1) 定积分 $\int_a^b f(x)\,\mathrm{d}x$ 是和式 $\sum_{i=1}^{n} f(\xi_i)\,\Delta x_i$ 的极限值，即是一个确定的常数. 这个常数只与被积函数 $f(x)$ 和积分区间 $[a, b]$ 有关，而与积分变量用哪个字母表达无关，即有

$$\int_a^b f(x)\,\mathrm{d}x = \int_a^b f(t)\,\mathrm{d}t = \int_a^b f(u)\,\mathrm{d}u.$$

(2) 定义中区间的分法和 ξ_i 的取法是任意的.

(3) $\sum_{i=1}^{n} f(\xi_i)\Delta x_i$ 通常称为函数 $f(x)$ 的**积分和**. 当函数 $f(x)$ 在区间 $[a, b]$ 上的定积分存在时，我们称 $f(x)$ 在区间 $[a, b]$ 上**可积**，否则称为**不可积**.

关于定积分，还有一个重要的问题：函数 $f(x)$ 在区间 $[a, b]$ 上满足怎样的条件，$f(x)$ 在区间 $[a, b]$ 上一定可积？这个问题本书不作深入讨论，只给出下面两个定理.

定理 1 若函数 $f(x)$ 在区间 $[a, b]$ 上连续，则 $f(x)$ 在区间 $[a, b]$ 上可积.

定理 2 若函数 $f(x)$ 在区间 $[a, b]$ 上有界，且只有有限个间断点，则 $f(x)$ 在区间 $[a, b]$ 上可积.

根据定积分的定义，本节的两个引例可以简洁地表述为：

(1) 由连续曲线 $y=f(x)\ (f(x) \ge 0)$、直线 $x=a$、$x=b$ 及 x 轴围成的曲边梯形的面积 A 等于函数 $f(x)$ 在区间 $[a, b]$ 上的定积分，即

$$A = \int_a^b f(x)\,\mathrm{d}x.$$

(2) 以变速 $v=v(t)\ (v(t) \ge 0)$ 作直线运动的物体，从时刻 $t=T_1$ 到时刻 $t=T_2$ 所经过的路程 s 等于函数 $v(t)$ 在时间间隔 $[T_1, T_2]$ 上的定积分，即

$$s=\int_{T_1}^{T_2} v(t)\,\mathrm{d}t.$$

例1　利用定积分的定义计算定积分 $\int_0^1 x^2\,\mathrm{d}x$.

解　因 $f(x)=x^2$ 在 $[0,1]$ 上连续，故被积函数是可积的，从而定积分的值与对区间 $[0,1]$ 的分法及 ξ_i 的取法无关．不妨将区间 $[0,1]$ n 等分（见图5–1–3），分点为

$$x_i=\frac{i}{n}\ (i=1,2,\cdots,n-1);$$

这样，每个小区间 $[x_{i-1},x_i]$ 的长度为

$$\lambda=\Delta x_i=\frac{1}{n}\ (i=1,2,\cdots,n);$$

ξ_i 取每个小区间的右端点

$$\xi_i=x_i\ (i=1,2,\cdots,n),$$

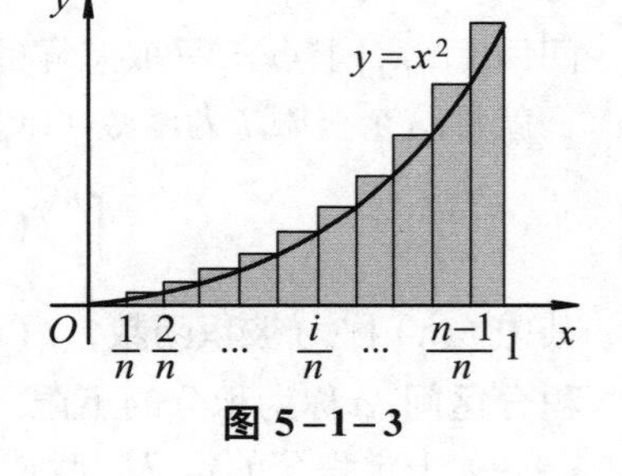

图 5–1–3

则得到积分和式

$$\sum_{i=1}^{n} f(\xi_i)\Delta x_i=\sum_{i=1}^{n}\xi_i^2\Delta x_i=\sum_{i=1}^{n}x_i^2\Delta x_i=\sum_{i=1}^{n}\left(\frac{i}{n}\right)^2\cdot\frac{1}{n}=\frac{1}{n^3}\sum_{i=1}^{n}i^2$$

$$=\frac{1}{n^3}(1^2+2^2+\cdots+n^2)=\frac{1}{n^3}\cdot\frac{n(n+1)(2n+1)}{6}=\frac{1}{6}\left(1+\frac{1}{n}\right)\left(2+\frac{1}{n}\right).$$

当 $\lambda\to 0$ 即 $n\to\infty$ 时，取上式右端的极限．根据定积分的定义，即得到所求的定积分为

$$\int_0^1 x^2\,\mathrm{d}x=\lim_{\lambda\to 0}\sum_{i=1}^{n}\xi_i^2\Delta x_i=\lim_{n\to\infty}\frac{1}{6}\left(1+\frac{1}{n}\right)\left(2+\frac{1}{n}\right)=\frac{1}{3}.$$ ■

注：求定积分的过程体现了事物变化从量变到质变的完整过程，其中蕴含着丰富的辩证思维．

恩格斯指出：“初等数学，即常数的数学，是在形式逻辑的范围内活动的，至少总的说来是这样；而变量数学——其中最主要的部分是微积分——本质上不外乎是辩证法在数学方面的应用.”从初等数学到变量数学的过渡，反映了人类思维从形式逻辑向辩证逻辑的跨越，是人类的认识能力由低级向高级的发展．

求曲边梯形的面积和求变速直线运动的路程的前两步，即“分割”和“求和”，是初等数学方法的体现，而且也是初等数学方法中形式逻辑思维的体现．只有第三步“取极限”这种蕴含于变量数学中的丰富的辩证逻辑思维，才使得微积分巧妙地、有效地解决了初等数学所不能解决的问题．

*数学实验

实验5.1　用定积分定义计算定积分的近似值：

(1) 用定义计算定积分 $\int_0^1 x^3\,\mathrm{d}x$；

(2) 用定义计算定积分$\int_{0}^{2\pi}\ln(5-4\cos x)\,\mathrm{d}x$;

(3) 改变(1)中区间细分的量，作图对比不同的效果.

详见教材配套的网络学习空间.

计算实验

三、定积分的性质

为了进一步讨论定积分的理论与计算，本节我们要介绍定积分的一些性质．在下面的讨论中假定被积函数是可积的．同时，为计算和应用方便起见，我们先对定积分作两点补充规定：

(1) 当$a=b$时，$\int_{a}^{b}f(x)\,\mathrm{d}x=0$;

(2) 当$a>b$时，$\int_{a}^{b}f(x)\mathrm{d}x=-\int_{b}^{a}f(x)\,\mathrm{d}x$.

根据上述规定，交换定积分的上下限，其绝对值不变而符号相反．因此，在下面的讨论中如无特别指出，对定积分上下限的大小不加限制.

性质1 $\int_{a}^{b}[f(x)\pm g(x)]\mathrm{d}x=\int_{a}^{b}f(x)\,\mathrm{d}x\pm\int_{a}^{b}g(x)\,\mathrm{d}x$.

注：此性质可以推广到有限多个函数的情形.

性质2 $\int_{a}^{b}kf(x)\,\mathrm{d}x=k\int_{a}^{b}f(x)\,\mathrm{d}x$ （k为常数).

由性质1和性质2, 易得

推论1 设m, n均为常数, 则

$$\int_{a}^{b}[mf(x)+ng(x)]\mathrm{d}x=m\int_{a}^{b}f(x)\,\mathrm{d}x+n\int_{a}^{b}g(x)\,\mathrm{d}x.$$

性质3 $\int_{a}^{b}f(x)\,\mathrm{d}x=\int_{a}^{c}f(x)\,\mathrm{d}x+\int_{c}^{b}f(x)\,\mathrm{d}x$.

性质3表明：定积分对于积分区间具有**可加性**.

性质4 $\int_{a}^{b}1\cdot\mathrm{d}x=\int_{a}^{b}\mathrm{d}x=b-a$.

显然，定积分$\int_{a}^{b}\mathrm{d}x$在几何上表示以$[a, b]$为底、$f(x)\equiv 1$为高的矩形的面积.

性质5 若在区间$[a, b]$上有$f(x)\le g(x)$, 则

$$\int_{a}^{b}f(x)\,\mathrm{d}x\le\int_{a}^{b}g(x)\,\mathrm{d}x\quad(a<b).$$

例2 比较积分值$\int_{0}^{-2}\mathrm{e}^{x}\mathrm{d}x$和$\int_{0}^{-2}x\mathrm{d}x$的大小.

解 因为当$x\in[-2, 0]$时，$x<\mathrm{e}^{x}$，所以

$$\int_{0}^{-2}\mathrm{e}^{x}\mathrm{d}x<\int_{0}^{-2}x\mathrm{d}x.$$

■

性质6 (估值定理) 设M及m分别是函数$f(x)$在区间$[a, b]$上的最大值及最小值，则

$$m(b-a) \le \int_a^b f(x)\,\mathrm{d}x \le M(b-a).$$

注: 性质 6 有明显的几何意义, 即以 $[a, b]$ 为底、$y=f(x)$ 为曲边的曲边梯形的面积 $\int_a^b f(x)\mathrm{d}x$ 介于同一底边而高分别为 m 与 M 的矩形面积 $m(b-a)$ 与 $M(b-a)$ 之间 (见图 5-1-4).

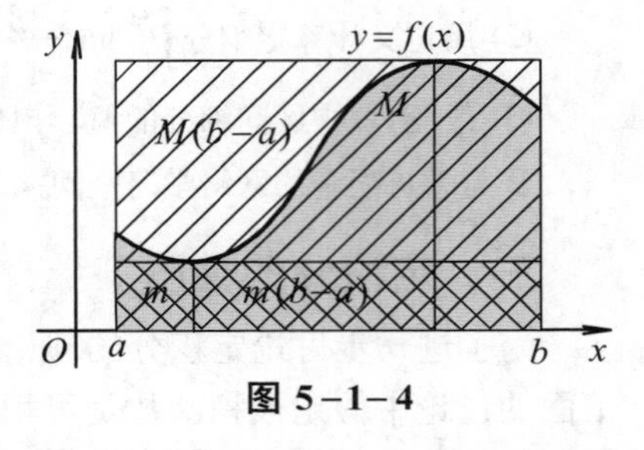

图 5-1-4

性质 7 (定积分中值定理)　如果函数 $f(x)$ 在闭区间 $[a, b]$ 上连续, 则在 $[a, b]$ 上至少存在一个点 ξ, 使

$$\int_a^b f(x)\,\mathrm{d}x = f(\xi)(b-a)\quad (a \le \xi \le b).$$

这个公式称为**积分中值公式**.

证明　将性质 6 中的不等式除以区间长度 $b-a$, 得

$$m \le \frac{1}{b-a}\int_a^b f(x)\,\mathrm{d}x \le M.$$

这表明数值 $\frac{1}{b-a}\int_a^b f(x)\,\mathrm{d}x$ 介于函数 $f(x)$ 的最小值与最大值之间, 由闭区间上连续函数的介值定理知, 在区间 $[a, b]$ 上至少存在一个点 ξ, 使得

$$\frac{1}{b-a}\int_a^b f(x)\mathrm{d}x = f(\xi),$$

即
$$\int_a^b f(x)\,\mathrm{d}x = f(\xi)(b-a)\quad (a \le \xi \le b).\ ■$$

注: 定积分中值定理在几何上表示在 $[a, b]$ 上至少存在一点 ξ, 使得以 $[a, b]$ 为底、$y=f(x)$ 为曲边的曲边梯形的面积 $\int_a^b f(x)\,\mathrm{d}x$ 等于底边相同而高为 $f(\xi)$ 的矩形的面积 $f(\xi)(b-a)$ (见图 5-1-5).

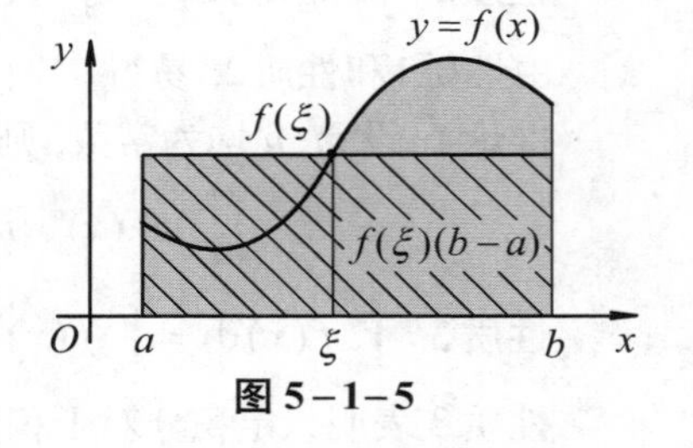

图 5-1-5

由上述几何解释易见, 数值 $\frac{1}{b-a}\int_a^b f(x)\,\mathrm{d}x$ 表示连续曲线 $f(x)$ 在区间 $[a, b]$ 上的平均高度, 我们称其为**函数 $f(x)$ 在区间 $[a, b]$ 上的平均值**. 这一概念是对有限个数的平均值概念的拓展.

例 3　设 $f(x)$ 在 $[a, b]$ 上连续, 在 (a, b) 内可导, 且存在 $c \in (a, b)$ 使得

$$\int_a^c f(x)\mathrm{d}x = f(b)(c-a),$$

证明在 (a, b) 内存在一点 ξ, 使得 $f'(\xi)=0$.

证明　由于 $f(x)$ 在 $[a, b]$ 上连续, $f(x)$ 在 $[a, c]$ 上连续, 又由定积分中值定理知存在 $\eta \in [a, c]$, 使得

$$\int_a^c f(x)\mathrm{d}x=f(\eta)(c-a),$$

因此$\eta\neq b$且$f(\eta)=f(b)$, 由罗尔中值定理知存在一点$\xi\in(\eta,b)\subset(a,b)$, 使得

$$f'(\xi)=0.$$

■

§5.2 定积分的计算

一、微积分基本公式

积分学要解决两个问题：第一个问题是原函数的求法问题，我们在第4章中已经对它做了讨论；第二个问题就是定积分的计算问题. 如果我们要按定积分的定义来计算定积分, 将是十分困难的. 因此, 寻求一种计算定积分的有效方法便成为积分学发展的关键. 我们知道，不定积分作为原函数的概念与定积分作为积分和的极限的概念是完全不相干的. 但是，牛顿和莱布尼茨不仅发现而且找到了这两个概念之间存在着的深刻的内在联系，即所谓的**"微积分基本定理"**，并由此巧妙地开辟了求定积分的新途径 —— **牛顿 - 莱布尼茨公式**. 从而使积分学与微分学一起构成变量数学的基础学科—— 微积分学. 因此，牛顿和莱布尼茨作为微积分学的奠基人也载入了史册.

1. 积分上限的函数及其导数

设函数$f(x)$在区间$[a,b]$上连续，x是$[a,b]$上的一点，则由

$$\Phi(x)=\int_a^x f(x)\mathrm{d}x \tag{2.1}$$

所定义的函数称为**积分上限的函数**.

关于函数$\Phi(x)$的可导性，我们有：

定理1 若函数$f(x)$在区间$[a,b]$上连续，则积分上限的函数

$$\Phi(x)=\int_a^x f(t)\mathrm{d}t,\ x\in[a,b]$$

在$[a,b]$上可导，且

$$\Phi'(x)=\frac{\mathrm{d}}{\mathrm{d}x}\int_a^x f(t)\mathrm{d}t=f(x)\ \ (a\le x\le b). \tag{2.2}$$

证明 设$x\in(a,b)$, $\Delta x>0$, 使得$x+\Delta x\in(a,b)$, 则有

$$\begin{aligned}\Delta\Phi=\Phi(x+\Delta x)-\Phi(x)&=\int_a^{x+\Delta x}f(t)\mathrm{d}t-\int_a^x f(t)\mathrm{d}t\\&=\int_a^x f(t)\mathrm{d}t+\int_x^{x+\Delta x}f(t)\mathrm{d}t-\int_a^x f(t)\mathrm{d}t\\&=\int_x^{x+\Delta x}f(t)\mathrm{d}t=f(\xi)\Delta x,\ \ \xi\in[x,x+\Delta x].\end{aligned}$$

由于函数$f(x)$在点x处连续，所以

$$\Phi'(x)=\lim_{\Delta x\to 0}\frac{\Delta\Phi}{\Delta x}=\lim_{\Delta x\to 0}f(\xi)=f(x).$$

若 $x=a$, 取 $\Delta x>0$, 同理可证 $\Phi'_{+}(a)=f(a)$; 若 $x=b$, 取 $\Delta x<0$, 同理可证 $\Phi'_{+}(b)=f(b)$; 综上即有

$$\frac{\mathrm{d}}{\mathrm{d}x}\int_a^x f(t)\mathrm{d}t=f(x)\quad (a\le x\le b).$$ ■

注: 定理 1 揭示了微分 (或导数) 与定积分这两个定义不相干的概念之间的内在联系，因而称为**微积分基本定理**.

如果 $f(x)$ 是正的, 定理 1 就有一个完美的解释. $f(t)$ 从 a 到 x 的积分是夹在 $f(t)$ 的图形及从 a 到 x 的横坐标轴之间的区域的面积.

设想公共汽车挡风玻璃上雨刮器工作的情形(见图 5-2-1), 雨刮器移动至点 x 时, 刷片的垂直高度为 $f(x)$, 被雨刮器刷洗的面积为

$$\Phi(x)=\int_a^x f(t)\,\mathrm{d}t.$$

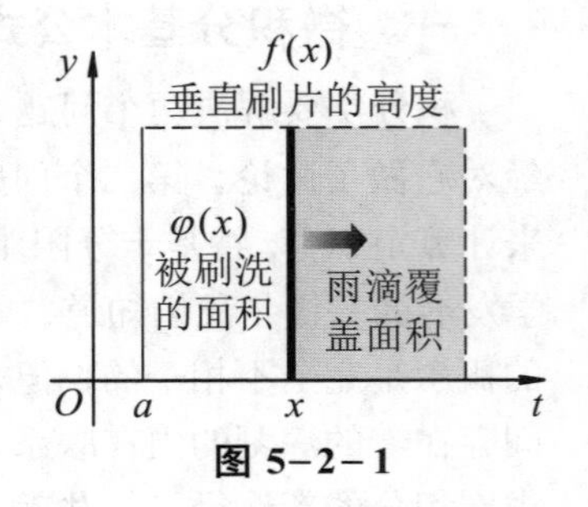

图 5-2-1

由此可见，雨刮器的刷片刷洗挡风玻璃的速率就等于刷片的高度，即

$$\frac{\mathrm{d}\Phi}{\mathrm{d}x}=\frac{\mathrm{d}}{\mathrm{d}x}\int_a^x f(t)\mathrm{d}t=f(x).$$

例 1　求 $\frac{\mathrm{d}}{\mathrm{d}x}\left[\int_1^{x^3}\mathrm{e}^{t^2}\mathrm{d}t\right]$.

解　这里 $\int_1^{x^3}\mathrm{e}^{t^2}\mathrm{d}t$ 是 x^3 的函数, 因而是 x 的复合函数, 令 $x^3=u$, 则 $\Phi(u)=\int_1^{u}\mathrm{e}^{t^2}\mathrm{d}t$, 根据复合函数求导法则, 有

$$\frac{\mathrm{d}}{\mathrm{d}x}\left[\int_1^{x^3}\mathrm{e}^{t^2}\mathrm{d}t\right]=\frac{\mathrm{d}}{\mathrm{d}u}\left[\int_1^{u}\mathrm{e}^{t^2}\mathrm{d}t\right]\cdot\frac{\mathrm{d}u}{\mathrm{d}x}=\Phi'(u)\cdot 3x^2=\mathrm{e}^{u^2}\cdot 3x^2=3x^2\mathrm{e}^{x^6}.$$ ■

2. 牛顿 - 莱布尼茨公式

定理 1 是在被积函数连续的条件下证得的, 因而, 这也就证明了“连续函数必存在原函数”的结论, 故有如下原函数的存在定理.

定理 2　若函数 $f(x)$ 在区间 $[a, b]$ 上连续，则函数

$$\Phi(x)=\int_a^x f(t)\mathrm{d}t$$

就是 $f(x)$ 在 $[a, b]$ 上的一个原函数.

定理 2 的重要意义在于：一方面肯定了连续函数的原函数是存在的，另一方面初步揭示了积分学中定积分与原函数的联系. 因此，我们就有可能通过原函数来计算定积分.

定理 3 若函数 $F(x)$ 是连续函数 $f(x)$ 在区间 $[a, b]$ 上的一个原函数，则

$$\int_a^b f(x)\,\mathrm{d}x = F(b) - F(a). \tag{2.3}$$

式 (2.3) 称为**牛顿 – 莱布尼茨公式**.

证明 已知函数 $F(x)$ 是 $f(x)$ 的一个原函数，又根据定理 2 知，

$$\varPhi(x) = \int_a^x f(t)\,\mathrm{d}t$$

也是 $f(x)$ 的一个原函数，所以

$$F(x) - \varPhi(x) = C,\ x \in [a, b].$$

在上式中令 $x = a$，得 $F(a) - \varPhi(a) = C$. 而

$$\varPhi(a) = \int_a^a f(t)\,\mathrm{d}t = 0,$$

所以 $F(a) = C$，故

$$\int_a^x f(t)\,\mathrm{d}t = F(x) - F(a).$$

在上式中再令 $x = b$，即得公式 (2.3). 该公式也常记作

$$\int_a^b f(x)\,\mathrm{d}x = F(x)\Big|_a^b = F(b) - F(a).$$

■

注: 由 $\int_a^b f(x)\mathrm{d}x = -\int_b^a f(x)\mathrm{d}x$ 知，当 $a > b$ 时，牛顿 – 莱布尼茨公式 (2.3) 仍成立.

由于 $f(x)$ 的原函数 $F(x)$ 一般可通过求不定积分求得，因此，牛顿 – 莱布尼茨公式巧妙地把定积分的计算问题与不定积分联系起来，转化为求被积函数的一个原函数在区间 $[a, b]$ 上的增量的问题.

牛顿 – 莱布尼茨公式 (2.3) 也称为**微积分基本公式**.

例 2 求定积分 $\int_0^1 x^2\,\mathrm{d}x$.

解 因 $\dfrac{x^3}{3}$ 是 x^2 的一个原函数，由牛顿 – 莱布尼茨公式，有

$$\int_0^1 x^2\,\mathrm{d}x = \frac{x^3}{3}\Big|_0^1 = \frac{1}{3} - \frac{0}{3} = \frac{1}{3}.$$

■

例 3 求定积分 $\int_{-2}^{-1} \dfrac{1}{x}\,\mathrm{d}x$.

解 当 $x < 0$ 时，$\dfrac{1}{x}$ 的一个原函数是 $\ln|x|$，所以

$$\int_{-2}^{-1} \frac{1}{x}\,\mathrm{d}x = \ln|x|\Big|_{-2}^{-1} = \ln 1 - \ln 2 = -\ln 2.$$

■

例 4 某服装公司生产每套服装的边际成本是

$$C'(x) = 0.000\,3x^2 - 0.2x + 50.$$

(1) 用和 $\sum_{i=1}^{4} C'(x)\Delta x$ 计算生产 400 套服装的总成本的近似值;

(2) 用定积分计算生产 400 套服装的总成本的精确值.

解　(1) 把区间 $[0,400]$ 分成 4 个长度相等的小区间

$$0=x_0<x_1<x_2<x_3<x_4=400,$$

每个区间的长度均为$\Delta x=100$(见图5-2-2中的左图).

求得近似值

$$\sum_{i=1}^{4} C'(x)\Delta x=100[C'(0)+C'(100)+C'(200)+C'(300)]$$

$$=100(50+33+22+17)=12\,200\,(元).$$

(2) 精确的总成本是(见图5-2-2中的右图).

$$\int_0^{400} C'(x)\mathrm{d}x=(0.000\,1x^3-0.1x^2+50x)\Big|_0^{400}=10\,400\,(元).$$ ■

因此,在考虑分成的小区间的个数较少的情况下,(1) 的近似值相差也不是很大.

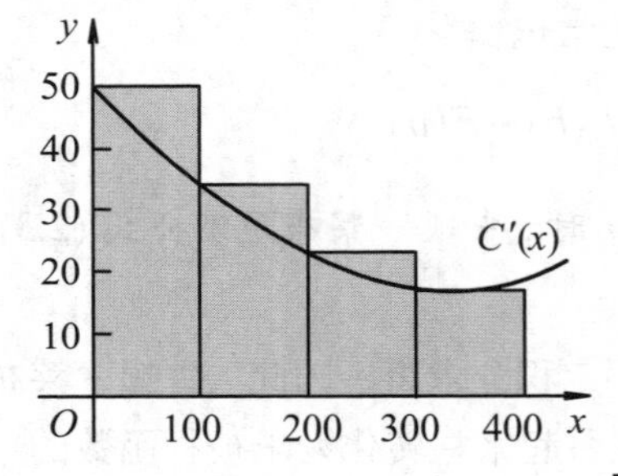

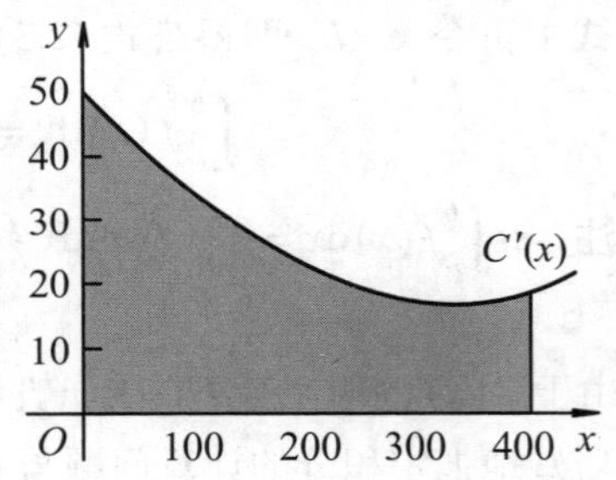

图 5-2-2

*数学实验

实验5.2　试用计算软件计算下列定积分:

(1) $\int_0^{2\pi} \frac{\mathrm{d}x}{1+a\cos x}\ (0\le a<1)$;　　(2) $\int_0^{\frac{\pi}{2}} \frac{\mathrm{d}x}{a^2\sin^2 x+b^2\cos^2 x}\ (ab\ne 0)$;

(3) $\int_0^1 x^{15}\sqrt{1+3x^8}\,\mathrm{d}x$;　　(4) $\int_0^{2\pi} \frac{\mathrm{d}x}{(2+\cos x)(3+\cos x)}$;

(5) $\int_0^x t\sin^2 \mathrm{d}t$.

计算实验

微信扫描右侧的二维码,即可进行重复或修改实验(详见教材配套的网络学习空间).

二、定积分的换元积分法

定理 4　设函数 $f(x)$ 在闭区间 $[a, b]$ 上连续,函数 $x=\varphi(t)$ 满足条件:

(1) $\varphi(\alpha)=a,\ \varphi(\beta)=b$, 且 $a\le\varphi(t)\le b$;

(2) $\varphi(t)$ 在 $[\alpha, \beta]$ (或 $[\beta, \alpha]$) 上具有连续导数,

则有
$$\int_a^b f(x)\,\mathrm{d}x=\int_\alpha^\beta f[\varphi(t)]\varphi'(t)\,\mathrm{d}t. \tag{2.4}$$

式 (2.4) 称为定积分的**换元公式**.

定积分的换元公式与不定积分的换元公式很类似. 但是, 在应用定积分的换元公式时应注意以下两点:

(1) 用 $x=\varphi(t)$ 把变量 x 换成新变量 t 时, 积分限也要换成相应于新变量 t 的积分限, 且上限对应于上限, 下限对应于下限;

(2) 求出 $f[\varphi(t)]\varphi'(t)$ 的一个原函数 $\Phi(t)$ 后, 不必像计算不定积分那样再把 $\Phi(t)$ 变换成原变量 x 的函数, 只需直接求出 $\Phi(t)$ 在新变量 t 的积分区间上的增量即可.

例 5 求定积分 $\int_0^{\pi/2}\cos^5 x\sin x\mathrm{d}x$.

解 令 $t=\cos x$, 则 $\mathrm{d}t=-\sin x\mathrm{d}x$, 且当 $x=\pi/2$ 时, $t=0$; 当 $x=0$ 时, $t=1$. 所以
$$\int_0^{\pi/2}\cos^5 x\sin x\mathrm{d}x=-\int_1^0 t^5\mathrm{d}t=\int_0^1 t^5\mathrm{d}t=\left.\frac{t^6}{6}\right|_0^1=\frac{1}{6}.$$ ■

注: 本例中, 如果不明确写出新变量 t, 则定积分的上、下限就不需改变, 重新计算如下:
$$\int_0^{\pi/2}\cos^5 x\sin x\mathrm{d}x=-\int_0^{\pi/2}\cos^5 x\mathrm{d}(\cos x)=-\left.\frac{\cos^6 x}{6}\right|_0^{\pi/2}=-\left(0-\frac{1}{6}\right)=\frac{1}{6}.$$

例 6 求定积分 $\int_0^a\sqrt{a^2-x^2}\,\mathrm{d}x\ (a>0)$.

解 令 $x=a\sin t$, 则 $\mathrm{d}x=a\cos t\mathrm{d}t$, 且当 $x=0$ 时, $t=0$; 当 $x=a$ 时, $t=\pi/2$.
$$\sqrt{a^2-x^2}=a\sqrt{1-\sin^2 t}=a|\cos t|=a\cos t.$$
所以
$$\int_0^a\sqrt{a^2-x^2}\,\mathrm{d}x=a^2\int_0^{\pi/2}\cos^2 t\mathrm{d}t=a^2\int_0^{\pi/2}\frac{1+\cos 2t}{2}\,\mathrm{d}t$$
$$=\frac{a^2}{2}\int_0^{\pi/2}(1+\cos 2t)\,\mathrm{d}t=\frac{a^2}{2}\left.\left(t+\frac{1}{2}\sin 2t\right)\right|_0^{\pi/2}=\frac{\pi a^2}{4}.$$ ■

注: 利用定积分的几何意义, 易直接得到本例的计算结果.

三、定积分的分部积分法

设函数 $u=u(x)$, $v=v(x)$ 在区间 $[a,b]$ 上具有连续导数, 则
$$\mathrm{d}(uv)=u\mathrm{d}v+v\mathrm{d}u,$$
移项得
$$u\mathrm{d}v=\mathrm{d}(uv)-v\mathrm{d}u,$$
于是
$$\int_a^b u\mathrm{d}v=\int_a^b\mathrm{d}(uv)-\int_a^b v\mathrm{d}u,$$

即
$$\int_a^b u\mathrm{d}v = [uv]\Big|_a^b - \int_a^b v\mathrm{d}u. \tag{2.5}$$

这就是**定积分的分部积分公式**. 与不定积分的分部积分公式不同的是，这里可将原函数已经积出的部分 uv 先用上、下限代入.

例 7　求定积分 $\int_1^3 \ln x\mathrm{d}x$.

解
$$\int_1^3 \ln x\mathrm{d}x = x\ln x\Big|_1^3 - \int_1^3 x\mathrm{d}(\ln x) = (3\ln 3 - 0) - \int_1^3 x\frac{1}{x}\mathrm{d}x = 3\ln 3 - \int_1^3 \mathrm{d}x$$
$$= 3\ln 3 - x\Big|_1^3 = 3\ln 3 - (3-1) = 3\ln 3 - 2.$$
■

例 8　求定积分 $\int_0^1 x\mathrm{e}^{-x}\mathrm{d}x$.

解
$$\int_0^1 x\mathrm{e}^{-x}\mathrm{d}x = -\int_0^1 x\mathrm{d}(\mathrm{e}^{-x}) = -\left(x\mathrm{e}^{-x}\Big|_0^1 - \int_0^1 \mathrm{e}^{-x}\mathrm{d}x\right)$$
$$= -\left[(\mathrm{e}^{-1} - 0) + \int_0^1 \mathrm{e}^{-x}\mathrm{d}(-x)\right]$$
$$= -\left(\mathrm{e}^{-1} + \mathrm{e}^{-x}\Big|_0^1\right) = -[\mathrm{e}^{-1} + (\mathrm{e}^{-1} - 1)] = 1 - 2\mathrm{e}^{-1}.$$
■

***数学实验**

实验 5.3　试用计算软件计算下列定积分：

计算实验

(1) $\int_0^{\ln 2} x\mathrm{e}^{-x}\mathrm{d}x$;　　(2) $\int_0^{\sqrt{3}} x\arctan x\mathrm{d}x$;

(3) $\int_0^a x^2\sqrt{a^2 - x^2}\mathrm{d}x\,(a>0)$;　　(4) $\int_{\frac{1}{2}}^2 \left(1 + x - \frac{1}{x}\right)\mathrm{e}^{x+\frac{1}{x}}\mathrm{d}x$.

微信扫描右侧的二维码，即可进行重复或修改实验(详见教材配套的网络学习空间).

§5.3　广 义 积 分

我们前面介绍的定积分有两个最基本的约束条件：积分区间的有限性和被积函数的有界性. 但在某些实际问题中，常常需要突破这些约束条件. 因此，在定积分的计算中，我们还要研究无穷区间上的积分和无界函数的积分. 这两类积分通称为**广义积分**或**反常积分**，相应地，前面的定积分则称为**常义积分**或**正常积分**. 这里我们仅介绍无穷限的广义积分.

定义 1　设函数 $f(x)$ 在区间 $[a, +\infty)$ 上连续，如果极限
$$\lim_{b\to+\infty}\int_a^b f(x)\mathrm{d}x$$
存在，则称此极限为**函数 $f(x)$ 在无穷区间 $[a, +\infty)$ 上的广义积分**，记为 $\int_a^{+\infty} f(x)\mathrm{d}x$，即
$$\int_a^{+\infty} f(x)\mathrm{d}x = \lim_{b\to+\infty}\int_a^b f(x)\mathrm{d}x.$$

这时也称**广义积分 $\int_a^{+\infty} f(x)\,\mathrm{d}x$ 收敛**；如果极限 $\lim\limits_{b\to+\infty}\int_a^b f(x)\,\mathrm{d}x$ 不存在，则称**广义积分 $\int_a^{+\infty} f(x)\,\mathrm{d}x$ 发散**.

类似地，可定义**函数 $f(x)$ 在无穷区间 $(-\infty, b]$ 上的广义积分**

$$\int_{-\infty}^b f(x)\,\mathrm{d}x = \lim_{a\to-\infty}\int_a^b f(x)\,\mathrm{d}x.$$

定义 2 函数 $f(x)$ 在无穷区间 $(-\infty, +\infty)$ 上的广义积分定义为

$$\int_{-\infty}^{+\infty} f(x)\,\mathrm{d}x = \int_{-\infty}^{a} f(x)\,\mathrm{d}x + \int_{a}^{+\infty} f(x)\,\mathrm{d}x.$$

其中 a 为任意实数，当上式右端两个积分都收敛时，称**广义积分 $\int_{-\infty}^{+\infty} f(x)\,\mathrm{d}x$ 是收敛的**，否则，称**广义积分 $\int_{-\infty}^{+\infty} f(x)\,\mathrm{d}x$ 是发散的**.

上述广义积分统称为**无穷限的广义积分**.

若 $F(x)$ 是 $f(x)$ 的一个原函数，记

$$F(+\infty) = \lim_{x\to+\infty} F(x),\quad F(-\infty) = \lim_{x\to-\infty} F(x),$$

则广义积分可表示为 (如果极限存在)：

$$\int_a^{+\infty} f(x)\,\mathrm{d}x = F(x)\Big|_a^{+\infty} = F(+\infty) - F(a);$$

$$\int_{-\infty}^b f(x)\,\mathrm{d}x = F(x)\Big|_{-\infty}^{b} = F(b) - F(-\infty);$$

$$\int_{-\infty}^{+\infty} f(x)\,\mathrm{d}x = F(x)\Big|_{-\infty}^{+\infty} = F(+\infty) - F(-\infty).$$

例 1 计算广义积分 $\int_0^{+\infty} \mathrm{e}^{-x}\,\mathrm{d}x$.

解 对任意 $b>0$，有

$$\int_0^b \mathrm{e}^{-x}\,\mathrm{d}x = -\mathrm{e}^{-x}\Big|_0^b = -\mathrm{e}^{-b} - (-1) = 1 - \mathrm{e}^{-b}.$$

于是

$$\lim_{b\to+\infty}\int_0^b \mathrm{e}^{-x}\,\mathrm{d}x = \lim_{b\to+\infty}(1-\mathrm{e}^{-b}) = 1 - 0 = 1,$$

所以

$$\int_0^{+\infty} \mathrm{e}^{-x}\,\mathrm{d}x = \lim_{b\to+\infty}\int_0^b \mathrm{e}^{-x}\,\mathrm{d}x = 1.$$

在理解了广义积分定义的实质后，上述求解过程也可直接写成

$$\int_0^{+\infty} \mathrm{e}^{-x}\,\mathrm{d}x = -\mathrm{e}^{-x}\Big|_0^{+\infty} = 0 - (-1) = 1.$$ ■

例 2 判断广义积分 $\int_0^{+\infty} \sin x\,\mathrm{d}x$ 的敛散性.

解 对任意 $b>0$，有

$$\int_0^b \sin x\,\mathrm{d}x = -\cos x\Big|_0^b = -\cos b + \cos 0 = 1 - \cos b,$$

因为 $\lim\limits_{b\to+\infty}(1-\cos b)$ 不存在，所以广义积分 $\int_0^{+\infty}\sin x\mathrm{d}x$ 发散．■

例 3　计算广义积分 $\int_{-\infty}^{+\infty}\frac{\mathrm{d}x}{1+x^2}$．

解　$\int_{-\infty}^{+\infty}\frac{\mathrm{d}x}{1+x^2}=[\arctan x]\Big|_{-\infty}^{+\infty}=\lim\limits_{x\to+\infty}\arctan x-\lim\limits_{x\to-\infty}\arctan x=\frac{\pi}{2}-\left(-\frac{\pi}{2}\right)=\pi$．■

例 4　讨论广义积分 $\int_1^{+\infty}\frac{1}{x^p}\mathrm{d}x$ 的敛散性．

解　当 $p\neq1$ 时，有

$$\int_1^{+\infty}\frac{1}{x^p}\mathrm{d}x=\frac{x^{1-p}}{1-p}\Bigg|_1^{+\infty}=\begin{cases}+\infty, & p<1\\ \dfrac{1}{p-1}, & p>1\end{cases};$$

当 $p=1$ 时，有

$$\int_1^{+\infty}\frac{1}{x^p}\mathrm{d}x=\int_1^{+\infty}\frac{1}{x}\mathrm{d}x=\ln x\,|_1^{+\infty}=+\infty.$$

因此，当 $p>1$ 时，题设广义积分收敛，其值为 $\frac{1}{p-1}$；当 $p\leq1$ 时，题设广义积分发散．■

***数学实验**

实验 5.4　试用计算软件计算下列广义积分：

计算实验

(1) $\int_{-\infty}^{+\infty}\frac{\mathrm{d}x}{(x^2+x+1)^2}$；　　(2) $\int_0^1\frac{\mathrm{d}x}{(2-x)\sqrt{1-x}}$；

(3) $\int_0^{+\infty}\frac{x\ln x}{(1+x^2)^2}\mathrm{d}x$；　　(4) $\int_0^{\frac{\pi}{2}}\ln\cos x\mathrm{d}x$．

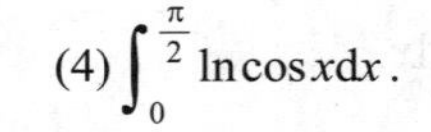

微信扫描右侧的二维码，即可进行重复或修改实验(详见教材配套的网络学习空间)．

§5.4　定积分的应用

定积分是求某种总量的数学模型，它在几何学、物理学、经济学、社会学等方面都有着广泛的应用，这显示了它巨大的魅力．也正是这些广泛的应用，推动着积分学的不断发展和完善．因此，在学习的过程中，我们不仅要了解计算某些实际问题的公式，更重要的还在于深刻领会用定积分解决实际问题的基本思想和方法——**微元法**．

一、定积分的微元法

定积分的所有应用问题一般总可按“分割、求和、取极限”三个步骤把所求量表示为定积分的形式．为更好地说明这种方法，我们先来回顾本章讨论过的求曲边

梯形面积的问题.

假设一曲边梯形由连续曲线 $y=f(x)\,(f(x)\geq 0)$、x 轴与两条直线 $x=a$、$x=b$ 所围成，试求其面积 A.

(1) **分割** 用任意一组分点把区间 $[a, b]$ 分成长度为 $\Delta x_i\,(i=1, 2, \cdots, n)$ 的 n 个小区间，相应地把曲边梯形分成 n 个小曲边梯形，记第 i 个小曲边梯形的面积为 ΔA_i，则

$$\Delta A_i \approx f(\xi_i)\Delta x_i \ (x_{i-1}\leq \xi_i \leq x_i); \tag{4.1}$$

(2) **求和** 得面积 A 的近似值

$$A=\sum_{i=1}^{n}\Delta A_i \approx \sum_{i=1}^{n} f(\xi_i)\Delta x_i; \tag{4.2}$$

(3) **求极限** 得面积 A 的精确值

$$A=\lim_{\lambda\to 0}\sum_{i=1}^{n} f(\xi_i)\Delta x_i=\int_a^b f(x)\,\mathrm{d}x, \tag{4.3}$$

其中 $\lambda=\max\{\Delta x_1, \Delta x_2, \cdots, \Delta x_n\}$.

对上述分析过程，在实际应用中可略去其下标，改写如下:

(1) **分割** 把区间 $[a, b]$ 分割为 n 个小区间，任取其中一个小区间 $[x, x+\mathrm{d}x]$ (**区间微元**)，用 ΔA 表示 $[x, x+\mathrm{d}x]$ 上小曲边梯形的面积，于是，所求面积

$$A=\sum \Delta A.$$

取 $[x, x+\mathrm{d}x]$ 的左端点 x 为 ξ，以点 x 处的函数值 $f(x)$ 为高、$\mathrm{d}x$ 为底的小矩形的面积 $f(x)\mathrm{d}x$ (**面积微元**，记为 $\mathrm{d}A$) 作为 ΔA 的近似值(见图5-4-1)，即

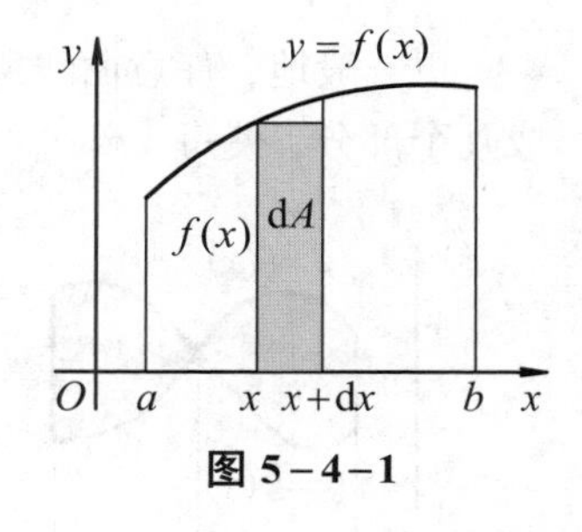

图 5-4-1

$$\Delta A \approx \mathrm{d}A=f(x)\,\mathrm{d}x. \tag{4.4}$$

(2) **求和** 得面积 A 的近似值

$$A\approx \sum \mathrm{d}A=\sum f(x)\,\mathrm{d}x. \tag{4.5}$$

(3) **求极限** 得面积 A 的精确值

$$A=\lim \sum f(x)\,\mathrm{d}x=\int_a^b f(x)\,\mathrm{d}x. \tag{4.6}$$

由上述分析，我们可以抽象出在应用学科中广泛采用的将所求量 U(**总量**) 表示为定积分的方法 —— **微元法**，这个方法的主要步骤如下:

(1) **由分割写出微元** 根据具体问题，选取一个积分变量，例如 x 为积分变量，并确定它的变化区间 $[a, b]$，任取 $[a, b]$ 的一个区间微元 $[x, x+\mathrm{d}x]$，求出相应于这个区间微元上的部分量 ΔU 的近似值，即求出所求总量 U 的**微元**

$$\mathrm{d}U=f(x)\,\mathrm{d}x;$$

(2) **由微元写出积分** 根据 $\mathrm{d}U=f(x)\,\mathrm{d}x$ 写出表示总量 U 的定积分

$$U=\int_a^b \mathrm{d}U=\int_a^b f(x)\,\mathrm{d}x.$$

二、在几何学中的应用

1. 平面图形的面积

我们已经知道，由连续曲线 $y=f(x)\,(f(x)\geq 0)$、x 轴与两条直线 $x=a$、$x=b$ 所围成的平面图形的面积为

$$A=\int_a^b f(x)\,\mathrm{d}x,$$

其中, 被积表达式 $f(x)\mathrm{d}x$ 就是面积微元 $\mathrm{d}A$ (见图 5−4−1), 即 $\mathrm{d}A=f(x)\,\mathrm{d}x$. 如果 $f(x)$ 不都是非负的, 则所围成的面积为

$$A=\int_a^b |f(x)|\,\mathrm{d}x.$$

一般地，由两条曲线 $y=f(x)$、$y=g(x)$ 与直线 $x=a$、$x=b$ 围成的如图 5−4−2 (a)、(b) 所示的图形的面积为

$$A=\int_a^b |f(x)-g(x)|\,\mathrm{d}x.$$

更一般地，任意曲线所围成的图形，我们可以用平行于坐标轴的直线将其分割成几个部分，使每一部分都可以利用上面的公式来计算面积 (见图 5−4−3).

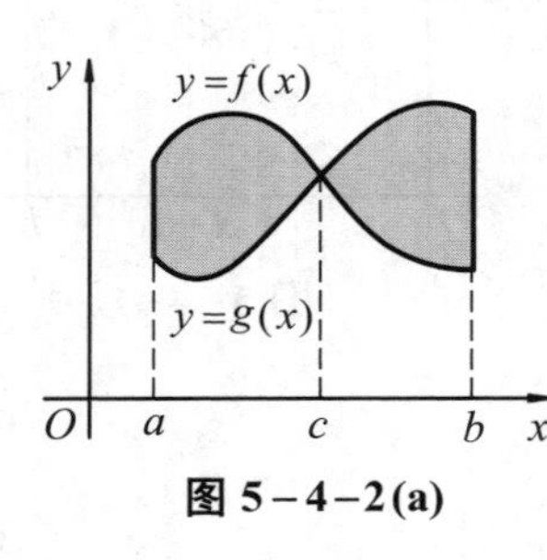

图 5−4−2 (a)

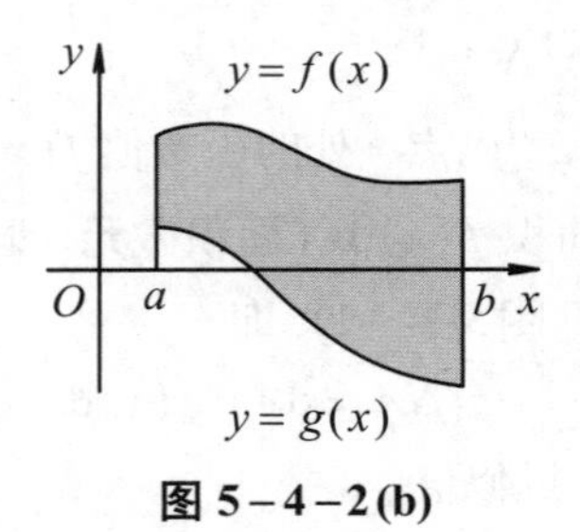

图 5−4−2 (b)

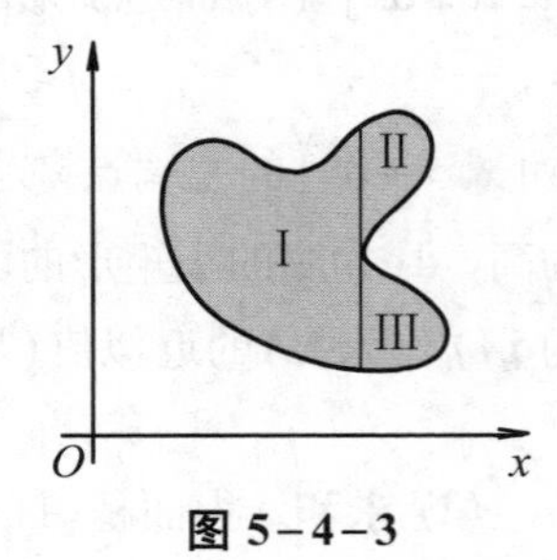

图 5−4−3

例 1　求由 $y^2=x$ 和 $y=x^2$ 所围成的图形的面积.

解　画出草图 (见图 5−4−4), 并由方程组

$$\begin{cases} y^2=x, \\ y=x^2, \end{cases}$$

解得它们的交点为 (0, 0), (1, 1).

选 x 为积分变量, 则 x 的变化范围是 $[0,1]$, 任取其上的一个区间微元 $[x, x+\mathrm{d}x]$, 则可得到相应于 $[x, x+\mathrm{d}x]$ 的面积微元

图 5−4−4

$$\mathrm{d}A=(\sqrt{x}-x^2)\,\mathrm{d}x,$$

从而所求面积为

$$A=\int_0^1(\sqrt{x}-x^2)\,\mathrm{d}x=\left[\frac{2}{3}x^{\frac{3}{2}}-\frac{x^3}{3}\right]\Bigg|_0^1=\frac{1}{3}.$$ ■

例 2 求由抛物线 $y+1=x^2$ 与直线 $y=1+x$ 所围成的面积.

解 画出草图(见图 5-4-5), 并由方程组

$$\begin{cases}y+1=x^2\\ y=1+x\end{cases},$$

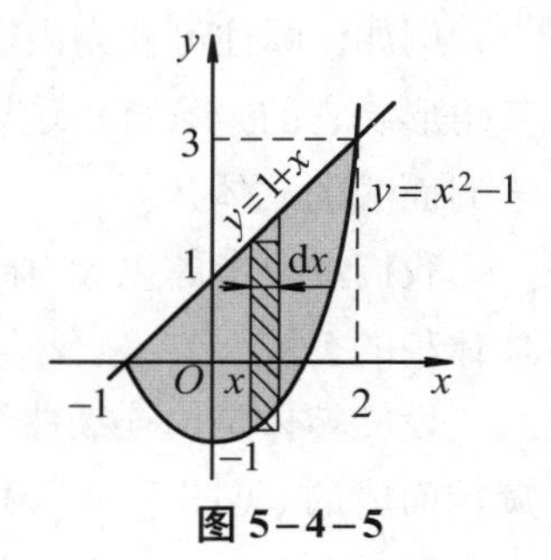

图 5-4-5

解得它们的交点为 $(-1,0)$, $(2,3)$.

选 x 为积分变量, 则 x 的变化范围是 $[-1,2]$, 任取其上的一个区间微元 $[x,x+\mathrm{d}x]$, 则可得到相应于 $[x,\ x+\mathrm{d}x]$ 的面积微元为

$$\mathrm{d}A=[(1+x)-(x^2-1)]\,\mathrm{d}x,$$

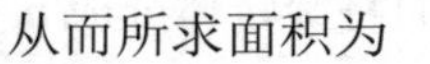
从而所求面积为

$$A=\int_{-1}^{2}[(1+x)-(x^2-1)]\,\mathrm{d}x=\frac{9}{2}.$$ ■

*数学实验

实验 5.5 试用计算软件计算下列曲线围成的面积:

(1) $y^2=\dfrac{x^3}{2a-x}$, $x=2a$;

(2) $y^2=\dfrac{x^n}{(1+x^{n+2})^2}\,(x>0,n>-2)$;

(3) $y=\mathrm{e}^{-x}\sin x$, $y=0\,(0\le x\le 2\pi)$;

(4) 摆线 $x=a(t=\sin t)$, $y=a(1-\cos t)$ $(0\le t\le 2\pi)$, $y=0$;

(5) $r=1+2^{\sin(5\theta)}\,(0\le\theta\le 2\pi)$.

详见教材配套的网络学习空间.

计算实验

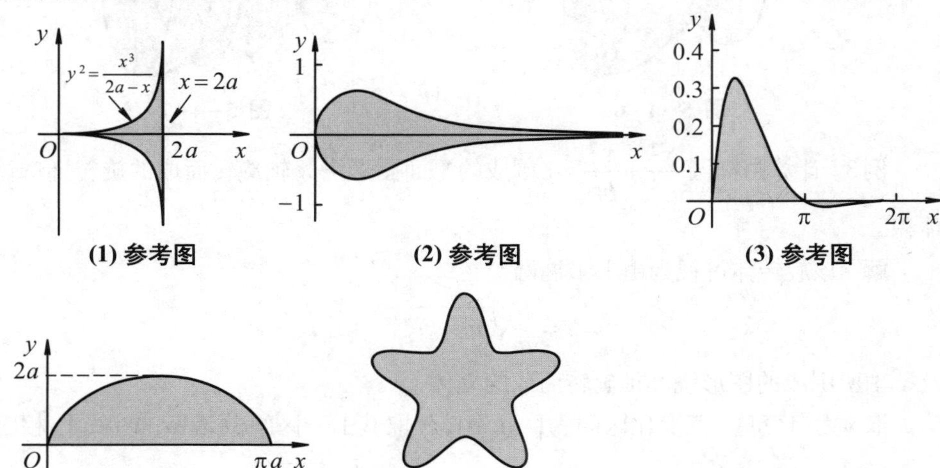

(1) 参考图 (2) 参考图 (3) 参考图

(4) 参考图 (5) 参考图

2. 旋转体的体积

由一个平面图形绕该平面内一条直线旋转一周而成的立体称为**旋转体**. 这条直线称为**旋转轴**.

例如，圆柱可视为由矩形绕它的一条边旋转一周而成的立体，圆锥可视为直角三角形绕它的一条直角边旋转一周而成的立体，而球体可视为半圆绕它的直径旋转一周而成的立体.

我们主要考虑以 x 轴和 y 轴为旋转轴的旋转体，下面利用微元法来推导求旋转体体积的公式.

设旋转体是由连续曲线 $y=f(x)$、直线 $x=a$、$x=b$ 与 x 轴所围平面图形绕 x 轴旋转而成的 (见图 5−4−6). 现在我们来求旋转体的体积 V.

取 x 为自变量，其变化区间为 $[a, b]$. 设想用垂直于 x 轴的平面将旋转体分成 n 个小薄片，即把 $[a, b]$ 分成 n 个区间微元，其中任一区间微元 $[x, x+\mathrm{d}x]$ 所对应的小薄片的体积可近似视为以 $f(x)$ 为底半径、$\mathrm{d}x$ 为高的扁圆柱体的体积(见图5−4−7)，即该旋转体的体积微元为

$$\mathrm{d}V=\pi[f(x)]^2\mathrm{d}x,$$

从而，所求旋转体的体积为

$$V=\pi\int_a^b[f(x)]^2\mathrm{d}x.$$

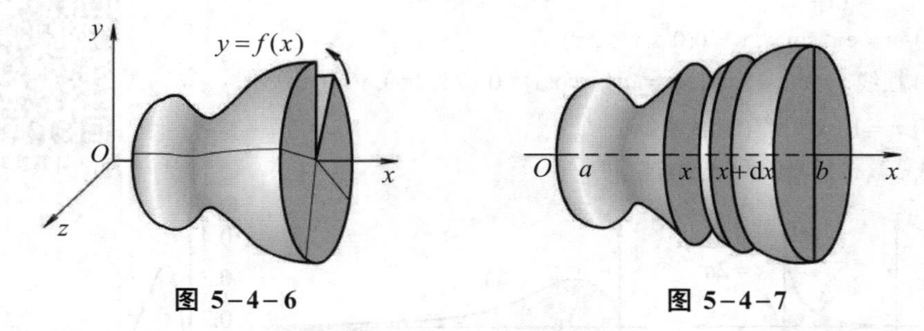

图 5−4−6　　　　图 5−4−7

例 3　计算由椭圆 $\dfrac{x^2}{a^2}+\dfrac{y^2}{b^2}=1$ 围成的平面图形绕 x 轴旋转而成的旋转椭球体的体积.

解　该旋转体可视为由上半椭圆

$$y=\frac{b}{a}\sqrt{a^2-x^2}$$

及 x 轴所围成的图形绕 x 轴旋转而成的立体.

取 x 为自变量，其变化区间为 $[-a, a]$，任取其上一区间微元 $[x, x+\mathrm{d}x]$，相应于该区间微元的小薄片的体积，近似等于底半径为 $\dfrac{b}{a}\sqrt{a^2-x^2}$、高为 $\mathrm{d}x$ 的扁圆柱体的

体积 (见图5−4−8), 即体积微元为

$$\mathrm{d}V=\pi\frac{b^2}{a^2}(a^2-x^2)\mathrm{d}x,$$

故所求旋转椭球体的体积为

$$V=\int_{-a}^{a}\mathrm{d}V=\int_{-a}^{a}\pi\frac{b^2}{a^2}(a^2-x^2)\mathrm{d}x$$

$$=2\pi\frac{b^2}{a^2}\int_0^a(a^2-x^2)\mathrm{d}x$$

$$=2\pi\frac{b^2}{a^2}\left(a^2x-\frac{x^3}{3}\right)\Bigg|_0^a=\frac{4}{3}\pi ab^2.$$

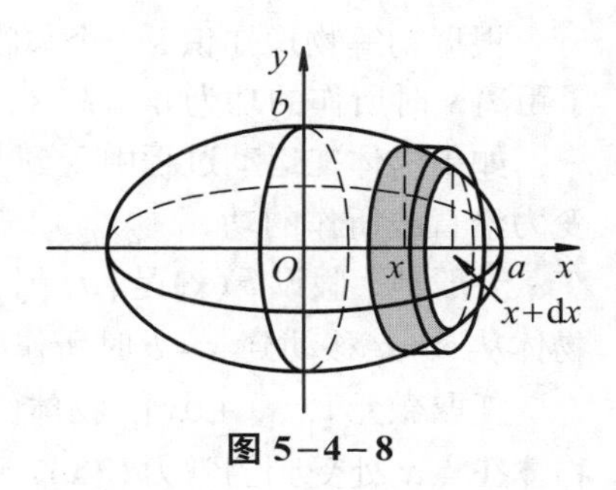

图 5−4−8

特别地, 当 $a=b=R$ 时, 可得半径为 R 的球体的体积

$$V=\frac{4}{3}\pi R^3.$$

■

*数学实验

实验 5.6 试用计算软件计算下列各题:

(1) 曲线 $y=b\left(\frac{x}{a}\right)^{2/3}$ $(0\le x\le a)$ 绕 Ox 轴旋转所成的旋转体体积;

(2) 曲线 $x^2-xy+y^2=a^2\,(a>0)$ 绕 Ox 轴旋转所成的旋转体体积;

(3) 曲线 $y=\mathrm{e}^{-x}\sqrt{\sin x}\,(0\le x\le\pi)$ 绕 Ox 轴旋转所成的旋转体体积;

(4) 曲线 $y=x\sin^2x\,(0\le x\le\pi)$ 与 x 轴所围成的图形分别绕 x 轴和 y 轴旋转所成的旋转体体积.

详见教材配套的网络学习空间.

计算实验

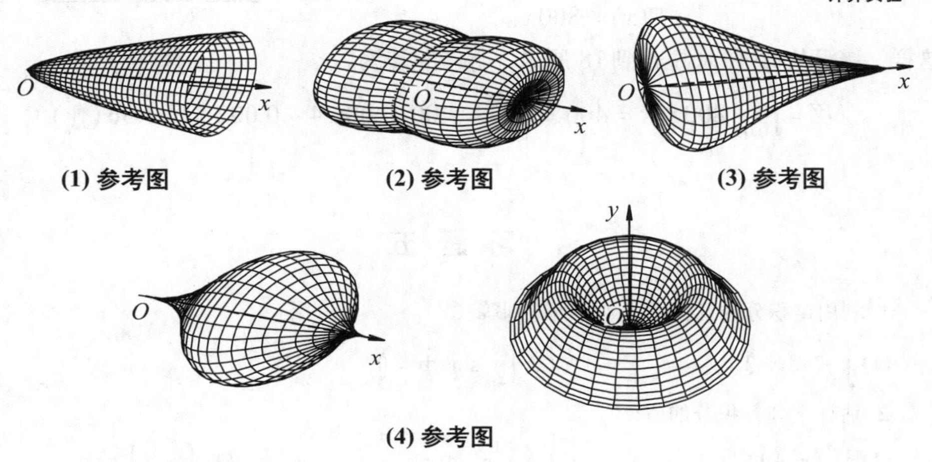

(1) 参考图 **(2) 参考图** **(3) 参考图**

(4) 参考图

三、在物理学中的应用

定积分的微元法在物理学中具有广泛的应用, 这里我们仅介绍其中的一种特殊情形 —— 求变力沿直线所作的功.

根据初等物理知识，一个与物体位移方向一致而大小为 F 的常力，将物体移动了距离 s 时所作的功为 $W=F\cdot s$.

如果物体在运动过程中受到变力的作用，则可利用定积分微元法来计算物体受变力沿直线所作的功.

一般地，假设 $F(x)$ 是 $[a, b]$ 上的连续函数，我们来讨论在变力 $F(x)$ 的作用下，物体从 $x=a$ 移动到 $x=b$ 时所作的功 W.

任取微元 $[x, x+\mathrm{d}x]$，物体由点 x 移动到 $x+\mathrm{d}x$ 的过程中受到的变力近似视为物体在点 x 处受到的常力 $F(x)$，则**功微元**为

$$\mathrm{d}W=F(x)\,\mathrm{d}x,$$

于是，物体受变力 $F(x)$ 的作用从 $x=a$ 移动到 $x=b$ 时所作的**功**

$$W=\int_a^b \mathrm{d}W=\int_a^b F(x)\,\mathrm{d}x.$$

在实际应用中，许多问题都可以转化为物体受变力作用沿直线所作的功的情形. 下面我们通过具体例子来说明.

例4 设40牛的力使弹簧从自然长度10厘米拉长到15厘米，问需要作多大的功才能克服弹性恢复力，将伸长的弹簧从15厘米处再拉长3厘米？

解 如图5-4-9所示，根据胡克定律，有

$$F(x)=kx.$$

当弹簧从10厘米拉长到15厘米时，其伸长量为5厘米=0.05米. 因有 $F(0.05)=40$，即 $0.05k=40$，故得 $k=800$. 于是，可写出

$$F(x)=800x.$$

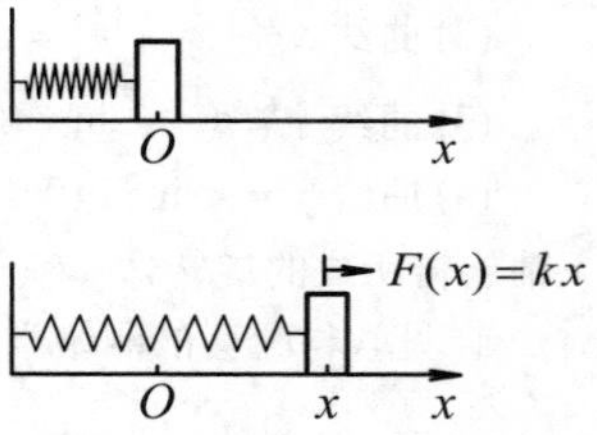

这样，弹簧从15厘米拉长到18厘米，所作的功为

O x

$F(x)=kx$

O x x

图5-4-9

$$W=\int_{0.05}^{0.08} 800x\mathrm{d}x=400x^2\Big|_{0.05}^{0.08}=400(0.006\,4-0.002\,5)=1.56\,(\text{焦}).\quad ■$$

习 题 五

1. 利用定积分的几何意义，说明下列等式：

(1) $\int_0^1 2x\mathrm{d}x=1$; (2) $\int_{-\pi}^{\pi}\sin x\mathrm{d}x=0$.

2. 估计下列各积分的值：

(1) $\int_1^4 (x^2+1)\,\mathrm{d}x$; (2) $\int_0^1 \mathrm{e}^{x^2}\mathrm{d}x$; (3) $\int_1^2 \frac{x}{1+x^2}\mathrm{d}x$.

3. 根据定积分性质比较下列每组积分的大小：

(1) $\int_0^1 x^2\mathrm{d}x$，$\int_0^1 x^3\mathrm{d}x$; (2) $\int_0^1 \mathrm{e}^x\mathrm{d}x$，$\int_0^1 \mathrm{e}^{x^2}\mathrm{d}x$; (3) $\int_0^{\frac{\pi}{2}} x\mathrm{d}x$，$\int_0^{\frac{\pi}{2}} \sin x\mathrm{d}x$.

4. 试将下列极限表示成定积分.

(1) $\lim\limits_{\lambda\to 0}\sum\limits_{i=1}^{n}(\xi_i^2-3\xi_i)\Delta x_i$, λ 是 $[-7, 5]$ 上的分割;

(2) $\lim\limits_{\lambda\to 0}\sum\limits_{i=1}^{n}\sqrt{4-\xi_i^2}\,\Delta x_i$, λ 是 $[0,1]$ 上的分割.

5. 假定 $f(z)$ 是连续的, 而且 $\int_0^3 f(z)\,\mathrm{d}z=3$ 和 $\int_0^4 f(z)\,\mathrm{d}z=7$, 求下列各值.

(1) $\int_3^4 f(z)\,\mathrm{d}z$; (2) $\int_4^3 f(z)\,\mathrm{d}z$

6. 设 $y=\int_0^x \sin t\mathrm{d}t$, 求 $y'(0)$, $y'\left(\dfrac{\pi}{4}\right)$.

7. 计算下列各定积分:

(1) $\int_1^2\left(x^2+\dfrac{1}{x^4}\right)\mathrm{d}x$; (2) $\int_4^9\sqrt{x}\,(1+\sqrt{x}\,)\,\mathrm{d}x$; (3) $\int_0^{\sqrt{3}a}\dfrac{\mathrm{d}x}{a^2+x^2}$;

(4) $\int_{-1/2}^{1/2}\dfrac{\mathrm{d}x}{\sqrt{1-x^2}}$; (5) $\int_0^{\frac{\pi}{4}}\tan^2\theta\mathrm{d}\theta$.

8. 用定积分换元法计算下列定积分:

(1) $\int_{\frac{\pi}{3}}^{\pi}\sin\left(x+\dfrac{\pi}{3}\right)\mathrm{d}x$; (2) $\int_{-2}^{1}\dfrac{\mathrm{d}x}{(11+5x)^3}$; (3) $\int_0^{\frac{\pi}{2}}\sin\varphi\cos^3\varphi\mathrm{d}\varphi$;

(4) $\int_0^5\dfrac{x^3}{x^2+1}\mathrm{d}x$; (5) $\int_1^{\mathrm{e}^2}\dfrac{\mathrm{d}x}{x\sqrt{1+\ln x}}$; (6) $\int_{-\frac{\pi}{2}}^{\frac{\pi}{2}}\sqrt{\cos x-\cos^3 x}\,\mathrm{d}x$.

9. 用分部积分法计算下列定积分:

(1) $\int_0^1 x\mathrm{e}^{-x}\mathrm{d}x$; (2) $\int_1^{\mathrm{e}}x\ln x\mathrm{d}x$; (3) $\int_0^1 x\arctan x\mathrm{d}x$;

(4) $\int_0^{\pi/2}x\sin 2x\mathrm{d}x$; (5) $\int_0^{\pi/2}\mathrm{e}^{2x}\cos x\mathrm{d}x$.

10. 已知 $f(x)$ 是连续函数, 证明: $\int_a^b f(x)\,\mathrm{d}x=(b-a)\int_0^1 f[a+(b-a)x]\,\mathrm{d}x$.

11. 判断下列各广义积分的敛散性, 若收敛, 计算其值:

(1) $\int_1^{+\infty}\dfrac{\mathrm{d}x}{x^3}$; (2) $\int_1^{+\infty}\dfrac{\mathrm{d}x}{\sqrt{x}}$; (3) $\int_0^{+\infty}\mathrm{e}^{-ax}\mathrm{d}x\ (a>0)$;

(4) $\int_{-\infty}^{+\infty}\dfrac{\mathrm{d}x}{x^2+4x+5}$; (5) $\int_1^{+\infty}\dfrac{\mathrm{d}x}{x(x^2+1)}$.

12. 求由曲线 $y=\sqrt{x}$ 与直线 $y=x$ 所围图形的面积.

13. 求在区间 $[0, \pi/2]$ 上, 曲线 $y=\sin x$ 与直线 $x=0$、$y=1$ 所围图形的面积.

14. 求由曲线 $y^2=x$ 与 $y^2=-x+4$ 所围图形的面积.

15. 求由曲线 $y=\dfrac{1}{x}$ 与直线 $y=x$ 及 $x=2$ 所围图形的面积.

16. 求由曲线 $y=\mathrm{e}^x$, $y=\mathrm{e}^{-x}$ 与直线 $x=1$ 所围图形的面积.

17. 求由曲线 $y=\ln x$ 与直线 $y=\ln a$ 及 $y=\ln b$ 所围图形的面积 $(b>a>0)$.

18. 求右图中阴影区域的面积.

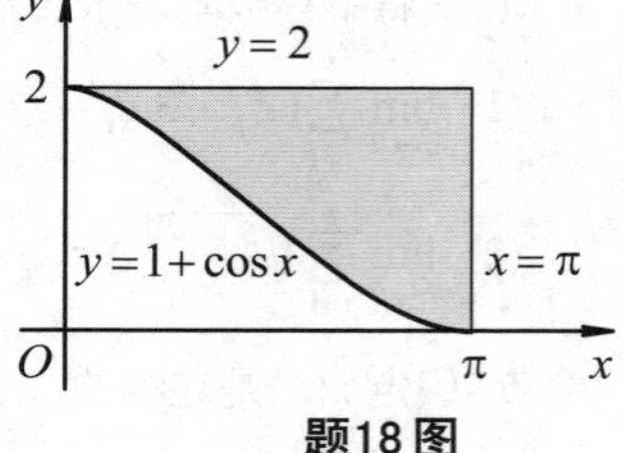

题18图

19. 求

(1) 函数 $f(x)=2-\int_2^{x+1}\frac{9}{1+t}\,\mathrm{d}t$ 在点 $x=1$ 处的线性化;

(2) 函数 $f(x)=3+\int_1^{x^2}\sec(t-1)\,\mathrm{d}t$ 在点 $x=-1$ 处的线性化.

20. 某公司估计, 其销售额将会以函数 $S'(t)=20\mathrm{e}^t$ 所给出的速度连续增长, 其中 $S'(t)$ 是在时间 t 天的销售额的增长速度, 以元/天为单位.

(1) 求初始 5 天的累积销售额;

(2) 求第 2 天到第 5 天的销售额. (这是从 1 到 5 的积分.)

21. 一家公司以 250 000元购买了一台新机器. 从销售这台机器生产的产品中所获得的边际利润是 $R'(t)=4\,000t$, 机器残值以 $V'(t)=25\,000\mathrm{e}^{-0.1t}$ 的速度下降. T 年后来自机器的总利润为

$$L(t)=\begin{pmatrix}\text{来自产品}\\\text{销售的利润}\end{pmatrix}+\begin{pmatrix}\text{来自机器}\\\text{销售的利润}\end{pmatrix}-(\text{机器的成本})=\int_0^T R'(t)\mathrm{d}t+\int_0^T V'(t)\mathrm{d}t-250\,000,$$

(1) 求 $L(T)$;　　(2) 求 $L(10)$.

22. 求下列平面图形分别绕 x 轴、y 轴旋转产生的立体的体积:

(1) 曲线 $y=\sqrt{x}$ 与直线 $x=1$、$x=4$、$y=0$ 所围成的图形;

(2) 在区间 $\left[0,\frac{\pi}{2}\right]$ 上, 曲线 $y=\sin x$ 与直线 $x=\frac{\pi}{2}$、$y=0$ 所围成的图形;

(3) 曲线 $y=x^3$ 与直线 $x=2$、$y=0$ 所围成的图形.

23. 设一质点处于距原点 x 米时, 受 $F(x)=x^2+2x$ 牛顿力的作用, 问质点在 F 作用下, 从 $x=1$ 移动到 $x=3$, 力所作的功有多大?

24. 由实验知道, 弹簧在拉伸过程中, 需要的力 F(单位: N) 与伸长量 s(单位: cm) 成正比, 即 $F=ks$, k 为比例系数, 如果把弹簧由原长拉伸 6cm, 计算力 F 所作的功.

数学家简介 [4]

莱布尼茨

——博学多才的符号大师

莱布尼茨 (Leibniz), 1646 年7月1日出生于德国莱比锡的一个书香门第之家. 其父亲是莱比锡大学的哲学教授, 在莱布尼茨 6 岁时去世了. 莱布尼茨自幼聪慧好学, 童年时代便自学他父亲遗留的藏书, 并自学了中小学课程. 1661 年, 15 岁的莱布尼茨进入莱比锡大学学习法律, 17 岁获得学士学位, 同年夏季, 莱布尼茨前往耶拿大学, 跟随魏格尔 (E.Weigel) 系统地学习了欧氏几何, 他开始确信毕达哥拉斯–柏拉图 (Pythagoras – Plato) 的宇宙观: 宇宙是一个由数

学和逻辑原则统率的和谐的整体. 1664 年, 18 岁的莱布尼茨获得哲学硕士学位. 20 岁在阿尔特道夫获得博士学位. 1672 年, 莱布尼茨以外交官身份出访巴黎, 在那里结识了惠更斯 (Huygens, 荷兰人) 以及许多其他杰出学者, 从而更加激发了莱布尼茨对数学的兴趣. 在惠更斯的指导下, 莱布尼茨系统地研究了当时一批著名数学家的著作. 1673 年出访伦敦期间, 莱布尼茨又与英国学术界知名学者建立了联系, 从此, 他以非凡的理解力和创造力进入了数学研究的前沿阵地. 1676 年定居德国汉诺威, 任朋特烈公爵的法律顾问及图书馆馆长, 直到 1716 年 11 月 4 日逝世, 长达 40 年. 莱布尼茨曾历任英国皇家学会会员、巴黎科学院院士, 创建了柏林科学院并担任第一任院长.

莱布尼茨

莱布尼茨的研究兴趣非常广泛. 他的学识涉及哲学、历史、语言、数学、生物、地质、物理、机械、神学、法学、外交等领域, 并在每个领域中都有杰出的成就. 然而, 由于他独立创建了微积分, 并精心设计了非常巧妙而简洁的微积分符号, 从而他以伟大数学家的称号闻名于世.

莱布尼茨在从事数学研究的过程中深受他的哲学思想的支配. 他说 dx 和 x 相比, 如同点和地球, 或地球半径与宇宙半径相比. 在其积分法论文中, 他从求曲线所围面积的积分概念出发, 把积分看作是无穷小的和, 并引入积分符号 $\int$ (它是通过把拉丁文 "Summa" 的字头 S 拉长而得到的). 他的这个符号, 以及微积分的要领和法则一直保留在当今的教材中. 莱布尼茨也发现了微分和积分是一对互逆的运算, 并建立了沟通微分与积分内在联系的微积分基本定理, 从而使原本各自独立的微分学和积分学构成了统一的微积分学的整体.

莱布尼茨是数学史上最伟大的符号学者之一, 堪称符号大师. 他曾说: "要发明, 就要挑选恰当的符号, 要做到这一点, 就要用含义简明的少量符号来表达和比较忠实地描绘事物的内在本质, 从而最大限度地减少人的思维劳动." 正像印度 — 阿拉伯的数学促进了算术和代数发展一样, 莱布尼茨所创造的这些数学符号对微积分的发展起了很大的促进作用. 欧洲大陆的数学得以迅速发展, 莱布尼茨的巧妙符号功不可没. 除积分、微分符号外, 他创设的符号还有商 "a/b"、比 "$a:b$"、相似 "$\backsim$"、全等 "$\cong$"、并 "$\cup$"、交 "$\cap$" 以及函数和行列式等符号.

牛顿和莱布尼茨对微积分都作出了巨大贡献, 但两人的方法和途径是不同的. 牛顿是在力学研究的基础上, 运用几何方法研究微积分; 莱布尼茨主要是在研究曲线的切线和面积的问题上, 运用分析学方法引进微积分要领. 牛顿在微积分的应用上更多地结合了运动学, 造诣精深; 但莱布尼茨的表达形式简洁准确, 胜过牛顿. 在对微积分具体内容的研究上, 牛顿先有导数概念, 后有积分概念; 莱布尼茨则先有求积分概念, 后有导数概念. 除此之外, 牛顿与莱布尼茨的学风也迥然不同. 作为科学家的牛顿, 治学严谨. 他迟迟不发表微积分著作《流数术》的原因, 很可能是他没有找到合理的逻辑基础, 也可能是"害怕别人反对的心理"所致. 但作为哲学家的莱布尼茨比较大胆, 富于想象, 勇于推广, 结果造成虽然创作年代上牛顿先于莱布尼茨 10 年, 而在发表的时间上, 莱布尼茨却早于牛顿 3 年.

虽然牛顿和莱布尼茨研究微积分的方法各异，但殊途同归. 各自独立地完成了创建微积分的盛业，光荣应由他们两人共享. 然而，在历史上曾出现过一场围绕发明微积分优先权的激烈争论. 牛顿的支持者，包括数学家泰勒和麦克劳林，认为莱布尼茨剽窃了牛顿的成果. 争论把欧洲科学家分成誓不两立的两派：英国和欧洲大陆. 争论双方停止学术交流，不仅影响了数学的正常发展，也波及了自然科学领域，以致发展成为英德两国之间的政治摩擦. 自尊心很强的英国抱住牛顿的概念和记号不放，拒绝使用更为合理的莱布尼茨的微积分符号和技巧，致使后来的两百多年间英国在数学发展上大大落后于欧洲大陆. 一场旷日持久的争论变成了科学史上的前车之鉴.

莱布尼茨的科研成果大部分出自青年时代，随着这些成果的广泛传播，荣誉纷纷而来，他也变得越来越保守. 到了晚年，他在科学方面已无所作为. 他开始为宫廷唱赞歌，为上帝唱赞歌，沉醉于神学和公爵家族的研究. 莱布尼茨生命中的最后 7 年，是在别人带来的他和牛顿关于微积分发明权的争论中痛苦地度过的. 他和牛顿一样，都终生未娶.

第6章 微分方程简介

对自然界的深刻研究是数学最富饶的源泉.

——傅里叶

微积分研究的对象是函数关系，但在实际问题中，往往很难直接得到所研究的变量之间的函数关系，却比较容易建立起这些变量与它们的导数或微分之间的联系，从而得到一个关于未知函数的导数或微分的方程，即**微分方程**. 通过求解这种方程，同样可以找到指定未知量之间的函数关系. 因此，微分方程是数学联系实际，并应用于实际的重要途径和桥梁，是各个学科进行科学研究的强有力的工具.

如果说“数学是一门理性思维的科学，是研究、了解和知晓现实世界的工具”，那么微分方程就是数学的这种威力和价值的一种体现. 现实世界中的许多实际问题都可以抽象为微分方程问题. 例如，物体的冷却、人口的增长、琴弦的振动、电磁波的传播等，都可以归结为微分方程问题. 这时微分方程也称为所研究的问题的**数学模型**.

微分方程是一门独立的数学学科，有完整的理论体系. 本章我们主要介绍微分方程的一些基本概念，几种常用的微分方程的求解方法，以及线性微分方程解的理论.

§6.1 微分方程的基本概念

一般地，含有未知函数及未知函数的导数或微分的方程称为**微分方程**. 微分方程中出现的未知函数的最高阶导数的阶数称为**微分方程的阶**.

在物理学、力学、经济管理科学等领域，我们可以看到许多表述自然定律和运行机理的微分方程的例子.

例1 设一物体的温度为100℃，将其放置在空气温度为20℃的环境中冷却. 根据冷却定律：物体温度的变化率与物体温度和当时空气温度之差成正比，设物体的温度 T 与时间 t 的函数关系为 $T=T(t)$，则可建立起函数 $T(t)$ 满足的微分方程

$$\frac{\mathrm{d}T}{\mathrm{d}t}=-k(T-20), \tag{1.1}$$

其中 $k\,(k>0)$ 为比例常数. 这就是**物体冷却的数学模型**.

根据题意，$T=T(t)$ 还需满足条件

$$T|_{t=0}=100. \quad \blacksquare \tag{1.2}$$

例 2 设一质量为 m 的物体只受重力的作用由静止开始自由垂直降落. 根据牛顿第二定律：物体所受的力 F 等于物体的质量 m 与物体运动的加速度 α 的乘积，即 $F=m\alpha$. 若取物体降落的铅垂线为 x 轴，其正向朝下，物体下落的起点为原点，并设开始下落的时间 $t=0$，物体下落的距离 x 与时间 t 的函数关系为 $x=x(t)$，则可建立起函数 $x(t)$ 满足的微分方程

$$\frac{\mathrm{d}^2x}{\mathrm{d}t^2}=g, \tag{1.3}$$

其中 g 为重力加速度常数. 这就是**自由落体运动的数学模型**.

根据题意，$x=x(t)$ 还需满足条件

$$x(0)=0,\quad \left.\frac{\mathrm{d}x}{\mathrm{d}t}\right|_{t=0}=0. \quad \blacksquare \tag{1.4}$$

我们把未知函数为一元函数的微分方程称为**常微分方程**. 如例 1 中的微分方程 (1.1) 称为一阶常微分方程，例 2 中的微分方程 (1.3) 称为二阶常微分方程.

下面我们引入微分方程的解的概念.

在研究实际问题时，首先要建立表达该问题的微分方程，然后找出满足该微分方程的函数 (即解微分方程)，也就是说，把这个函数代入微分方程能使方程成为恒等式，我们称此函数为该**微分方程的解**.

例如，可以验证函数

$$\text{(a)}\quad T=20+80\mathrm{e}^{-kt} \quad \text{和} \quad \text{(b)}\quad T=20+C\mathrm{e}^{-kt}$$

都是微分方程 (1.1) 的解，其中 C 为任意常数；而函数

$$\text{(c)}\quad x=\frac{1}{2}gt^2 \quad \text{和} \quad \text{(d)}\quad x=\frac{1}{2}gt^2+C_1t+C_2$$

都是微分方程 (1.3) 的解，其中 C_1, C_2 均为任意常数.

从上述举例可见，微分方程的解可能含有也可能不含有任意常数. 一般地，微分方程中不含有任意常数的解称为微分方程的**特解**. 含有相互独立的任意常数，且任意常数的个数与微分方程的阶数相等的解称为微分方程的**通解** (**一般解**). 所谓通解是指，当其中的任意常数取遍所有实数时，就可以得到微分方程的所有解 (至多有个别例外).

例如，上述 (a) 和 (c) 分别为微分方程 (1.1) 和 (1.3) 的特解，而 (b) 和 (d) 分别为微分方程 (1.1) 和 (1.3) 的通解.

许多实际问题都要求寻找满足某些附加条件的解，此时，这类附加条件就可以用来确定通解中的任意常数，这类附加条件称为**初始条件**，也称为**定解条件**.

例如，条件 (1.2) 和 (1.4) 是微分方程 (1.1) 和 (1.3) 的初始条件.

一般地，一阶微分方程 $y'=f(x,y)$ 的初始条件为

$$y|_{x=x_0}=y_0, \tag{1.5}$$

其中 x_0，y_0 都是已知常数.

二阶微分方程 $y''=f(x,y,y')$ 的初始条件为

$$y|_{x=x_0}=y_0, \quad y'|_{x=x_0}=y_0', \tag{1.6}$$

其中 x_0，y_0 和 y_0' 都是已知常数.

带有初始条件的微分方程称为微分方程的**初值问题**.

例如，一阶微分方程的初值问题，记为

$$\begin{cases} y'=f(x,y) \\ y|_{x=x_0}=y_0 \end{cases}. \tag{1.7}$$

微分方程的解的图形是一条曲线，称为微分方程的**积分曲线**.

初值问题 (1.7) 的几何意义是：求微分方程的通过点 (x_0,y_0) 的那条积分曲线.

例3 已知曲线上各点处的切线斜率等于该点横坐标的两倍，且曲线过点 $(1,2)$，求此曲线方程.

解 设所求曲线方程为 $y=f(x)$，$M(x,y)$ 为该曲线上任意一点. 依题意，在点 M 处有

$$\frac{dy}{dx}=2x.$$

这是一个含有未知函数导数的等式. 为求曲线，两端对 x 积分，便有

$$y=\int 2x dx+C,$$

即

$$y=x^2+C. \tag{1.8}$$

其中 C 为任意常数.

由题设要求，曲线经过点 $(1,2)$，将其代入式 (1.8)，求得

$$C=1,$$

于是所求曲线方程为

$$y=x^2+1.$$

■

***数学实验**

一阶微分方程的方向场：一般地，我们可把一阶微分方程写为

$$y'=f(x,y),$$

式中 $f(x,y)$ 是已知函数. 上述微分方程表明：未知函数 y 在点 x 处的斜率等于函数 f 在点 (x,y) 处的函数值. 因此，可在 xOy 平面上的每一点，作出过该点的以 $f(x,y)$ 为斜率的一条很短的直线(即未知函数 y 的切线). 这样得到的一个图形就是上述**一阶微分方程的方向场**. 为了便于观察，实际上只要在 xOy 平面上取适当多的点，作出在这些点处的函数的切线. 顺着斜率的走向

画出符合初始条件的解，就可以得到上述微分方程的近似的积分曲线.

实验 6.1　验证 $\frac{1}{15}(-5x^3-30y+3y^5)=C$ 是微分方程 $y'=\frac{x^2}{y^4-2}$ 的通解，并利用计算软件绘制出该微分方程的积分曲线与方向场.

事实上，在方程

$$\frac{1}{15}(-5x^3-30y+3y^5)=C$$

计算实验

两边对 x 求导，得

$$-x^2-y'+y^4y'=0 \Rightarrow y'=\frac{x^2}{y^4-2},$$

从而完成了验证.

下面三个图分别绘制了题设微分方程的积分曲线(a)、方向场 (b) 以及在同一坐标系下的积分曲线和方向场 (c).

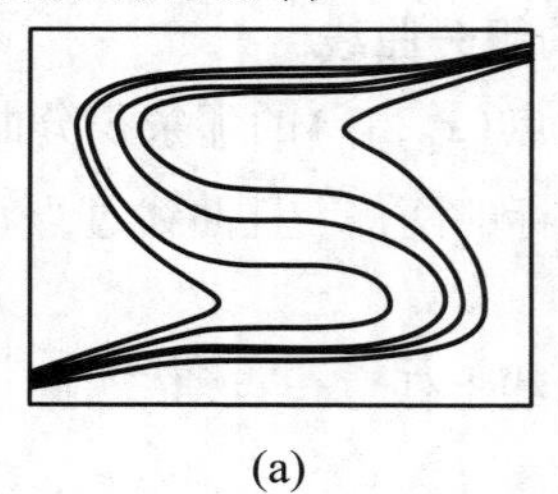

(a)

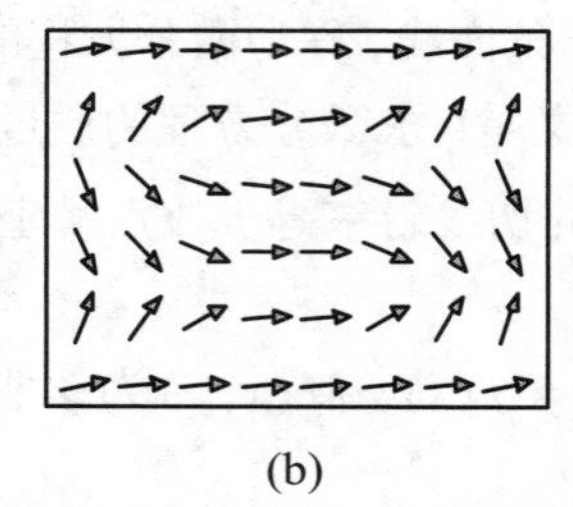

(b)

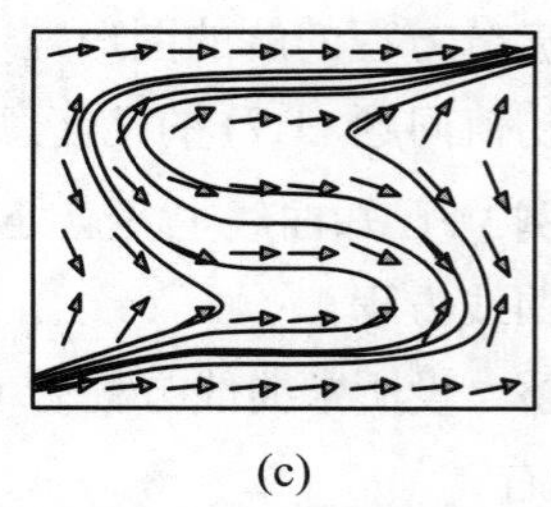

(c)

微信扫描上面的二维码，即可进行重复实验或修改实验(详见教材配套的网络学习空间).

§6.2　一阶微分方程

一、可分离变量的微分方程

设有一阶微分方程

$$\frac{dy}{dx}=F(x, y),$$

如果其右端函数能分解成 $F(x,y)=f(x)g(y)$，即有

$$\frac{dy}{dx}=f(x)g(y). \tag{2.1}$$

则称方程 (2.1) 为**可分离变量的微分方程**，其中 $f(x)$, $g(y)$ 都是连续函数. 根据这种方程的特点，我们可通过积分来求解.

设 $g(y)\neq 0$，用 $g(y)$ 除方程的两端，用 dx 乘以方程的两端，使得未知函数与自变量置于等号的两边，得

$$\frac{1}{g(y)}dy=f(x)dx.$$

再在上述等式两边积分，即得

$$\int \frac{1}{g(y)}\mathrm{d}y = \int f(x)\,\mathrm{d}x.$$

如果 $g(y_0)=0$，则易知 $y=y_0$ 也是方程 (2.1) 的解.

上述求解可分离变量的微分方程的方法称为**分离变量法**.

一般地,用分离变量法求解微分方程得到的是由$F(x,y)=0$表示的隐函数解,称其为微分方程的**隐式解**.

例1　求微分方程 $\dfrac{\mathrm{d}y}{\mathrm{d}x}=2xy$ 的通解.

解　题设方程是可分离变量的，分离变量得

$$\frac{\mathrm{d}y}{y}=2x\mathrm{d}x,$$

两端积分 $\int\frac{\mathrm{d}y}{y}=\int 2x\mathrm{d}x$，得 $\ln|y|=x^2+C_1$，从而

$$y=\pm\,\mathrm{e}^{x^2+C_1}=\pm\,\mathrm{e}^{C_1}\cdot\mathrm{e}^{x^2}.$$

记 $C=\pm\mathrm{e}^{C_1}$，则得到题设方程的通解

$$y=C\mathrm{e}^{x^2}.$$ ■

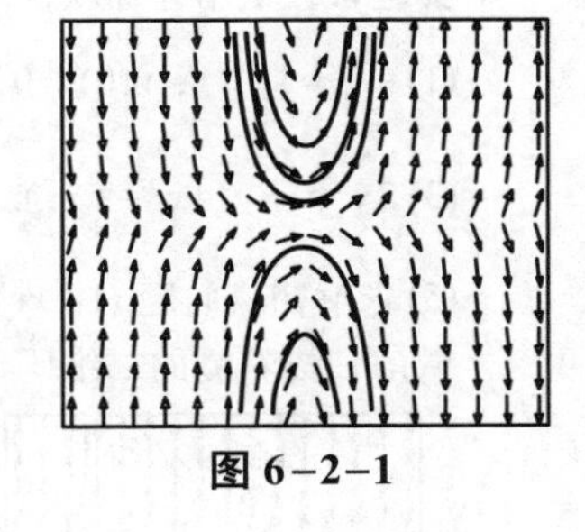

图 6-2-1

注:利用计算软件易绘制出例1中微分方程的方向场和积分曲线(见图6-2-1).

微信扫描右侧的二维码，即可进行重复实验或修改实验(详见教材配套的网络学习空间).

计算实验

例2　求微分方程 $\mathrm{d}x+xy\mathrm{d}y=y^2\mathrm{d}x+y\mathrm{d}y$ 的通解.

解　先合并 $\mathrm{d}x$ 及 $\mathrm{d}y$ 的各项，得

$$y(x-1)\,\mathrm{d}y=(y^2-1)\,\mathrm{d}x.$$

设 $y^2-1\neq 0$, $x-1\neq 0$, 分离变量得

$$\frac{y}{y^2-1}\mathrm{d}y=\frac{1}{x-1}\mathrm{d}x.$$

两端积分

$$\int\frac{y}{y^2-1}\mathrm{d}y=\int\frac{1}{x-1}\mathrm{d}x,$$

得

$$\frac{1}{2}\ln|y^2-1|=\ln|x-1|+\ln|C_1|.$$

计算实验

于是

$$y^2-1=\pm C_1^2(x-1)^2.$$

记 $C=\pm C_1^2$，则得到题设方程的通解

$$y^2-1=C(x-1)^2.\quad ■$$

注：利用计算软件易绘制出例2中微分方程的方向场和积分曲线(见图6-2-2).

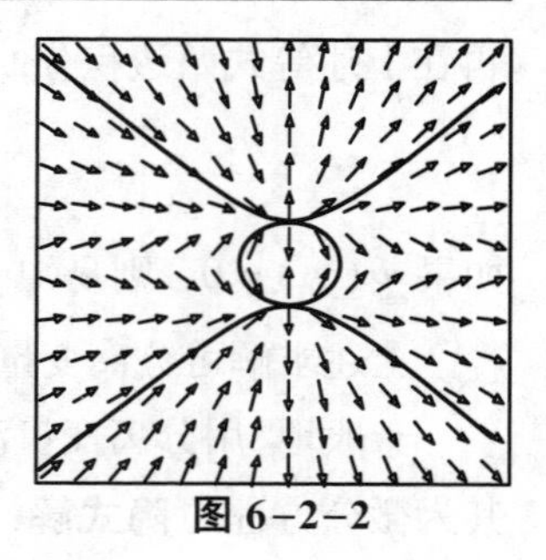

图 6-2-2

微信扫描右侧的二维码，即可进行重复实验或修改实验(详见教材配套的网络学习空间).

*数学实验

实验 6.2 试用计算软件求解下列微分方程，并画出积分曲线和方向场：

计算实验

(1) $\dfrac{\mathrm{d}y}{\mathrm{d}x}=1-y^2,\ y(0)=0$；　　(2) $(x^3+1)y^3y'+1=5y^2$；

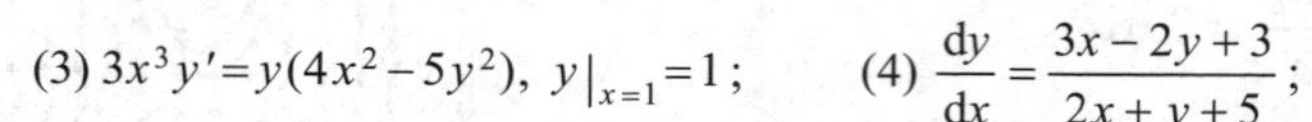

(3) $3x^3y'=y(4x^2-5y^2),\ y\big|_{x=1}=1$；　　(4) $\dfrac{\mathrm{d}y}{\mathrm{d}x}=\dfrac{3x-2y+3}{2x+y+5}$；

(5) 求解初值问题 $(1+xy)y+(1-xy)y'=0,\ y\big|_{x=1.2}=1$ 在区间 [1.2, 4] 上的近似解并作图.

微信扫描右侧的二维码，即可进行重复实验或修改实验(详见教材配套的网络学习空间).

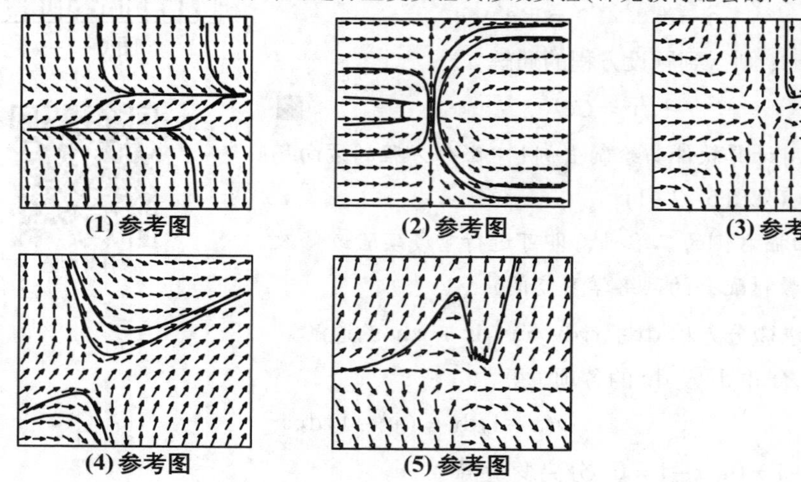

(1) 参考图　(2) 参考图　(3) 参考图　(4) 参考图　(5) 参考图

二、一阶线性微分方程

形如

$$\frac{\mathrm{d}y}{\mathrm{d}x}+P(x)y=Q(x) \tag{2.2}$$

的方程称为**一阶线性微分方程**. 其中函数 $P(x)$，$Q(x)$ 是某一区间 I 上的连续函数. 当 $Q(x)\equiv 0$ 时，方程 (2.2) 变为

$$\frac{\mathrm{d}y}{\mathrm{d}x}+P(x)y=0, \tag{2.3}$$

这个方程称为**一阶齐次线性方程**. 相应地, 方程(2.2)称为**一阶非齐次线性方程**.

一阶齐次线性方程(2.3)是可分离变量的方程, 分离变量, 得

$$\frac{dy}{y}=-P(x)\,dx,$$

两边积分, 得

$$\ln|y|=-\int P(x)\,dx+C_1,$$

由此得到方程(2.3)的通解

$$y=Ce^{-\int P(x)\,dx}, \tag{2.4}$$

其中 $C\,(C=\pm e^{C_1})$ 为任意常数.

为了求得一阶非齐次线性方程(2.2)的通解, 常采用**常数变易法**: 即在求出对应的齐次方程的通解(2.4)后, 将通解中的常数 C 变易为待定函数 $u(x)$, 并设一阶非齐次线性方程的通解为

$$y=u(x)e^{-\int P(x)\,dx},$$

将其求导, 得

$$y'=u'e^{-\int P(x)\,dx}+u[-P(x)]e^{-\int P(x)\,dx}.$$

将 y 和 y' 代入方程(2.2), 得

$$u'(x)e^{-\int P(x)\,dx}=Q(x),$$

积分, 得

$$u(x)=\int Q(x)e^{\int P(x)\,dx}dx+C,$$

从而一阶非齐次线性方程(2.2)的通解为

$$y=\left[\int Q(x)e^{\int P(x)\,dx}dx+C\right]e^{-\int P(x)\,dx}. \tag{2.5}$$

公式(2.5)可写成

$$y=Ce^{-\int P(x)\,dx}+e^{-\int P(x)\,dx}\cdot\int Q(x)e^{\int P(x)\,dx}dx.$$

从中可以看出, 一阶非齐次线性方程的通解是对应的齐次线性方程的通解与其本身的一个特解之和.

例3 求方程 $\frac{dy}{dx}+y=e^{-x}$ 的通解.

解 注意到 $P(x)=1$, $Q(x)=e^{-x}$. 由一阶线性微分方程通解公式, 得

$$y=e^{-\int dx}\left(\int e^{-x}\cdot e^{\int dx}dx+C\right)=(x+C)e^{-x}$$

故所求方程的通解为

$$y=(x+C)e^{-x}.$$

■

例4　求方程 $y'+\frac{1}{x}y=\frac{\sin x}{x}$ 的通解.

解　题设方程是一阶非齐次线性方程，这里

$$P(x)=\frac{1}{x},\quad Q(x)=\frac{\sin x}{x},$$

于是，所求通解为

$$\begin{aligned} y&=\mathrm{e}^{-\int\frac{1}{x}\mathrm{d}x}\left(\int\frac{\sin x}{x}\cdot\mathrm{e}^{\int\frac{1}{x}\mathrm{d}x}\mathrm{d}x+C\right)\\ &=\mathrm{e}^{-\ln x}\left(\int\frac{\sin x}{x}\cdot\mathrm{e}^{\ln x}\mathrm{d}x+C\right)\\ &=\frac{1}{x}\left(\int\sin x\mathrm{d}x+C\right)=\frac{1}{x}(-\cos x+C). \end{aligned}$$ ■

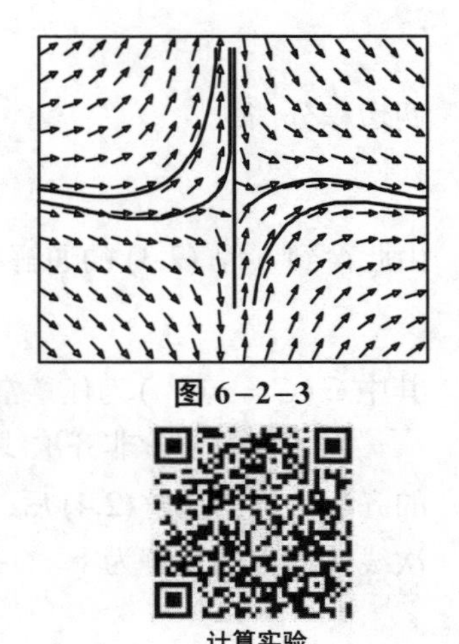

图 6-2-3

计算实验

注：利用计算软件易绘制出例4中微分方程的方向场和积分曲线(见图6-2-3).

微信扫描右侧的二维码，即可进行重复实验或修改实验(详见教材配套的网络学习空间).

三、微分方程的应用

1. 物质的衰变模型及其应用

例5　镭、铀等放射性元素因不断放射出各种射线而逐渐减少其质量，这种现象称为放射性物质的衰变. 根据实验得知，衰变速度与现存物质的质量成正比，求放射性元素在时刻 t 的质量.

解　用 x 表示该放射性物质在时刻 t 的质量，则 $\frac{\mathrm{d}x}{\mathrm{d}t}$ 表示 x 在时刻 t 的衰变速度，于是“衰变速度与现存物质的质量成正比”可表示为

$$\frac{\mathrm{d}x}{\mathrm{d}t}=-kx. \tag{2.6}$$

这是一个以 x 为未知函数的一阶方程，它就是放射性元素**衰变的数学模型**，其中 $k>0$ 是比例常数，称为衰变常数，因元素的不同而异. 方程右端的负号表示当时间 t 增加时，质量 x 减少.

解方程 (2.6) 得通解 $x=C\mathrm{e}^{-kt}$. 若已知当 $t=t_0$ 时，$x=x_0$，代入通解 $x=C\mathrm{e}^{-kt}$ 中可得 $C=x_0\mathrm{e}^{kt_0}$，则可得到特解

$$x=x_0\mathrm{e}^{-k(t-t_0)},$$ ■

它反映了某种放射性元素衰变的规律.

注：物理学中，我们称放射性物质从最初的质量到衰变为该质量自身的一半所花费的时间为半衰期，不同物质的半衰期差别极大. 如铀的普通同位素 ($^{238}\mathrm{U}$) 的半衰期约为50亿年；通常的镭 ($^{226}\mathrm{Ra}$) 的半衰期为1 600 年，而镭的另一同位素 $^{230}\mathrm{Ra}$ 的

半衰期仅为1小时. 半衰期是上述放射性物质的特征, 然而, 半衰期却不依赖于该物质的初始质量, 1克^{226}Ra衰变成半克所需要的时间与1吨^{226}Ra衰变成半吨所需要的时间同样都是 1 600 年, 正是这种事实才构成了确定考古发现日期时使用的著名的碳 14 测验的基础.

例 6 碳 14 (^{14}C) 是放射性物质, 随时间而衰减, 碳 12 是非放射性物质. 活性人体因吸纳食物和空气, 恰好补偿碳 14 的衰减损失量而保持碳 14 和碳 12 含量不变, 因而所含碳 14 与碳 12 之比为常数. 已测知一古墓中(见图 6－2－4) 遗体所含碳 14 的数量为原有碳 14 数量的 80%, 试确定该遗体的死亡年代.

图 6－2－4

解 放射性物质的衰减速度与该物质的含量成比例, 它符合指数函数的变化规律. 设遗体当初死亡时 ^{14}C 的含量为p_0, t 时的含量为 $p=f(t)$, 于是, ^{14}C 含量的函数模型为

$$p=f(t)=p_0e^{kt},$$

其中 $p_0=f(0)$, k 是一常数.

常数 k 可以这样确定: 由化学知识可知, ^{14}C 的半衰期为 5 730 年, 即 ^{14}C 经过 5 730 年后其含量衰减一半, 故有

$$\frac{p_0}{2}=p_0e^{5\,730\,k},$$

即

$$\frac{1}{2}=e^{5\,730\,k}.$$

两边取自然对数, 得

$$5\,730\,k=\ln\frac{1}{2}\approx-0.693\,15,$$

即

$$k\approx-0.000\,120\,97.$$

于是, ^{14}C 含量的函数模型为

$$p=f(t)=p_0e^{-0.000\,120\,97\,t}.$$

由题设条件可知, 遗体中 ^{14}C 的含量为原含量 p_0 的 80%, 故有

$$0.8\,p_0=p_0e^{-0.000\,120\,97t},$$

即

$$0.8=e^{-0.000\,120\,97\,t}.$$

两边取自然对数, 得

$$\ln 0.8 = -0.000\,120\,97t,$$

于是

$$t = \frac{\ln 0.8}{-0.000\,120\,97} \approx \frac{-0.223\,14}{-0.000\,120\,97} \approx 1\,845.$$

由此可知，遗体的活性人体大约死亡于 1 845 年前. ■

2. 物体冷却模型的应用

例 7 当一次谋杀发生后，尸体的温度从原来的 37℃ 按照牛顿冷却定律开始下降. 假设两个小时后尸体温度变为 35℃，并且假定周围空气的温度保持 20℃ 不变，试求出尸体温度 T 随时间 t 的变化规律. 又如果尸体被发现时的温度是 30℃，时间是下午 4 点整，那么谋杀是何时发生的(见图 6−2−5)?

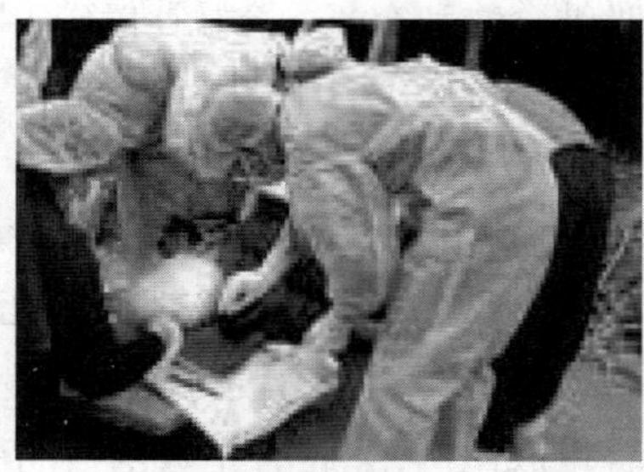

图 6−2−5

解 根据物体冷却的数学模型，有

$$\begin{cases} \dfrac{\mathrm{d}T}{\mathrm{d}t} = -k(T-20), & k>0 \\ T(0) = 37 \end{cases},$$

其中 $k>0$ 是常数. 分离变量并求解得

$$T-20 = C\mathrm{e}^{-kt},$$

代入初值条件 $T(0)=37$，可求得 $C=17$. 于是得该初值问题的解为

$$T = 20+17\mathrm{e}^{-kt}.$$

为求出 k 值，根据两小时后尸体温度为 35 ℃这一条件，有

$$35 = 20+17\mathrm{e}^{-k\cdot 2},$$

求得 $k\approx 0.063$，于是温度函数为

$$T = 20+17\mathrm{e}^{-0.063t}, \tag{2.7}$$

将 $T=30$ 代入式 (2.7) 求解 t，有

$$\frac{10}{17} = \mathrm{e}^{-0.063t},$$

即得

$$t \approx 8.4\,(\text{小时}).$$

于是，可以判定谋杀发生在下午 4 点尸体被发现前的 8.4 小时，即 8 小时 24 分钟，所以谋杀是在上午 7 点 36 分发生的. ■

*数学实验

实验 6.3 试用计算软件求解下列微分方程，并作出其方向场和积分曲线：

(1) $(1-2xy)y'=x^2+y^2-2$；　　(2) $y'+\dfrac{2x}{x^2-5}y=3x^5-x+1$；

(3) $4y'=y^5\cos x+y\tan x$；　　(4) $(x+1)\dfrac{\mathrm{d}y}{\mathrm{d}x}-ny=\mathrm{e}^x(x+1)^{n+1}$.

微信扫描右侧的二维码，即可进行重复实验或修改实验(详见教材配套的网络学习空间).

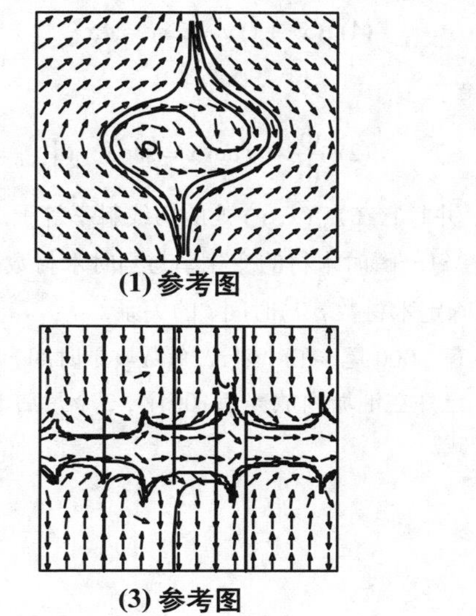

(1) 参考图

(3) 参考图

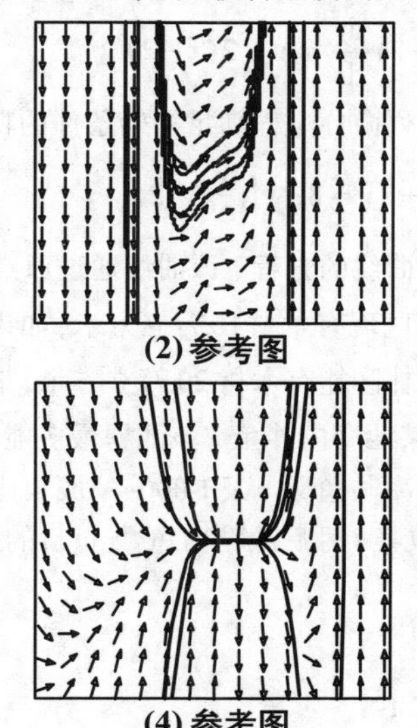

(2) 参考图

(4) 参考图

习 题 六

1. 指出下列微分方程的阶数：

(1) $x(y')^2-4yy'+3xy=0$；　　(2) $xy''+2y'+x^2y=0$；

(3) $xy'''+5y''+2y=0$；　　(4) $(7x-6y)\mathrm{d}x+(x+y)\mathrm{d}y=0$.

2. 指出下列各题中的函数是否为所给微分方程的解：

(1) $xy'=2y$, $y=5x^2$；

(2) $y''+\omega^2y=0$, $y=C_1\cos\omega x+C_2\sin\omega x$；

(3) $y''-(\lambda_1+\lambda_2)y'+\lambda_1\lambda_2y=0$, $y=C_1\mathrm{e}^{\lambda_1x}+C_2\mathrm{e}^{\lambda_2x}$.

3. 验证 $y=(C_1+C_2x)\mathrm{e}^{-x}$ (C_1, C_2为任意常数)是方程 $y''+2y'+y=0$ 的通解，并求满足初始条件 $y|_{x=0}=4$, $y'|_{x=0}=-2$ 的特解.

4. 求下列微分方程的通解：

(1) $xy'-y\ln y=0$；　　(2) $x(y^2-1)\mathrm{d}x+y(x^2-1)\mathrm{d}y=0$；

(3) $xy\mathrm{d}x+\sqrt{1-x^2}\mathrm{d}y=0$；　　(4) $x\mathrm{d}y+\mathrm{d}x=\mathrm{e}^y\mathrm{d}x$；

(5) $\mathrm{d}x + xy\mathrm{d}y = y^2\mathrm{d}x + y\mathrm{d}y$.

5. 求下列各初值问题的解:

(1) $x\mathrm{d}y + 2y\mathrm{d}x = 0$, $y\big|_{x=2} = 1$;　　(2) $\dfrac{x}{1+y}\mathrm{d}x - \dfrac{y}{1+x}\mathrm{d}y = 0$, $y\big|_{x=0} = 0$.

6. 求下列一阶线性微分方程的解:

(1) $\dfrac{\mathrm{d}y}{\mathrm{d}x} + 2xy = 4x$;　　(2) $\dfrac{\mathrm{d}y}{\mathrm{d}x} - \dfrac{1}{x}y = 2x^2$;

(3) $(x-2)\dfrac{\mathrm{d}y}{\mathrm{d}x} = y + 2(x-2)^3$;　　(4) $(x^2+1)y' + 2xy = 4x^2$.

7. 求下列微分方程满足初始条件的特解:

(1) $\dfrac{\mathrm{d}y}{\mathrm{d}x} + 3y = 8$, $y\big|_{x=0} = 2$;　　(2) $\dfrac{\mathrm{d}y}{\mathrm{d}x} - y\tan x = \sec x$, $y\big|_{x=0} = 0$.

8. 求一曲线的方程，该曲线通过原点，并且它在点 (x, y) 处的切线斜率等于 $2x + y$.

9. 某林区现有木材10万立方米,如果在每一瞬时木材的变化率与当时木材数成正比,假设10年内该林区能有木材20万立方米，试确定木材数 p 与时间 t 的关系.

10. 在某池塘内养鱼，该池塘最多能养鱼1 000尾. 在时刻 t，鱼数 y 是时间 t 的函数 $y = y(t)$, 其变化率与鱼数 y 及 $1\,000 - y$ 成正比. 已知在池塘内放养鱼100尾，3个月后池塘内有鱼250尾，求放养 t 月后池塘内鱼数 $y(t)$ 的公式.

数学家简介 [5]

笛卡儿

——近代数学的奠基人

笛卡儿 (Descartes) 是法国数学家、哲学家、物理学家，近代数学的奠基人之一. 笛卡儿1596年3月31日生于法国土伦的一个富有的律师家庭, 8岁入读一所著名的教会学校, 主要课程是神学和教会的哲学, 也学数学. 他勤于思考，学习努力，成绩优异. 20岁时，他在普瓦捷大学获法学学位. 之后去巴黎当了律师. 出于对数学的兴趣，他独自研究了两年数学. 17 世纪初的欧洲处于教会势力的控制下，但科学的发展已经开始显示出一些和宗教教义离经叛道的倾向. 于是，笛卡儿和其他一些不满法兰西政治状态的青年人一起去荷兰从军，体验军旅生活.

笛卡儿

说起笛卡儿投身数学, 多少有一些偶然性. 有一次部队开进荷兰南部的一个城市, 笛卡儿在街上散步，看见用当地的佛来米语书写的公开征解的几道数学难题. 许多人在此招贴前议论纷纷, 他旁边一位中年人用法语替他翻译了这几道数学难题的内容. 第二天，聪明的笛卡儿兴冲冲地把解答交给了那位中年人. 中年人看了笛卡儿的解答十分惊讶. 巧妙的解题方法以及准确无误的计算都充分显露了他的数学才华. 原来这位中年人就是当时有名的数学家贝克曼教授. 笛卡儿以前读过他的著作, 但是一直没有机会认识他. 从此, 笛卡儿在贝克曼的指导下开始了对数学的深入研究. 所以有人说, 贝克曼"把一个业已离开科学的心灵, 带回到正确、完美的成功之路". 1621 年笛卡儿离开军营遍游欧洲各国. 1625 年他回到巴黎从事科学研究工作. 为整合知识、深入研究, 1628 年笛卡儿变卖家产, 定居荷兰潜心著述达 20 年.

几何学曾在古希腊有过较大的发展, 欧几里得、阿基米德、阿波罗尼奥斯都对圆锥曲线做过深入研究. 但古希腊的几何学只是一种静态的几何, 它既没有把曲线看成一种动点的轨迹, 也没有给出它的一般表示方法. 文艺复兴运动以后, 哥白尼的日心说得到了证实, 开普勒发现了行星运动的三大定律, 伽利略又证明了炮弹等抛物体的弹道是抛物线, 这就使几乎被人们忘记的阿波罗尼奥斯曾研究过的圆锥曲线重新引起人们的重视. 人们意识到圆锥曲线不仅仅是依附在圆锥上的静态曲线, 而且是与自然界的物体运动有密切联系的曲线. 要计算行星运行的椭圆轨道、求出炮弹飞行所走过的抛物线, 单纯靠几何方法已无能为力. 古希腊数学家的几何学已不能给出解决这些问题的有效方法. 要想反映这类运动的轨迹及其性质, 就必须从观点到方法都要有一个新的变革, 建立一种在运动观点上的几何学.

古希腊数学过于重视几何学的研究, 却忽视了代数方法. 代数方法在东方 (中国、印度、阿拉伯) 虽有高度发展, 但缺少论证几何学的研究. 后来, 东方高度发展的代数传入欧洲, 特别是文艺复兴运动使欧洲数学在古希腊几何和东方代数的基础上有了巨大的发展.

1619 年, 在多瑙河的军营里, 笛卡儿用大部分时间思考着他在数学中的新想法: 以上帝为中心的经院哲学, 既缺乏可靠的知识, 又缺乏令人信服的推理方法, 只有严密的数学才是认识事物的有力工具. 然而, 他又觉察到, 数学并不是完美无缺的, 几何证明虽然严谨, 但需求助于奇妙的方法, 用起来不方便; 代数虽然有法则、有公式, 便于应用, 但法则和公式又束缚人的想象力. 能不能用代数中的计算过程来代替几何中的证明呢? 要这样做就必须找到一座能连接(或是融合)几何与代数的桥梁 —— 使几何图形数值化. 据史料记载, 这一年的11月10日的夜晚, 战事平静, 笛卡儿做了一个梦, 梦见一只苍蝇飞动时划出一条美妙的曲线, 然后一个黑点停留在窗纸上, 到窗棂的距离确定了它的位置. 梦醒后, 笛卡儿异常兴奋, 感叹十几年来追求的优越数学居然在梦境中由顿悟而生. 难怪笛卡儿直到后来还向别人说, 他的梦像一把打开宝库的钥匙, 这把钥匙就是坐标几何.

1637 年, 笛卡儿匿名出版了《更好地指导推理和寻求科学真理的方法论》(简称《方法论》) 一书, 该书有三篇附录, 其中一篇题为"几何学"的附录公布了作者长期深思熟虑的坐标几何的思想, 实现了用代数研究几何的宏伟梦想. 他用两条互相垂直且交于原点的数轴作为基准, 将平面上的点的位置确定下来, 这就是后人所说的笛卡儿坐标系. 笛卡儿坐标系的建立, 为人们用代数方法研究几何架设了桥梁. 它使几何中的点 P 与一个有序实数对 (x, y) 构成了一一对应关系. 坐标系里点的坐标按某种规则连续变化, 那么, 平面上的曲线就可以用方程来表示. 笛卡儿坐标系的建立, 把并列的代数方法与几何方法统一起来, 从而使传统的数学有了一个新的突破. 作为附录的短文竟成了从常量数学到变量数学的桥梁, 也就是数形结合的典型数学模型. "几何学" 的历史价值正如恩格斯所赞誉的: "数学中的转折点是笛卡儿的变数."

1649 年, 笛卡儿被瑞典年轻女王克里斯蒂娜聘为私人教师, 每天清晨 5 时就赶赴宫廷, 为女王讲授哲学. 素有晚起习惯的笛卡儿又遇到瑞典几十年少有的严寒, 不久便得了肺炎. 1650 年 2 月 11 日, 这位年仅 54 岁、终生未婚的科学家病逝于瑞典斯德哥尔摩. 由于教会的阻止, 仅有几个友人为其送葬. 他的著作在他死后也被列入梵蒂冈教皇颁布的禁书目录. 但是, 他的思想的传播并未因此而受阻, 笛卡儿成为17世纪及其后的欧洲哲学界和科学界最有影响的巨匠之一. 法国大革命之后, 笛卡儿的骨灰和遗物被送进法国历史博物馆. 1819 年, 其骨灰被移入圣日耳曼圣心堂中. 他的墓碑上镌刻着:

笛卡儿, 欧洲文艺复兴以来,

第一个为争取和捍卫理性权利而奋斗的人.

第二部分　线性代数

第7章　行 列 式

行列式实质上是由一些数值排列成的数表按一定的法则计算得到的一个数．早在1683年与1693年，日本数学家关孝和与德国数学家莱布尼茨就分别独立地提出了行列式的概念．以后很长一段时间内，行列式主要应用于对线性方程组的研究．大约一个半世纪后，行列式逐步发展成为线性代数的一个独立的理论分支．1750年，瑞士数学家克莱姆在他的论文中提出了利用行列式求解线性方程组的著名法则——克莱姆法则．随后，1812年，法国数学家柯西发现了行列式在解析几何中的应用，这一发现激起了人们对行列式的应用进行探索的浓厚兴趣．这种兴趣前后持续了近100年．

在柯西所处的时代，人们讨论的行列式的阶数通常很小，行列式在解析几何以及数学的其他分支中都扮演着很重要的角色．如今，由于计算机和计算软件的发展，在常见的高阶行列式计算中，行列式的数值意义已经不大．但是，行列式公式依然可以给出构成行列式的数表的重要信息．在线性代数的某些应用中，行列式的知识依然很有用．特别是在本课程中，行列式是研究后面的线性方程组、矩阵及向量组的线性相关性的一种重要工具．

§7.1　行列式的定义

二阶行列式与三阶行列式的内容在中学课程中已经涉及，本节先对这些知识进行复习与总结，然后以归纳的方法给出 n 阶行列式的定义，最后介绍几种常用的特殊行列式．

一、二阶行列式的定义

记号 $\begin{vmatrix} a_{11} & a_{12} \\ a_{21} & a_{22} \end{vmatrix}$ 表示代数和 $a_{11}a_{22}-a_{12}a_{21}$，称为**二阶行列式**，即

$$\begin{vmatrix} a_{11} & a_{12} \\ a_{21} & a_{22} \end{vmatrix} = a_{11}a_{22} - a_{12}a_{21}.$$

其中数 $a_{11}, a_{12}, a_{21}, a_{22}$ 称为行列式的**元素**，横排称为**行**，竖排称为**列**. 元素 a_{ij} 的第一个下标 i 称为**行标**，表明该元素位于第 i 行，第二个下标 j 称为**列标**，表明该元素位于第 j 列. 由上述定义可知，二阶行列式是由 4 个数按一定的规律运算所得的代数和. 这个规律性表现在行列式的记号中就是“**对角线法则**”. 如图7-1-1所示，把 a_{11} 到 a_{22} 的实连线称为**主对角线**，把 a_{12} 到 a_{21} 的虚连线称为**副对角线**，于是，二阶行列式便等于主对角线上两元素之积减去副对角线上两元素之积.

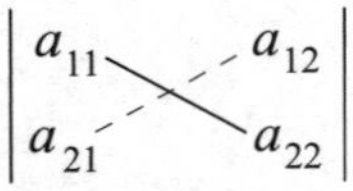

$$\begin{vmatrix} a_{11} & a_{12} \\ a_{21} & a_{22} \end{vmatrix}$$

图 7-1-1

例如，$\begin{vmatrix} 1 & -2 \\ 3 & 4 \end{vmatrix} = 1\times4-3\times(-2)=4-(-6)=10.$

下面，我们利用二阶行列式的概念来讨论二元线性方程组的解.

设有二元线性方程组

$$\begin{cases} a_{11}x_1 + a_{12}x_2 = b_1 & (1.1) \\ a_{21}x_1 + a_{22}x_2 = b_2 & (1.2) \end{cases}.$$

式(1.1)$\times a_{22}$ −式(1.2)$\times a_{12}$，得

$$(a_{11}a_{22} - a_{12}a_{21})x_1 = b_1a_{22} - b_2a_{12}. \tag{1.3}$$

式(1.2)$\times a_{11}$ − 式(1.1)$\times a_{21}$，得

$$(a_{11}a_{22} - a_{12}a_{21})x_2 = b_2a_{11} - b_1a_{21}. \tag{1.4}$$

利用二阶行列式的定义，记

$$D = a_{11}a_{22} - a_{12}a_{21} = \begin{vmatrix} a_{11} & a_{12} \\ a_{21} & a_{22} \end{vmatrix},$$

$$D_1 = b_1a_{22} - b_2a_{12} = \begin{vmatrix} b_1 & a_{12} \\ b_2 & a_{22} \end{vmatrix}, \quad D_2 = b_2a_{11} - b_1a_{21} = \begin{vmatrix} a_{11} & b_1 \\ a_{21} & b_2 \end{vmatrix},$$

则式(1.3)、式(1.4)可改写为

$$Dx_1 = D_1, \quad Dx_2 = D_2.$$

于是，在系数行列式 $D \neq 0$ 的条件下，式(1.1)、式(1.2)有唯一解：

$$x_1 = \frac{D_1}{D}, \quad x_2 = \frac{D_2}{D}.$$

例 1　解方程组 $\begin{cases} 2x_1 + 3x_2 = 8 \\ x_1 - 2x_2 = -3 \end{cases}.$

解

$$D = \begin{vmatrix} 2 & 3 \\ 1 & -2 \end{vmatrix} = 2\times(-2) - 3\times1 = -7,$$

$$D_1=\begin{vmatrix} 8 & 3 \\ -3 & -2 \end{vmatrix}=8\times(-2)-3\times(-3)=-7,$$

$$D_2=\begin{vmatrix} 2 & 8 \\ 1 & -3 \end{vmatrix}=2\times(-3)-8\times1=-14,$$

因$D\neq 0$，故题设方程组有唯一解:

$$x_1=\frac{D_1}{D}=\frac{-7}{-7}=1, \qquad x_2=\frac{D_2}{D}=\frac{-14}{-7}=2.$$

■

二、三阶行列式的定义

类似地，我们定义**三阶行列式**

$$\begin{vmatrix} a_{11} & a_{12} & a_{13} \\ a_{21} & a_{22} & a_{23} \\ a_{31} & a_{32} & a_{33} \end{vmatrix}=a_{11}a_{22}a_{33}+a_{12}a_{23}a_{31}+a_{13}a_{21}a_{32} -a_{11}a_{23}a_{32}-a_{12}a_{21}a_{33}-a_{13}a_{22}a_{31}.$$

将上式右端按第1行的元素提取公因子, 可得

$$\begin{aligned}\begin{vmatrix} a_{11} & a_{12} & a_{13} \\ a_{21} & a_{22} & a_{23} \\ a_{31} & a_{32} & a_{33} \end{vmatrix}&=a_{11}(a_{22}a_{33}-a_{23}a_{32})-a_{12}(a_{21}a_{33}-a_{23}a_{31})+a_{13}(a_{21}a_{32}-a_{22}a_{31}) \\ &=a_{11}\begin{vmatrix} a_{22} & a_{23} \\ a_{32} & a_{33} \end{vmatrix}-a_{12}\begin{vmatrix} a_{21} & a_{23} \\ a_{31} & a_{33} \end{vmatrix}+a_{13}\begin{vmatrix} a_{21} & a_{22} \\ a_{31} & a_{32} \end{vmatrix}. \qquad (1.5)\end{aligned}$$

表示式(1.5)具有两个特点:

(1) 三阶行列式可表示为第1行元素分别与一个二阶行列式乘积的代数和;

(2) 元素a_{11}, a_{12}, a_{13}后面的二阶行列式是从原三阶行列式中分别划去元素a_{11}, a_{12}, a_{13}所在的行与列后剩下的元素按原来顺序所组成的, 分别称其为元素a_{11}, a_{12}, a_{13}的**余子式**, 记为M_{11}, M_{12}, M_{13}，即

$$M_{11}=\begin{vmatrix} a_{22} & a_{23} \\ a_{32} & a_{33} \end{vmatrix},\quad M_{12}=\begin{vmatrix} a_{21} & a_{23} \\ a_{31} & a_{33} \end{vmatrix},\quad M_{13}=\begin{vmatrix} a_{21} & a_{22} \\ a_{31} & a_{32} \end{vmatrix}.$$

令$A_{ij}=(-1)^{i+j}M_{ij}$，称其为元素a_{ij}的**代数余子式**.

于是，表示式(1.5)也可以表示为

$$\begin{vmatrix} a_{11} & a_{12} & a_{13} \\ a_{21} & a_{22} & a_{23} \\ a_{31} & a_{32} & a_{33} \end{vmatrix}=a_{11}A_{11}+a_{12}A_{12}+a_{13}A_{13}=\sum_{j=1}^{3}a_{1j}A_{1j}. \qquad (1.6)$$

表示式(1.6)称为三阶行列式**按第1行展开的展开式**.

注: 根据上述推导过程，读者也可以得到三阶行列式按其他行或列展开的展开式，例如，三阶行列式按第2列展开的展开式为

$$\begin{vmatrix} a_{11} & a_{12} & a_{13} \\ a_{21} & a_{22} & a_{23} \\ a_{31} & a_{32} & a_{33} \end{vmatrix}=a_{12}A_{12}+a_{22}A_{22}+a_{32}A_{32}=\sum_{i=1}^{3}a_{i2}A_{i2}. \qquad (1.7)$$

此外，关于三阶行列式的上述概念也可以推广到更高阶的行列式中.

例 2　计算三阶行列式 $\begin{vmatrix} 1 & 2 & 3 \\ 4 & 0 & 5 \\ -1 & 0 & 6 \end{vmatrix}$.

解　按第 1 行展开，得

$$\begin{vmatrix} 1 & 2 & 3 \\ 4 & 0 & 5 \\ -1 & 0 & 6 \end{vmatrix} = 1\times A_{11} + 2\times A_{12} + 3\times A_{13}$$

$$= 1\times(-1)^{1+1}\begin{vmatrix} 0 & 5 \\ 0 & 6 \end{vmatrix} + 2\times(-1)^{1+2}\begin{vmatrix} 4 & 5 \\ -1 & 6 \end{vmatrix} + 3\times(-1)^{1+3}\begin{vmatrix} 4 & 0 \\ -1 & 0 \end{vmatrix}$$

$$= 1\times 0 + 2\times(-29) + 3\times 0 = -58.$$

■

注：读者可尝试将行列式按第 2 列展开进行计算.

类似于二元线性方程组的讨论，对三元线性方程组

$$\begin{cases} a_{11}x_1 + a_{12}x_2 + a_{13}x_3 = b_1 \\ a_{21}x_1 + a_{22}x_2 + a_{23}x_3 = b_2 \\ a_{31}x_1 + a_{32}x_2 + a_{33}x_3 = b_3 \end{cases},$$

记

$$D = \begin{vmatrix} a_{11} & a_{12} & a_{13} \\ a_{21} & a_{22} & a_{23} \\ a_{31} & a_{32} & a_{33} \end{vmatrix}, \qquad D_1 = \begin{vmatrix} b_1 & a_{12} & a_{13} \\ b_2 & a_{22} & a_{23} \\ b_3 & a_{32} & a_{33} \end{vmatrix},$$

$$D_2 = \begin{vmatrix} a_{11} & b_1 & a_{13} \\ a_{21} & b_2 & a_{23} \\ a_{31} & b_3 & a_{33} \end{vmatrix}, \qquad D_3 = \begin{vmatrix} a_{11} & a_{12} & b_1 \\ a_{21} & a_{22} & b_2 \\ a_{31} & a_{32} & b_3 \end{vmatrix},$$

若系数行列式 $D \neq 0$，则该方程组有唯一解：

$$x_1 = \frac{D_1}{D}, \quad x_2 = \frac{D_2}{D}, \quad x_3 = \frac{D_3}{D}.$$

例 3　解三元线性方程组 $\begin{cases} x_1 - 2x_2 + x_3 = -2 \\ 2x_1 + x_2 - 3x_3 = 1 \\ -x_1 + x_2 - x_3 = 0 \end{cases}$.

解　注意到系数行列式

$$D = \begin{vmatrix} 1 & -2 & 1 \\ 2 & 1 & -3 \\ -1 & 1 & -1 \end{vmatrix} = 1\times(-1)^{1+1}\begin{vmatrix} 1 & -3 \\ 1 & -1 \end{vmatrix} - 2\times(-1)^{1+2}\begin{vmatrix} 2 & -3 \\ -1 & -1 \end{vmatrix} + 1\times(-1)^{1+3}\begin{vmatrix} 2 & 1 \\ -1 & 1 \end{vmatrix}$$

$$= 1\times 2 - 2\times 5 + 1\times 3 = -5 \neq 0,$$

同理，可得

$$D_1=\begin{vmatrix}-2&-2&1\\1&1&-3\\0&1&-1\end{vmatrix}=-5,\quad D_2=\begin{vmatrix}1&-2&1\\2&1&-3\\-1&0&-1\end{vmatrix}=-10,\quad D_3=\begin{vmatrix}1&-2&-2\\2&1&1\\-1&1&0\end{vmatrix}=-5,$$

故所求方程组的解为

$$x_1=\frac{D_1}{D}=1,\ x_2=\frac{D_2}{D}=2,\ x_3=\frac{D_3}{D}=1.$$

■

三、n 阶行列式的定义

在前面，我们首先定义了二阶行列式，并指出了三阶行列式可通过按行或列展开的方法转化为二阶行列式来计算. 一般地，可给出 n 阶行列式的一种归纳定义.

定义 由 n^2 个元素 $a_{ij}\ (i, j=1, 2, \cdots, n)$ 组成的记号

$$D_n=\begin{vmatrix}a_{11}&a_{12}&\cdots&a_{1n}\\a_{21}&a_{22}&\cdots&a_{2n}\\\vdots&\vdots&&\vdots\\a_{n1}&a_{n2}&\cdots&a_{nn}\end{vmatrix}$$

称为 **n 阶行列式**，其中横排称为**行**，竖排称为**列**. 它表示一个由确定的递推运算关系所得到的数：当 $n=1$ 时，规定 $D_1=|a_{11}|=a_{11}$；当 $n=2$ 时，

$$D_2=\begin{vmatrix}a_{11}&a_{12}\\a_{21}&a_{22}\end{vmatrix}=a_{11}a_{22}-a_{12}a_{21};$$

当 $n>2$ 时，

$$D_n=a_{11}A_{11}+a_{12}A_{12}+\cdots+a_{1n}A_{1n}=\sum_{j=1}^{n}a_{1j}A_{1j}. \tag{1.8}$$

其中 A_{ij} 称为元素 a_{ij} 的**代数余子式**，且

$$A_{ij}=(-1)^{i+j}M_{ij},$$

这里 M_{ij} 为元素 a_{ij} 的**余子式**，它为由 D_n 划去元素 a_{ij} 所在的行与列后余下的元素按原来顺序构成的 $n-1$ 阶行列式.

例如，在四阶行列式

$$D=\begin{vmatrix}a_{11}&a_{12}&a_{13}&a_{14}\\a_{21}&a_{22}&a_{23}&a_{24}\\a_{31}&a_{32}&a_{33}&a_{34}\\a_{41}&a_{42}&a_{43}&a_{44}\end{vmatrix}$$

中，元素 a_{32} 的余子式和代数余子式为

$$M_{32}=\begin{vmatrix}a_{11}&a_{13}&a_{14}\\a_{21}&a_{23}&a_{24}\\a_{41}&a_{43}&a_{44}\end{vmatrix},$$

$$A_{32}=(-1)^{3+2}M_{32}=-M_{32}.$$

例4　计算行列式 $D_4=\begin{vmatrix}3&0&0&-5\\-4&1&0&2\\6&5&7&0\\-3&4&-2&-1\end{vmatrix}$.

解　由行列式的定义，有

$$D_4=3\cdot(-1)^{1+1}\begin{vmatrix}1&0&2\\5&7&0\\4&-2&-1\end{vmatrix}+(-5)\cdot(-1)^{1+4}\begin{vmatrix}-4&1&0\\6&5&7\\-3&4&-2\end{vmatrix}$$

$$=3\left[1\cdot(-1)^{1+1}\begin{vmatrix}7&0\\-2&-1\end{vmatrix}+2\cdot(-1)^{1+3}\begin{vmatrix}5&7\\4&-2\end{vmatrix}\right]$$

$$+5\left[(-4)\cdot(-1)^{1+1}\begin{vmatrix}5&7\\4&-2\end{vmatrix}+1\cdot(-1)^{1+2}\begin{vmatrix}6&7\\-3&-2\end{vmatrix}\right]$$

$$=3[-7+2(-10-28)]+5[(-4)\cdot(-10-28)-(-12+21)]=466.$$ ■

例5　计算行列式 $D_1=\begin{vmatrix}0&a_{12}&0&0\\0&0&0&a_{24}\\a_{31}&0&0&0\\0&0&a_{43}&0\end{vmatrix}$.

解　由行列式的定义，有

$$D_1=a_{12}\cdot(-1)^{1+2}\cdot\begin{vmatrix}0&0&a_{24}\\a_{31}&0&0\\0&a_{43}&0\end{vmatrix}$$

$$=-a_{12}\cdot a_{24}(-1)^{1+3}\cdot\begin{vmatrix}a_{31}&0\\0&a_{43}\end{vmatrix}=-a_{12}a_{24}a_{31}a_{43}.$$ ■

表示式(1.8)称为n阶行列式**按第1行展开的展开式**．事实上，我们可以证明n阶行列式可按其任意一行或列展开，例如，将定义中的n阶行列式按第i行或第j列展开，可得展开式

$$D_n=a_{i1}A_{i1}+a_{i2}A_{i2}+\cdots+a_{in}A_{in}=\sum_{k=1}^{n}a_{ik}A_{ik}\quad(i=1,2,\cdots,n),\tag{1.9}$$

或

$$D_n=a_{1j}A_{1j}+a_{2j}A_{2j}+\cdots+a_{nj}A_{nj}=\sum_{k=1}^{n}a_{kj}A_{kj}\quad(j=1,2,\cdots,n).\tag{1.10}$$

例6　计算行列式 $D=\begin{vmatrix}3&2&0&8\\4&-9&2&10\\-1&6&0&-7\\0&0&0&5\end{vmatrix}$.

解　因为第3列中有三个零元素，可按第3列展开，得

$$D=2\cdot(-1)^{2+3}\begin{vmatrix}3&2&8\\-1&6&-7\\0&0&5\end{vmatrix},$$

对于上面的三阶行列式，按第 3 行展开，得

$$D=-2\cdot5\cdot(-1)^{3+3}\begin{vmatrix}3&2\\-1&6\end{vmatrix}=-200.$$ ■

注：由此可见，计算行列式时，选择先按零元素多的行或列展开可大大简化行列式的计算，这是计算行列式的常用技巧之一.

四、几个常用的特殊行列式

形如

$$\begin{vmatrix}a_{11}&a_{12}&\cdots&a_{1n}\\0&a_{22}&\cdots&a_{2n}\\\vdots&\vdots&&\vdots\\0&0&\cdots&a_{nn}\end{vmatrix} \text{ 与 } \begin{vmatrix}a_{11}&0&\cdots&0\\a_{21}&a_{22}&\cdots&0\\\vdots&\vdots&&\vdots\\a_{n1}&a_{n2}&\cdots&a_{nn}\end{vmatrix}$$

的行列式分别称为**上三角形行列式**与**下三角形行列式**，其特点是主对角线以下(上)的元素全为零.

我们先来计算下三角形行列式的值. 根据 n 阶行列式的定义，每次均通过按第 1 行展开的方法来降低行列式的阶数，而每次第 1 行都仅有第一项不为零，故有

$$\begin{vmatrix}a_{11}&0&\cdots&0\\a_{21}&a_{22}&\cdots&0\\\vdots&\vdots&&\vdots\\a_{n1}&a_{n2}&\cdots&a_{nn}\end{vmatrix}=a_{11}(-1)^{1+1}\begin{vmatrix}a_{22}&0&\cdots&0\\a_{32}&a_{33}&\cdots&0\\\vdots&\vdots&&\vdots\\a_{n2}&a_{n3}&\cdots&a_{nn}\end{vmatrix}$$

$$=a_{11}a_{22}(-1)^{1+1}\begin{vmatrix}a_{33}&0&\cdots&0\\a_{43}&a_{44}&\cdots&0\\\vdots&\vdots&&\vdots\\a_{n3}&a_{n4}&\cdots&a_{nn}\end{vmatrix}=\cdots=a_{11}a_{22}\cdots a_{nn}.$$

对上三角形行列式，我们可通过每次按最后一行展开的方法来降低行列式的阶数，而每次最后一行都仅有最后一项不为零，同样可得

$$\begin{vmatrix}a_{11}&a_{12}&\cdots&a_{1n}\\0&a_{22}&\cdots&a_{2n}\\\vdots&\vdots&&\vdots\\0&0&\cdots&a_{nn}\end{vmatrix}=a_{11}a_{22}\cdots a_{nn}.$$

特别地，非主对角线上元素全为零的行列式称为**对角行列式**，易知

$$\begin{vmatrix}a_{11}&0&\cdots&0\\0&a_{22}&\cdots&0\\\vdots&\vdots&&\vdots\\0&0&\cdots&a_{nn}\end{vmatrix}=a_{11}a_{22}\cdots a_{nn}.$$

综上所述可知，上、下三角形行列式和对角行列式的值都等于其主对角线上元素的乘积.

*数学实验

实验7.1 试用计算软件计算下列行列式.

(1) $$\begin{vmatrix} \frac{1}{2} & \frac{1}{3} & \frac{1}{4} & \frac{1}{5} & \frac{1}{6} & \frac{1}{7} \\ \frac{1}{3} & \frac{1}{4} & \frac{1}{5} & \frac{1}{6} & \frac{1}{7} & \frac{1}{8} \\ \frac{1}{4} & \frac{1}{5} & \frac{1}{6} & \frac{1}{7} & \frac{1}{8} & \frac{1}{9} \\ \frac{1}{5} & \frac{1}{6} & \frac{1}{7} & \frac{1}{8} & \frac{1}{9} & \frac{1}{10} \\ \frac{1}{6} & \frac{1}{7} & \frac{1}{8} & \frac{1}{9} & \frac{1}{10} & \frac{1}{11} \\ \frac{1}{7} & \frac{1}{8} & \frac{1}{9} & \frac{1}{10} & \frac{1}{11} & \frac{1}{12} \end{vmatrix};$$

(2) $$\begin{vmatrix} y+x & xy & 0 & 0 & 0 & 0 & 0 & 0 \\ 1 & y+x & xy & 0 & 0 & 0 & 0 & 0 \\ 0 & 1 & y+x & xy & 0 & 0 & 0 & 0 \\ 0 & 0 & 1 & y+x & xy & 0 & 0 & 0 \\ 0 & 0 & 0 & 1 & y+x & xy & 0 & 0 \\ 0 & 0 & 0 & 0 & 1 & y+x & xy & 0 \\ 0 & 0 & 0 & 0 & 0 & 1 & y+x & xy \\ 0 & 0 & 0 & 0 & 0 & 0 & 1 & y+x \end{vmatrix}.$$

§7.2 行列式的性质

行列式的奥妙在于对行列式的行或列进行了某些变换（如行与列互换、交换两行(列)位置、某行(列)乘以某个数、某行(列)乘以某数后加到另一行(列)等)后，行列式虽然会发生相应的变化，但变换前后两个行列式的值仍保持着线性关系，这意味着，我们可以利用这些关系大大简化高阶行列式的计算．本节我们首先要讨论行列式在这方面的重要性质，然后进一步讨论如何利用这些性质计算高阶行列式的值.

一、行列式的性质

将行列式 D 的行与列互换后得到的行列式，称为 D 的**转置行列式**，记为 D^{T} 或 D'，即若 $D=\begin{vmatrix} a_{11} & a_{12} & \cdots & a_{1n} \\ a_{21} & a_{22} & \cdots & a_{2n} \\ \vdots & \vdots & & \vdots \\ a_{n1} & a_{n2} & \cdots & a_{nn} \end{vmatrix}$，则 $D^{\mathrm{T}}=\begin{vmatrix} a_{11} & a_{21} & \cdots & a_{n1} \\ a_{12} & a_{22} & \cdots & a_{n2} \\ \vdots & \vdots & & \vdots \\ a_{1n} & a_{2n} & \cdots & a_{nn} \end{vmatrix}$.

性质 1 行列式与它的转置行列式相等，即 $D=D^{\mathrm{T}}$.

注: 由性质1可知，行列式中的行与列具有相同的地位，行列式的行具有的性质，它的列也同样具有.

性质 2 交换行列式的两行(列)，行列式变号.

注: 交换 i, j 两行(列)记为 $r_i \leftrightarrow r_j\ (c_i \leftrightarrow c_j)$.

推论 1 若行列式中有两行(列)的对应元素相同，则此行列式为零.

证明 互换 D 中相同的两行(列)，有 $D=-D$，故 $D=0$. ■

性质 3 用数 k 乘行列式的某一行(列)，等于用数 k 乘此行列式，即

$$D_1=\begin{vmatrix} a_{11} & a_{12} & \cdots & a_{1n} \\ \vdots & \vdots & & \vdots \\ ka_{i1} & ka_{i2} & \cdots & ka_{in} \\ \vdots & \vdots & & \vdots \\ a_{n1} & a_{n2} & \cdots & a_{nn} \end{vmatrix}=k\begin{vmatrix} a_{11} & a_{12} & \cdots & a_{1n} \\ \vdots & \vdots & & \vdots \\ a_{i1} & a_{i2} & \cdots & a_{in} \\ \vdots & \vdots & & \vdots \\ a_{n1} & a_{n2} & \cdots & a_{nn} \end{vmatrix}=kD.$$

注: 第 i 行(列)乘以 k，记为 $r_i \times k$ (或 $c_i \times k$).

推论 2 行列式的某一行(列)中所有元素的公因子可以提到行列式符号的外面.

推论 3 行列式中若有两行(列)元素成比例，则此行列式为零.

例如，有行列式 $D=\begin{vmatrix} 2 & -4 & 1 \\ 3 & -6 & 3 \\ -5 & 10 & 4 \end{vmatrix}$，因为第1列与第2列对应元素成比例，根据推论3，可直接得到 $D=\begin{vmatrix} 2 & -4 & 1 \\ 3 & -6 & 3 \\ -5 & 10 & 4 \end{vmatrix}=0$.

例 1 设 $\begin{vmatrix} a_{11} & a_{12} & a_{13} \\ a_{21} & a_{22} & a_{23} \\ a_{31} & a_{32} & a_{33} \end{vmatrix}=1$，求 $\begin{vmatrix} 6a_{11} & -2a_{12} & -10a_{13} \\ -3a_{21} & a_{22} & 5a_{23} \\ -3a_{31} & a_{32} & 5a_{33} \end{vmatrix}$.

解

$$\begin{vmatrix} 6a_{11} & -2a_{12} & -10a_{13} \\ -3a_{21} & a_{22} & 5a_{23} \\ -3a_{31} & a_{32} & 5a_{33} \end{vmatrix}=-2\begin{vmatrix} -3a_{11} & a_{12} & 5a_{13} \\ -3a_{21} & a_{22} & 5a_{23} \\ -3a_{31} & a_{32} & 5a_{33} \end{vmatrix}$$

$$=-2\times(-3)\times 5\begin{vmatrix} a_{11} & a_{12} & a_{13} \\ a_{21} & a_{22} & a_{23} \\ a_{31} & a_{32} & a_{33} \end{vmatrix}=-2\times(-3)\times 5\times 1=30.$$ ■

性质 4 若行列式的某一行(列)的元素都是两数之和，设

$$D=\begin{vmatrix} a_{11} & a_{12} & \cdots & a_{1n} \\ \vdots & \vdots & & \vdots \\ b_{i1}+c_{i1} & b_{i2}+c_{i2} & \cdots & b_{in}+c_{in} \\ \vdots & \vdots & & \vdots \\ a_{n1} & a_{n2} & \cdots & a_{nn} \end{vmatrix},$$

则
$$D=\begin{vmatrix} a_{11} & a_{12} & \cdots & a_{1n} \\ \vdots & \vdots & & \vdots \\ b_{i1} & b_{i2} & \cdots & b_{in} \\ \vdots & \vdots & & \vdots \\ a_{n1} & a_{n2} & \cdots & a_{nn} \end{vmatrix}+\begin{vmatrix} a_{11} & a_{12} & \cdots & a_{1n} \\ \vdots & \vdots & & \vdots \\ c_{i1} & c_{i2} & \cdots & c_{in} \\ \vdots & \vdots & & \vdots \\ a_{n1} & a_{n2} & \cdots & a_{nn} \end{vmatrix}=D_1+D_2.$$

性质 5　将行列式的某一行(列)的所有元素都乘以数k后加到另一行(列)对应位置的元素上，行列式的值不变.

例如，以数k乘第j列加到第i列上，则有

$$D=\begin{vmatrix} a_{11} & \cdots & a_{1i} & \cdots & a_{1j} & \cdots & a_{1n} \\ a_{21} & \cdots & a_{2i} & \cdots & a_{2j} & \cdots & a_{2n} \\ \vdots & & \vdots & & \vdots & & \vdots \\ a_{n1} & \cdots & a_{ni} & \cdots & a_{nj} & \cdots & a_{nn} \end{vmatrix}=\begin{vmatrix} a_{11} & \cdots & a_{1i}+ka_{1j} & \cdots & a_{1j} & \cdots & a_{1n} \\ a_{21} & \cdots & a_{2i}+ka_{2j} & \cdots & a_{2j} & \cdots & a_{2n} \\ \vdots & & \vdots & & \vdots & & \vdots \\ a_{n1} & \cdots & a_{ni}+ka_{nj} & \cdots & a_{nj} & \cdots & a_{nn} \end{vmatrix}=D_1\ (i\neq j).$$

证明　$D_1 \xlongequal{\text{性质4}} \begin{vmatrix} a_{11} & \cdots & a_{1i} & \cdots & a_{1j} & \cdots & a_{1n} \\ \vdots & & \vdots & & \vdots & & \vdots \\ a_{n1} & \cdots & a_{ni} & \cdots & a_{nj} & \cdots & a_{nn} \end{vmatrix}+\begin{vmatrix} a_{11} & \cdots & ka_{1j} & \cdots & a_{1j} & \cdots & a_{1n} \\ \vdots & & \vdots & & \vdots & & \vdots \\ a_{n1} & \cdots & ka_{nj} & \cdots & a_{nj} & \cdots & a_{nn} \end{vmatrix}$

$\xlongequal{\text{推论3}} D+0=D.$ ■

注：以数k乘第j行加到第i行上，记作r_i+kr_j；以数k乘第j列加到第i列上，记作c_i+kc_j.

二、利用“三角化”计算行列式

计算行列式时，常利用行列式的性质，把它化为三角形行列式来计算. 例如，化为上三角形行列式的步骤是：

如果第1列第一个元素为0，先将第1行与其他行交换使得第1列第一个元素不为0，然后把第1行分别乘以适当的数加到其他各行，使得第1列除第一个元素外其余元素全为0；再用同样的方法处理除去第1行和第1列后余下的低一阶行列式；如此继续下去，直至使它成为上三角形行列式，这时主对角线上元素的乘积就是所求行列式的值.

注：当今大部分用于计算一般行列式的计算机程序都是按上述方法进行设计的. 可以证明，利用行变换计算n阶行列式需要大约$2n^3/3$次算术运算. 任何一台现代的微型计算机都可以在几分之一秒内计算出50阶行列式的值，运算量大约为83 300次. 如果用行列式的定义来计算，其运算量大约为$49\times 50!$次，这显然是个非常巨大的数值.

例 2　计算 $D=\begin{vmatrix} 3 & 1 & -1 & 2 \\ -5 & 1 & 3 & -4 \\ 2 & 0 & 1 & -1 \\ 1 & -5 & 3 & -3 \end{vmatrix}.$

解 $D \xlongequal{c_1 \leftrightarrow c_2} -\begin{vmatrix} 1 & 3 & -1 & 2 \\ 1 & -5 & 3 & -4 \\ 0 & 2 & 1 & -1 \\ -5 & 1 & 3 & -3 \end{vmatrix} \xlongequal[r_4+5r_1]{r_2-r_1} -\begin{vmatrix} 1 & 3 & -1 & 2 \\ 0 & -8 & 4 & -6 \\ 0 & 2 & 1 & -1 \\ 0 & 16 & -2 & 7 \end{vmatrix}$

$$\xlongequal{r_2 \leftrightarrow r_3} \begin{vmatrix} 1 & 3 & -1 & 2 \\ 0 & 2 & 1 & -1 \\ 0 & -8 & 4 & -6 \\ 0 & 16 & -2 & 7 \end{vmatrix} \xlongequal[r_4-8r_2]{r_3+4r_2} \begin{vmatrix} 1 & 3 & -1 & 2 \\ 0 & 2 & 1 & -1 \\ 0 & 0 & 8 & -10 \\ 0 & 0 & -10 & 15 \end{vmatrix}$$

$$\xlongequal{r_4+\frac{5}{4}r_3} \begin{vmatrix} 1 & 3 & -1 & 2 \\ 0 & 2 & 1 & -1 \\ 0 & 0 & 8 & -10 \\ 0 & 0 & 0 & 5/2 \end{vmatrix} = 40.$$ ■

例 3 计算 $D=\begin{vmatrix} 3 & 1 & 1 & 1 \\ 1 & 3 & 1 & 1 \\ 1 & 1 & 3 & 1 \\ 1 & 1 & 1 & 3 \end{vmatrix}$.

解 注意到行列式中各行 (列) 4 个数之和都为6. 故可把第 2, 3, 4 行同时加到第 1 行，提出公因子 6，然后各行减去第 1 行化为上三角形行列式来计算:

$$D \xlongequal{r_1+r_2+r_3+r_4} \begin{vmatrix} 6 & 6 & 6 & 6 \\ 1 & 3 & 1 & 1 \\ 1 & 1 & 3 & 1 \\ 1 & 1 & 1 & 3 \end{vmatrix} = 6\begin{vmatrix} 1 & 1 & 1 & 1 \\ 1 & 3 & 1 & 1 \\ 1 & 1 & 3 & 1 \\ 1 & 1 & 1 & 3 \end{vmatrix} \xlongequal[\substack{r_3-r_1 \\ r_4-r_1}]{r_2-r_1} 6\begin{vmatrix} 1 & 1 & 1 & 1 \\ 0 & 2 & 0 & 0 \\ 0 & 0 & 2 & 0 \\ 0 & 0 & 0 & 2 \end{vmatrix}$$

$$=48.$$ ■

注: 仿照上述方法可得到更一般的结果:

$$\begin{vmatrix} a & b & b & \cdots & b \\ b & a & b & \cdots & b \\ \vdots & \vdots & \vdots & & \vdots \\ b & b & b & \cdots & a \end{vmatrix} = [a+(n-1)b](a-b)^{n-1}.$$

例 4 计算 $D=\begin{vmatrix} a_1 & -a_1 & 0 & 0 \\ 0 & a_2 & -a_2 & 0 \\ 0 & 0 & a_3 & -a_3 \\ 1 & 1 & 1 & 1 \end{vmatrix}$.

解 根据行列式的特点，可将第 1 列加至第 2 列，然后将第 2 列加至第 3 列，再将第 3 列加至第 4 列, 目的是使 D 中的零元素增多.

$$D \xlongequal{c_2+c_1} \begin{vmatrix} a_1 & 0 & 0 & 0 \\ 0 & a_2 & -a_2 & 0 \\ 0 & 0 & a_3 & -a_3 \\ 1 & 2 & 1 & 1 \end{vmatrix} \xlongequal{c_3+c_2} \begin{vmatrix} a_1 & 0 & 0 & 0 \\ 0 & a_2 & 0 & 0 \\ 0 & 0 & a_3 & -a_3 \\ 1 & 2 & 3 & 1 \end{vmatrix} \xlongequal{c_4+c_3} \begin{vmatrix} a_1 & 0 & 0 & 0 \\ 0 & a_2 & 0 & 0 \\ 0 & 0 & a_3 & 0 \\ 1 & 2 & 3 & 4 \end{vmatrix}$$

$$=4a_1a_2a_3.$$ ■

例 5 计算 $D=\begin{vmatrix} a & b & c & d \\ a & a+b & a+b+c & a+b+c+d \\ a & 2a+b & 3a+2b+c & 4a+3b+2c+d \\ a & 3a+b & 6a+3b+c & 10a+6b+3c+d \end{vmatrix}$.

解 从第 4 行开始，后一行减前一行.

$$D\xlongequal[r_2-r_1]{\substack{r_4-r_3\\ r_3-r_2}}\begin{vmatrix} a & b & c & d \\ 0 & a & a+b & a+b+c \\ 0 & a & 2a+b & 3a+2b+c \\ 0 & a & 3a+b & 6a+3b+c \end{vmatrix}\xlongequal[r_3-r_2]{r_4-r_3}\begin{vmatrix} a & b & c & d \\ 0 & a & a+b & a+b+c \\ 0 & 0 & a & 2a+b \\ 0 & 0 & a & 3a+b \end{vmatrix}$$

$$\xlongequal{r_4-r_3}\begin{vmatrix} a & b & c & d \\ 0 & a & a+b & a+b+c \\ 0 & 0 & a & 2a+b \\ 0 & 0 & 0 & a \end{vmatrix}=a^4.$$ ■

此外，在行列式的计算中，还可以将行列式的性质与行列式按行(列)展开的方法结合起来使用. 一般可先用行列式的性质将行列式中某一行(列)化为仅含有一个非零元素，再将行列式按此行(列)展开，化为低一阶的行列式，如此继续下去直到化为二阶行列式为止.

注：按行(列)展开计算行列式的方法称为降阶法.

例 6 计算行列式 $D=\begin{vmatrix} 1 & 2 & 3 & 4 \\ 1 & 0 & 1 & 2 \\ 3 & -1 & -1 & 0 \\ 1 & 2 & 0 & -5 \end{vmatrix}$.

解
$$D=\begin{vmatrix} 1 & 2 & 3 & 4 \\ 1 & 0 & 1 & 2 \\ 3 & -1 & -1 & 0 \\ 1 & 2 & 0 & -5 \end{vmatrix}\xlongequal[r_4+2r_3]{r_1+2r_3}\begin{vmatrix} 7 & 0 & 1 & 4 \\ 1 & 0 & 1 & 2 \\ 3 & -1 & -1 & 0 \\ 7 & 0 & -2 & -5 \end{vmatrix}=(-1)\times(-1)^{3+2}\begin{vmatrix} 7 & 1 & 4 \\ 1 & 1 & 2 \\ 7 & -2 & -5 \end{vmatrix}$$

$$\xlongequal[r_3+2r_2]{r_1-r_2}\begin{vmatrix} 6 & 0 & 2 \\ 1 & 1 & 2 \\ 9 & 0 & -1 \end{vmatrix}=1\times(-1)^{2+2}\begin{vmatrix} 6 & 2 \\ 9 & -1 \end{vmatrix}=-6-18=-24.$$ ■

例 7 计算行列式 $D=\begin{vmatrix} 5 & 3 & -1 & 2 & 0 \\ 1 & 7 & 2 & 5 & 2 \\ 0 & -2 & 3 & 1 & 0 \\ 0 & -4 & -1 & 4 & 0 \\ 0 & 2 & 3 & 5 & 0 \end{vmatrix}$.

解
$$D=\begin{vmatrix} 5 & 3 & -1 & 2 & 0 \\ 1 & 7 & 2 & 5 & 2 \\ 0 & -2 & 3 & 1 & 0 \\ 0 & -4 & -1 & 4 & 0 \\ 0 & 2 & 3 & 5 & 0 \end{vmatrix}=2\times(-1)^{2+5}\begin{vmatrix} 5 & 3 & -1 & 2 \\ 0 & -2 & 3 & 1 \\ 0 & -4 & -1 & 4 \\ 0 & 2 & 3 & 5 \end{vmatrix}$$

$$=-10\begin{vmatrix}-2&3&1\\-4&-1&4\\2&3&5\end{vmatrix}\xlongequal[r_3+r_1]{r_2-2r_1}-10\begin{vmatrix}-2&3&1\\0&-7&2\\0&6&6\end{vmatrix}=-10\times(-2)\begin{vmatrix}-7&2\\6&6\end{vmatrix}$$
$$=20(-42-12)=-1\,080.$$ ■

§7.3 克莱姆法则

引例 对三元线性方程组

$$\begin{cases}a_{11}x_1+a_{12}x_2+a_{13}x_3=b_1\\a_{21}x_1+a_{22}x_2+a_{23}x_3=b_2\\a_{31}x_1+a_{32}x_2+a_{33}x_3=b_3\end{cases},$$

在其系数行列式 $D\neq 0$ 的条件下，已知它有唯一解：

$$x_1=\frac{D_1}{D},\quad x_2=\frac{D_2}{D},\quad x_3=\frac{D_3}{D},$$

其中

$$D=\begin{vmatrix}a_{11}&a_{12}&a_{13}\\a_{21}&a_{22}&a_{23}\\a_{31}&a_{32}&a_{33}\end{vmatrix},\quad D_1=\begin{vmatrix}b_1&a_{12}&a_{13}\\b_2&a_{22}&a_{23}\\b_3&a_{32}&a_{33}\end{vmatrix},$$

$$D_2=\begin{vmatrix}a_{11}&b_1&a_{13}\\a_{21}&b_2&a_{23}\\a_{31}&b_3&a_{33}\end{vmatrix},\quad D_3=\begin{vmatrix}a_{11}&a_{12}&b_1\\a_{21}&a_{22}&b_2\\a_{31}&a_{32}&b_3\end{vmatrix}.$$

注：这个解可通过消元的方法直接求出.

对更一般的线性方程组是否有类似的结果？答案是肯定的. 在引入克莱姆法则之前，我们先介绍有关 n 元线性方程组的概念. 含有 n 个未知数 $x_1, x_2, \cdots, x_n$ 的线性方程组

$$\begin{cases}a_{11}x_1+a_{12}x_2+\cdots+a_{1n}x_n=b_1\\a_{21}x_1+a_{22}x_2+\cdots+a_{2n}x_n=b_2\\\quad\cdots\cdots\\a_{n1}x_1+a_{n2}x_2+\cdots+a_{nn}x_n=b_n\end{cases},\tag{3.1}$$

称为 ***n* 元线性方程组**. 当其右端的常数项 $b_1, b_2, \cdots, b_n$ 不全为零时，线性方程组 (3.1) 称为**非齐次线性方程组**，当 $b_1, b_2, \cdots, b_n$ 全为零时，线性方程组 (3.1) 称为**齐次线性方程组**，即

$$\begin{cases}a_{11}x_1+a_{12}x_2+\cdots+a_{1n}x_n=0\\a_{21}x_1+a_{22}x_2+\cdots+a_{2n}x_n=0\\\quad\cdots\cdots\\a_{n1}x_1+a_{n2}x_2+\cdots+a_{nn}x_n=0\end{cases}.\tag{3.2}$$

线性方程组 (3.1) 的系数 a_{ij} 构成的行列式称为该方程组的**系数行列式 D**, 即

$$D=\begin{vmatrix} a_{11} & a_{12} & \cdots & a_{1n} \\ a_{21} & a_{22} & \cdots & a_{2n} \\ \vdots & \vdots & & \vdots \\ a_{n1} & a_{n2} & \cdots & a_{nn} \end{vmatrix}.$$

定理 1 (克莱姆法则)　若线性方程组 (3.1) 的系数行列式 $D\neq 0$, 则线性方程组 (3.1) 有唯一解, 其解为

$$x_j=\frac{D_j}{D}\quad (j=1,2,\cdots,n), \tag{3.3}$$

其中 $D_j\,(j=1,2,\cdots,n)$ 是把 D 中第 j 列元素 $a_{1j},a_{2j},\cdots,a_{nj}$ 对应地换成常数项 $b_1,b_2,\cdots,b_n$, 而其余各列保持不变所得到的行列式.

例 1　用克莱姆法则解方程组 $\begin{cases} 2x_1+x_2-5x_3+x_4=8 \\ x_1-3x_2-6x_4=9 \\ 2x_2-x_3+2x_4=-5 \\ x_1+4x_2-7x_3+6x_4=0 \end{cases}$.

解　$$D=\begin{vmatrix} 2 & 1 & -5 & 1 \\ 1 & -3 & 0 & -6 \\ 0 & 2 & -1 & 2 \\ 1 & 4 & -7 & 6 \end{vmatrix} \xlongequal[r_4-r_2]{r_1-2r_2} \begin{vmatrix} 0 & 7 & -5 & 13 \\ 1 & -3 & 0 & -6 \\ 0 & 2 & -1 & 2 \\ 0 & 7 & -7 & 12 \end{vmatrix}$$

$$=-\begin{vmatrix} 7 & -5 & 13 \\ 2 & -1 & 2 \\ 7 & -7 & 12 \end{vmatrix} \xlongequal[c_3+2c_2]{c_1+2c_2} -\begin{vmatrix} -3 & -5 & 3 \\ 0 & -1 & 0 \\ -7 & -7 & -2 \end{vmatrix} = \begin{vmatrix} -3 & 3 \\ -7 & -2 \end{vmatrix}=27.$$

$$D_1=\begin{vmatrix} 8 & 1 & -5 & 1 \\ 9 & -3 & 0 & -6 \\ -5 & 2 & -1 & 2 \\ 0 & 4 & -7 & 6 \end{vmatrix}=81,\quad D_2=\begin{vmatrix} 2 & 8 & -5 & 1 \\ 1 & 9 & 0 & -6 \\ 0 & -5 & -1 & 2 \\ 1 & 0 & -7 & 6 \end{vmatrix}=-108,$$

$$D_3=\begin{vmatrix} 2 & 1 & 8 & 1 \\ 1 & -3 & 9 & -6 \\ 0 & 2 & -5 & 2 \\ 1 & 4 & 0 & 6 \end{vmatrix}=-27,\quad D_4=\begin{vmatrix} 2 & 1 & -5 & 8 \\ 1 & -3 & 0 & 9 \\ 0 & 2 & -1 & -5 \\ 1 & 4 & -7 & 0 \end{vmatrix}=27,$$

所以

$$x_1=\frac{D_1}{D}=\frac{81}{27}=3,\qquad x_2=\frac{D_2}{D}=\frac{-108}{27}=-4,$$

$$x_3=\frac{D_3}{D}=\frac{-27}{27}=-1,\qquad x_4=\frac{D_4}{D}=\frac{27}{27}=1.$$ ■

例 2　大学生在饮食方面存在很多问题, 多数大学生不重视吃早餐, 日常饮食也没有规律. 为了身体健康就需制订营养改善计划, 大学生每天的配餐中需要摄入一定的蛋白质、脂肪和碳水化合物, 下表给出了这三种食物提供的营养以及大学生正常所

需的营养(它们的质量以适当的单位计量):

营养	单位食物所含的营养量			所需营养量
	食物一	食物二	食物三	
蛋白质	36	51	13	33
脂肪	0	7	1.1	3
碳水化合物	52	34	74	45

试根据这个问题建立一个线性方程组，并通过求解方程组来确定每天需要摄入上述三种食物的量.

解 设x_1, x_2, x_3分别为三种食物的量，则由表中的数据可得出下列线性方程组:

$$\begin{cases} 36x_1+51x_2+13x_3=33 \\ \qquad\quad 7x_2+1.1x_3=3 \\ 52x_1+34x_2+74x_3=45 \end{cases}.$$

由克莱姆法则可得

$$D=\begin{vmatrix} 36 & 51 & 13 \\ 0 & 7 & 1.1 \\ 52 & 34 & 74 \end{vmatrix}=15\,486.8,$$

$$D_1=\begin{vmatrix} 33 & 51 & 13 \\ 3 & 7 & 1.1 \\ 45 & 34 & 74 \end{vmatrix}=4\,293.3,\ D_2=\begin{vmatrix} 36 & 33 & 13 \\ 0 & 3 & 1.1 \\ 52 & 45 & 74 \end{vmatrix}=6\,069.6,\ D_3=\begin{vmatrix} 36 & 51 & 33 \\ 0 & 7 & 3 \\ 52 & 34 & 45 \end{vmatrix}=3\,612,$$

则
$$x_1=\frac{D_1}{D}\approx 0.277,\ x_2=\frac{D_2}{D}\approx 0.392,\ x_3=\frac{D_3}{D}\approx 0.233.$$

从而我们每天摄入0.277单位的食物一、0.392单位的食物二、0.233单位的食物三就可以保证我们的健康饮食了. ■

一般来说，用克莱姆法则求线性方程组的解时，计算量是比较大的. 对具体的数字线性方程组，当未知数较多时往往可用计算机来求解. 目前用计算机解线性方程组已经有了一整套成熟的方法.

克莱姆法则在一定条件下给出了线性方程组解的存在性、唯一性，与其在计算方面的作用相比，克莱姆法则具有更重大的理论价值. 撇开求解公式(3.3)，克莱姆法则可叙述为下面的定理.

定理2 如果线性方程组(3.1)的系数行列式$D\neq 0$，则线性方程组(3.1)一定有解，且解是唯一的.

在解题或证明中，常用到定理2的逆否定理:

定理2′ 如果线性方程组(3.1)无解或解不是唯一的，则它的系数行列式必为零.

对齐次线性方程组(3.2)，易见$x_1=x_2=\cdots=x_n=0$一定是该方程组的解，称其为齐次线性方程组(3.2)的**零解**. 把定理2应用于齐次线性方程组(3.2)，可得到下列结论.

定理 3 如果齐次线性方程组(3.2)的系数行列式 $D\neq 0$, 则齐次线性方程组(3.2)只有零解.

定理 3′ 如果齐次线性方程组 (3.2) 有非零解，则它的系数行列式 $D=0$.

注: 在第 8 章中还将进一步证明，如果齐次线性方程组的系数行列式 $D=0$, 则齐次线性方程组 (3.2) 有非零解.

例 3 λ 为何值时，齐次线性方程组

$$\begin{cases}(1-\lambda)x_1-2x_2+4x_3=0\\ 2x_1+(3-\lambda)x_2+x_3=0\\ x_1+x_2+(1-\lambda)x_3=0\end{cases}$$

有非零解?

解 由定理 3′知，若所给齐次线性方程组有非零解，则其系数行列式 $D=0$.

$$D=\begin{vmatrix}1-\lambda & -2 & 4\\ 2 & 3-\lambda & 1\\ 1 & 1 & 1-\lambda\end{vmatrix}\xlongequal{c_2-c_1}\begin{vmatrix}1-\lambda & -3+\lambda & 4\\ 2 & 1-\lambda & 1\\ 1 & 0 & 1-\lambda\end{vmatrix}$$

$$\begin{aligned}&=(\lambda-3)(-1)^{1+2}\begin{vmatrix}2 & 1\\ 1 & 1-\lambda\end{vmatrix}+(1-\lambda)(-1)^{2+2}\begin{vmatrix}1-\lambda & 4\\ 1 & 1-\lambda\end{vmatrix}\quad(\text{按第 2 列展开})\\ &=(\lambda-3)[-2(1-\lambda)+1]+(1-\lambda)[(1-\lambda)^2-4]\\ &=(1-\lambda)^3+2(1-\lambda)^2+\lambda-3\\ &=\lambda(\lambda-2)(3-\lambda).\end{aligned}$$

如果齐次线性方程组有非零解，则 $D=0$，即当 $\lambda=0$ 或 $\lambda=2$ 或 $\lambda=3$ 时，齐次线性方程组有非零解. ■

习 题 七

1. 计算下列二阶行列式:

(1) $\begin{vmatrix}1 & 3\\ 1 & 4\end{vmatrix}$; (2) $\begin{vmatrix}2 & 1\\ -1 & 2\end{vmatrix}$; (3) $\begin{vmatrix}a & b\\ a^2 & b^2\end{vmatrix}$.

2. 计算下列三阶行列式:

(1) $\begin{vmatrix}-2 & -4 & 1\\ 3 & 0 & 3\\ 5 & 4 & -2\end{vmatrix}$; (2) $\begin{vmatrix}1 & -1 & 0\\ 4 & -5 & -3\\ 2 & 3 & 6\end{vmatrix}$; (3) $\begin{vmatrix}1 & -1 & 2\\ 1 & 1 & 1\\ 2 & 3 & -1\end{vmatrix}$.

3. 求行列式 $\begin{vmatrix}-3 & 0 & 4\\ 5 & 0 & 3\\ 2 & -2 & 1\end{vmatrix}$ 中元素 2 和 −2 的代数余子式.

4. 已知 $D=\begin{vmatrix}-1 & 0 & x & 1\\ 1 & 1 & -1 & -1\\ 1 & -1 & 1 & -1\\ 1 & -1 & -1 & 1\end{vmatrix}$, 则 D 中 x 的系数是 ______.

5. 写出行列式 $D=\begin{vmatrix}5&-3&0&1\\0&-2&-1&0\\1&0&4&7\\0&3&0&2\end{vmatrix}$ 中元素 $a_{23}=-1$，$a_{33}=4$ 的代数余子式.

6. 按第 3 列展开下列行列式，并计算其值：

(1) $\begin{vmatrix}1&0&a&1\\0&-1&b&-1\\-1&-1&c&-1\\-1&1&d&0\end{vmatrix}$；　　(2) $\begin{vmatrix}a_{11}&a_{12}&a_{13}&a_{14}&a_{15}\\a_{21}&a_{22}&a_{23}&a_{24}&a_{25}\\a_{31}&a_{32}&0&0&0\\a_{41}&a_{42}&0&0&0\\a_{51}&a_{52}&0&0&0\end{vmatrix}$.

7. 用行列式的性质计算下列行列式：

(1) $\begin{vmatrix}34\,215&35\,215\\28\,092&29\,092\end{vmatrix}$；　　(2) $\begin{vmatrix}103&100&204\\199&200&395\\301&300&600\end{vmatrix}$；　　(3) $\begin{vmatrix}-ab&ac&ae\\bd&-cd&de\\bf&cf&-ef\end{vmatrix}$；

(4) $\begin{vmatrix}a&1&0&0\\-1&b&1&0\\0&-1&c&1\\0&0&-1&d\end{vmatrix}$；　　(5) $\begin{vmatrix}4&1&2&4\\1&2&0&2\\10&5&2&0\\0&1&1&7\end{vmatrix}$；　　(6) $\begin{vmatrix}1&1&1&1\\-1&1&1&1\\-1&-1&1&1\\-1&-1&-1&1\end{vmatrix}$.

8. 已知 255，459，527 都能被 17 整除，不求行列式的值，证明行列式 $\begin{vmatrix}2&4&5\\5&5&2\\5&9&7\end{vmatrix}$ 能被17整除.

9. 用行列式的性质证明下列等式：

$$\begin{vmatrix}y+z&z+x&x+y\\x+y&y+z&z+x\\z+x&x+y&y+z\end{vmatrix}=2\begin{vmatrix}x&y&z\\z&x&y\\y&z&x\end{vmatrix}.$$

10. 把下列行列式化为上三角形行列式，并计算其值：

(1) $\begin{vmatrix}-2&2&-4&0\\4&-1&3&5\\3&1&-2&-3\\2&0&5&1\end{vmatrix}$；　　(2) $\begin{vmatrix}1&2&3&4\\2&3&4&1\\3&4&1&2\\4&1&2&3\end{vmatrix}$；　　(3) $\begin{vmatrix}2&1&0&0&0\\1&2&1&0&0\\0&1&2&1&0\\0&0&1&2&1\\0&0&0&1&2\end{vmatrix}$.

11.用克莱姆法则解下列线性方程组：

(1) $\begin{cases}x+y-2z=-3\\5x-2y+7z=22\\2x-5y+4z=4\end{cases}$；　　(2) $\begin{cases}bx-ay+2ab=0\\-2cy+3bz-bc=0\\cx+az=0\end{cases}$，其中 $abc\neq0$.

12. 用克莱姆法则解下列线性方程组：

(1) $\begin{cases}x_1+x_2+x_3+x_4=5\\x_1+2x_2-x_3+4x_4=-2\\2x_1-3x_2-x_3-5x_4=-2\\3x_1+x_2+2x_3+11x_4=0\end{cases}$；　　(2) $\begin{cases}2x_1+3x_2+11x_3+5x_4=6\\x_1+x_2+5x_3+2x_4=2\\2x_1+x_2+3x_3+4x_4=2\\x_1+x_2+3x_3+4x_4=2\end{cases}$.

13. 问 λ, μ 取何值时，齐次线性方程组 $\begin{cases}\lambda x_1+x_2+x_3=0\\x_1+\mu x_2+x_3=0\\x_1+2\mu x_2+x_3=0\end{cases}$ 有非零解？

第 8 章　矩阵与线性方程组

矩阵实质上就是一张长方形数表．无论是在日常生活中还是在科学研究中，矩阵都是一种十分常见的数学现象，诸如学校里的课表、成绩统计表；工厂里的生产进度表、销售统计表；车站里的时刻表、价目表；股市中的证券价目表；科研领域中的数据分析表等．它是表述或处理大量的生活、生产与科研问题的有力工具．矩阵的重要作用首先在于它能把头绪纷繁的事物按一定的规则清晰地展现出来，使我们不至于被一些表面看起来杂乱无章的关系弄得晕头转向；其次在于它能恰当地刻画事物之间的内在联系，并通过矩阵的运算或变换来揭示事物之间的内在联系；最后在于它还是我们求解数学问题的一种特殊的“数形结合”的途径．

在本课程中，矩阵是研究线性变换、向量的线性相关性及线性方程组的解法等的有力且不可替代的工具，在线性代数中具有重要地位，而线性方程组是线性代数的核心．本章主要介绍矩阵的概念、矩阵的运算、矩阵的变换、矩阵的某些内在特征及其在线性方程组求解中的应用．

§8.1 矩阵的概念

本节中的几个例子展示了如何将某个数学问题或实际应用问题与一张数表——矩阵联系起来，这实际上是对一个数学问题或实际应用问题进行数学建模的第一步．

一、引例

引例 1　线性方程组

$$\begin{cases} a_{11}x_1+a_{12}x_2+\cdots+a_{1n}x_n=b_1 \\ a_{21}x_1+a_{22}x_2+\cdots+a_{2n}x_n=b_2 \\ \cdots\cdots \\ a_{n1}x_1+a_{n2}x_2+\cdots+a_{nn}x_n=b_n \end{cases}$$

的系数 $a_{ij}\ (i,j=1,2,\cdots,n)$, $b_j\ (j=1,2,\cdots,n)$ 按原位置构成一数表：

$$\begin{pmatrix} a_{11} & a_{12} & \cdots & a_{1n} & b_1 \\ a_{21} & a_{22} & \cdots & a_{2n} & b_2 \\ \vdots & \vdots & & \vdots & \vdots \\ a_{n1} & a_{n2} & \cdots & a_{nn} & b_n \end{pmatrix}.$$

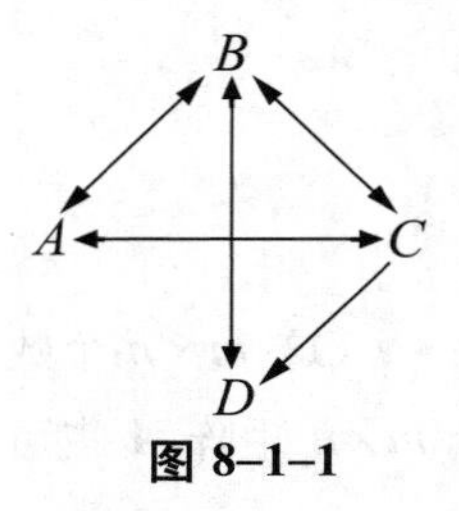

图 8–1–1

根据克莱姆法则，该数表决定着上述方程组是否有解，以及如果有解，解是什么等问题. 因而研究这个数表就很有必要.

引例 2 某航空公司在 A, B, C, D 四城市之间开辟了若干航线，图 8–1–1 表示了四城市间的航班情况，若从 A 到 B 有航班，则用带箭头的线连接 A 与 B.

用表格表示如下：

列标表示到站（行标表示发站）

	A	B	C	D
A		√	√	
B	√		√	√
C	√	√		√
D		√		

$\longleftrightarrow$

0	1	1	0
1	0	1	1
1	1	0	1
0	1	0	0

其中 √ 表示有航班.

为便于研究，记表中 √ 为 1，空白处为 0，则得到一个数表. 该数表反映了四城市间的航班往来情况.

引例 3 某企业生产 4 种产品，各种产品的季度产值 (单位：万元) 见下表：

产值 产品 / 季度	A	B	C	D
1	80	75	75	78
2	98	70	85	84
3	90	75	90	90
4	88	70	82	80

数表 $\begin{pmatrix} 80 & 75 & 75 & 78 \\ 98 & 70 & 85 & 84 \\ 90 & 75 & 90 & 90 \\ 88 & 70 & 82 & 80 \end{pmatrix}$ 具体描述了这家企业各种产品的季度产值，同时也揭示了产值随季度变化的规律、季增长率和年产量等情况.

二、矩阵的概念

定义 1 由 $m\times n$ 个数 $a_{ij}\ (i=1,2,\cdots,m;\ j=1,2,\cdots,n)$ 排成的 m 行 n 列的数表

$$\begin{matrix} a_{11} & a_{12} & \cdots & a_{1n} \\ a_{21} & a_{22} & \cdots & a_{2n} \\ \vdots & \vdots & & \vdots \\ a_{m1} & a_{m2} & \cdots & a_{mn} \end{matrix}$$

称为 ***m* 行 *n* 列矩阵**，简称 ***m*×*n* 矩阵**. 为表示它是一个整体，总是加一个括弧，并用大写黑体字母表示它，记为

$$A=\begin{pmatrix} a_{11} & a_{12} & \cdots & a_{1n} \\ a_{21} & a_{22} & \cdots & a_{2n} \\ \vdots & \vdots & & \vdots \\ a_{m1} & a_{m2} & \cdots & a_{mn} \end{pmatrix}. \tag{1.1}$$

这 $m\times n$ 个数称为矩阵 A 的**元素**，a_{ij} 称为矩阵 A 的**第 i 行第 j 列元素**. 一个 $m\times n$ 矩阵 A 也可简记为

$$A=A_{m\times n}=(a_{ij})_{m\times n} \text{ 或 } A=(a_{ij}).$$

元素是实数的矩阵称为**实矩阵**，而元素是复数的矩阵称为**复矩阵**，本书中的矩阵都指实矩阵(除非有特殊说明).

所有元素均为零的矩阵称为**零矩阵**，记为 O.

所有元素均为非负数的矩阵称为**非负矩阵**.

若矩阵 $A=(a_{ij})$ 的行数与列数都等于 n，则称 A 为 **n 阶方阵**，记为 A_n.

如果两个矩阵具有相同的行数与相同的列数，则称这两个矩阵为**同型矩阵**.

定义 2 如果矩阵 A,B 为同型矩阵，且对应元素均相等，则称矩阵 A 与矩阵 B **相等**，记为 $A=B$.

即若 $A=(a_{ij})$，$B=(b_{ij})$，且 $a_{ij}=b_{ij}$ $(i=1,2,\cdots,m;\ j=1,2,\cdots,n)$，则 $A=B$.

例 1 设 $A=\begin{pmatrix} 1 & 2-x & 3 \\ 2 & 6 & 5z \end{pmatrix}$，$B=\begin{pmatrix} 1 & x & 3 \\ y & 6 & z-8 \end{pmatrix}$，已知 $A=B$，求 x, y, z.

解 因为

$$2-x=x,\ 2=y,\ 5z=z-8,$$

所以

$$x=1,\ y=2,\ z=-2.$$ ■

三、矩阵概念的应用

矩阵概念的应用十分广泛，这里，我们先展示矩阵的概念在解决逻辑判断问题中的一个应用. 某些逻辑判断问题的条件往往给得很多，看上去错综复杂，但如果我们能恰当地设计一些矩阵，则有助于我们把所给条件的头绪厘清，在此基础上再进行推理，能达到化简问题的目的.

例 2 甲、乙、丙、丁四人各从图书馆借来一本小说，他们约定读完后互相交换. 这四本书的厚度以及他们四人的阅读速度差不多，因此，四人总是同时交换书. 经三次交换后，他们四人读完了这四本书. 现已知：

(1) 乙读的最后一本书是甲读的第二本书；

(2) 丙读的第一本书是丁读的最后一本书；

试用矩阵表示各人的阅读顺序.

解 设甲、乙、丙、丁最后读的书的代号依次为 A、B、C、D，则根据题设条件可以列出初始矩阵

$$
\begin{array}{c}
\\ 1 \\ 2 \\ 3 \\ 4
\end{array}
\begin{array}{c}
\begin{array}{cccc} \text{甲} & \text{乙} & \text{丙} & \text{丁} \end{array} \\
\begin{pmatrix} & & D & \\ B & & & \\ & & & \\ A & B & C & D \end{pmatrix}
\end{array}.
$$

下面我们来分析矩阵中各位置的书名代号. 已知每个人都读完了所有的书, 所以丙读的第二本书不可能是C, D. 又甲读的第二本书是B, 所以丙读的第二本也不可能是B, 从而丙读的第二本书是A, 同理可依次推出丙读的第三本书是B, 丁读的第二本书是C, 丁读的第三本书是A, 丁读的第一本书是B, 乙读的第二本书是D, 甲读的第一本书是C, 乙读的第一本书是A, 乙读的第三本书是C, 甲读的第三本书是D. 故各人阅读的顺序可用矩阵表示为

$$
\begin{array}{c}
\\ 1 \\ 2 \\ 3 \\ 4
\end{array}
\begin{array}{c}
\begin{array}{cccc} \text{甲} & \text{乙} & \text{丙} & \text{丁} \end{array} \\
\begin{bmatrix} C & A & D & B \\ B & D & A & C \\ D & C & B & A \\ A & B & C & D \end{bmatrix}
\end{array}.
$$

■

四、几种特殊矩阵

(1) 只有一行的矩阵 $\boldsymbol{A}=(a_1 \ \ a_2 \ \ \cdots \ \ a_n)$ 称为**行矩阵**或**行向量**. 为避免元素间的混淆, 行矩阵也记作

$$\boldsymbol{A}=(a_1, a_2, \cdots, a_n).$$

(2) 只有一列的矩阵 $\boldsymbol{B}=\begin{pmatrix} b_1 \\ b_2 \\ \vdots \\ b_m \end{pmatrix}$ 称为**列矩阵**或**列向量**.

(3) n 阶方阵 $\begin{pmatrix} \lambda_1 & 0 & \cdots & 0 \\ 0 & \lambda_2 & \cdots & 0 \\ \vdots & \vdots & & \vdots \\ 0 & 0 & \cdots & \lambda_n \end{pmatrix}$ 称为 **n 阶对角矩阵**, 对角矩阵也记为

$$\boldsymbol{A}=\operatorname{diag}(\lambda_1, \lambda_2, \cdots, \lambda_n).$$

(4) n 阶方阵 $\begin{pmatrix} 1 & 0 & \cdots & 0 \\ 0 & 1 & \cdots & 0 \\ \vdots & \vdots & & \vdots \\ 0 & 0 & \cdots & 1 \end{pmatrix}$ 称为 **n 阶单位矩阵**, n 阶单位矩阵也记为

$$\boldsymbol{E}=\boldsymbol{E}_n \ \ (\text{或 } \boldsymbol{I}=\boldsymbol{I}_n).$$

(5) 当一个 n 阶对角矩阵 $\boldsymbol{A}$ 的对角元素全部相等且等于某一数 a 时, 称 $\boldsymbol{A}$ 为 $\boldsymbol{n}$

阶数量矩阵，即

$$A=\begin{pmatrix} a & 0 & \cdots & 0 \\ 0 & a & \cdots & 0 \\ \vdots & \vdots & & \vdots \\ 0 & 0 & \cdots & a \end{pmatrix}.$$

此外，上(下)三角形矩阵的定义与上(下)三角形行列式的定义类似.

§8.2 矩阵的运算

一、矩阵的线性运算

定义 1 设有两个 $m\times n$ 矩阵 $A=(a_{ij})$ 和 $B=(b_{ij})$，矩阵 A 与 B 的和记作 $A+B$，规定为

$$A+B=(a_{ij}+b_{ij})=\begin{pmatrix} a_{11}+b_{11} & a_{12}+b_{12} & \cdots & a_{1n}+b_{1n} \\ a_{21}+b_{21} & a_{22}+b_{22} & \cdots & a_{2n}+b_{2n} \\ \vdots & \vdots & & \vdots \\ a_{m1}+b_{m1} & a_{m2}+b_{m2} & \cdots & a_{mn}+b_{mn} \end{pmatrix}.$$

注：只有两个矩阵是同型矩阵时，才能进行矩阵的加法运算. 两个同型矩阵的和，即为两个矩阵对应位置元素相加得到的矩阵.

设矩阵 $A=(a_{ij})$，记 $-A=(-a_{ij})$，称 $-A$ 为矩阵 A 的**负矩阵**，显然有

$$A+(-A)=O.$$

由此规定**矩阵的减法**为 $A-B=A+(-B)$.

定义 2 数 k 与 $m\times n$ 矩阵 A 的乘积记作 kA 或 Ak，规定为

$$kA=Ak=(ka_{ij})=\begin{pmatrix} ka_{11} & ka_{12} & \cdots & ka_{1n} \\ ka_{21} & ka_{22} & \cdots & ka_{2n} \\ \vdots & \vdots & & \vdots \\ ka_{m1} & ka_{m2} & \cdots & ka_{mn} \end{pmatrix}.$$

数与矩阵的乘积运算称为**数乘运算**.

矩阵的加法与矩阵的数乘两种运算统称为**矩阵的线性运算**. 它满足下列运算规律：

设 A, B, C, O 都是同型矩阵，k, l 是常数，则

(1) $A+B=B+A$;　　(2) $(A+B)+C=A+(B+C)$;

(3) $A+O=A$;　　(4) $A+(-A)=O$;

(5) $1A=A$;　　(6) $k(lA)=(kl)A$;

(7) $(k+l)A=kA+lA$;　　(8) $k(A+B)=kA+kB$.

注：在数学中，把满足上述八条规律的运算称为**线性运算**.

例 1 已知 $\boldsymbol{A}=\begin{pmatrix}-1&2&3&1\\0&3&-2&1\\4&0&3&2\end{pmatrix}$, $\boldsymbol{B}=\begin{pmatrix}4&3&2&-1\\5&-3&0&1\\1&2&-5&0\end{pmatrix}$, 求 $3\boldsymbol{A}-2\boldsymbol{B}$.

解
$$3\boldsymbol{A}-2\boldsymbol{B}=3\begin{pmatrix}-1&2&3&1\\0&3&-2&1\\4&0&3&2\end{pmatrix}-2\begin{pmatrix}4&3&2&-1\\5&-3&0&1\\1&2&-5&0\end{pmatrix}$$
$$=\begin{pmatrix}-3-8&6-6&9-4&3+2\\0-10&9+6&-6-0&3-2\\12-2&0-4&9+10&6-0\end{pmatrix}$$
$$=\begin{pmatrix}-11&0&5&5\\-10&15&-6&1\\10&-4&19&6\end{pmatrix}.$$
■

二、矩阵的乘法

定义 3 设

$$\boldsymbol{A}=(a_{ij})_{m\times s}=\begin{pmatrix}a_{11}&a_{12}&\cdots&a_{1s}\\a_{21}&a_{22}&\cdots&a_{2s}\\\vdots&\vdots&&\vdots\\a_{m1}&a_{m2}&\cdots&a_{ms}\end{pmatrix},\ \boldsymbol{B}=(b_{ij})_{s\times n}=\begin{pmatrix}b_{11}&b_{12}&\cdots&b_{1n}\\b_{21}&b_{22}&\cdots&b_{2n}\\\vdots&\vdots&&\vdots\\b_{s1}&b_{s2}&\cdots&b_{sn}\end{pmatrix}.$$

矩阵 $\boldsymbol{A}$ 与矩阵 $\boldsymbol{B}$ 的乘积记作 $\boldsymbol{AB}$，规定为

$$\boldsymbol{AB}=(c_{ij})_{m\times n}=\begin{pmatrix}c_{11}&c_{12}&\cdots&c_{1n}\\c_{21}&c_{22}&\cdots&c_{2n}\\\vdots&\vdots&&\vdots\\c_{m1}&c_{m2}&\cdots&c_{mn}\end{pmatrix},$$

其中

$$c_{ij}=a_{i1}b_{1j}+a_{i2}b_{2j}+\cdots+a_{is}b_{sj}=\sum_{k=1}^{s}a_{ik}b_{kj}$$
$$(i=1,2,\cdots,m;\ j=1,2,\cdots,n).$$

记号 $\boldsymbol{AB}$ 常读作 $\boldsymbol{A}$ 左乘 $\boldsymbol{B}$ 或 $\boldsymbol{B}$ 右乘 $\boldsymbol{A}$.

注:只有当左边矩阵的列数等于右边矩阵的行数时,两个矩阵才能进行乘法运算.

若 $\boldsymbol{C}=\boldsymbol{AB}$，则矩阵 $\boldsymbol{C}$ 的元素 c_{ij} 即为矩阵 $\boldsymbol{A}$ 的第 i 行元素与矩阵 $\boldsymbol{B}$ 的第 j 列对应元素乘积的和，即

$$c_{ij}=(a_{i1}\ \ a_{i2}\ \ \cdots\ \ a_{is})\begin{pmatrix}b_{1j}\\b_{2j}\\\vdots\\b_{sj}\end{pmatrix}=a_{i1}b_{1j}+a_{i2}b_{2j}+\cdots+a_{is}b_{sj}.$$

例 2　若 $\boldsymbol{A}=\begin{pmatrix}2&3\\1&-2\\3&1\end{pmatrix}$, $\boldsymbol{B}=\begin{pmatrix}1&-2&-3\\2&-1&0\end{pmatrix}$, 求 $\boldsymbol{AB}$.

解　$\boldsymbol{AB}=\begin{pmatrix}2&3\\1&-2\\3&1\end{pmatrix}\begin{pmatrix}1&-2&-3\\2&-1&0\end{pmatrix}$

$$=\begin{pmatrix}2\times1+3\times2 & 2\times(-2)+3\times(-1) & 2\times(-3)+3\times0\\ 1\times1+(-2)\times2 & 1\times(-2)+(-2)\times(-1) & 1\times(-3)+(-2)\times0\\ 3\times1+1\times2 & 3\times(-2)+1\times(-1) & 3\times(-3)+1\times0\end{pmatrix}=\begin{pmatrix}8&-7&-6\\-3&0&-3\\5&-7&-9\end{pmatrix}.$$ ■

矩阵的乘法满足下列运算规律 (假定运算都是可行的):

(1) $(\boldsymbol{AB})\boldsymbol{C}=\boldsymbol{A}(\boldsymbol{BC})$;　　(2) $(\boldsymbol{A}+\boldsymbol{B})\boldsymbol{C}=\boldsymbol{AC}+\boldsymbol{BC}$;

(3) $\boldsymbol{C}(\boldsymbol{A}+\boldsymbol{B})=\boldsymbol{CA}+\boldsymbol{CB}$;　　(4) $k(\boldsymbol{AB})=(k\boldsymbol{A})\boldsymbol{B}=\boldsymbol{A}(k\boldsymbol{B})$.

例 3　设 $\boldsymbol{A}=\begin{pmatrix}1&2\\3&4\end{pmatrix}$, $\boldsymbol{B}=\begin{pmatrix}2&3\\4&1\end{pmatrix}$, $\boldsymbol{C}=\begin{pmatrix}3&4\\1&2\end{pmatrix}$, 试验证

$$\boldsymbol{ABC}=\boldsymbol{A}(\boldsymbol{BC}),\ \boldsymbol{A}(\boldsymbol{B}+\boldsymbol{C})=\boldsymbol{AB}+\boldsymbol{AC},\ (\boldsymbol{A}+\boldsymbol{B})\boldsymbol{C}=\boldsymbol{AC}+\boldsymbol{BC}.$$

解　(1)　$\boldsymbol{ABC}=(\boldsymbol{AB})\boldsymbol{C}=\begin{pmatrix}10&5\\22&13\end{pmatrix}\begin{pmatrix}3&4\\1&2\end{pmatrix}=\begin{pmatrix}35&50\\79&114\end{pmatrix}$,

$$\boldsymbol{A}(\boldsymbol{BC})=\begin{pmatrix}1&2\\3&4\end{pmatrix}\begin{pmatrix}9&14\\13&18\end{pmatrix}=\begin{pmatrix}35&50\\79&114\end{pmatrix},$$

故 $\boldsymbol{ABC}=\boldsymbol{A}(\boldsymbol{BC})$;

(2)　$\boldsymbol{A}(\boldsymbol{B}+\boldsymbol{C})=\begin{pmatrix}1&2\\3&4\end{pmatrix}\begin{pmatrix}5&7\\5&3\end{pmatrix}=\begin{pmatrix}15&13\\35&33\end{pmatrix}$,

$$\boldsymbol{AB}+\boldsymbol{AC}=\begin{pmatrix}10&5\\22&13\end{pmatrix}+\begin{pmatrix}5&8\\13&20\end{pmatrix}=\begin{pmatrix}15&13\\35&33\end{pmatrix},$$

故 $\boldsymbol{A}(\boldsymbol{B}+\boldsymbol{C})=\boldsymbol{AB}+\boldsymbol{AC}$;

(3)　$(\boldsymbol{A}+\boldsymbol{B})\boldsymbol{C}=\begin{pmatrix}3&5\\7&5\end{pmatrix}\begin{pmatrix}3&4\\1&2\end{pmatrix}=\begin{pmatrix}14&22\\26&38\end{pmatrix}$,

$$\boldsymbol{AC}+\boldsymbol{BC}=\begin{pmatrix}5&8\\13&20\end{pmatrix}+\begin{pmatrix}9&14\\13&18\end{pmatrix}=\begin{pmatrix}14&22\\26&38\end{pmatrix},$$

故 $(\boldsymbol{A}+\boldsymbol{B})\boldsymbol{C}=\boldsymbol{AC}+\boldsymbol{BC}$. ■

矩阵的乘法一般不满足交换律，即 $\boldsymbol{AB}\neq\boldsymbol{BA}$.

例如，设 $\boldsymbol{A}=\begin{pmatrix}-2&4\\1&-2\end{pmatrix}$, $\boldsymbol{B}=\begin{pmatrix}2&4\\-3&-6\end{pmatrix}$, 则

$$\boldsymbol{AB}=\begin{pmatrix}-2 & 4\\ 1 & -2\end{pmatrix}\begin{pmatrix}2 & 4\\ -3 & -6\end{pmatrix}=\begin{pmatrix}-16 & -32\\ 8 & 16\end{pmatrix},$$

$$\boldsymbol{BA}=\begin{pmatrix}2 & 4\\ -3 & -6\end{pmatrix}\begin{pmatrix}-2 & 4\\ 1 & -2\end{pmatrix}=\begin{pmatrix}0 & 0\\ 0 & 0\end{pmatrix},$$

于是，$\boldsymbol{AB}\neq\boldsymbol{BA}$，且 $\boldsymbol{BA}=\boldsymbol{O}$.

从上例还可看出：两个非零矩阵相乘，结果可能是零矩阵，故不能从 $\boldsymbol{AB}=\boldsymbol{O}$ 必然推出 $\boldsymbol{A}=\boldsymbol{O}$ 或 $\boldsymbol{B}=\boldsymbol{O}$.

定义 4 如果两矩阵相乘，有 $\boldsymbol{AB}=\boldsymbol{BA}$，则称矩阵 $\boldsymbol{A}$ 与矩阵 $\boldsymbol{B}$ **可交换**. 简称 $\boldsymbol{A}$ 与 $\boldsymbol{B}$ **可换**.

注：对于单位矩阵 $\boldsymbol{E}$，容易证明 $\boldsymbol{E}_m\boldsymbol{A}_{m\times n}=\boldsymbol{A}_{m\times n}$，$\boldsymbol{A}_{m\times n}\boldsymbol{E}_n=\boldsymbol{A}_{m\times n}$，或简写成 $\boldsymbol{EA}=\boldsymbol{AE}=\boldsymbol{A}$. 可见单位矩阵 $\boldsymbol{E}$ 在矩阵的乘法中的作用类似于数 1.

***数学实验**

实验 8.1 设

$$\boldsymbol{A}=\begin{pmatrix}1&2&3&4&5&6&5&4\\3&2&1&2&3&4&5&6\\7&6&5&4&3&2&1&2\\3&4&5&6&7&8&7&6\\5&4&3&2&1&2&3&4\\5&6&7&8&9&8&7&6\\5&4&3&2&1&2&3&4\\5&6&7&8&9&10&9&8\end{pmatrix},\boldsymbol{B}=\begin{pmatrix}3&4&4&5&6&6&7&8\\8&9&1&1&2&3&3&4\\5&5&6&7&7&8&9&9\\1&2&2&3&4&4&5&6\\6&7&8&8&9&8&7&7\\6&5&5&4&3&3&2&1\\1&2&2&3&4&4&5&6\\6&7&8&8&9&8&7&5\end{pmatrix},\boldsymbol{C}=\begin{pmatrix}9&8&7&4&3&4&5&2\\8&7&6&5&2&3&4&1\\7&6&5&6&1&2&3&2\\6&5&4&7&2&1&2&3\\5&4&3&6&3&2&1&2\\4&3&2&5&4&3&2&1\\3&2&1&4&5&4&3&2\\2&1&2&3&6&5&4&3\end{pmatrix}.$$

试利用计算软件计算：

(1) $\boldsymbol{AB}$;

(2) $(3\boldsymbol{A}-2\boldsymbol{B})\boldsymbol{C}$.

计算实验

微信扫描右侧的二维码，即可进行计算实验（详见教材配套的网络学习空间）.

三、线性方程组的矩阵表示

对线性方程组

$$\begin{cases}a_{11}x_1+a_{12}x_2+\cdots+a_{1n}x_n=b_1\\ a_{21}x_1+a_{22}x_2+\cdots+a_{2n}x_n=b_2\\ \cdots\cdots\\ a_{m1}x_1+a_{m2}x_2+\cdots+a_{mn}x_n=b_m\end{cases}, \tag{2.1}$$

若记 $\boldsymbol{A}=\begin{pmatrix}a_{11}&a_{12}&\cdots&a_{1n}\\a_{21}&a_{22}&\cdots&a_{2n}\\\vdots&\vdots&&\vdots\\a_{m1}&a_{m2}&\cdots&a_{mn}\end{pmatrix}$，$\boldsymbol{x}=\begin{pmatrix}x_1\\x_2\\\vdots\\x_n\end{pmatrix}$，$\boldsymbol{b}=\begin{pmatrix}b_1\\b_2\\\vdots\\b_m\end{pmatrix}$，则利用矩阵的乘法，线性方程

组 (2.1) 可表示为矩阵形式：

$$\boldsymbol{Ax}=\boldsymbol{b}, \tag{2.2}$$

其中 $\boldsymbol{A}$ 称为方程组 (2.1) 的**系数矩阵**，方程组 (2.2) 称为**矩阵方程**.

注：对行 (列) 矩阵，为与后面章节的符号一致，常按行(列)向量的记法，采用小写黑体字母 $\boldsymbol{\alpha}$, $\boldsymbol{\beta}$, $\boldsymbol{a}$, $\boldsymbol{b}$, $\boldsymbol{x}$, $\boldsymbol{y}$ …… 表示.

如果 $x_j=c_j\,(j=1,2,\cdots,n)$ 是方程组 (2.1) 的解，记列矩阵 $\boldsymbol{\eta}=\begin{pmatrix}c_1\\c_2\\\vdots\\c_n\end{pmatrix}$，则 $\boldsymbol{A\eta}=\boldsymbol{b}$，这时也称 $\boldsymbol{\eta}$ 是矩阵方程 (2.2) 的解；反之，如果列矩阵 $\boldsymbol{\eta}$ 是矩阵方程 (2.2) 的解，即有矩阵等式 $\boldsymbol{A\eta}=\boldsymbol{b}$ 成立，则 $\boldsymbol{x}=\boldsymbol{\eta}$，即 $x_j=c_j\,(j=1,2,\cdots,n)$，也是线性方程组 (2.1) 的解. 这样，对线性方程组 (2.1) 的讨论便等价于对矩阵方程 (2.2) 的讨论. 特别地，齐次线性方程组可以表示为 $\boldsymbol{Ax}=\boldsymbol{0}$.

将线性方程组写成矩阵方程的形式，不仅书写方便，而且可以把线性方程组的理论与矩阵理论联系起来，这给线性方程组的讨论带来了很大的便利.

四、矩阵的转置

定义 5　把矩阵 $\boldsymbol{A}$ 的行换成同序数的列得到的新矩阵，称为 $\boldsymbol{A}$ 的**转置矩阵**，记作 $\boldsymbol{A}^{\mathrm{T}}$ (或 $\boldsymbol{A}'$).

即若 $\boldsymbol{A}=\begin{pmatrix}a_{11}&a_{12}&\cdots&a_{1n}\\a_{21}&a_{22}&\cdots&a_{2n}\\\vdots&\vdots&&\vdots\\a_{m1}&a_{m2}&\cdots&a_{mn}\end{pmatrix}$，则 $\boldsymbol{A}^{\mathrm{T}}=\begin{pmatrix}a_{11}&a_{21}&\cdots&a_{m1}\\a_{12}&a_{22}&\cdots&a_{m2}\\\vdots&\vdots&&\vdots\\a_{1n}&a_{2n}&\cdots&a_{mn}\end{pmatrix}$.

例如，　$\boldsymbol{A}=\begin{pmatrix}1&2&3\\3&2&1\end{pmatrix}$，则 $\boldsymbol{A}^{\mathrm{T}}=\begin{pmatrix}1&3\\2&2\\3&1\end{pmatrix}$；

$$\boldsymbol{B}=\begin{pmatrix}1&0&0\\2&1&0\\3&2&1\end{pmatrix}，则 \boldsymbol{B}^{\mathrm{T}}=\begin{pmatrix}1&2&3\\0&1&2\\0&0&1\end{pmatrix}.$$

矩阵的转置满足以下运算规律 (假设运算都是可行的)：

(1) $(\boldsymbol{A}^{\mathrm{T}})^{\mathrm{T}}=\boldsymbol{A}$；

(2) $(\boldsymbol{A}+\boldsymbol{B})^{\mathrm{T}}=\boldsymbol{A}^{\mathrm{T}}+\boldsymbol{B}^{\mathrm{T}}$；

(3) $(k\boldsymbol{A})^{\mathrm{T}}=k\boldsymbol{A}^{\mathrm{T}}$；

(4) $(\boldsymbol{AB})^{\mathrm{T}}=\boldsymbol{B}^{\mathrm{T}}\boldsymbol{A}^{\mathrm{T}}$.

例 4 已知 $\boldsymbol{A}=\begin{pmatrix}2&0&-1\\1&3&2\end{pmatrix}$，$\boldsymbol{B}=\begin{pmatrix}1&7&-1\\4&2&3\\2&0&1\end{pmatrix}$，求 $(\boldsymbol{AB})^{\mathrm{T}}$.

解 方法一 因为

$$\boldsymbol{AB}=\begin{pmatrix}2&0&-1\\1&3&2\end{pmatrix}\begin{pmatrix}1&7&-1\\4&2&3\\2&0&1\end{pmatrix}=\begin{pmatrix}0&14&-3\\17&13&10\end{pmatrix},$$

所以

$$(\boldsymbol{AB})^{\mathrm{T}}=\begin{pmatrix}0&17\\14&13\\-3&10\end{pmatrix}.$$

方法二

$$(\boldsymbol{AB})^{\mathrm{T}}=\boldsymbol{B}^{\mathrm{T}}\boldsymbol{A}^{\mathrm{T}}=\begin{pmatrix}1&4&2\\7&2&0\\-1&3&1\end{pmatrix}\begin{pmatrix}2&1\\0&3\\-1&2\end{pmatrix}=\begin{pmatrix}0&17\\14&13\\-3&10\end{pmatrix}. \qquad \blacksquare$$

五、方阵的幂

定义 6 设方阵 $\boldsymbol{A}=(a_{ij})_{n\times n}$，规定

$$\boldsymbol{A}^0=\boldsymbol{E},\quad \boldsymbol{A}^k=\overbrace{\boldsymbol{A}\cdot\boldsymbol{A}\cdot\cdots\cdot\boldsymbol{A}}^{k\text{个}},\ k\text{为自然数}.$$

$\boldsymbol{A}^k$ 称为 $\boldsymbol{A}$ 的 $\boldsymbol{k}$ **次幂**.

方阵的幂满足以下运算规律：

(1) $\boldsymbol{A}^m\boldsymbol{A}^n=\boldsymbol{A}^{m+n}$ (m,n 为非负整数)； (2) $(\boldsymbol{A}^m)^n=\boldsymbol{A}^{mn}$.

注：一般地，$(\boldsymbol{AB})^m\neq\boldsymbol{A}^m\boldsymbol{B}^m$，$m$ 为自然数. 但如果 $\boldsymbol{A},\boldsymbol{B}$ 均为 n 阶矩阵，$\boldsymbol{AB}=\boldsymbol{BA}$，则可证明 $(\boldsymbol{AB})^m=\boldsymbol{A}^m\boldsymbol{B}^m$，其中 m 为自然数，反之不然.

例 5 设 $\boldsymbol{A}=\begin{pmatrix}\lambda&1&0\\0&\lambda&1\\0&0&\lambda\end{pmatrix}$，求 $\boldsymbol{A}^3$.

解

$$\boldsymbol{A}^2=\begin{pmatrix}\lambda&1&0\\0&\lambda&1\\0&0&\lambda\end{pmatrix}\begin{pmatrix}\lambda&1&0\\0&\lambda&1\\0&0&\lambda\end{pmatrix}=\begin{pmatrix}\lambda^2&2\lambda&1\\0&\lambda^2&2\lambda\\0&0&\lambda^2\end{pmatrix},$$

$$\boldsymbol{A}^3=\boldsymbol{A}^2\boldsymbol{A}=\begin{pmatrix}\lambda^2&2\lambda&1\\0&\lambda^2&2\lambda\\0&0&\lambda^2\end{pmatrix}\begin{pmatrix}\lambda&1&0\\0&\lambda&1\\0&0&\lambda\end{pmatrix}=\begin{pmatrix}\lambda^3&3\lambda^2&3\lambda\\0&\lambda^3&3\lambda^2\\0&0&\lambda^3\end{pmatrix}. \qquad \blacksquare$$

例 6 设 $\boldsymbol{A}=\begin{pmatrix}a&0&0\\0&b&0\\0&0&c\end{pmatrix}$，求 $\boldsymbol{A}^4$.

解　$$A^2=\begin{pmatrix}a&0&0\\0&b&0\\0&0&c\end{pmatrix}\begin{pmatrix}a&0&0\\0&b&0\\0&0&c\end{pmatrix}=\begin{pmatrix}a^2&0&0\\0&b^2&0\\0&0&c^2\end{pmatrix},$$

$$A^4=A^2A^2=\begin{pmatrix}a^2&0&0\\0&b^2&0\\0&0&c^2\end{pmatrix}\begin{pmatrix}a^2&0&0\\0&b^2&0\\0&0&c^2\end{pmatrix}=\begin{pmatrix}a^4&0&0\\0&b^4&0\\0&0&c^4\end{pmatrix}.$$ ■

*数学实验

实验 8.2　试计算下列方阵的幂.

(1) $\begin{pmatrix}0.95&0.12\\0.05&0.88\end{pmatrix}^{20}$;

(2) $\begin{pmatrix}3&-10&4\\4&-19&8\\8&-40&17\end{pmatrix}^{120}$;

(3) $\begin{pmatrix}-11&6&3&1&-15&29\\-9&4&3&1&-11&17\\56&-38&-7&-2&65&-153\\48&-30&-9&-2&57&-123\\54&-36&-9&-3&65&-144\\18&-12&-3&-1&21&-46\end{pmatrix}^{9}$.

计算实验

微信扫描右侧的二维码，即可进行计算实验（详见教材配套的网络学习空间）.

六、方阵的行列式

定义 7　由 n 阶方阵 A 的元素所构成的行列式（各元素的位置不变），称为**方阵 A 的行列式**，记作 $|A|$ 或 $\det A$.

注：方阵与行列式是两个不同的概念，n 阶方阵是 n^2 个数按一定方式排成的数表，而 n 阶行列式则是这些数按一定的运算法则所确定的一个数值（实数或复数）.

*数学实验

实验 8.3　试计算下列行列式（详见教材配套的网络学习空间）：

(1) $\begin{vmatrix}0&1&0&3&0&0&0&0\\0&0&0&2&0&0&0&6\\0&0&4&0&0&8&0&0\\3&0&0&0&4&0&7&0\\0&6&0&0&0&0&8&0\\0&0&2&0&7&0&9&0\\5&0&0&1&0&0&0&0\\0&0&2&0&0&9&0&3\end{vmatrix}$;　(2) $\begin{vmatrix}7&6&2&2&3&1&1&0\\9&1&6&3&3&4&8&9\\3&8&3&0&0&1&1&0\\0&2&3&0&2&4&6&5\\0&1&8&3&1&4&3&6\\1&1&1&5&5&4&9&7\\6&4&5&8&2&3&0&0\\1&3&5&0&3&0&2&2\end{vmatrix}$.

计算实验

实验 8.4　试通过下列方程组的系数行列式，判断下列方程组解的情况.

$$(1)\begin{cases} 5x_2+x_3+6x_4+3x_5+x_6+x_7+2x_8=1 \\ 4x_1+x_2+7x_4+x_5+2x_7=2 \\ x_1+x_2+x_4+x_7+x_8=7 \\ 6x_1+x_4+x_5+x_6+x_7+x_8=2 \\ 5x_2+x_4+4x_6+x_7+3x_8=3 \\ x_2+6x_4=1 \\ x_2+x_3+x_4+7x_5+2x_7+6x_8=8 \\ x_2+7x_5+3x_8=5 \end{cases};$$

计算实验

$$(2)\begin{cases} (1-k)x_1+(1+k)x_2-2x_3+3x_4+x_5-6x_6+4x_7-x_8=-1 \\ (3-k)x_3+x_4-x_5+2x_6+3x_7+(5-k)x_8=11 \\ (1-k)x_1+3x_2-x_3+2x_4+3x_5-3x_6+x_7+(8-k)x_8=9 \\ (3-k)x_3+x_4-x_5+2x_6+3x_7-3x_8=3 \\ (k-2)x_2-x_3+(5-k)x_4+(k-6)x_5-5x_6+(k+3)x_7-x_8=-10 \\ (6-k)x_6+x_7-x_8=6 \\ (2-k)x_2+x_3-x_4+(7-k)x_5+4x_6+(k-11)x_7-2x_8=0 \\ (7-k)x_7+x_8=7 \end{cases}.$$

微信扫描右侧的二维码，即可进行计算实验（详见教材配套的网络学习空间）.

§8.3 矩阵的初等变换

一、矩阵的初等变换

在计算行列式时，利用行列式的性质可以将给定的行列式化为上(下)三角形行列式，从而简化行列式的计算，把行列式的某些性质引用到矩阵上，会给我们研究矩阵带来很大的方便，这些性质反映到矩阵上就是矩阵的初等变换.

定义 1 矩阵的下列三种变换称为矩阵的**初等行变换**：

(1) 交换矩阵的两行（交换 i, j 两行，记作 $r_i \leftrightarrow r_j$）;

(2) 以一个非零的数 k 乘矩阵的某一行（第 i 行乘数 k, 记作 kr_i 或 $r_i \times k$）;

(3) 把矩阵的某一行的 k 倍加到另一行（第 j 行乘数 k 加到第 i 行，记为 $r_i + kr_j$）.

把定义中的“行”换成“列”，即得到矩阵的**初等列变换**的定义（相应记号中把 r 换成 c）. 初等行变换与初等列变换统称为**初等变换**.

注：初等变换的逆变换仍是初等变换，且变换类型相同.

例如，变换 $r_i \leftrightarrow r_j$ 的逆变换即为其本身；变换 $r_i \times k$ 的逆变换为 $r_i \times \dfrac{1}{k}$；变换 $r_i + kr_j$ 的逆变换为 $r_i + (-k)r_j$ 或 $r_i - kr_j$.

定义 2 若矩阵 $\boldsymbol{A}$ 经过有限次初等变换变成矩阵 $\boldsymbol{B}$，则称矩阵 $\boldsymbol{A}$ 与 $\boldsymbol{B}$ **等价**，记为 $\boldsymbol{A} \to \boldsymbol{B}$ 或 $\boldsymbol{A} \sim \boldsymbol{B}$.

矩阵之间的等价关系具有下列**基本性质**：

(1) 自反性　$\boldsymbol{A} \sim \boldsymbol{A}$；　　　(2) 对称性　若 $\boldsymbol{A} \sim \boldsymbol{B}$，则 $\boldsymbol{B} \sim \boldsymbol{A}$；

(3) 传递性　若 $\boldsymbol{A} \sim \boldsymbol{B}$，$\boldsymbol{B} \sim \boldsymbol{C}$，则 $\boldsymbol{A} \sim \boldsymbol{C}$.

例 1　已知矩阵 $\boldsymbol{A}=\begin{pmatrix} 3 & 2 & 9 & 6 \\ -1 & -3 & 4 & -17 \\ 1 & 4 & -7 & 3 \\ -1 & -4 & 7 & -3 \end{pmatrix}$，对其作如下初等行变换：

$$\boldsymbol{A}=\begin{pmatrix} 3 & 2 & 9 & 6 \\ -1 & -3 & 4 & -17 \\ 1 & 4 & -7 & 3 \\ -1 & -4 & 7 & -3 \end{pmatrix} \xrightarrow{r_1 \leftrightarrow r_3} \begin{pmatrix} 1 & 4 & -7 & 3 \\ -1 & -3 & 4 & -17 \\ 3 & 2 & 9 & 6 \\ -1 & -4 & 7 & -3 \end{pmatrix}$$

$$\xrightarrow[r_4+r_1]{\substack{r_2+r_1 \\ r_3-3r_1}} \begin{pmatrix} 1 & 4 & -7 & 3 \\ 0 & 1 & -3 & -14 \\ 0 & -10 & 30 & -3 \\ 0 & 0 & 0 & 0 \end{pmatrix} \xrightarrow{r_3+10r_2} \begin{pmatrix} 1 & 4 & -7 & 3 \\ 0 & 1 & -3 & -14 \\ 0 & 0 & 0 & -143 \\ 0 & 0 & 0 & 0 \end{pmatrix}=\boldsymbol{B}.$$ ■

这里的矩阵 $\boldsymbol{B}$ 依其形状的特征称为行阶梯形矩阵.

一般地，称满足下列条件的矩阵为**行阶梯形矩阵**：

(1) 零行 (元素全为零的行) 位于矩阵的下方；

(2) 各非零行的首非零元 (从左至右的第一个不为零的元素) 的列标随着行标的增大而严格增大 (或者说其列标一定不小于行标).

***数学实验**

实验 8.5　试利用初等行变换将下列矩阵化为右侧的行阶梯形矩阵.

(1) $\begin{pmatrix} 2 & 1 & 2 & 3 & 4 & 5 \\ 4 & 2 & 4 & 6 & 8 & 10 \\ 10 & 5 & 10 & 15 & 20 & 25 \\ 6 & 3 & 6 & 9 & 12 & 15 \\ 12 & 6 & 12 & 18 & 24 & 30 \end{pmatrix} \to \begin{pmatrix} 2 & 1 & 2 & 3 & 4 & 5 \\ 0 & 0 & 0 & 0 & 0 & 0 \\ 0 & 0 & 0 & 0 & 0 & 0 \\ 0 & 0 & 0 & 0 & 0 & 0 \\ 0 & 0 & 0 & 0 & 0 & 0 \end{pmatrix}$；

(2) $\begin{pmatrix} 10 & 24 & -26 & -24 & 34 & 48 \\ 18 & 45 & -45 & -45 & 63 & 90 \\ 14 & 35 & -35 & -35 & 49 & 70 \\ 12 & 31 & -29 & -31 & 43 & 62 \\ 8 & 20 & -20 & -20 & 28 & 40 \end{pmatrix} \to \begin{pmatrix} 1 & 2 & -3 & -2 & 3 & 4 \\ 0 & 1 & 1 & -1 & 1 & 2 \\ 0 & 0 & 0 & 0 & 0 & 0 \\ 0 & 0 & 0 & 0 & 0 & 0 \\ 0 & 0 & 0 & 0 & 0 & 0 \end{pmatrix}$；

(3) $\begin{pmatrix} 5 & 18 & 9 & 16 & 35 & 110 \\ 9 & 36 & 12 & 31 & 67 & 211 \\ 11 & 44 & 15 & 38 & 82 & 259 \\ 6 & 26 & 6 & 22 & 47 & 149 \\ 4 & 16 & 6 & 14 & 30 & 96 \end{pmatrix} \to \begin{pmatrix} 1 & 2 & 3 & 2 & 5 & 14 \\ 0 & 2 & -3 & 1 & 2 & 5 \\ 0 & 0 & 3 & 1 & 1 & 10 \\ 0 & 0 & 0 & 0 & 0 & 0 \\ 0 & 0 & 0 & 0 & 0 & 0 \end{pmatrix}$；

计算实验

(4) $\begin{pmatrix} 10 & 24 & 24 & 31 & 74 & 20 \\ 14 & 34 & 33 & 44 & 103 & 35 \\ 22 & 55 & 49 & 71 & 157 & 83 \\ 12 & 31 & 25 & 39 & 85 & 59 \\ 8 & 20 & 18 & 26 & 58 & 30 \end{pmatrix} \to \begin{pmatrix} 2 & 4 & 6 & 5 & 16 & -10 \\ 0 & 2 & -3 & 3 & -3 & 35 \\ 0 & 0 & 1 & 1 & 5 & -1 \\ 0 & 0 & 0 & 1 & -2 & 4 \\ 0 & 0 & 0 & 0 & 0 & 0 \end{pmatrix}$;

(5) $\begin{pmatrix} 5 & 18 & 9 & 16 & 25 & 43 \\ 13 & 52 & 18 & 100 & 71 & 149 \\ 11 & 44 & 15 & 88 & 60 & 129 \\ 16 & 62 & 24 & 100 & 85 & 169 \\ 4 & 16 & 6 & 32 & 22 & 47 \end{pmatrix} \to \begin{pmatrix} 1 & 2 & 3 & -16 & 3 & -4 \\ 0 & 2 & -3 & 20 & 2 & 12 \\ 0 & 0 & 3 & 4 & 1 & 4 \\ 0 & 0 & 0 & 4 & 0 & 3 \\ 0 & 0 & 0 & 0 & 0 & 1 \end{pmatrix}$;

(6) $\begin{pmatrix} 10 & 28 & -12 & 60 & 10 & 72 \\ 26 & 78 & -21 & 208 & 10 & 214 \\ 22 & 66 & -18 & 180 & 10 & 183 \\ 32 & 94 & -30 & 236 & 20 & 253 \\ 8 & 24 & -6 & 64 & 5 & 67 \end{pmatrix} \to \begin{pmatrix} 2 & 4 & -6 & -4 & 5 & 5 \\ 0 & 2 & 3 & 20 & -10 & 8 \\ 0 & 0 & 3 & -4 & 10 & 5 \\ 0 & 0 & 0 & 4 & 0 & 2 \\ 0 & 0 & 0 & 0 & 5 & 1 \end{pmatrix}$.

计算实验

微信扫描右侧的二维码，即可进行计算实验（详见教材配套的网络学习空间）.

对例 1 中的矩阵 $\boldsymbol{B}=\begin{pmatrix} 1 & 4 & -7 & 3 \\ 0 & 1 & -3 & -14 \\ 0 & 0 & 0 & -143 \\ 0 & 0 & 0 & 0 \end{pmatrix}$ 再作初等行变换，可得：

$$\boldsymbol{B} \xrightarrow{r_3 \times \left(-\frac{1}{143}\right)} \begin{pmatrix} 1 & 4 & -7 & 3 \\ 0 & 1 & -3 & -14 \\ 0 & 0 & 0 & 1 \\ 0 & 0 & 0 & 0 \end{pmatrix} \xrightarrow[r_1-3r_3]{r_2+14r_3} \begin{pmatrix} 1 & 4 & -7 & 0 \\ 0 & 1 & -3 & 0 \\ 0 & 0 & 0 & 1 \\ 0 & 0 & 0 & 0 \end{pmatrix} \xrightarrow{r_1-4r_2} \begin{pmatrix} 1 & 0 & 5 & 0 \\ 0 & 1 & -3 & 0 \\ 0 & 0 & 0 & 1 \\ 0 & 0 & 0 & 0 \end{pmatrix}$$
$$=\boldsymbol{C},$$

称这种特殊形状的阶梯形矩阵 $\boldsymbol{C}$ 为行最简形矩阵.

一般地，称满足下列条件的阶梯形矩阵为**行最简形矩阵**：

(1) 各非零行的首非零元都是1；

(2) 每个首非零元所在列的其余元素都是零.

如果对上述矩阵 $\boldsymbol{C}=\begin{pmatrix} 1 & 0 & 5 & 0 \\ 0 & 1 & -3 & 0 \\ 0 & 0 & 0 & 1 \\ 0 & 0 & 0 & 0 \end{pmatrix}$ 再作初等列变换：

$$\boldsymbol{C} \xrightarrow[c_3+3c_2]{c_3-5c_1} \begin{pmatrix} 1 & 0 & 0 & 0 \\ 0 & 1 & 0 & 0 \\ 0 & 0 & 0 & 1 \\ 0 & 0 & 0 & 0 \end{pmatrix} \xrightarrow{c_3 \leftrightarrow c_4} \begin{pmatrix} 1 & 0 & 0 & 0 \\ 0 & 1 & 0 & 0 \\ 0 & 0 & 1 & 0 \\ 0 & 0 & 0 & 0 \end{pmatrix}=\boldsymbol{D}.$$

这里的矩阵 $\boldsymbol{D}$ 称为原矩阵 $\boldsymbol{A}$ 的**标准形**. 一般地，矩阵 $\boldsymbol{A}$ 的标准形 $\boldsymbol{D}$ 具有如下特点：$\boldsymbol{D}$ 的左上角是一个单位矩阵，其余元素全为0. 可以证明如下定理：

定理 1 任意一个矩阵 $A=(a_{ij})_{m\times n}$ 经过有限次初等变换，可以化为下列标准形矩阵

$$D=\begin{pmatrix}1 & & & & & \\ & \ddots & & & & \\ & & 1 & & & \\ & & & 0 & & \\ & & & & \ddots & \\ & & & & & 0\end{pmatrix}r\text{行}=\begin{pmatrix}E_r & O_{r\times(n-r)}\\ O_{(m-r)\times r} & O_{(m-r)\times(n-r)}\end{pmatrix}.$$

r 列

注：定理 1 实质上给出了结论："任一矩阵 A 总可以经过有限次初等行变换化为行阶梯形矩阵，并进而化为行最简形矩阵".

根据定理 1 的结论及初等变换的可逆性，有：

推论 1 如果 A 为 n 阶可逆矩阵，则矩阵 A 经过有限次初等行变换可化为单位矩阵 E，即 $A\to E$.

例 2 将矩阵 $A=\begin{pmatrix}2&1&2&3\\4&1&3&5\\2&0&1&2\end{pmatrix}$ 化为标准形.

解

$$A=\begin{pmatrix}2&1&2&3\\4&1&3&5\\2&0&1&2\end{pmatrix}\to\begin{pmatrix}2&1&2&3\\0&-1&-1&-1\\0&-1&-1&-1\end{pmatrix}\to\begin{pmatrix}2&0&0&0\\0&-1&-1&-1\\0&-1&-1&-1\end{pmatrix}$$

$$\to\begin{pmatrix}1&0&0&0\\0&-1&-1&-1\\0&0&0&0\end{pmatrix}\to\begin{pmatrix}1&0&0&0\\0&-1&0&0\\0&0&0&0\end{pmatrix}\to\begin{pmatrix}1&0&0&0\\0&1&0&0\\0&0&0&0\end{pmatrix}. \blacksquare$$

*数学实验

实验8.6 试利用初等行变换将下列矩阵化为右侧的标准形矩阵.

(1) $\begin{pmatrix}10&24&24&31&74&20\\14&34&33&44&103&35\\22&55&49&71&157&83\\12&31&25&39&85&59\\8&20&18&26&58&30\end{pmatrix}\to\begin{pmatrix}1&0&0&0&0&0\\0&1&0&0&0&0\\0&0&1&0&0&0\\0&0&0&1&0&0\\0&0&0&0&0&0\end{pmatrix}$;

(2) $\begin{pmatrix}5&18&9&16&25&43\\13&52&18&100&71&149\\11&44&15&88&60&129\\16&62&24&100&85&169\\4&16&6&32&22&47\end{pmatrix}\to\begin{pmatrix}1&0&0&0&0&0\\0&1&0&0&0&0\\0&0&1&0&0&0\\0&0&0&1&0&0\\0&0&0&0&1&0\end{pmatrix}$;

(3) $\begin{pmatrix}10&28&-12&60&10&72\\26&78&-21&208&10&214\\22&66&-18&180&10&183\\32&94&-30&236&20&253\\8&24&-6&64&5&67\end{pmatrix}\to\begin{pmatrix}1&0&0&0&0&0\\0&1&0&0&0&0\\0&0&1&0&0&0\\0&0&0&1&0&0\\0&0&0&0&1&0\end{pmatrix}$;

计算实验

$$(4)\begin{pmatrix} 3 & 14 & -11 & -9 & 20 & -18 \\ 2 & 10 & -8 & -6 & 14 & -12 \\ -2 & -8 & 7 & 6 & -13 & 12 \\ -3 & -12 & 9 & 10 & -18 & 18 \\ 4 & 17 & -13 & -12 & 26 & -24 \\ -5 & -20 & 15 & 15 & -30 & 31 \end{pmatrix} \to \begin{pmatrix} 1 & 0 & 0 & 0 & 0 & 0 \\ 0 & 1 & 0 & 0 & 0 & 0 \\ 0 & 0 & 1 & 0 & 0 & 0 \\ 0 & 0 & 0 & 1 & 0 & 0 \\ 0 & 0 & 0 & 0 & 1 & 0 \\ 0 & 0 & 0 & 0 & 0 & 1 \end{pmatrix}.$$

计算实验

其中, 题(1)、(2)、(3)可借助第181页实验8.5(4)、(5)、(6)右侧的行阶梯形矩阵进一步作初等列变换来得到. 微信扫描右侧的二维码, 即可进行计算实验(详见教材配套的网络学习空间).

二、初等矩阵

定义3 对单位矩阵 $\boldsymbol{E}$ 施以一次初等变换得到的矩阵称为**初等矩阵**. 三种初等变换分别对应着三种初等矩阵.

(1) $\boldsymbol{E}$ 的第 i, j 行(列)互换得到的矩阵, 记为 $\boldsymbol{E}(i, j)$.

(2) $\boldsymbol{E}$ 的第 i 行(列)乘以非零数 k 得到的矩阵, 记为 $\boldsymbol{E}(i(k))$.

(3) $\boldsymbol{E}$ 的第 j 行乘以数 k 加到第 i 行上, 或 $\boldsymbol{E}$ 的第 i 列乘以数 k 加到第 j 列上得到的矩阵, 记为 $\boldsymbol{E}(ij(k))$.

以三阶矩阵为例, 有

$$\boldsymbol{E}_3(1,2)=\begin{pmatrix} 0 & 1 & 0 \\ 1 & 0 & 0 \\ 0 & 0 & 1 \end{pmatrix}, \quad \boldsymbol{E}_3(2(3))=\begin{pmatrix} 1 & 0 & 0 \\ 0 & 3 & 0 \\ 0 & 0 & 1 \end{pmatrix}, \quad \boldsymbol{E}_3(3\,1(2))=\begin{pmatrix} 1 & 0 & 0 \\ 0 & 1 & 0 \\ 2 & 0 & 1 \end{pmatrix}.$$

关于初等矩阵, 可以证明:

定理2 设 $\boldsymbol{A}$ 是一个 $m\times n$ 矩阵, 对 $\boldsymbol{A}$ 施行一次某种初等行(列)变换, 相当于用同种的 $m(n)$ 阶初等矩阵左(右)乘 $\boldsymbol{A}$.

例3 设有矩阵 $\boldsymbol{A}=\begin{pmatrix} 3 & 0 & 1 \\ 1 & -1 & 2 \\ 0 & 1 & 1 \end{pmatrix}$, 则

$$\boldsymbol{E}_3(1,2)\boldsymbol{A}=\begin{pmatrix} 0 & 1 & 0 \\ 1 & 0 & 0 \\ 0 & 0 & 1 \end{pmatrix}\begin{pmatrix} 3 & 0 & 1 \\ 1 & -1 & 2 \\ 0 & 1 & 1 \end{pmatrix}=\begin{pmatrix} 1 & -1 & 2 \\ 3 & 0 & 1 \\ 0 & 1 & 1 \end{pmatrix},$$

即用 $\boldsymbol{E}_3(1,2)$ 左乘 $\boldsymbol{A}$, 相当于交换矩阵 $\boldsymbol{A}$ 的第1行与第2行, 又

$$\boldsymbol{A}\boldsymbol{E}_3(3\,1(2))=\begin{pmatrix} 3 & 0 & 1 \\ 1 & -1 & 2 \\ 0 & 1 & 1 \end{pmatrix}\begin{pmatrix} 1 & 0 & 0 \\ 0 & 1 & 0 \\ 2 & 0 & 1 \end{pmatrix}=\begin{pmatrix} 5 & 0 & 1 \\ 5 & -1 & 2 \\ 2 & 1 & 1 \end{pmatrix},$$

即用 $\boldsymbol{E}_3(3\,1(2))$ 右乘 $\boldsymbol{A}$, 相当于将矩阵 $\boldsymbol{A}$ 的第3列乘2加到第1列. ■

*数学实验

实验8.7 试利用计算软件验证(详见教材配套的网络学习空间).

(1) 对矩阵 $\boldsymbol{A}$ 分别施行如下初等行变换与列变换后化为对角矩阵 $\boldsymbol{A}_1$,

$$A=\begin{pmatrix}1&0&0&0&0\\2&1&0&2&0\\0&0&2&0&0\\0&3&0&2&4\\0&0&0&0&1\end{pmatrix}\xrightarrow[r_4-3r_2]{r_2-2r_1}\begin{pmatrix}1&0&0&0&0\\0&1&0&2&0\\0&0&2&0&0\\0&0&0&-4&4\\0&0&0&0&1\end{pmatrix}\xrightarrow[c_5+c_4]{c_4-2c_2}\begin{pmatrix}1&0&0&0&0\\0&1&0&0&0\\0&0&2&0&0\\0&0&0&-4&0\\0&0&0&0&1\end{pmatrix}=A_1,$$

计算实验

将与两次初等行变换和列变换对应的初等矩阵标记如下:

$$P_1=E_{行}(2\ 1(-2))=\begin{pmatrix}1&0&0&0&0\\-2&1&0&0&0\\0&0&1&0&0\\0&0&0&1&0\\0&0&0&0&1\end{pmatrix},\ P_2=E_{行}(4\ 2(-3))=\begin{pmatrix}1&0&0&0&0\\0&1&0&0&0\\0&0&1&0&0\\0&-3&0&1&0\\0&0&0&0&1\end{pmatrix},$$

$$Q_1=E_{列}(2\ 4(-2))=\begin{pmatrix}1&0&0&0&0\\0&1&0&-2&0\\0&0&1&0&0\\0&0&0&1&0\\0&0&0&0&1\end{pmatrix},\ Q_2=E_{列}(4\ 5(1))=\begin{pmatrix}1&0&0&0&0\\0&1&0&0&0\\0&0&1&0&0\\0&0&0&1&1\\0&0&0&0&1\end{pmatrix}.$$

试验证 $P_2P_1AQ_1Q_2=A_1$.

(2) 对矩阵 B 分别施行如下初等行变换与列变换后化为对角矩阵 B_1,

$$B=\begin{pmatrix}1&0&0&0&6\\0&2&0&2&0\\0&0&1&0&0\\0&6&0&2&0\\4&0&0&0&1\end{pmatrix}\xrightarrow[c_4-c_2]{c_5-6c_1}\begin{pmatrix}1&0&0&0&0\\0&2&0&0&0\\0&0&1&0&0\\0&6&0&-4&0\\4&0&0&0&-23\end{pmatrix}\xrightarrow[r_4-3r_2]{r_5-4r_1}\begin{pmatrix}1&0&0&0&0\\0&2&0&0&0\\0&0&1&0&0\\0&0&0&-4&0\\0&0&0&0&-23\end{pmatrix}=B_1,$$

计算实验

将与两次初等行变换和列变换对应的初等矩阵标记如下:

$$Q_3=E_{列}(1\ 5(-6))=\begin{pmatrix}1&0&0&0&-6\\0&1&0&0&0\\0&0&1&0&0\\0&0&0&1&0\\0&0&0&0&1\end{pmatrix},\ Q_4=E_{列}(2\ 4(-1))=\begin{pmatrix}1&0&0&0&0\\0&1&0&-1&0\\0&0&1&0&0\\0&0&0&1&0\\0&0&0&0&1\end{pmatrix},$$

$$P_3=E_{行}(5\ 1(-4))=\begin{pmatrix}1&0&0&0&0\\0&1&0&0&0\\0&0&1&0&0\\0&0&0&1&0\\-4&0&0&0&1\end{pmatrix},\ P_4=E_{行}(4\ 2(-3))=\begin{pmatrix}1&0&0&0&0\\0&1&0&0&0\\0&0&1&0&0\\0&-3&0&1&0\\0&0&0&0&1\end{pmatrix}.$$

试验证 $P_4P_3BQ_3Q_4=B_1$.

§8.4 逆 矩 阵

一、逆矩阵的概念

回顾一下实数的乘法逆元, 对于数 $a\neq0$, 总存在唯一乘法逆元 a^{-1}, 使得

$$a\cdot a^{-1}=1\ 且\ a^{-1}\cdot a=1. \tag{4.1}$$

数的逆在解方程中起着重要作用，例如，解一元线性方程 $ax=b$，当 $a\neq 0$ 时，其解为

$$x=a^{-1}b.$$

由于矩阵乘法不满足交换律，因此将逆元概念推广到矩阵时，式 (4.1) 中的两个方程需同时满足．此外，根据两矩阵乘积的定义，仅当我们所讨论的矩阵是方阵时，才有可能得到一个完全的推广．

定义 1 对于 n 阶矩阵 $\boldsymbol{A}$，如果存在一个 n 阶矩阵 $\boldsymbol{B}$，使得 $\boldsymbol{AB}=\boldsymbol{BA}=\boldsymbol{E}$，则称矩阵 $\boldsymbol{A}$ 为**可逆矩阵**，而矩阵 $\boldsymbol{B}$ 称为 $\boldsymbol{A}$ 的**逆矩阵**．

注：(1) 从上述定义可见，其中的"n阶矩阵"即为"n阶方阵"(以下同)．

(2) 对于 n 阶矩阵 $\boldsymbol{A}$ 与 $\boldsymbol{B}$，若 $\boldsymbol{AB}=\boldsymbol{BA}=\boldsymbol{E}$，则称矩阵 $\boldsymbol{A}$ 与 $\boldsymbol{B}$ 互为**逆**矩阵，又称矩阵 $\boldsymbol{A}$ 与 $\boldsymbol{B}$ 是**互逆**的．

例如，矩阵 $\begin{pmatrix}1&2&4\\0&1&2\\1&0&1\end{pmatrix}$ 和 $\begin{pmatrix}1&-2&0\\2&-3&-2\\-1&2&1\end{pmatrix}$ 是互逆的，因为

$$\begin{pmatrix}1&2&4\\0&1&2\\1&0&1\end{pmatrix}\begin{pmatrix}1&-2&0\\2&-3&-2\\-1&2&1\end{pmatrix}=\begin{pmatrix}1&0&0\\0&1&0\\0&0&1\end{pmatrix},$$

$$\begin{pmatrix}1&-2&0\\2&-3&-2\\-1&2&1\end{pmatrix}\begin{pmatrix}1&2&4\\0&1&2\\1&0&1\end{pmatrix}=\begin{pmatrix}1&0&0\\0&1&0\\0&0&1\end{pmatrix}.$$

例 1 设 $\boldsymbol{A}=\begin{pmatrix}1&2\\2&3\end{pmatrix}$，$\boldsymbol{B}=\begin{pmatrix}-3&2\\2&-1\end{pmatrix}$，验证 $\boldsymbol{B}$ 是否为 $\boldsymbol{A}$ 的逆矩阵．

解 因为

$$\boldsymbol{AB}=\begin{pmatrix}1&2\\2&3\end{pmatrix}\begin{pmatrix}-3&2\\2&-1\end{pmatrix}=\begin{pmatrix}1&0\\0&1\end{pmatrix},$$

$$\boldsymbol{BA}=\begin{pmatrix}-3&2\\2&-1\end{pmatrix}\begin{pmatrix}1&2\\2&3\end{pmatrix}=\begin{pmatrix}1&0\\0&1\end{pmatrix},$$

即有 $\boldsymbol{AB}=\boldsymbol{BA}=\boldsymbol{E}$，所以 $\boldsymbol{B}$ 是 $\boldsymbol{A}$ 的逆矩阵． ■

可以证明，若矩阵 $\boldsymbol{A}$ 是可逆的，则 $\boldsymbol{A}$ 的逆矩阵是唯一的，记作 $\boldsymbol{A}^{-1}$，于是

$$\boldsymbol{AA}^{-1}=\boldsymbol{A}^{-1}\boldsymbol{A}=\boldsymbol{E}.$$

定义 2 如果 n 阶矩阵 $\boldsymbol{A}$ 的行列式 $|\boldsymbol{A}|\neq 0$，则称 $\boldsymbol{A}$ 为**非奇异的**，否则称 $\boldsymbol{A}$ 为**奇异的**．

进一步还可以证明：如果 $\boldsymbol{AB}=\boldsymbol{E}$ 或 $\boldsymbol{BA}=\boldsymbol{E}$ 成立，则有 $\boldsymbol{B}=\boldsymbol{A}^{-1}$．

事实上，由 $\boldsymbol{AB}=\boldsymbol{E}$，得 $|\boldsymbol{A}||\boldsymbol{B}|=1$，$|\boldsymbol{A}|\neq 0$，故 $\boldsymbol{A}^{-1}$ 存在，且

$$\boldsymbol{B}=\boldsymbol{EB}=(\boldsymbol{A}^{-1}\boldsymbol{A})\boldsymbol{B}=\boldsymbol{A}^{-1}(\boldsymbol{AB})=\boldsymbol{A}^{-1}\boldsymbol{E}=\boldsymbol{A}^{-1}.$$

这个结论表明，要验证矩阵 $\boldsymbol{B}$ 是否为 $\boldsymbol{A}$ 的逆矩阵，只要验证 $\boldsymbol{AB}=\boldsymbol{E}$ 或 $\boldsymbol{BA}=\boldsymbol{E}$

中的一个等式成立即可，这比直接用定义去判断要节省一半的工作量.

例 2 设 $\boldsymbol{A}, \boldsymbol{B}$ 为同阶可逆矩阵，则 $\boldsymbol{AB}$ 也可逆，且 $(\boldsymbol{AB})^{-1}=\boldsymbol{B}^{-1}\boldsymbol{A}^{-1}$.

证明 因 $\boldsymbol{AB}(\boldsymbol{B}^{-1}\boldsymbol{A}^{-1})=\boldsymbol{A}(\boldsymbol{BB}^{-1})\boldsymbol{A}^{-1}=\boldsymbol{AEA}^{-1}=\boldsymbol{AA}^{-1}=\boldsymbol{E}$，故

$$(\boldsymbol{AB})^{-1}=\boldsymbol{B}^{-1}\boldsymbol{A}^{-1}.$$ ■

注：本例结果可推广至任意有限个同阶可逆矩阵的情形，即若 $\boldsymbol{A}_1, \boldsymbol{A}_2, \cdots, \boldsymbol{A}_n$ 均是 n 阶可逆矩阵，则 $\boldsymbol{A}_1\boldsymbol{A}_2\cdots\boldsymbol{A}_n$ 也可逆，且

$$(\boldsymbol{A}_1\boldsymbol{A}_2\cdots\boldsymbol{A}_n)^{-1}=\boldsymbol{A}_n^{-1}\cdots\boldsymbol{A}_2^{-1}\boldsymbol{A}_1^{-1}.$$

二、利用初等变换法求矩阵的逆

根据 §8.3 定理1 的推论，如果矩阵 $\boldsymbol{A}$ 可逆，则 $\boldsymbol{A}$ 可以经过有限次初等行变换化为单位矩阵 $\boldsymbol{E}$，即存在初等矩阵 $\boldsymbol{P}_1, \boldsymbol{P}_2, \cdots, \boldsymbol{P}_s$，使得

$$\boldsymbol{P}_s\cdots\boldsymbol{P}_2\boldsymbol{P}_1\boldsymbol{A}=\boldsymbol{E}, \tag{4.2}$$

在上式两边右乘矩阵 $\boldsymbol{A}^{-1}$，得

$$\boldsymbol{P}_s\cdots\boldsymbol{P}_2\boldsymbol{P}_1\boldsymbol{AA}^{-1}=\boldsymbol{EA}^{-1}=\boldsymbol{A}^{-1},$$

即

$$\boldsymbol{A}^{-1}=\boldsymbol{P}_s\cdots\boldsymbol{P}_2\boldsymbol{P}_1\boldsymbol{E}. \tag{4.3}$$

式 (4.2) 表示对 $\boldsymbol{A}$ 施以若干次初等行变换可化为 $\boldsymbol{E}$；式 (4.3) 表示对 $\boldsymbol{E}$ 施以相同的若干次初等行变换可化为 $\boldsymbol{A}^{-1}$.

因此，求矩阵 $\boldsymbol{A}$ 的逆矩阵 $\boldsymbol{A}^{-1}$ 时，可构造 $n\times 2n$ 矩阵 $(\boldsymbol{A}\ \ \boldsymbol{E})$，然后对其施以初等行变换将矩阵 $\boldsymbol{A}$ 化为单位矩阵 $\boldsymbol{E}$，则上述初等行变换同时也将其中的单位矩阵 $\boldsymbol{E}$ 化为 $\boldsymbol{A}^{-1}$，即

$$(\boldsymbol{A}\ \ \boldsymbol{E})\xrightarrow{\text{初等行变换}}(\boldsymbol{E}\ \ \boldsymbol{A}^{-1}).$$

这就是求逆矩阵的**初等变换法**.

例 3 设 $\boldsymbol{A}=\begin{pmatrix}1&2&3\\2&2&1\\3&4&3\end{pmatrix}$，求 $\boldsymbol{A}^{-1}$.

解

$$(\boldsymbol{A}\ \ \boldsymbol{E})=\begin{pmatrix}1&2&3&1&0&0\\2&2&1&0&1&0\\3&4&3&0&0&1\end{pmatrix}\xrightarrow[r_3-3r_1]{r_2-2r_1}\begin{pmatrix}1&2&3&1&0&0\\0&-2&-5&-2&1&0\\0&-2&-6&-3&0&1\end{pmatrix}$$

$$\xrightarrow[r_3-r_2]{r_1+r_2}\begin{pmatrix}1&0&-2&-1&1&0\\0&-2&-5&-2&1&0\\0&0&-1&-1&-1&1\end{pmatrix}\xrightarrow[r_2-5r_3]{r_1-2r_3}\begin{pmatrix}1&0&0&1&3&-2\\0&-2&0&3&6&-5\\0&0&-1&-1&-1&1\end{pmatrix}$$

$$\xrightarrow[r_3\div(-1)]{r_2\div(-2)}\begin{pmatrix}1&0&0&1&3&-2\\0&1&0&-3/2&-3&5/2\\0&0&1&1&1&-1\end{pmatrix},$$

所以
$$A^{-1}=\begin{pmatrix}1 & 3 & -2\\ -3/2 & -3 & 5/2\\ 1 & 1 & -1\end{pmatrix}.$$
■

*数学实验

实验8.8 对于下列矩阵，试用计算软件比较直接求矩阵的逆、初等变换法求逆，看看结果是否相同(详见教材配套的网络学习空间).

(1) $\begin{pmatrix}1 & 2 & 3 & 4 & 5 & 6\\ 3 & 2 & 9 & 18 & 17 & 17\\ 2 & -2 & 4 & 8 & 6 & 4\\ 3 & -4 & 8 & 28 & 23 & 16\\ 4 & 2 & 11 & 20 & 19 & 19\\ 4 & 0 & 12 & 30 & 26 & 25\end{pmatrix}$； (2) $\begin{pmatrix}2 & -2 & 6 & 2 & -5 & 3\\ 2 & 2 & 4 & 3 & -4 & 1\\ 2 & 1 & 4 & 2 & -3 & 1\\ 2 & 2 & 8 & 10 & -17 & 6\\ 4 & 0 & 6 & -1 & 1 & -1\\ 4 & -2 & 16 & 11 & -20 & 10.5\end{pmatrix}$.

计算实验

三、矩阵方程及其求解

有了逆矩阵的概念，我们可以来讨论矩阵方程
$$AX=B$$
的求解问题了. 事实上，如果 A 可逆，则 A^{-1} 存在，用 A^{-1} 左乘上式两端，得
$$X=A^{-1}B.$$
为此，可采用类似初等行变换求矩阵逆的方法，构造矩阵 $(A\ B)$，对其施以初等行变换将矩阵 A 化为单位矩阵 E，则该初等行变换同时也将其中的矩阵 B 化为 $A^{-1}B$，即
$$(A\ \ B)\xrightarrow{\text{初等行变换}}(E\ \ A^{-1}B).$$
这样就给出了用初等行变换求解矩阵方程 $AX=B$ 的方法.

例4 求矩阵 X，使 $AX=B$，其中 $A=\begin{pmatrix}1 & 2 & 3\\ 2 & 2 & 1\\ 3 & 4 & 3\end{pmatrix}$，$B=\begin{pmatrix}2 & 5\\ 3 & 1\\ 4 & 3\end{pmatrix}$.

解 若 A 可逆，则 $X=A^{-1}B$.
$$(A\ B)=\begin{pmatrix}1 & 2 & 3 & 2 & 5\\ 2 & 2 & 1 & 3 & 1\\ 3 & 4 & 3 & 4 & 3\end{pmatrix}\xrightarrow[r_3-3r_1]{r_2-2r_1}\begin{pmatrix}1 & 2 & 3 & 2 & 5\\ 0 & -2 & -5 & -1 & -9\\ 0 & -2 & -6 & -2 & -12\end{pmatrix}$$
$$\xrightarrow[r_3-r_2]{r_1+r_2}\begin{pmatrix}1 & 0 & -2 & 1 & -4\\ 0 & -2 & -5 & -1 & -9\\ 0 & 0 & -1 & -1 & -3\end{pmatrix}\xrightarrow[r_2-5r_3]{r_1-2r_3}\begin{pmatrix}1 & 0 & 0 & 3 & 2\\ 0 & -2 & 0 & 4 & 6\\ 0 & 0 & -1 & -1 & -3\end{pmatrix}$$
$$\xrightarrow[r_3\div(-1)]{r_2\div(-2)}\begin{pmatrix}1 & 0 & 0 & 3 & 2\\ 0 & 1 & 0 & -2 & -3\\ 0 & 0 & 1 & 1 & 3\end{pmatrix},$$

即
$$X=\begin{pmatrix}3 & 2\\ -2 & -3\\ 1 & 3\end{pmatrix}.$$
■

注：对矩阵方程 $XA=B$ 与 $AXB=C$，利用矩阵乘法的运算规律和逆矩阵的运算性质，通过在方程两边左乘或右乘相应矩阵的逆矩阵，亦可求出其解分别为
$$X=BA^{-1},\ X=A^{-1}CB^{-1}.$$

***数学实验**

实验 8.9 试用计算软件求解下列矩阵方程．

$$A=\begin{pmatrix}1&2&3&4&5&6&3\\0&2&1&2&2&4&0\\1&2&4&6&5&6&3\\1&2&3&6&5&6&3\\0&2&1&2&3&4&0\\0&6&6&6&6&8&1\\0&4&5&4&3&2&1\end{pmatrix},B=\begin{pmatrix}-1&1&-3&2&-5&3&-3\\0&1&-1&1&-2&2&0\\-1&1&-4&3&-5&3&-3\\-1&1&-3&3&-5&3&-3\\0&1&-1&1&-3&2&0\\0&3&-6&3&-6&4&-1\\0&2&-5&2&-3&1&-1\end{pmatrix},C=\begin{pmatrix}8&4&8&0&6&8&8\\8&9&1&8&1&6&8\\1&9&3&8&7&2&1\\8&1&8&6&0&9&3\\5&9&8&8&2&0&3\\1&9&9&7&0&3&5\\2&3&6&2&1&2&7\end{pmatrix}.$$

(1) $AXB=C$；

(2) $AX=C+BX$.

计算实验

微信扫描右侧的二维码即可进行计算实验(详见教材配套的网络学习空间).

§8.5 矩 阵 的 秩

一、矩阵的秩

矩阵的秩的概念是讨论线性方程组的解的存在性等问题的重要工具．我们已经知道，矩阵可经初等行变换化为行阶梯形矩阵，且行阶梯形矩阵所含非零行的行数是唯一确定的，这个数实质上就是所谓的矩阵的“秩”．下面我们利用行列式来定义矩阵的秩，然后给出利用初等变换求矩阵的秩的方法．

定义 1 在 $m\times n$ 矩阵 A 中，任取 k 行 k 列 $(1\le k\le m, 1\le k\le n)$，位于这些行列交叉处的 k^2 个元素，不改变它们在 A 中所处的位置次序而得到的 k 阶行列式，称为矩阵 A 的 **k 阶子式**．

例如，设矩阵 $A=\begin{pmatrix}1&3&4&5\\-1&0&2&3\\0&1&-1&0\end{pmatrix}$，则由1、3 两行，2、4 两列交叉处的元素

构成的二阶子式为$\begin{vmatrix} 3 & 5 \\ 1 & 0 \end{vmatrix}$.

设$\boldsymbol{A}$为$m\times n$矩阵，当$\boldsymbol{A}=\boldsymbol{O}$时，它的任何子式都为零．当$\boldsymbol{A}\neq\boldsymbol{O}$时，它至少有一个元素不为零，即它至少有一个一阶子式不为零．再考察二阶子式，若$\boldsymbol{A}$中有一个二阶子式不为零，则往下考察三阶子式，如此进行下去，最后必达到$\boldsymbol{A}$中有r阶子式不为零，而再没有比r更高阶的不为零的子式．这个不为零的子式的最高阶数r反映了矩阵$\boldsymbol{A}$内在的重要特征，在矩阵的理论与应用中都有重要意义．

定义 2 设$\boldsymbol{A}$为$m\times n$矩阵，如果存在$\boldsymbol{A}$的r阶子式不为零，而任何$r+1$阶子式(如果存在)皆为零，则称数r为矩阵$\boldsymbol{A}$的**秩**，记为$\mathrm{r}(\boldsymbol{A})$(或$\mathrm{R}(\boldsymbol{A})$). 并规定零矩阵的秩等于零.

例 1 求矩阵$\boldsymbol{A}=\begin{pmatrix} 1 & 2 & 3 \\ 2 & 3 & -5 \\ 4 & 7 & 1 \end{pmatrix}$的秩.

解 在$\boldsymbol{A}$中，$\begin{vmatrix} 1 & 3 \\ 2 & -5 \end{vmatrix}\neq 0$. 又$\boldsymbol{A}$的三阶子式只有一个$|\boldsymbol{A}|$, 且

$$|\boldsymbol{A}|=\begin{vmatrix} 1 & 2 & 3 \\ 2 & 3 & -5 \\ 4 & 7 & 1 \end{vmatrix}=\begin{vmatrix} 1 & 2 & 3 \\ 0 & -1 & -11 \\ 0 & -1 & -11 \end{vmatrix}=0,$$

故$\mathrm{r}(\boldsymbol{A})=2$. ■

例 2 求矩阵$\boldsymbol{B}=\begin{pmatrix} 2 & -1 & 0 & 3 & -2 \\ 0 & 3 & 1 & -2 & 5 \\ 0 & 0 & 0 & 4 & -3 \\ 0 & 0 & 0 & 0 & 0 \end{pmatrix}$的秩.

解 因$\boldsymbol{B}$是一个行阶梯形矩阵，其非零行只有 3 行，故知$\boldsymbol{B}$的所有四阶子式全为零．此外，又存在$\boldsymbol{B}$的一个三阶子式

$$\begin{vmatrix} 2 & -1 & 3 \\ 0 & 3 & -2 \\ 0 & 0 & 4 \end{vmatrix}=24\neq 0,$$

所以$\mathrm{r}(\boldsymbol{B})=3$. ■

注:下列矩阵分别是第180页实验 8.5 (1)~(6)右侧的行阶梯形矩阵:

$$(1)\ \boldsymbol{A}=\begin{pmatrix} 2 & 1 & 2 & 3 & 4 & 5 \\ 0 & 0 & 0 & 0 & 0 & 0 \\ 0 & 0 & 0 & 0 & 0 & 0 \\ 0 & 0 & 0 & 0 & 0 & 0 \\ 0 & 0 & 0 & 0 & 0 & 0 \end{pmatrix};\quad (2)\ \boldsymbol{A}=\begin{pmatrix} 1 & 2 & -3 & -2 & 3 & 4 \\ 0 & 1 & 1 & -1 & 1 & 2 \\ 0 & 0 & 0 & 0 & 0 & 0 \\ 0 & 0 & 0 & 0 & 0 & 0 \\ 0 & 0 & 0 & 0 & 0 & 0 \end{pmatrix};$$

(3) $A=\begin{pmatrix}1&2&3&2&5&14\\0&2&-3&1&2&5\\0&0&3&1&1&10\\0&0&0&0&0&0\\0&0&0&0&0&0\end{pmatrix}$；　(4) $A=\begin{pmatrix}2&4&6&5&16&-10\\0&2&-3&3&-3&35\\0&0&1&1&5&-1\\0&0&0&1&-2&4\\0&0&0&0&0&0\end{pmatrix}$；

(5) $A=\begin{pmatrix}1&2&3&-16&3&-4\\0&2&-3&20&2&12\\0&0&3&4&1&4\\0&0&0&4&0&3\\0&0&0&0&0&1\end{pmatrix}$；　(6) $A=\begin{pmatrix}2&4&-6&-4&5&5\\0&2&3&20&-10&8\\0&0&3&-4&10&5\\0&0&0&4&0&2\\0&0&0&0&5&1\end{pmatrix}$.

这里，我们可以根据矩阵秩的定义直接给出上述矩阵的秩.

(1) 根据矩阵秩的定义知，$r(A)=1$，因为存在一阶子式$|2|=2\neq0$，而矩阵A中任何二阶以上的子式均为0.

(2) $r(A)=2$，因为存在二阶子式$\begin{vmatrix}1&2\\0&1\end{vmatrix}=1\neq0$，而矩阵$A$中任何三阶以上的子式均为0.

同(1)、(2)的方法可以得出

(3) $r(A)=3$.

(4) $r(A)=4$.

(5) 显然存在五阶子式$\begin{vmatrix}1&2&3&-16&-4\\0&2&-3&20&12\\0&0&3&4&4\\0&0&0&4&3\\0&0&0&0&1\end{vmatrix}=24\neq0$，且本矩阵的最大行数为5，故必有$r(A)=5$.

运用同样的思路可以得到

(6) $r(A)=5$.

显然，矩阵的秩具有下列性质：

(1) 若矩阵A中有某个s阶子式不为0，则$r(A)\geq s$；

(2) 若A中所有t阶子式全为0，则$r(A)<t$；

(3) 若A为$m\times n$矩阵，则$0\leq r(A)\leq\min\{m,n\}$；

(4) $r(A)=r(A^{\mathrm{T}})$.

当$r(A)=\min\{m,n\}$时，称矩阵A为**满秩矩阵**，否则称为**降秩矩阵**.

例如，对矩阵 $A=\begin{pmatrix}1&3&4&5\\0&1&0&3\\0&0&1&0\end{pmatrix}$，$0\le \mathrm{r}(A)\le 3$，又存在三阶子式

$$\begin{vmatrix}1&3&4\\0&1&0\\0&0&1\end{vmatrix}=1\ne 0,$$

所以 $\mathrm{r}(A)\ge 3$，从而 $\mathrm{r}(A)=3$，故 A 为满秩矩阵.

由上面的例子可知，利用定义计算矩阵的秩，需要由高阶到低阶考虑矩阵的子式. 当矩阵的行数与列数较高时，按定义求秩是非常麻烦的.

由于行阶梯形矩阵的秩很容易判断，而任意矩阵都可以经过有限次初等行变换化为阶梯形矩阵，因而可考虑借助初等变换法来求矩阵的秩.

二、矩阵的秩的求法

定理 1 若 $A\to B$，则 $\mathrm{r}(A)=\mathrm{r}(B)$.

根据这个定理，我们得到利用初等变换求矩阵的秩的方法：用初等行变换把矩阵变成行阶梯形矩阵，行阶梯形矩阵中非零行的行数就是该矩阵的秩.

例 3 求矩阵 $A=\begin{pmatrix}1&0&0&1\\1&2&0&-1\\3&-1&0&4\\1&4&5&1\end{pmatrix}$ 的秩.

解 $$A\xrightarrow[r_4-r_1]{\substack{r_2-r_1\\r_3-3r_1}}\begin{pmatrix}1&0&0&1\\0&2&0&-2\\0&-1&0&1\\0&4&5&0\end{pmatrix}\xrightarrow[\substack{r_3+r_2\\r_4-4r_2}]{r_2\div 2}\begin{pmatrix}1&0&0&1\\0&1&0&-1\\0&0&0&0\\0&0&5&4\end{pmatrix}\xrightarrow{r_3\leftrightarrow r_4}\begin{pmatrix}1&0&0&1\\0&1&0&-1\\0&0&5&4\\0&0&0&0\end{pmatrix}.$$

所以 $\mathrm{r}(A)=3$. ■

例 4 设 $A=\begin{pmatrix}3&2&0&5&0\\3&-2&3&6&-1\\2&0&1&5&-3\\1&6&-4&-1&4\end{pmatrix}$，求矩阵 A 的秩.

解 对 A 作初等变换，变成行阶梯形矩阵.

$$A\xrightarrow{r_1\leftrightarrow r_4}\begin{pmatrix}1&6&-4&-1&4\\3&-2&3&6&-1\\2&0&1&5&-3\\3&2&0&5&0\end{pmatrix}\xrightarrow{r_2-r_4}\begin{pmatrix}1&6&-4&-1&4\\0&-4&3&1&-1\\2&0&1&5&-3\\3&2&0&5&0\end{pmatrix}$$

$$\xrightarrow[r_4-3r_1]{r_3-2r_1}\begin{pmatrix}1&6&-4&-1&4\\0&-4&3&1&-1\\0&-12&9&7&-11\\0&-16&12&8&-12\end{pmatrix}\xrightarrow[r_4-4r_2]{r_3-3r_2}\begin{pmatrix}1&6&-4&-1&4\\0&-4&3&1&-1\\0&0&0&4&-8\\0&0&0&4&-8\end{pmatrix}$$

$$\xrightarrow{r_4-r_3}\begin{pmatrix} 1 & 6 & -4 & -1 & 4 \\ 0 & -4 & 3 & 1 & -1 \\ 0 & 0 & 0 & 4 & -8 \\ 0 & 0 & 0 & 0 & 0 \end{pmatrix}.$$

由行阶梯形矩阵有三个非零行知 $\mathrm{r}(\boldsymbol{A})=3$. ■

注:在实验8.5中,我们已经利用计算软件,将下列各题左侧矩阵利用初等变换化为右侧的相应矩阵:

$$(1)\begin{pmatrix} 2 & 1 & 2 & 3 & 4 & 5 \\ 4 & 2 & 4 & 6 & 8 & 10 \\ 10 & 5 & 10 & 15 & 20 & 25 \\ 6 & 3 & 6 & 9 & 12 & 15 \\ 12 & 6 & 12 & 18 & 24 & 30 \end{pmatrix}\rightarrow\begin{pmatrix} 2 & 1 & 2 & 3 & 4 & 5 \\ 0 & 0 & 0 & 0 & 0 & 0 \\ 0 & 0 & 0 & 0 & 0 & 0 \\ 0 & 0 & 0 & 0 & 0 & 0 \\ 0 & 0 & 0 & 0 & 0 & 0 \end{pmatrix};$$

$$(2)\begin{pmatrix} 10 & 24 & -26 & -24 & 34 & 48 \\ 18 & 45 & -45 & -45 & 63 & 90 \\ 14 & 35 & -35 & -35 & 49 & 70 \\ 12 & 31 & -29 & -31 & 43 & 62 \\ 8 & 20 & -20 & -20 & 28 & 40 \end{pmatrix}\rightarrow\begin{pmatrix} 1 & 2 & -3 & -2 & 3 & 4 \\ 0 & 1 & 1 & -1 & 1 & 2 \\ 0 & 0 & 0 & 0 & 0 & 0 \\ 0 & 0 & 0 & 0 & 0 & 0 \\ 0 & 0 & 0 & 0 & 0 & 0 \end{pmatrix};$$

$$(3)\begin{pmatrix} 5 & 18 & 9 & 16 & 35 & 110 \\ 9 & 36 & 12 & 31 & 67 & 211 \\ 11 & 44 & 15 & 38 & 82 & 259 \\ 6 & 26 & 6 & 22 & 47 & 149 \\ 4 & 16 & 6 & 14 & 30 & 96 \end{pmatrix}\rightarrow\begin{pmatrix} 1 & 2 & 3 & 2 & 5 & 14 \\ 0 & 2 & -3 & 1 & 2 & 5 \\ 0 & 0 & 3 & 1 & 1 & 10 \\ 0 & 0 & 0 & 0 & 0 & 0 \\ 0 & 0 & 0 & 0 & 0 & 0 \end{pmatrix};$$

$$(4)\begin{pmatrix} 10 & 24 & 24 & 31 & 74 & 20 \\ 14 & 34 & 33 & 44 & 103 & 35 \\ 22 & 55 & 49 & 71 & 157 & 83 \\ 12 & 31 & 25 & 39 & 85 & 59 \\ 8 & 20 & 18 & 26 & 58 & 30 \end{pmatrix}\rightarrow\begin{pmatrix} 2 & 4 & 6 & 5 & 16 & -10 \\ 0 & 2 & -3 & 3 & -3 & 35 \\ 0 & 0 & 1 & 1 & 5 & -1 \\ 0 & 0 & 0 & 1 & -2 & 4 \\ 0 & 0 & 0 & 0 & 0 & 0 \end{pmatrix};$$

$$(5)\begin{pmatrix} 5 & 18 & 9 & 16 & 25 & 43 \\ 13 & 52 & 18 & 100 & 71 & 149 \\ 11 & 44 & 15 & 88 & 60 & 129 \\ 16 & 62 & 24 & 100 & 85 & 169 \\ 4 & 16 & 6 & 32 & 22 & 47 \end{pmatrix}\rightarrow\begin{pmatrix} 1 & 2 & 3 & -16 & 3 & -4 \\ 0 & 2 & -3 & 20 & 2 & 12 \\ 0 & 0 & 3 & 4 & 1 & 4 \\ 0 & 0 & 0 & 4 & 0 & 3 \\ 0 & 0 & 0 & 0 & 0 & 1 \end{pmatrix};$$

$$(6)\begin{pmatrix} 10 & 28 & -12 & 60 & 10 & 72 \\ 26 & 78 & -21 & 208 & 10 & 214 \\ 22 & 66 & -18 & 180 & 10 & 183 \\ 32 & 94 & -30 & 236 & 20 & 253 \\ 8 & 24 & -6 & 64 & 5 & 67 \end{pmatrix}\rightarrow\begin{pmatrix} 2 & 4 & -6 & -4 & 5 & 5 \\ 0 & 2 & 3 & 20 & -10 & 8 \\ 0 & 0 & 3 & -4 & 10 & 5 \\ 0 & 0 & 0 & 4 & 0 & 2 \\ 0 & 0 & 0 & 0 & 5 & 1 \end{pmatrix}.$$

而在第190页的注中，我们已经知道(1)、(2)、(3)、(4)、(5)、(6)题右侧行阶梯形矩阵的秩分别为1、2、3、4、5、5，故根据本节定理1的结论，(1)、(2)、(3)、(4)、(5)、(6)题左侧矩阵的秩也分别为1、2、3、4、5、5.

§8.6 线性方程组

在第7章里我们已经研究过线性方程组的一种特殊情形，即线性方程组所含方程的个数等于未知量的个数，且方程组的系数行列式不等于零的情形. 求解线性方程组是线性代数最主要的任务，此类问题在科学技术与经济管理领域有着相当广泛的应用，因而有必要从更普遍的角度来讨论线性方程组的一般理论. 本节主要讨论一般线性方程组的解法.

引例 用消元法求解线性方程组:

$$\begin{cases} 2x_1+2x_2-x_3=6 \\ x_1-2x_2+4x_3=3 \\ 5x_1+7x_2+x_3=28 \end{cases}.$$

解 为观察消元过程，我们将消元过程中每个步骤的方程组及与其对应的矩阵一并列出:

$$\begin{cases} 2x_1+2x_2-x_3=6 \\ x_1-2x_2+4x_3=3 \\ 5x_1+7x_2+x_3=28 \end{cases} \text{①} \overset{\text{对应}}{\longleftrightarrow} \begin{pmatrix} 2 & 2 & -1 & 6 \\ 1 & -2 & 4 & 3 \\ 5 & 7 & 1 & 28 \end{pmatrix} \text{①}$$

$$\to \begin{cases} 2x_1+2x_2-x_3=6 \\ -3x_2+\frac{9}{2}x_3=0 \\ 2x_2+\frac{7}{2}x_3=13 \end{cases} \text{②} \longleftrightarrow \begin{pmatrix} 2 & 2 & -1 & 6 \\ 0 & -3 & \frac{9}{2} & 0 \\ 0 & 2 & \frac{7}{2} & 13 \end{pmatrix} \text{②}$$

$$\to \begin{cases} 2x_1+2x_2-x_3=6 \\ -3x_2+\frac{9}{2}x_3=0 \\ \frac{13}{2}x_3=13 \end{cases} \text{③} \longleftrightarrow \begin{pmatrix} 2 & 2 & -1 & 6 \\ 0 & -3 & \frac{9}{2} & 0 \\ 0 & 0 & \frac{13}{2} & 13 \end{pmatrix} \text{③}$$

$$\to \begin{cases} 2x_1+2x_2-x_3=6 \\ -3x_2+\frac{9}{2}x_3=0 \\ x_3=2 \end{cases} \text{④} \longleftrightarrow \begin{pmatrix} 2 & 2 & -1 & 6 \\ 0 & -3 & \frac{9}{2} & 0 \\ 0 & 0 & 1 & 2 \end{pmatrix} \text{④}$$

从最后一个方程得到$x_3=2$，将其代入第二个方程可得到$x_2=3$，再将$x_3=2$与$x_2=3$一起代入第一个方程得到$x_1=1$. 因此，所求方程组的解为$x_1=1, x_2=3, x_3=2$. ■

通常把过程①至④称为**消元过程**，矩阵④是行阶梯形矩阵，与之对应的方程

组 ④ 则称为**行阶梯形方程组**.

从上述解题过程可以看出，用消元法求解线性方程组的具体做法就是对方程组反复实施以下三种变换：

(1) 交换某两个方程的位置；

(2) 用一个非零数乘某一个方程的两边；

(3) 将一个方程的倍数加到另一个方程上.

以上这三种变换称为**线性方程组的初等变换**. 而消元法的目的就是利用方程组的初等变换将原方程组化为阶梯形方程组. 显然这个阶梯形方程组与原线性方程组同解，解这个阶梯形方程组得原方程组的解. 如果用矩阵表示其系数及常数项，则将原方程组化为行阶梯形方程组的过程就是将对应矩阵化为行阶梯形矩阵的过程.

将一个方程组化为行阶梯形方程组的步骤并不是唯一的，所以，同一个方程组的行阶梯形方程组也不是唯一的. 特别地，我们还可以将一个一般的行阶梯形方程组化为行最简形方程组，从而使我们能直接"读"出该线性方程组的解.

对本例，我们还可以利用线性方程组的初等行变换继续化简线性方程组 ④：

$$\to\begin{cases}2x_1+2x_2 \quad\;\; = 8\\ \quad\; -3x_2 \quad\;\; = -9\\ \qquad\qquad x_3 = 2\end{cases} \quad ⑤ \longleftrightarrow \begin{pmatrix}2 & 2 & 0 & 8\\ 0 & -3 & 0 & -9\\ 0 & 0 & 1 & 2\end{pmatrix} \quad ⑤$$

$$\to\begin{cases}2x_1+2x_2 \quad\;\; = 8\\ \qquad\; x_2 \quad\;\; = 3\\ \qquad\qquad x_3 = 2\end{cases} \quad ⑥ \longleftrightarrow \begin{pmatrix}2 & 2 & 0 & 8\\ 0 & 1 & 0 & 3\\ 0 & 0 & 1 & 2\end{pmatrix} \quad ⑥$$

$$\to\begin{cases}2x_1 \qquad\qquad\; = 2\\ \qquad\; x_2 \quad\;\; = 3\\ \qquad\qquad x_3 = 2\end{cases} \quad ⑦ \longleftrightarrow \begin{pmatrix}2 & 0 & 0 & 2\\ 0 & 1 & 0 & 3\\ 0 & 0 & 1 & 2\end{pmatrix} \quad ⑦$$

$$\to\begin{cases}x_1 \qquad\qquad\;\; = 1\\ \qquad\; x_2 \quad\;\; = 3\\ \qquad\qquad x_3 = 2\end{cases} \quad ⑧ \longleftrightarrow \begin{pmatrix}1 & 0 & 0 & 1\\ 0 & 1 & 0 & 3\\ 0 & 0 & 1 & 2\end{pmatrix} \quad ⑧$$

从方程组 ⑧，我们可以一目了然地看出 $x_1=1,\ x_2=3,\ x_3=2$.

通常把过程 ⑤ 至 ⑧ 称为**回代过程**.

从引例我们可得到如下启示：用消元法解三元线性方程组的过程，相当于对该方程组的系数与右端常数项按对应位置构成的矩阵作初等行变换. 对一般线性方程组是否有同样的结论？答案是肯定的. 以下就一般线性方程组求解的问题进行讨论.

设有线性方程组

$$\begin{cases}a_{11}x_1+a_{12}x_2+\cdots+a_{1n}x_n=b_1\\ a_{21}x_1+a_{22}x_2+\cdots+a_{2n}x_n=b_2\\ \quad\cdots\cdots\\ a_{m1}x_1+a_{m2}x_2+\cdots+a_{mn}x_n=b_m\end{cases}, \tag{6.1}$$

其矩阵形式为

$$\boldsymbol{Ax}=\boldsymbol{b}, \tag{6.2}$$

其中
$$\boldsymbol{A}=\begin{pmatrix} a_{11} & a_{12} & \cdots & a_{1n} \\ a_{21} & a_{22} & \cdots & a_{2n} \\ \vdots & \vdots & & \vdots \\ a_{m1} & a_{m2} & \cdots & a_{mn} \end{pmatrix}, \quad \boldsymbol{x}=\begin{pmatrix} x_1 \\ x_2 \\ \vdots \\ x_n \end{pmatrix}, \quad \boldsymbol{b}=\begin{pmatrix} b_1 \\ b_2 \\ \vdots \\ b_m \end{pmatrix}.$$

称矩阵 $(\boldsymbol{A}\ \ \boldsymbol{b})$ (有时记为 $\widetilde{\boldsymbol{A}}$) 为线性方程组 (6.1) 的**增广矩阵**.

当 $b_i=0\ (i=1, 2, \cdots, m)$ 时, 线性方程组 (6.1) 称为齐次的; 否则称为非齐次的. 显然, 齐次线性方程组的矩阵形式为

$$\boldsymbol{Ax}=\boldsymbol{0}. \tag{6.3}$$

定理 1 设 $\boldsymbol{A}=(a_{ij})_{m\times n}$, n 元齐次线性方程组 $\boldsymbol{Ax}=\boldsymbol{0}$ 有非零解的充要条件是系数矩阵 $\boldsymbol{A}$ 的秩 $\mathrm{r}(\boldsymbol{A})<n$.

证明 必要性. 设方程组 $\boldsymbol{Ax}=\boldsymbol{0}$ 有非零解.

设 $\mathrm{r}(\boldsymbol{A})=n$, 则在 $\boldsymbol{A}$ 中应有一个 n 阶非零子式 $\boldsymbol{D}_n$. 根据克莱姆法则, $\boldsymbol{D}_n$ 所对应的 n 个方程只有零解, 与假设矛盾, 故 $\mathrm{r}(\boldsymbol{A})<n$.

充分性. 设 $\mathrm{r}(\boldsymbol{A})=s<n$, 则 $\boldsymbol{A}$ 的行阶梯形矩阵只含有 s 个非零行, 从而知其有 $n-s$ 个**自由未知量** (即可取任意实数的未知量). 任取一个自由未知量为1, 其余自由未知量为0, 即可得到方程组的一个非零解. ■

定理 2 设 $\boldsymbol{A}=(a_{ij})_{m\times n}$, n 元非齐次线性方程组 $\boldsymbol{Ax}=\boldsymbol{b}$ 有解的充要条件是系数矩阵 $\boldsymbol{A}$ 的秩等于增广矩阵 $\widetilde{\boldsymbol{A}}=(\boldsymbol{A}\ \ \boldsymbol{b})$ 的秩, 即 $\mathrm{r}(\boldsymbol{A})=\mathrm{r}(\widetilde{\boldsymbol{A}})$.

证明 必要性. 设方程组 $\boldsymbol{Ax}=\boldsymbol{b}$ 有解, 但 $\mathrm{r}(\boldsymbol{A})<\mathrm{r}(\widetilde{\boldsymbol{A}})$, 则 $\widetilde{\boldsymbol{A}}$ 的行阶梯形矩阵中最后一个非零行是矛盾方程, 这与方程组有解矛盾, 因此 $\mathrm{r}(\boldsymbol{A})=\mathrm{r}(\widetilde{\boldsymbol{A}})$.

充分性. 设 $\mathrm{r}(\boldsymbol{A})=\mathrm{r}(\widetilde{\boldsymbol{A}})=s\ (s\le n)$, 则 $\widetilde{\boldsymbol{A}}$ 的行阶梯形矩阵中含有 s 个非零行, 把这 s 行的第一个非零元所对应的未知量作为非自由量, 其余 $n-s$ 个作为自由未知量, 并令这 $n-s$ 个自由未知量全为零, 即可得到方程组的一个解. ■

注: 定理 2 的证明实际上给出了求解线性方程组(6.1) 的方法. 此外, 若记 $\widetilde{\boldsymbol{A}}=(\boldsymbol{A}\ \ \boldsymbol{b})$, 则上述定理的结果可简要总结如下:

(1) $\mathrm{r}(\boldsymbol{A})=\mathrm{r}(\widetilde{\boldsymbol{A}})=n$, 当且仅当 $\boldsymbol{Ax}=\boldsymbol{b}$ 有唯一解;

(2) $\mathrm{r}(\boldsymbol{A})=\mathrm{r}(\widetilde{\boldsymbol{A}})<n$, 当且仅当 $\boldsymbol{Ax}=\boldsymbol{b}$ 有无穷多解;

(3) $\mathrm{r}(\boldsymbol{A})\ne\mathrm{r}(\widetilde{\boldsymbol{A}})$, 当且仅当 $\boldsymbol{Ax}=\boldsymbol{b}$ 无解;

(4) $\mathrm{r}(\boldsymbol{A})=n$, 当且仅当 $\boldsymbol{Ax}=\boldsymbol{0}$ 只有零解;

(5) $\mathrm{r}(\boldsymbol{A})<n$, 当且仅当 $\boldsymbol{Ax}=\boldsymbol{0}$ 有非零解.

对非齐次线性方程组, 将增广矩阵 $\widetilde{\boldsymbol{A}}$ 化为行阶梯形矩阵, 便可直接判断其是否

有解, 若有解, 化为行最简形矩阵, 便可直接写出其**全部解**. 其中要注意, 当 $r(A)=r(\widetilde{A})=s<n$ 时, $\widetilde{A}$ 的行阶梯形矩阵中含有 s 个非零行, 把这 s 行的第一个非零元所对应的未知量作为非自由量, 其余 $n-s$ 个作为自由未知量.

对齐次线性方程组, 将其系数矩阵化为行最简形矩阵, 便可直接写出其全部解.

例 1　求解齐次线性方程组 $\begin{cases} x_1+2x_2+2x_3+x_4=0 \\ 2x_1+x_2-2x_3-2x_4=0 \\ x_1-x_2-4x_3-3x_4=0 \end{cases}$.

解　对系数矩阵 $\boldsymbol{A}$ 施行初等行变换.

$$\boldsymbol{A}=\begin{pmatrix} 1 & 2 & 2 & 1 \\ 2 & 1 & -2 & -2 \\ 1 & -1 & -4 & -3 \end{pmatrix} \xrightarrow[r_3-r_1]{r_2-2r_1} \begin{pmatrix} 1 & 2 & 2 & 1 \\ 0 & -3 & -6 & -4 \\ 0 & -3 & -6 & -4 \end{pmatrix}$$

$$\xrightarrow[r_2\div(-3)]{r_3-r_2} \begin{pmatrix} 1 & 2 & 2 & 1 \\ 0 & 1 & 2 & 4/3 \\ 0 & 0 & 0 & 0 \end{pmatrix} \xrightarrow{r_1-2r_2} \begin{pmatrix} 1 & 0 & -2 & -5/3 \\ 0 & 1 & 2 & 4/3 \\ 0 & 0 & 0 & 0 \end{pmatrix}.$$

即得与原方程组同解的方程组

$$\begin{cases} x_1-2x_3-(5/3)x_4=0 \\ x_2+2x_3+(4/3)x_4=0 \end{cases},$$

即

$$\begin{cases} x_1=2x_3+(5/3)x_4 \\ x_2=-2x_3-(4/3)x_4 \end{cases} \quad (x_3,\ x_4 \text{ 可取任意值}).$$

令 $x_3=c_1$, $x_4=c_2$, 将其写成向量形式为

$$\begin{pmatrix} x_1 \\ x_2 \\ x_3 \\ x_4 \end{pmatrix}=c_1\begin{pmatrix} 2 \\ -2 \\ 1 \\ 0 \end{pmatrix}+c_2\begin{pmatrix} 5/3 \\ -4/3 \\ 0 \\ 1 \end{pmatrix} \quad (c_1,\ c_2 \text{ 为任意实数}).$$

它表达了方程组的全部解. ■

例 2　解线性方程组 $\begin{cases} x_1+5x_2-x_3-x_4=-1 \\ x_1-2x_2+x_3+3x_4=3 \\ 3x_1+8x_2-x_3+x_4=1 \\ x_1-9x_2+3x_3+7x_4=7 \end{cases}$.

解　对增广矩阵 $(\boldsymbol{A}\ \ \boldsymbol{b})$ 施行初等行变换.

$$(\boldsymbol{A}\ \ \boldsymbol{b})=\begin{pmatrix} 1 & 5 & -1 & -1 & -1 \\ 1 & -2 & 1 & 3 & 3 \\ 3 & 8 & -1 & 1 & 1 \\ 1 & -9 & 3 & 7 & 7 \end{pmatrix} \to \begin{pmatrix} 1 & 5 & -1 & -1 & -1 \\ 0 & -7 & 2 & 4 & 4 \\ 0 & -7 & 2 & 4 & 4 \\ 0 & -14 & 4 & 8 & 8 \end{pmatrix}$$

$$\to\begin{pmatrix}1&5&-1&-1&-1\\0&-7&2&4&4\\0&0&0&0&0\\0&0&0&0&0\end{pmatrix}\to\begin{pmatrix}1&5&-1&-1&-1\\0&1&-2/7&-4/7&-4/7\\0&0&0&0&0\\0&0&0&0&0\end{pmatrix}.$$

因为

$$\mathrm{r}(\boldsymbol{A}\ \ \boldsymbol{b})=\mathrm{r}(\boldsymbol{A})=2<4,$$

故方程组有无穷多解. 利用上面最后一个矩阵进行回代得到

$$(\boldsymbol{A}\ \ \boldsymbol{b})\to\begin{pmatrix}1&0&3/7&13/7&13/7\\0&1&-2/7&-4/7&-4/7\\0&0&0&0&0\\0&0&0&0&0\end{pmatrix}.$$

该矩阵对应的方程组为

$$\begin{cases}x_1=\ \dfrac{13}{7}-\dfrac{3}{7}x_3-\dfrac{13}{7}x_4\\x_2=-\dfrac{4}{7}+\dfrac{2}{7}x_3+\dfrac{4}{7}x_4\end{cases}.$$

取 $x_3=c_1$, $x_4=c_2$ (其中 c_1, c_2 为任意常数), 则方程组的全部解为

$$\begin{cases}x_1=\ \dfrac{13}{7}-\dfrac{3}{7}c_1-\dfrac{13}{7}c_2\\x_2=-\dfrac{4}{7}+\dfrac{2}{7}c_1+\dfrac{4}{7}c_2\\x_3=c_1\\x_4=c_2\end{cases}.$$

■

例 3 讨论线性方程组

$$\begin{cases}x_1+\ x_2+\ 2x_3+\ 3x_4=1\\x_1+3x_2+\ 6x_3+\ \ x_4=3\\3x_1-x_2\ -\ px_3+15x_4=3\\x_1-5x_2-10x_3+12x_4=t\end{cases},$$

当 p, t 取何值时, 方程组无解? 有唯一解? 有无穷多解? 在方程组有无穷多解的情况下, 求出全部解.

解 $$\widetilde{\boldsymbol{A}}=\begin{pmatrix}1&1&2&3&1\\1&3&6&1&3\\3&-1&-p&15&3\\1&-5&-10&12&t\end{pmatrix}\to\begin{pmatrix}1&1&2&3&1\\0&2&4&-2&2\\0&-4&-p-6&6&0\\0&-6&-12&9&t-1\end{pmatrix}$$

$$\to\begin{pmatrix}1&1&2&3&1\\0&1&2&-1&1\\0&0&-p+2&2&4\\0&0&0&3&t+5\end{pmatrix}.$$

(1) 当 $p\neq 2$ 时，$\mathrm{r}(\boldsymbol{A})=\mathrm{r}(\widetilde{\boldsymbol{A}})=4$，方程组有唯一解.

(2) 当 $p=2$ 时，有

$$\widetilde{\boldsymbol{A}}\to\begin{pmatrix}1&1&2&3&1\\0&1&2&-1&1\\0&0&0&2&4\\0&0&0&3&t+5\end{pmatrix}\to\begin{pmatrix}1&1&2&3&1\\0&1&2&-1&1\\0&0&0&1&2\\0&0&0&0&t-1\end{pmatrix}.$$

当 $t\neq 1$ 时，$\mathrm{r}(\boldsymbol{A})=3<\mathrm{r}(\widetilde{\boldsymbol{A}})=4$，方程组无解；

当 $t=1$ 时，$\mathrm{r}(\boldsymbol{A})=\mathrm{r}(\widetilde{\boldsymbol{A}})=3$，方程组有无穷多解.

$$\widetilde{\boldsymbol{A}}\to\begin{pmatrix}1&1&2&3&1\\0&1&2&-1&1\\0&0&0&1&2\\0&0&0&0&t-1\end{pmatrix}\to\begin{pmatrix}1&1&2&3&1\\0&1&2&-1&1\\0&0&0&1&2\\0&0&0&0&0\end{pmatrix}\to\begin{pmatrix}1&0&0&0&-8\\0&1&2&0&3\\0&0&0&1&2\\0&0&0&0&0\end{pmatrix},$$

从而有

$$\begin{cases}x_1=-8\\x_2+2x_3=3,\\x_4=2\end{cases}$$

令 $x_3=c$，则原方程组的全部解为

$$\begin{pmatrix}x_1\\x_2\\x_3\\x_4\end{pmatrix}=c\begin{pmatrix}0\\-2\\1\\0\end{pmatrix}+\begin{pmatrix}-8\\3\\0\\2\end{pmatrix}\quad(c\text{ 为任意实数}).$$

■

***数学实验**

实验8.10　试用计算软件判断下列方程组是否有解，若有解，试求其全部解.

(1) $$\begin{cases}x_1+2x_2+2x_3+x_5+4x_6=0\\2x_1+5x_2+4x_3+4x_4+2x_5+9x_6=0\\-3x_1-6x_2-2x_3+8x_4+x_5+4x_6=0\\x_1+2x_2+3x_3+3x_4+3x_5+6x_6=0\\x_1+x_2+2x_3-4x_4+x_5+3x_6=0\\2x_1+3x_2+5x_3-x_4+4x_5+9x_6=0\end{cases};$$

(2) $$\begin{cases}x_1+2x_2+5x_3-7x_4+3x_5+3x_6=8\\-2x_1-2x_2-6x_3+3x_4+3x_5+3x_6=9\\6x_1-2x_2-3x_3+39x_4-47x_5-47x_6=-125\\8x_1+34x_2+66x_3-140x_4+98x_5+98x_6=280\\5x_1+32x_2+54x_3-151x_4+112x_5+112x_6=336\\3x_1-2x_2+4x_3+9x_4-7x_5-7x_6=-32\end{cases};$$

计算实验

$$(3)\begin{cases}3x_1+6x_2+15x_3-21x_4+9x_5+135x_6=429\\-3x_1-4x_2-11x_3+10x_4-96x_6=-287\\5x_1-4x_2-8x_3+46x_4-50x_5-81x_6=-376\\7x_1+32x_2+61x_3-133x_4+95x_5+585x_6=2\,027\\x_1+24x_2+34x_3-123x_4+100x_5+388x_6=1\,468\\3x_1-2x_2+4x_3+9x_4-7x_5+7x_6=-11\end{cases};$$

$$(4)\begin{cases}10x_1+6x_2+17x_3+11x_4-35x_5+28x_6=-128\\-2x_1-2x_2-6x_3+3x_4+3x_5+4x_6=12\\5x_1-4x_2-8x_3+46x_4-50x_5+88x_6=-183\\9x_1+36x_2+71x_3-147x_4+101x_5-258x_6=389\\21x_1+82x_2+160x_3-347x_4+234x_5-612x_6=914\\3x_1-2x_2+4x_3+9x_4-7x_5+16x_6=-38\end{cases}.$$

计算实验

详见教材配套的网络学习空间.

实验 8.11　求下列非齐次线性方程组的通解(详见教材配套的网络学习空间):

$$(1)\begin{cases}2x_1+6x_2+16x_3+16x_4+64x_5+4x_6=86\\2x_1+4x_2+8x_3+17x_4+41x_5+12x_6=5\\6x_1+4x_2-13x_3+44x_4-5x_5+71x_6=-305\\8x_1+42x_2+126x_3+40x_4+398x_5-36x_6=1\,018\\5x_1+37x_2+113x_3-11x_4+298x_5-83x_6=1\,181\\-5x_1-41x_2-129x_3-11x_4-368x_5+51x_6=-1\,127\end{cases};$$

$$(2)\begin{cases}2x_1+6x_2+12x_3+14x_4+38x_5+170x_6=-148\\-3x_1-9x_2-14x_3-13x_4-45x_5-188x_6=159\\5x_1+15x_2-3x_3-31x_4-4x_5-112x_6=197\\7x_1+21x_2+68x_3+101x_4+211x_5+1\,047x_6=-878\\x_1+3x_2+35x_3+65x_4+106x_5+631x_6=-350\\3x_1+9x_2+7x_3-x_4+24x_5+50x_6=-111\end{cases};$$

$$(3)\begin{cases}10x_1+6x_2+37x_3+11x_4-35x_5+28x_6=-168\\-2x_1-2x_2-10x_3+3x_4+3x_5+4x_6=20\\5x_1-4x_2+2x_3+46x_4-50x_5+88x_6=-203\\9x_1+36x_2+89x_3-147x_4+101x_5-258x_6=353\\21x_1+82x_2+202x_3-347x_4+234x_5-612x_6=830\\3x_1-2x_2+10x_3+9x_4-7x_5+17x_6=-49\end{cases}.$$

计算实验

§8.7　线性方程组的应用

本节中的数学模型都是线性的，即每个模型都用线性方程组来表示，通常写成向量或矩阵的形式．由于自然现象通常都是线性的，或者当变量取值在合理范围内时近似于线性，因此线性模型的研究非常重要. 此外，线性模型比复杂的非线性模型更易于用计算机进行计算.

一、网络流模型

网络流模型广泛应用于交通、运输、通信、电力分配、城市规划、任务分派以及计算机辅助设计等众多领域. 当科学家、工程师和经济学家研究某种网络中的流量问题时，线性方程组就自然而然地产生了. 例如，城市规划设计人员和交通工程师监控城市道路网络内的交通流量，电气工程师计算电路中流经的电流，经济学家分析产品通过批发商和零售商网络从生产者到消费者的分配等. 大多数网络流模型中的方程组都包含了数百甚至上千个未知量和线性方程.

一个**网络**由一个点集以及连接部分或全部点的直线或弧线构成. 网络中的点称作**联结点**(或**节点**)，网络中的连接线称作**分支**. 每一分支中的流量方向已经指定，并且流量(或流速)已知或者已标为变量.

网络流的基本假设是网络中流入与流出的总量相等，并且每个联结点流入和流出的总量也相等. 例如，图 8-7-1 说明了流量从一个或两个分支流入联结点，x_1, x_2 和 x_3 表示从其他分支流出的流量，x_4 和 x_5 表示从其他分支流入的流量. 因为流量在每个联结点守恒，所以有 $x_1+x_2=60$ 和 $x_4+x_5=x_3+80$. 在类似的网络模式中，每个联结点的流量都可以用一个线性方程来表示. 网络分析要解决的问题就是：在部分信息(如网络的输入量)已知的情况下，确定每一个分支中的流量.

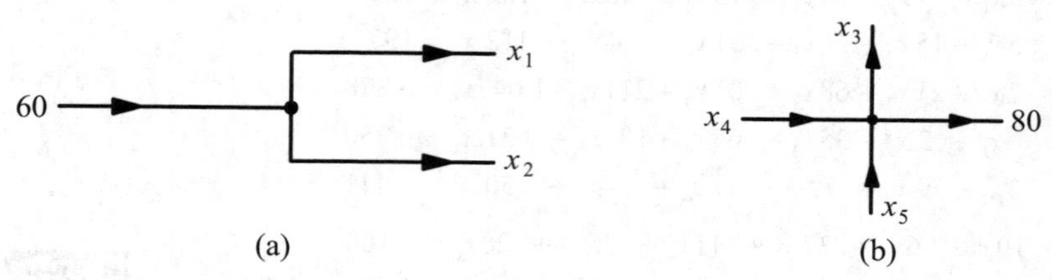

图 8-7-1

例 1　图 8-7-2 中的网络给出了在下午两点钟，某市区部分单行道的交通流量(以每刻钟通过的汽车数量来度量). 试确定网络的流量模式.

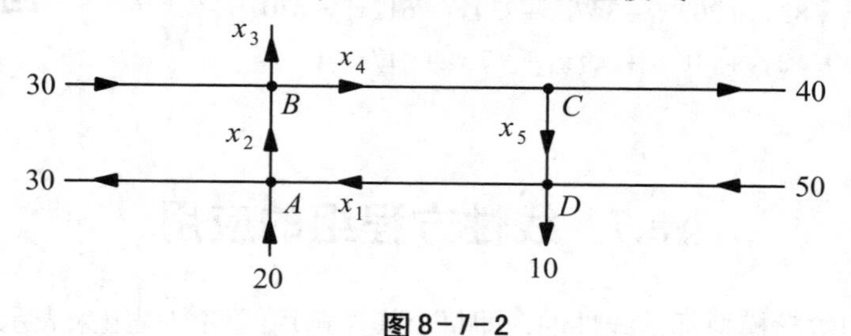

图 8-7-2

解　根据网络流模型的基本假设，在节点(交叉口) A, B, C, D 处，我们可以分别得到下列方程：

$$A: x_1+20=30+x_2;\quad B: x_2+30=x_3+x_4;$$
$$C: \quad x_4=40+x_5;\quad D: x_5+50=10+x_1.$$

此外，该网络的总流入 $(20+30+50)$ 等于网络的总流出 $(30+x_3+40+10)$，化简得 $x_3=20$. 联立这个方程与整理后的前四个方程，得如下方程组：

$$\begin{cases} x_1-x_2=10 \\ x_2-x_3-x_4=-30 \\ x_4-x_5=40 \\ x_1-x_5=40 \\ x_3=20 \end{cases},$$

取 $x_5=c$（c 为任意常数），则网络的流量模式表示为

$$x_1=40+c,\ x_2=30+c,\ x_3=20,\ x_4=40+c,\ x_5=c.$$ ■

网络分支中的负流量表示与模型中指定的方向相反. 由于街道是单行道，因此变量不能取负值. 这导致变量在取正值时也有一定的局限.

***数学实验**

实验 8.12 假设某城市部分单行街道的交通流量（每小时通过的车辆数）如图 8-7-3 所示.

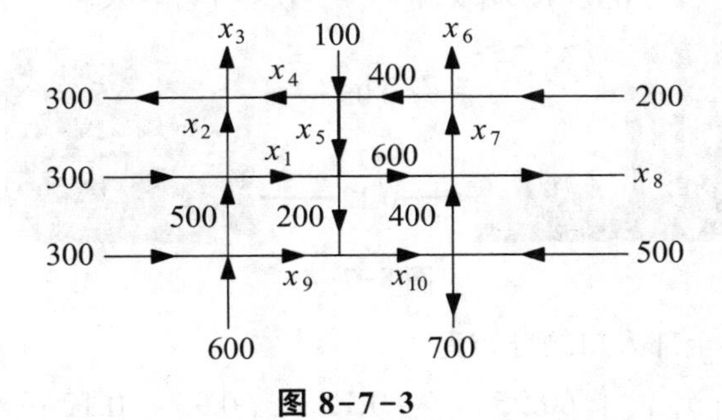

图 8-7-3

试建立数学模型确定该交通网络未知部分的具体流量（详见教材配套的网络学习空间）.

二、人口迁移模型

在生态学、经济学和工程学等许多领域中经常需要对随时间变化的动态系统进行数学建模，此类系统中的某些量常按离散时间间隔来测量，这样就产生了与时间间隔相应的向量序列 $\boldsymbol{x}_0, \boldsymbol{x}_1, \boldsymbol{x}_2, \cdots$，其中 $\boldsymbol{x}_n$ 表示第 n 次测量时系统状态的有关信息，而 $\boldsymbol{x}_0$ 常被称为**初始向量**.

如果存在矩阵 $\boldsymbol{A}$，并给定初始向量 $\boldsymbol{x}_0$，使得 $\boldsymbol{x}_1=\boldsymbol{A}\boldsymbol{x}_0, \boldsymbol{x}_2=\boldsymbol{A}\boldsymbol{x}_1, \cdots$，即

$$\boldsymbol{x}_{n+1}=\boldsymbol{A}\boldsymbol{x}_n\ (n=0,1,2,\cdots), \tag{7.1}$$

则称方程 (7.1) 为一个**线性差分方程**或者**递归方程**.

人口迁移模型考虑的问题是人口的迁移或人群的流动．但是这个模型还可以广泛应用于生态学、经济学和工程学等许多领域．这里我们考察一个简单的模型，即某城市及其周边农村在若干年内的人口变化情况．该模型显然可用于研究我国当前农村的城镇化与城市化过程中农村人口与城市人口的变迁问题．

设定一个初始的年份，比如说 2008 年，用 r_0, s_0 分别表示这一年城市和农村的人口．设 $\boldsymbol{x}_0$ 为初始人口向量，即 $\boldsymbol{x}_0=\begin{pmatrix} r_0 \\ s_0 \end{pmatrix}$，对 2009 年以及后面的年份，我们用向量

$$\boldsymbol{x}_1=\begin{pmatrix} r_1 \\ s_1 \end{pmatrix},\ \boldsymbol{x}_2=\begin{pmatrix} r_2 \\ s_2 \end{pmatrix},\ \ \boldsymbol{x}_3=\begin{pmatrix} r_3 \\ s_3 \end{pmatrix},\ \cdots$$

表示每一年城市和农村的人口．我们的目标是用数学公式表示出这些向量之间的关系．

假设每年大约有 5% 的城市人口迁移到农村 (95% 仍然留在城市)，有 12% 的农村人口迁移到城市 (88% 仍然留在农村)，如图 8-7-4 所示，忽略其他因素对人口规模的影响，则一年之后，城市与农村人口的分布分别为

$$r_0\begin{pmatrix} 0.95 \\ 0.05 \end{pmatrix}\begin{matrix} \text{留在城市} \\ \text{移居农村} \end{matrix},\ s_0\begin{pmatrix} 0.12 \\ 0.88 \end{pmatrix}\begin{matrix} \text{移居城市} \\ \text{留在农村} \end{matrix}.$$

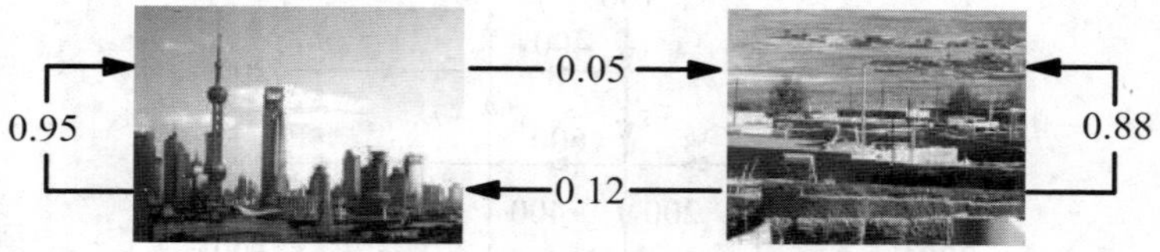

图 8-7-4

因此，2009 年全部人口的分布为

$$\begin{pmatrix} r_1 \\ s_1 \end{pmatrix}=r_0\begin{pmatrix} 0.95 \\ 0.05 \end{pmatrix}+s_0\begin{pmatrix} 0.12 \\ 0.88 \end{pmatrix}=\begin{pmatrix} 0.95 & 0.12 \\ 0.05 & 0.88 \end{pmatrix}\begin{pmatrix} r_0 \\ s_0 \end{pmatrix},$$

即

$$\boldsymbol{x}_1=\boldsymbol{M}\boldsymbol{x}_0, \tag{7.2}$$

其中 $\boldsymbol{M}=\begin{pmatrix} 0.95 & 0.12 \\ 0.05 & 0.88 \end{pmatrix}$ 称为**迁移矩阵**.

如果人口迁移的百分比保持不变，则可以继续得到 2010 年，2011 年，$\cdots$ 的人口分布公式：

$$\boldsymbol{x}_2=\boldsymbol{M}\boldsymbol{x}_1,\ \boldsymbol{x}_3=\boldsymbol{M}\boldsymbol{x}_2,\ \cdots,$$

一般地，有

$$\boldsymbol{x}_{n+1}=\boldsymbol{M}\boldsymbol{x}_n\ (n=0,1,2,\cdots). \tag{7.3}$$

这里,向量序列 $\{\boldsymbol{x}_0,\boldsymbol{x}_1,\boldsymbol{x}_2,\cdots\}$ 描述了城市与农村人口在若干年内的分布变化.

例2 已知某城市2008年的城市人口为5 000 000,农村人口为7 800 000.计算2010年的人口分布.

解 因2008年的初始人口为 $\boldsymbol{x}_0=\begin{pmatrix}5\,000\,000\\7\,800\,000\end{pmatrix}$,故对2009年,有

$$\boldsymbol{x}_1=\begin{pmatrix}0.95&0.12\\0.05&0.88\end{pmatrix}\begin{pmatrix}5\,000\,000\\7\,800\,000\end{pmatrix}=\begin{pmatrix}5\,686\,000\\7\,114\,000\end{pmatrix},$$

对2010年,有

$$\boldsymbol{x}_2=\begin{pmatrix}0.95&0.12\\0.05&0.88\end{pmatrix}\begin{pmatrix}5\,686\,000\\7\,114\,000\end{pmatrix}=\begin{pmatrix}6\,255\,380\\6\,544\,620\end{pmatrix}.$$

即2010年的人口分布情况是:城市人口为6 255 380,农村人口为6 544 620. ■

注:如果一个人口迁移模型经验证基本符合实际情况,我们就可以利用它进一步预测未来一段时间内人口分布变化的情况,从而为政府决策提供有力的依据.

习 题 八

1. 二人零和对策问题.两儿童玩石头—剪子—布的游戏,每人的出法只能在{石头,剪子,布}中选择一种,当他们各选定一种出法(亦称策略)时,就确定了一个"局势",也就决定了各自的输赢.若规定胜者得1分,负者得 −1 分,平手各得零分,则对于各种可能的局势(每一局势得分之和为零,即零和),试用矩阵表示他们的输赢状况.

2. 计算:

(1) $\begin{pmatrix}1&6&4\\-4&2&8\end{pmatrix}+\begin{pmatrix}-2&0&1\\2&-3&4\end{pmatrix}$; (2) $\begin{pmatrix}1&2\\0&1\end{pmatrix}-\begin{pmatrix}2&-2\\0&3\end{pmatrix}$.

3. 设 $\boldsymbol{A}=\begin{pmatrix}1&2&1&2\\2&1&2&1\\1&2&3&4\end{pmatrix}$, $\boldsymbol{B}=\begin{pmatrix}4&3&2&1\\-2&1&-2&1\\0&-1&0&-1\end{pmatrix}$,计算:

(1) $3\boldsymbol{A}-\boldsymbol{B}$; (2) $2\boldsymbol{A}+3\boldsymbol{B}$; (3) 若 $\boldsymbol{X}$ 满足 $\boldsymbol{A}+\boldsymbol{X}=\boldsymbol{B}$,求 $\boldsymbol{X}$.

4. 计算:

(1) $\begin{pmatrix}4&3&1\\1&-2&3\\5&7&0\end{pmatrix}\begin{pmatrix}7\\2\\1\end{pmatrix}$; (2) $\begin{pmatrix}1&2&3\\2&4&6\\3&6&9\end{pmatrix}\begin{pmatrix}-1&-2&-4\\-1&-2&-4\\1&2&4\end{pmatrix}$; (3) $(1\ \ 2\ \ 3)\begin{pmatrix}3\\2\\1\end{pmatrix}$;

(4) $\begin{pmatrix}3\\2\\1\end{pmatrix}(1\ \ 2\ \ 3)$; (5) $(x_1\ \ x_2\ \ x_3)\begin{pmatrix}a_{11}&a_{12}&a_{13}\\a_{12}&a_{22}&a_{23}\\a_{13}&a_{23}&a_{33}\end{pmatrix}\begin{pmatrix}x_1\\x_2\\x_3\end{pmatrix}$.

5. 设 $\boldsymbol{A}=\begin{pmatrix}1&1&1\\1&1&-1\\1&-1&1\end{pmatrix}$, $\boldsymbol{B}=\begin{pmatrix}1&2&3\\-1&-2&4\\0&5&1\end{pmatrix}$,求 $3\boldsymbol{AB}-2\boldsymbol{A}$ 及 $\boldsymbol{A}^{\mathrm{T}}\boldsymbol{B}$.

6. 某企业某年出口到三个国家的两种货物的数量以及两种货物的单位价格、重量、体积

见下表：

产量 国家 / 货物	美国	德国	日本	单位价格（万元）	单位重量（吨）	单位体积（米^3）
A_1	3 000	1 500	2 000	0.5	0.04	0.2
A_2	1 400	1 300	800	0.4	0.06	0.4

利用矩阵乘法计算该企业出口到三个国家的货物总价值、总重量、总体积．

7. 计算下列矩阵：

(1) $\begin{pmatrix} 1 & 1 \\ 0 & 0 \end{pmatrix}^3$；　(2) $\begin{pmatrix} 1 & 0 \\ \lambda & 1 \end{pmatrix}^5$；　(3) $\begin{pmatrix} a & 0 & 0 \\ 0 & b & 0 \\ 0 & 0 & c \end{pmatrix}^3$．

8. 设矩阵 $\boldsymbol{A}$ 为三阶矩阵，若已知 $|\boldsymbol{A}|=m$，求 $|-m\boldsymbol{A}|$．

9. 把下列矩阵化为标准形矩阵 $\boldsymbol{D}=\begin{pmatrix} \boldsymbol{E}_r & \boldsymbol{O} \\ \boldsymbol{O} & \boldsymbol{O} \end{pmatrix}$．

(1) $\begin{pmatrix} 1 & -1 & 2 \\ 3 & 2 & 1 \\ 1 & -2 & 0 \end{pmatrix}$；　(2) $\begin{pmatrix} 1 & -1 & 2 \\ 3 & -3 & 1 \\ -2 & 2 & -4 \end{pmatrix}$；　(3) $\begin{pmatrix} 1 & 0 & 2 & -1 \\ 2 & 0 & 3 & 1 \\ 3 & 0 & 4 & -3 \end{pmatrix}$．

10. 用初等变换判定下列矩阵是否可逆，如可逆，求其逆矩阵．

(1) $\begin{pmatrix} 3 & 2 & 1 \\ 3 & 1 & 5 \\ 3 & 2 & 3 \end{pmatrix}$；　(2) $\begin{pmatrix} 2 & 2 & -1 \\ 1 & -2 & 4 \\ 5 & 8 & 2 \end{pmatrix}$；　(3) $\begin{pmatrix} 3 & -2 & 0 & -1 \\ 0 & 2 & 2 & 1 \\ 1 & -2 & -3 & -2 \\ 0 & 1 & 2 & 1 \end{pmatrix}$．

11. 解下列矩阵方程：

(1) 设 $\boldsymbol{A}=\begin{pmatrix} 4 & 1 & -2 \\ 2 & 2 & 1 \\ 3 & 1 & -1 \end{pmatrix}$，$\boldsymbol{B}=\begin{pmatrix} 1 & -3 \\ 2 & 2 \\ 3 & -1 \end{pmatrix}$，求 $\boldsymbol{X}$ 使 $\boldsymbol{AX}=\boldsymbol{B}$．

(2) 设 $\boldsymbol{A}=\begin{pmatrix} 1 & -1 & 0 \\ 0 & 1 & -1 \\ -1 & 0 & 1 \end{pmatrix}$，$\boldsymbol{AX}=2\boldsymbol{X}+\boldsymbol{A}$，求 $\boldsymbol{X}$．

12. 设矩阵 $\boldsymbol{A}=\begin{pmatrix} 1 & -5 & 6 & -2 \\ 2 & -1 & 3 & -2 \\ -1 & -4 & 3 & 0 \end{pmatrix}$，试计算 $\boldsymbol{A}$ 的全部三阶子式，并求 $\mathrm{r}(\boldsymbol{A})$．

13. 在秩是 r 的矩阵中，有没有等于 0 的 $r-1$阶子式？有没有等于 0 的 r 阶子式？

14. 求下列矩阵的秩：

(1) $\begin{pmatrix} 3 & 1 & 0 & 2 \\ 1 & -1 & 2 & -1 \\ 1 & 3 & -4 & 4 \end{pmatrix}$；　(2) $\begin{pmatrix} 3 & 2 & -1 & -3 & -2 \\ 2 & -1 & 3 & 1 & -3 \\ 7 & 0 & 5 & -1 & -8 \end{pmatrix}$；　(3) $\begin{pmatrix} 1 & -1 & 2 & 1 & 0 \\ 2 & -2 & 4 & 2 & 0 \\ 3 & 0 & 6 & -1 & 1 \\ 0 & 3 & 0 & 0 & 1 \end{pmatrix}$．

15. 用消元法解下列齐次线性方程组：

(1) $\begin{cases} x_1+2x_2-x_3=0 \\ 2x_1+4x_2+7x_3=0 \end{cases}$；　(2) $\begin{cases} x_1+2x_2-3x_3=0 \\ 2x_1+5x_2+2x_3=0 \\ 3x_1-x_2-4x_3=0 \end{cases}$；

(3) $\begin{cases} x_1+x_2+2x_3-x_4=0 \\ 2x_1+x_2+x_3-x_4=0 \\ 2x_1+2x_2+x_3+2x_4=0 \end{cases}$； (4) $\begin{cases} x_1+2x_2+x_3-x_4=0 \\ 3x_1+6x_2-x_3-3x_4=0 \\ 5x_1+10x_2+x_3-5x_4=0 \end{cases}$.

16. 用消元法解下列非齐次线性方程组:

(1) $\begin{cases} 4x_1+2x_2-x_3=2 \\ 3x_1-x_2+2x_3=10 \\ 11x_1+3x_2=8 \end{cases}$； (2) $\begin{cases} 2x+y-z+w=1 \\ 3x-2y+z-3w=4 \\ x+4y-3z+5w=-2 \end{cases}$.

17. λ 取何值时，下列非齐次线性方程组有唯一解、无解或有无穷多解？并在有无穷多解时求出其解.

(1) $\begin{cases} \lambda x_1+x_2+x_3=1 \\ x_1+\lambda x_2+x_3=\lambda \\ x_1+x_2+\lambda x_3=\lambda^2 \end{cases}$； (2) $\begin{cases} -2x_1+x_2+x_3=-2 \\ x_1-2x_2+x_3=\lambda \\ x_1+x_2-2x_3=\lambda^2 \end{cases}$.

18. 给出如题 18 图所示的流量模式. 假设所有的流量都非负，x_3 的最大可能值是多少？

19. 某地的道路交叉口处通常建成单行的小环岛，如题19图所示. 假设交通行进方向必须如图示那样，请求出该网络流的通解并找出 x_6 的最小可能值.

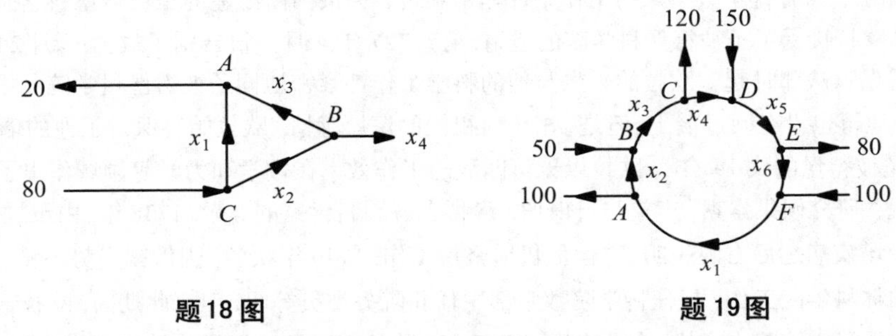

题 18 图　　　　题 19 图

20. 在某个地区，每年约有 5% 的城市人口移居到周围的农村，约有 4% 的农村人口移居到城市. 在 2008 年，城市中有 400 000 名居民，农村有 600 000 名居民. 建立一个差分方程来描述这种情况，用 x_0 表示 2008 年的初始人口. 然后估计两年后，即 2010 年城市和农村的人口数量(忽略其他因素对人口规模的影响).

数学家简介 [6]

欧　拉

——数学家之英雄

欧拉(Euler), 1707 年 4 月 15 日生于瑞士巴塞尔，1783 年 9 月 18 日卒于俄国圣彼得堡，18 世纪最杰出的数学家和物理学家之一.

欧拉出生于牧师家庭，自幼聪敏早慧，并受他父亲的影响酷爱数学. 1720 年秋，年仅 13

岁的欧拉入读巴塞尔大学，当时著名的数学家约翰 · 伯努利 (Johann Bernoulli) 任该校数学教授，他每天讲授基础数学课程，同时还给少数高材生开设更高深的数学、物理学讲座，欧拉便是约翰 · 伯努利最忠实的听众. 他勤奋地学习所有科目，但是仍不满足. 欧拉后来在自传中写道："不久，我找到了一个把自己介绍给著名的约翰 · 伯努利教授的机会…… 他确实太忙了，因此断然拒绝给我个别授课. 但是，他给了我许多更加宝贵的忠告，使我开始独立地学习更高深的数学著作，尽我所能努力去研究它们. 如果我遇到什么障碍或困难，他允许我每周六下午自由地去找他，他总是和蔼地为我解答一切疑难……无疑，这是在数学学科上获得成功的最好方法." 勤奋努力的欧拉 15 岁就获得了巴塞尔大学的学士学位，16 岁获得了该校的哲学硕士学位. 1723 年秋，为了满足他父亲的愿望，欧拉又入读该校的神学系，但他在神学和希腊语等方面的学习并不成功，两年后，他彻底放弃了当牧师的想法.

欧 拉

欧拉 18 岁开始其数学生涯. 翌年，就因研究巴黎科学院当年的有奖征文课题而获得荣誉提名. 1738 年至 1772 年，欧拉共获得过 12 次巴黎科学院奖金.

在瑞士，当时青年数学家的工作条件非常艰苦，而俄国新组建的圣彼得堡科学院正在网罗人才，欧拉接受了圣彼得堡科学院的邀请，于 1727 年 4 月 5 日告别了故乡，5 月 24 日抵达了圣彼得堡. 从那时起，欧拉的一生与他的科学工作都紧密地同圣彼得堡科学院和俄国联系在一起. 他再也没有回过瑞士，但是，出于对祖国的深厚感情，欧拉始终保留了他的瑞士国籍.

在圣彼得堡的头 14 年，欧拉以无可匹敌的工作效率在数学和力学等领域作出了许多辉煌的发现，研究硕果累累，声望与日俱增，赢得了各国科学家的尊敬. 1738 年，由于过度劳累，欧拉在一场疾病之后右眼失明了，但他仍旧坚持工作. 1740 年秋冬，因俄国局势不稳，欧拉应邀前往柏林科学院工作，担任科学院数学部主任和院务委员等职，但在此期间，欧拉一直保留着圣彼得堡科学院院士资格，领取年俸. 1765 年，欧拉重返圣彼得堡科学院. 1766 年，欧拉的左眼也失明了. 但双目失明的科学老人依然奋斗不止，他的论著几乎有一半是 1765 年以后出版的.

欧拉是 18 世纪数学界的中心人物，他是继牛顿之后最杰出的数学家之一. 欧拉研究的领域遍及力学、天文学、物理学、航海学、地理学、大地测量学、流体力学、弹道学、保险学和人口统计学等方面. 但在欧拉的全部科学贡献中，其数学成就占据最突出的地位. 欧拉是数学界最多产的科学家，一生共发表论文和专著 500 多种，到他逝世时，还有 400 种未发表的手稿. 1909 年瑞士科学院开始出版《欧拉全集》，共 74 卷，直到 20 世纪 80 年代仍未出齐.

欧拉的多产还得益于他一生非凡的记忆力和心算能力. 他 70 岁时还能准确地回忆起他年轻时读过的荷马史诗《伊利亚特》每页的头行和末行. 他能够背诵出当时数学领域的主要公式. 有一个例子足以说明欧拉的心算本领：他的两个学生把一个颇为复杂的收敛级数的 17 项相加起来，算到第 50 位数字时因相差一个单位而产生了争执，为了确定谁正确，欧拉对整个计算过程仅凭心算即判明了他们的正误. 1771 年，一场无情的大火曾把欧拉的大部分藏书和手稿焚为灰烬，但晚年的欧拉凭借其非凡的毅力、超人的才智、渊博的知识、惊人的记忆力和心算能力，以由他口授、儿女笔录的形式进行着特殊的科学研究工作.

欧拉的著述浩瀚，不仅包含科学创见，而且富有科学思想，他给后人留下了极其丰富的科学遗产，其为科学献身的精神也值得后人学习．历史学家把欧拉同阿基米德、牛顿、高斯并列为数学史上的“四杰”. 如今，在数学的许多分支中经常可以看到以他的名字命名的重要常数、公式和定理．

第三部分　概率论与数理统计

第9章　随机事件及其概率

概率论与数理统计是从数量化的角度来研究现实世界中的一类不确定现象（随机现象）及其规律性的一门应用数学学科．20世纪以来，它已广泛应用于工业、国防、国民经济及工程技术等各个领域．本章介绍的随机事件及其概率是概率论中最基本、最重要的概念之一．

§9.1 随 机 事 件

一、随机现象

在自然界和人类社会生活中普遍存在着两类现象：一类是在一定条件下必然出现的现象，称为**确定性现象**．

例如：(1) 一物体从高度为 h (米) 处垂直下落，则经过 t (秒) 后必然落到地面，且当高度 h 一定时，可由公式

$$h=\frac{1}{2}gt^2 \quad (g=9.8\,(\text{米}/\text{秒}^2))$$

具体计算出该物体落到地面所需的时间 $t=\sqrt{2h/g}$ (秒).

(2) 异性电荷相互吸引，同性电荷相互排斥，等等．

另一类则是在一定条件下我们事先无法准确预知其结果的现象，称为**随机现象**．

例如：(1) 在相同的条件下抛掷同一枚硬币，我们无法事先预知将出现正面还是反面；

(2) 将来某日某种股票的价格是多少？等等.

从亚里士多德时代开始，哲学家们就已经认识到随机性在生活中的作用，但直到20世纪初，人们才认识到随机现象亦可以通过数量化方法来进行研究．概率论就是以数量化方法来研究随机现象及其规律性的一门数学学科.

二、随机试验

由于随机现象的结果事先不能预知，初看似乎毫无规律．然而，人们发现同一随机现象大量重复出现时，其每种可能的结果出现的频率具有稳定性，从而表明随机现象也有其固有的规律性．人们把随机现象在大量重复出现时所表现出的量的规律性称为随机现象的**统计规律性**．概率论与数理统计是研究随机现象统计规律性的一门学科．

历史上，研究随机现象统计规律最著名的试验是抛掷硬币的试验．表 9－1－1是历史上抛掷硬币试验的记录．

表 9－1－1　　历史上抛掷硬币试验的记录

试验者	抛掷次数(n)	正面次数(r_n)	正面频率(r_n/n)
德·摩根	2 048	1 061	0.518 1
蒲丰	4 040	2 048	0.506 9
皮尔逊	12 000	6 019	0.501 6
皮尔逊	24 000	12 012	0.500 5

数学随机试验

***数学实验**

实验 9.1　微信扫描右侧的二维码，可借助软件进行掷硬币仿真试验．

试验表明：虽然每次抛掷硬币事先无法准确预知将出现正面还是反面，但大量重复试验时，发现出现正面和反面的次数大致相等，即各占总试验次数的比例大致为0.5，并且随着试验次数的增加，这一比例更加稳定地趋于 0.5．它说明虽然随机现象在少数几次试验或观察中其结果没有什么规律性，但通过长期的观察或大量的重复试验可以看出，试验的结果是有规律可循的，这种规律是随机试验的结果自身所具有的特征．

要对随机现象的统计规律性进行研究，就需要对随机现象进行重复观察，我们把对随机现象的观察称为**试验**．

例如，观察某射手对固定目标所进行的射击；抛一枚硬币三次，观察出现正面的次数；记录某市 120 急救电话一昼夜接到的呼叫次数等均为试验．上述试验具有以下共同特征：

(1) 可重复性：试验可以在相同的条件下重复进行；

(2) 可观察性：每次试验的可能结果不止一个，并且能事先明确试验的所有可能结果；

(3) 不确定性：每次试验出现的结果事先不能准确预知，但可以肯定会出现上述所有可能结果中的一个．

在概率论中，我们将具有上述三个特征的试验称为**随机试验**，记为E．

三、样本空间

尽管一个随机试验将要出现的结果是不确定的，但其所有可能结果是明确的，我们把随机试验的每一种可能的结果称为一个**样本点**，它们的全体称为**样本空间**，记为 S (或 Ω).

例如 : (1) 在抛掷一枚硬币观察其出现正面或反面的试验中，有两个样本点：正面、反面 . 样本空间为 $S=\{$正面, 反面$\}$. 若记 $\omega_1=$(正面), $\omega_2=$(反面), 则样本空间可记为

$$S=\{\omega_1,\omega_2\}.$$

(2) 观察某电话交换台在一天内收到的呼叫次数，其样本点有可数无穷多个 : i ($i=0, 1, 2, 3, \cdots$) 次，则样本空间可简记为

$$S=\{0,1,2,3,\cdots\}.$$

(3) 在一批灯泡中任意抽取一个，测试其寿命，其样本点也有无穷多个 (且不可数): $t\,(0\le t<+\infty)$ 小时，则样本空间可简记为

$$S=\{t\,|\,0\le t<+\infty\}=[0,+\infty).$$

四、随机事件

在随机试验中，人们除了关心试验的结果本身外，往往还关心试验的结果是否具备某一指定的可观察的特征．在概率论中，把具有某一可观察特征的随机试验的结果称为**事件**．事件可分为以下三类:

(1) **随机事件** : 在试验中可能发生也可能不发生的事件 . 随机事件通常用字母 A, B, C 等表示 .

例如，在抛掷一颗骰子的试验中，用 A 表示“点数为奇数”这一事件，则 A 是一个随机事件 .

(2) **必然事件** : 在每次试验中都必然发生的事件 . 用字母 S (或 Ω) 表示 .

例如，在上述试验中，“点数小于 7 ”是一个必然事件 .

(3) **不可能事件** : 在任何一次试验中都不可能发生的事件 . 用符号 $\varnothing$ 表示 .

例如，在上述试验中，“点数为 8 ”是一个不可能事件 .

显然，必然事件与不可能事件都是确定性事件，为讨论方便，今后将它们看作是两个特殊的随机事件，并将随机事件简称为**事件**.

五、事件的集合表示

由定义可知，样本空间 S 是随机试验的所有可能结果 (样本点) 的集合，每一个样本点是该集合的一个元素．一个事件是由具有该事件所要求的特征的那些可能结果构成的，所以一个事件是对应于 S 中具有相应特征的样本点所构成的集合，它是 S 的一个子集．于是，**任何一个事件都可以用 S 的某个子集来表示**.

我们说某事件 A 发生，即指属于该事件的某一个样本点在随机试验中出现 .

例如 : 在抛掷骰子的试验中，样本空间为 $S=\{1,2,3,4,5,6\}$. 于是，事件 A: “点数为5”可表示为 $A=\{5\}$;

事件B:“点数小于5”可表示为$B=\{1,2,3,4\}$;

事件C:“点数为小于5的偶数”可表示为$C=\{2,4\}$.

我们称仅含一个样本点的事件为**基本事件**;称含有两个或两个以上样本点的事件为**复合事件**.显然,样本空间S作为一个事件是必然事件,空集$\varnothing$作为一个事件是不可能事件.

六、事件的关系与运算

因为事件是样本空间的一个子集,故事件之间的关系与运算可按集合之间的关系与运算来处理.下面给出这些关系与运算在概率论中的提法和含义.

(1) 若$A\subset B$,则称事件B**包含**事件A,或事件A**包含于**事件B,或A是B的子事件.其含义是:若事件A发生必然导致事件B发生.显然,$\varnothing\subset A\subset S$.

(2) 若$A=B$,则称事件A与事件B**相等**.其含义是:若事件A发生必然导致事件B发生,且若事件B发生必然导致事件A发生,即$A\subset B$,且$B\subset A$.

(3) 事件$A\cup B=\{\omega|\omega\in A$或$\omega\in B\}$称为事件$A$与事件$B$的**和**(或**并**).其含义是:当且仅当事件A,B中至少有一个发生时,事件$A\cup B$发生.$A\cup B$有时也记为$A+B$.

类似地,称$\bigcup\limits_{i=1}^{n}A_i$为$n$个事件$A_1,A_2,\cdots,A_n$的**和事件**,称$\bigcup\limits_{i=1}^{\infty}A_i$为可数个事件$A_1,A_2,\cdots,A_n,\cdots$的**和事件**.

(4) 事件$A\cap B=\{\omega|\omega\in A$且$\omega\in B\}$称为事件$A$与事件$B$的**积**(或**交**).其含义是:当且仅当事件A,B同时发生时,事件$A\cap B$发生.事件$A\cap B$也记作AB.

类似地,称$\bigcap\limits_{i=1}^{n}A_i$为$n$个事件$A_1,A_2,\cdots,A_n$的**积事件**,称$\bigcap\limits_{i=1}^{\infty}A_i$为可数个事件$A_1,A_2,\cdots,A_n,\cdots$的**积事件**.

(5) 事件$A-B=\{\omega|\omega\in A$且$\omega\notin B\}$称为事件A与事件B的**差**.其含义是:当且仅当事件A发生,且事件B不发生时,事件$A-B$发生.

例如,在抛掷骰子的试验中,记事件

$$A=\{\text{点数为奇数}\},\ B=\{\text{点数小于}5\},$$

则

$$A\cup B=\{1,2,3,4,5\};\quad A\cap B=\{1,3\};\quad A-B=\{5\}.$$

(6) 若$A\cap B=\varnothing$,则称事件A与事件B是**互不相容**的,或称是**互斥**的.其含义是:事件A与事件B不能同时发生.

例如,基本事件是两两互不相容的.

(7) 若$A\cup B=S$且$A\cap B=\varnothing$,则称事件A与事件B互为**对立事件**,或称事件A与事件B互为**逆事件**.其含义是:对每次试验而言,事件A,B中有且仅有一个发生.事件A的对立事件记为$\overline{A}$.于是,$\overline{A}=S-A$.

注:两个互为对立的事件一定是互斥事件;反之,互斥事件不一定是对立事件.

而且，互斥的概念适用于多个事件，但是对立概念只适用于两个事件.

事件的关系与运算可用以下维恩图形象地表示：

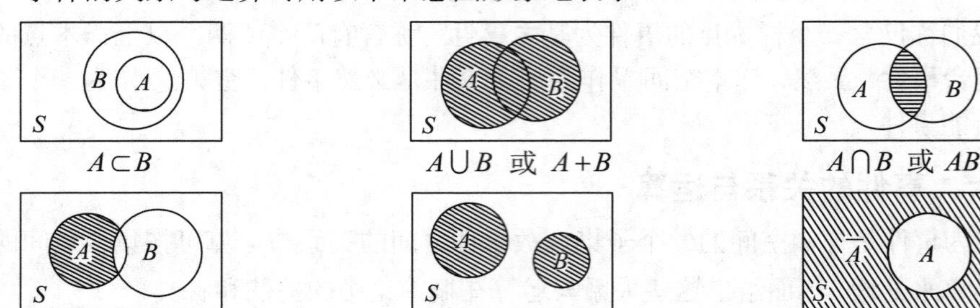

$A\subset B$　　$A\cup B$ 或 $A+B$　　$A\cap B$ 或 AB

$A-B$　　$A\cap B=\varnothing$　　$\overline{A}=S-A$

(8) 完备事件组

设 $A_1, A_2, \cdots, A_n, \cdots$ 是有限或可数个事件，若其满足：

① $A_i\cap A_j=\varnothing$，$i\neq j$, $i, j=1, 2, \cdots$，

② $\bigcup\limits_i A_i=S$，

则称 $A_1, A_2, \cdots, A_n, \cdots$ 是一个**完备事件组**，也称 $A_1, A_2, \cdots, A_n, \cdots$ 是样本空间 S 的一个**划分**.

显然，$\overline{A}$ 与 A 构成一个完备事件组.

七、事件的运算规律

由集合的运算律，易给出事件间的运算律. 设 A, B, C 为同一随机试验 E 中的事件，则有

(1) 交换律　$A\cup B=B\cup A$，$A\cap B=B\cap A$;

(2) 结合律　$(A\cup B)\cup C=A\cup(B\cup C)$,
　　$(A\cap B)\cap C=A\cap(B\cap C)$;

(3) 分配律　$(A\cup B)\cap C=(A\cap C)\cup(B\cap C)$,
　　$(A\cap B)\cup C=(A\cup C)\cap(B\cup C)$;

(4) 自反律　$\overline{\overline{A}}=A$;

(5) 对偶律　$\overline{A\cup B}=\overline{A}\cap\overline{B}$，$\overline{A\cap B}=\overline{A}\cup\overline{B}$.

例 1　考虑某教育局全体干部的集合，令 A 为女干部，B 为已婚干部，C 为具有硕士学历的干部.

(1) 用文字说明 $AB\overline{C}$，$(\overline{A}\cup B)\overline{C}$ 以及 $(A\overline{B}\cup\overline{A}\overline{B})$ 的含义；

(2) 用 A, B, C 的运算表示“硕士学历的单身女干部”和“不是已婚硕士的干部”.

解　(1) $AB\overline{C}$ 表示非硕士学历的已婚女干部.

$(\overline{A}\cup B)\overline{C}$ 表示非硕士学历的男性干部或已婚干部.

$(A\overline{B}\cup\overline{A}\overline{B})=\overline{B}\cap S=\overline{B}$，表示“全体未婚干部”.

(2)“硕士学历的单身女干部”表示为$(A-B)C$，“不是已婚硕士的干部”表示为$\overline{BC}$. ■

§9.2 随机事件的概率

对于一个随机事件A，在一次随机试验中，它是否会发生，事先不能确定. 但我们会问：在一次试验中，事件A发生的可能性有多大？并希望找到一个合适的数来表征事件A在一次试验中发生的可能性大小. 为此，本节首先引入频率的概念，它描述了事件发生的频繁程度，进而引出表征事件在一次试验中发生的可能性大小的数——概率.

一、频率及其性质

定义1 若在相同条件下进行n次试验，其中事件A发生的次数为$r_n(A)$，则称$f_n(A)=\dfrac{r_n(A)}{n}$为事件A发生的**频率**.

根据上述定义，频率反映了一个随机事件在大量重复试验中发生的频繁程度. 例如，抛掷一枚均匀硬币时，在一次试验中虽然不能肯定是否会出现正面，但大量重复试验时，发现出现正面和反面的次数大致相等(见表9–1–1)，即各占总试验次数的比例大致为0.5，并且随着试验次数的增加，这一比例更加稳定地趋于0.5. 这似乎表明，频率的稳定值与事件发生的可能性大小(概率)之间有着内在的联系.

在实际观察中，通过大量重复试验得到随机事件的频率稳定于某个数值的例子还有很多. 它们均表明了这样一个事实：当试验次数增大时，事件A发生的频率$f_n(A)$总是稳定在一个确定的数值p附近，而且偏差随着试验次数的增大而越来越小. 频率的这种性质在概率论中称为**频率的稳定性**. 频率具有稳定性的事实说明了刻画随机事件A发生的可能性大小的数——概率的客观存在性.

定义2 在相同条件下重复进行n次试验，若事件A发生的频率$f_n(A)=\dfrac{r_n(A)}{n}$随着试验次数n的增大而稳定地在某个常数$p(0\le p\le 1)$附近摆动，则称p为**事件A的概率**，记为$P(A)$.

上述定义称为随机事件概率的统计定义. 根据这一定义，在实际应用时，往往可用试验次数足够大时的频率来估计概率的大小，且随着试验次数的增加，估计的精度会越来越高.

概率的统计定义实际上给出了一个近似计算随机事件概率的方法：当试验重复多次时，随机事件A的频率$f_n(A)$可以作为事件A的概率$P(A)$的近似值.

例1 从某鱼池中取100条鱼，做上记号后再放入该鱼池中. 现从该池中任意捉来40条鱼，发现其中两条有记号，问池内大约有多少条鱼？

解 设池内有n条鱼，则从池中捉到一条有记号的鱼的概率为$\frac{100}{n}$，它近似于捉到有记号的鱼的频率$\frac{2}{40}$，即$\frac{100}{n}\approx\frac{2}{40}$，解之得$n\approx 2\,000$，故池内大约有2 000条鱼.■

二、概率的公理化定义

任何一个数学概念都是对现实世界的抽象，这种抽象使其具有广泛的适用性. 概率的频率解释为概率提供了经验基础，但是不能作为一个严格的数学定义，从概率论有关问题的研究算起，经过近三个世纪漫长的探索历程，人们才真正完整地解决了概率的严格的数学定义. 1933年，苏联著名的数学家柯尔莫哥洛夫在《概率论的基本概念》一书中给出了现在已被广泛接受的概率公理化体系，第一次将概率论建立在严密的逻辑基础上.

定义3 设E是随机试验，S是它的样本空间，对于E的每一个事件A赋予一个实数，记为$P(A)$，若$P(A)$满足下列三个条件：

(1) 非负性：对每一个事件A，有$P(A)\geq 0$;

(2) 完备性：$P(S)=1$;

(3) 可列可加性：设$A_1, A_2, \cdots$是两两互不相容的事件，则有

$$P(\bigcup_{i=1}^{\infty}A_i)=\sum_{i=1}^{\infty}P(A_i),$$

则称$P(A)$为事件A的**概率**.

三、概率的性质

由概率的定义可知，概率具有下述基本性质：

性质1 对任一事件A，有$0\leq P(A)\leq 1$.

性质2 $P(S)=1$，$P(\varnothing)=0$.

性质3 设A, B为两个互不相容的事件，则

$$P(A\cup B)=P(A)+P(B).$$

注：性质3可推广到任意n个事件的并的情形.

由概率的基本性质，可进一步推出概率的另外一些重要性质.

性质4 $P(\overline{A})=1-P(A)$.

性质5 $P(A-B)=P(A)-P(AB)$；特别地，若$B\subset A$，则

(1) $P(A-B)=P(A)-P(B)$,

(2) $P(A)\geq P(B)$.

性质6 对任意两个事件A, B，有

$$P(A\cup B)=P(A)+P(B)-P(AB).$$

注：性质6可推广到任意n个事件的并的情形，如$n=3$时，有

$$P(A\cup B\cup C)=P(A)+P(B)+P(C)-P(AB)-P(BC)-P(AC)+P(ABC).$$

例2　已知 $P(\overline{A})=0.5$，$P(AB)=0.2$，$P(B)=0.4$，求

(1) $P(A-B)$;　　(2) $P(A\cup B)$;　　(3) $P(\overline{AB})$.

解　利用概率的性质，可得

(1) $P(A)=1-P(\overline{A})=1-0.5=0.5$,

$P(A-B)=P(A)-P(AB)=0.5-0.2=0.3$;

(2) $P(A\cup B)=P(A)+P(B)-P(AB)=0.5+0.4-0.2=0.7$;

(3) $P(\overline{A}\,\overline{B})=P(\overline{A\cup B})=1-P(A\cup B)=1-0.7=0.3$. ■

四、古典概型

我们称具有下列两个特征的随机试验模型为**古典概型**.

(1) 随机试验只有有限个可能的结果；

(2) 每一个结果发生的可能性大小相同.

因而，古典概型又称为**等可能概型**. 在概率论的产生和发展过程中，它是最早的研究对象，而且在实际应用中也是最常用的一种概率模型. 它在数学上可表述为

(1)′ 试验的样本空间有限，记 $S=\{\omega_1, \omega_2, \cdots, \omega_n\}$;

(2)′ 每一基本事件的概率相同，记 $A_i=\{\omega_i\}$ $(i=1, 2, \cdots, n)$，即

$$P(A_1)=P(A_2)=\cdots=P(A_n).$$

根据古典概型的特点，我们可以定义任一随机事件的概率.

定义4　对给定的古典概型，若其样本空间 S 中基本事件的总数为 n，事件 A 包含其中 k 个基本事件，则事件 A 的**概率**为

$$P(A)=\frac{k}{n}=\frac{A\text{包含的基本事件数}}{S\text{中基本事件的总数}}.$$

上述定义称为**概率的古典定义**，由古典定义求得的概率简称为**古典概率**. 按照古典定义确定概率的方法称为古典方法，这种方法把求古典概率的问题转化为对基本事件的计数问题，此类计数问题可借助排列组合作为工具.

注：有关排列组合的基本内容详见教材配套的网络学习空间.

例3　掷一颗匀称骰子，设 A 表示所掷结果为“四点或五点”，B 表示所掷结果为“偶数点”，求 $P(A)$ 和 $P(B)$.

解　设 $A_1=\{1\}, A_2=\{2\}, \cdots, A_6=\{6\}$ 分别表示所掷结果为“一点”，“两点”，…，“六点”，则样本空间 $\Omega=\{1,2,3,4,5,6\}$，$A_1, A_2, \cdots, A_6$ 是所有不同的基本事件，且它们发生的概率相同，于是

$$P(A_1)=P(A_2)=\cdots=P(A_6)=\frac{1}{6}.$$

由 $A=A_4\cup A_5=\{4,5\}$，$B=A_2\cup A_4\cup A_6=\{2,4,6\}$，得

$$P(A)=\frac{2}{6}=\frac{1}{3},\ P(B)=\frac{3}{6}=\frac{1}{2}.$$ ■

例 4　货架上有外观相同的商品 15 件，其中 12 件来自产地甲，3 件来自产地乙. 现从 15 件商品中随机地抽取两件，求这两件商品来自同一产地的概率.

解　从 15 件商品中取出两件商品，共有 C_{15}^2 种取法，且每种取法都是等可能的. 每一种取法是一个基本事件，于是，基本事件总数 $n=C_{15}^2=\frac{15\times14}{2\times1}=105$. 同理，事件 $A_1=\{$两件商品来自产地甲$\}$ 包含基本事件数

$$k_1=C_{12}^2=\frac{12\times11}{2\times1}=66,$$

事件 $A_2=\{$两件商品来自产地乙$\}$ 包含基本事件数

$$k_2=C_3^2=3,$$

而事件 $A=\{$两件商品来自同一产地$\}=A_1\cup A_2$，且 A_1 与 A_2 互斥. 所以，事件 A 包含基本事件数 $k=k_1+k_2=69$. 于是，所求概率

$$P(A)=\frac{k}{n}=\frac{69}{105}=\frac{23}{35}.$$ ■

例 5　设某校高一年级一、二、三班男生与女生的人数如表 9-2-1 所示：

表 9-2-1

性别 \ 班级	一班	二班	三班	总计
男	23	22	24	69
女	25	24	22	71
总计	48	46	46	140

现从中随机抽取一人，问该学生是一班学生或是男学生的概率是多少？

解　设 A 表示 $\{$一班学生$\}$，B 表示 $\{$男学生$\}$，则

$$P(A)=\frac{48}{140},\quad P(B)=\frac{69}{140},\quad P(AB)=\frac{23}{140}.$$

于是

$$P(A\cup B)=P(A)+P(B)-P(AB)=\frac{48}{140}+\frac{69}{140}-\frac{23}{140}=\frac{47}{70}\approx0.67.$$

即该学生是一班学生或是男学生的概率为 0.67. ■

§9.3　条 件 概 率

一、条件概率的概念

先由一个简单的例子引入条件概率的概念.

引例 一批同型号产品由甲、乙两厂生产，产品结构如表9－3－1所示：

表9－3－1

等级 \ 数量 \ 厂别	甲厂	乙厂	合计
合格品	475	644	1 119
次品	25	56	81
合计	500	700	1 200

从这批产品中随意地取一件，则这件产品为次品的概率为

$$\frac{81}{1\,200}=6.75\%.$$

现在假设被告知取出的产品是甲厂生产的，那么这件产品为次品的概率又是多大呢？回答这一问题并不困难．当我们被告知取出的产品是甲厂生产的时，我们不能肯定的只是该件产品是甲厂生产的500件中的哪一件，由于500件中有25件次品，自然我们可从中得出，在已知取出的产品是甲厂生产的条件下，它是次品的概率为 $\frac{25}{500}=5\%$．记“取出的产品是甲厂生产的”这一事件为 A，“取出的产品为次品”这一事件为 B．

在事件 A 发生的条件下，求事件 B 发生的概率，这就是条件概率，记作 $P(B|A)$．

在本例中，我们注意到：

$$P(B|A)=\frac{25}{500}=\frac{25/1\,200}{500/1\,200}=\frac{P(AB)}{P(A)}.$$

事实上，容易验证，对一般的古典概型，只要 $P(A)>0$，总有

$$P(B|A)=\frac{P(AB)}{P(A)}.$$

由这些共性得到启发，我们在一般的概率模型中引入条件概率的数学定义．

二、条件概率的定义

定义1 设 A, B 是两个事件，且 $P(A)>0$，则称

$$P(B|A)=\frac{P(AB)}{P(A)} \tag{3.1}$$

为在事件 A 发生的条件下，事件 B 的**条件概率**．相应地，把 $P(B)$ 称为**无条件概率**．

注：$P(B)$ 表示“B 发生”这个随机事件的概率，而 $P(B|A)$ 表示在 A 发生的条件下，事件 B 发生的条件概率．计算 $P(B)$ 时，是在整个样本空间 S 上考察 B 发生的概率，而计算 $P(B|A)$ 时，实际上是仅局限于在 A 事件发生的范围内考察 B 事件发生的概率，一般地，$P(B|A)\neq P(B)$．

例1 某种元件用满6 000小时未坏的概率是3/4，用满10 000小时未坏的概率是1/2，现有一个此种元件，已经用过6 000小时未坏，求它能用到10 000小时的概率．

解　设 A 表示{用满10 000小时未坏}, B 表示{用满 6 000 小时未坏}, 则

$$P(B)=3/4,\ P(A)=1/2.$$

由于 $A\subset B$, $AB=A$, 因而 $P(AB)=1/2$, 故

$$P(A|B)=\frac{P(AB)}{P(B)}=\frac{P(A)}{P(B)}=\frac{1/2}{3/4}=\frac{2}{3}.$$ ■

三、乘法公式

由条件概率的定义立即得到:

$$P(AB)=P(A)P(B|A)\quad (P(A)>0).\tag{3.2}$$

注意到 $AB=BA$, 及 A,B 的对称性可得到:

$$P(AB)=P(B)P(A|B)\quad (P(B)>0).\tag{3.3}$$

式 (3.2) 和式 (3.3) 都称为**乘法公式**, 利用它们可计算两个事件同时发生的概率.

例 2　两个学生依次从10 道试题中各抽一题口试, 设抽到每道题是等可能的. 如果第一个学生把抽到的题放回去, 第二个学生再抽, 求两个学生都抽到试题1的概率.

解　设 "第 i 个学生抽到试题 1" 为 $A_i\,(i=1,2)$, 则 "两个学生都抽到试题 1" 的事件为 A_1A_2. 由乘法公式

$$P(A_1A_2)=P(A_1)P(A_2|A_1),$$

由于抽取方式是有放回的, 因此第二个学生抽到试题 1 的概率不受第一个学生是否抽到试题 1 的影响, 即

$$P(A_2|A_1)=P(A_2),$$

故

$$P(A_1A_2)=P(A_1)P(A_2)=\frac{1}{10}\times\frac{1}{10}=\frac{1}{100}.$$ ■

注: 乘法公式 (3.2) 和公式 (3.3) 可以推广到有限个事件积的概率情形:

设 $A_1, A_2, \cdots, A_n$ 为 n 个事件, 且 $P(A_1A_2\cdots A_{n-1})>0$, 则

$$P(A_1A_2\cdots A_n)=P(A_1)P(A_2|A_1)P(A_3|A_1A_2)\cdots P(A_n|A_1A_2\cdots A_{n-1}).\tag{3.4}$$

例 3　一批灯泡共100 只, 其中10 只是次品, 其余为正品. 做不放回抽取, 每次取一只, 求第三次才取到正品的概率.

解　设 $A_i=\{$第 i 次取到正品$\}\ (i=1,2,3)$, $A=\{$第三次才取到正品$\}$, 则

$$A=\overline{A_1}\,\overline{A_2}\,A_3,$$

于是

$$P(A)=P(\overline{A_1}\,\overline{A_2}\,A_3)=P(\overline{A_1})\cdot P(\overline{A_2}|\overline{A_1})\cdot P(A_3|\overline{A_1}\,\overline{A_2})$$

$$=\frac{10}{100}\cdot\frac{9}{99}\cdot\frac{90}{98}\approx 0.008\,3.$$

所以, 第三次才取到正品的概率约为 0.008 3. ■

四、全概率公式

全概率公式是概率论中的一个基本公式. 它将计算一个复杂事件的概率问题, 转化为在不同情况或不同原因下发生的简单事件的概率的求和问题.

定理1 设 $A_1, A_2, \cdots, A_n, \cdots$ 是一个完备事件组, 且 $P(A_i)>0,\ i=1, 2, \cdots$, 则对任一事件 B, 有

$$P(B)=P(A_1)P(B|A_1)+\cdots+P(A_n)P(B|A_n)+\cdots. \tag{3.5}$$

证明 $$P(B)=P(B\cap S)=P(B\cap(\bigcup_i A_i))=P(\bigcup_i(B\cap A_i))$$

$$=\sum_i P(B\cap A_i)=\sum_i P(A_i)P(B|A_i).$$ ■

注: 公式指出, 在复杂情况下直接计算 $P(B)$ 不易时, 可根据具体情况构造一组完备事件 $\{A_i\}$, 使事件 B 发生的概率是各事件 $A_i\ (i=1, 2, \cdots)$ 发生的条件下引起事件 B 发生的概率的总和. 直观示意图见图 9–3–1.

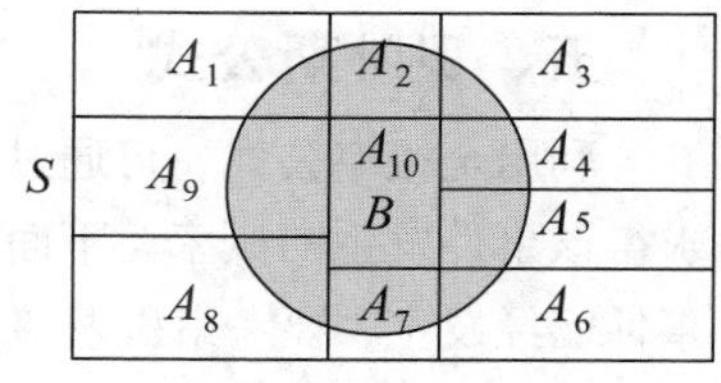

图 9–3–1

特别地, 若取 $n=2$, 并将 A_1 记为 A, 则 A_2 就是 $\overline{A}$. 于是, 可得

$$P(B)=P(A)P(B|A)+P(\overline{A})P(B|\overline{A}).$$

例4 人们为了解一只股票未来一定时期内的价格变化, 往往会去分析影响股票价格的基本因素, 比如利率的变化. 现假设人们经分析估计利率下调的概率为60%, 利率不变的概率为40%. 根据经验, 人们估计, 在利率下调的情况下, 该只股票价格上涨的概率为80%, 而在利率不变的情况下, 其价格上涨的概率为40%, 求该只股票价格将上涨的概率.

解 记 A 为事件“利率下调”, 那么 $\overline{A}$ 即为“利率不变”, 记 B 为事件“股票价格上涨”. 据题设知

$$P(A)=60\%,\quad P(\overline{A})=40\%,$$

$$P(B|A)=80\%,\quad P(B|\overline{A})=40\%,$$

于是
$$P(B)=P(AB)+P(\overline{A}B)=P(A)P(B|A)+P(\overline{A})P(B|\overline{A})$$

$$=60\%\times80\%+40\%\times40\%=64\%.$$ ■

例5 有三个罐子, 1号装有2红1黑共3个球, 2号装有3红1黑共4个球, 3号装有2红2黑共4个球, 如图9–3–2所示. 某人从中随机取一罐, 再从该罐中任意取出一球, 求取得红球的概率.

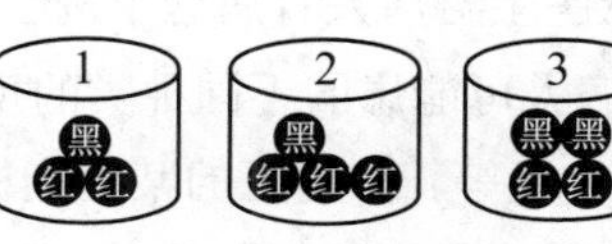

图 9–3–2

解 记 $B_i=\{$球取自 i 号罐$\}$, $i=1, 2, 3$;

$A=\{$取得红球$\}$.

因为 A 发生总是伴随着 B_1, B_2, B_3 之一同时

发生, B_1, B_2, B_3 是样本空间的一个划分.

由全概率公式得

$$P(A)=\sum_{i=1}^{3}P(B_i)P(A|B_i).$$

依题意:

$$P(A|B_1)=2/3, \qquad P(A|B_2)=3/4, \qquad P(A|B_3)=1/2,$$
$$P(B_1)=P(B_2)=P(B_3)=1/3.$$

代入数据计算得

$$P(A)\approx 0.639.$$

■

现在如果我们取出的一个球是红球，那么红球是从第一个罐中取出的概率是多少？下面将要介绍的贝叶斯公式将给出这个问题的解答.

五、贝叶斯公式

利用全概率公式，可通过综合分析一事件发生的不同原因或情况及其可能性来求得该事件发生的概率. 下面给出的贝叶斯公式则考虑与之完全相反的问题，即一事件已经发生，要考察引发该事件的各种原因或情况的可能性大小.

定理 2　设 $A_1, A_2, \cdots, A_n, \cdots$ 是一完备事件组，则对任一事件 B, $P(B)>0$, 有

$$P(A_i|B)=\frac{P(A_iB)}{P(B)}=\frac{P(A_i)P(B|A_i)}{\sum_j P(A_j)P(B|A_j)}, \quad i=1, 2, \cdots, \tag{3.6}$$

上述公式称为**贝叶斯公式**.

例 6　对于例 5, 若取出的一个球是红球, 试求该红球是从第一个罐中取出的概率.

解　仍然用例 5 的记号. 要求 $P(B_1|A)$, 由贝叶斯公式知

$$P(B_1|A)=\frac{P(A|B_1)P(B_1)}{P(A|B_1)P(B_1)+P(A|B_2)P(B_2)+P(A|B_3)P(B_3)}$$
$$=\frac{P(A|B_1)P(B_1)}{P(A)}\approx 0.348.$$

■

式 (3.6) 中, $P(A_i)$ 和 $P(A_i|B)$ 分别称为原因的**先验概率**和**后验概率**. $P(A_i)$ $(i=1, 2, \cdots)$ 是在没有进一步信息 (不知道事件 B 是否发生) 的情况下诸事件发生的概率. 在获得新的信息 (知道 B 发生) 后, 人们对诸事件发生的概率 $P(A_i|B)$ 就有了新的估计. 贝叶斯公式从数量上刻画了这种变化.

从医生给病人看病这个例子我们来解释一下先验概率和后验概率. 若 $A_1, A_2, \cdots, A_n$ 是病人可能患的不同种类的疾病，在看病前先诊断与这些疾病相关的指标 (如：血压, 体温等), 若病人的某些指标偏离正常值 (即 B 发生), 问该病人患了什么病?

从概率论的角度来看, 若 $P(A_i|B)$ 大, 则病人患 A_i 病的可能性也较大. 通过贝

叶斯公式就可以看出. 人们通常喜欢找老医生看病, 主要是老医生经验丰富, 过去的经验能帮助医生作出较为准确的诊断, 就能更好地为病人治病, 而经验越丰富, 先验概率就越高, 贝叶斯公式正是利用了先验概率. 也正因为如此, 此类方法受到人们的普遍重视, 并称之为"贝叶斯方法".

例7 设某批产品中, 甲、乙、丙三厂生产的产品分别占 45%, 35%, 20%, 各厂的产品的次品率分别为 4%, 2%, 5%, 现从中任取一件.

(1) 求取到的是次品的概率;

(2) 经检验发现取到的产品为次品, 求该产品是甲厂生产的概率.

解 记"该产品为甲厂生产的"这一事件为 A_1; "该产品为乙厂生产的"这一事件为 A_2; "该产品为丙厂生产的"这一事件为 A_3; "该产品是次品"这一事件为 B. 由题设知:

$$P(A_1)=45\%,\quad P(A_2)=35\%,\quad P(A_3)=20\%,$$
$$P(B|A_1)=4\%,\quad P(B|A_2)=2\%,\quad P(B|A_3)=5\%.$$

(1) 由全概率公式得

$$P(B)=\sum_{i=1}^{3}P(A_i)P(B\mid A_i)=45\%\times4\%+35\%\times2\%+20\%\times5\%=3.5\%.$$

(2) 由贝叶斯公式 (或条件概率定义) 得:

$$P(A_1|B)=\frac{P(A_1B)}{P(B)}=\frac{P(A_1)P(B|A_1)}{P(B)}=\frac{45\%\times4\%}{3.5\%}\approx51.4\%.$$ ■

§9.4 事件的独立性

由上节例子可知, 一般情况下, $P(B)\neq P(B\mid A)$, 即事件 A, B 中某个事件发生对另一个事件发生的概率是有影响的. 但在许多实际问题中, 常会遇到两个事件中任何一个事件发生都不会对另一个事件发生的概率产生影响. 此时, $P(B)=P(B|A)$, 故乘法公式可写成

$$P(AB)=P(A)P(B|A)=P(A)P(B).$$

由此引出了事件间的相互独立问题.

一、两个事件的独立性

定义1 若两事件 A, B 满足

$$P(AB)=P(A)P(B), \tag{4.1}$$

则称 A, B **独立**, 或称 A, B **相互独立**.

注: 两事件互不相容与相互独立是完全不同的两个概念, 它们分别从两个不同的角度表述了两事件间的某种联系. 互不相容是表述在一次随机试验中两事件不能

同时发生，而相互独立是表述在一次随机试验中一事件是否发生与另一事件是否发生互无影响.此外，当 $P(A)>0$，$P(B)>0$，则 A,B 相互独立与 A,B 互不相容不能同时成立.进一步还可证明:若A与B既独立,又互斥,则A与B至少有一个是零概率事件.

定理 1　设 A, B 是两事件，若 A, B 相互独立，且 $P(B)>0$，则 $P(A|B)=P(A)$. 反之亦然.

证明　由条件概率和独立性的定义即得. ■

定理 2　设事件 A, B 相互独立，则事件 A 与 $\overline{B}$，$\overline{A}$ 与 B，$\overline{A}$ 与 $\overline{B}$ 也相互独立.

证明　由 $A=A(B\cup\overline{B})=AB\cup A\overline{B}$，得

$$P(A)=P(AB\cup A\overline{B})=P(AB)+P(A\overline{B})=P(A)P(B)+P(A\overline{B}),$$

$$P(A\overline{B})=P(A)[1-P(B)]=P(A)P(\overline{B}).$$

故 A 与 $\overline{B}$ 相互独立. 由此易推得 $\overline{A}$ 与 B，$\overline{A}$ 与 $\overline{B}$ 相互独立. ■

注：判断事件的独立性，虽然可利用定义或通过计算条件概率来判断，但在实际应用中，常根据问题的实际意义去判断两事件是否独立.

例如，甲、乙两人向同一目标射击，记事件 $A=\{$甲命中$\}$，$B=\{$乙命中$\}$，因“甲命中”并不影响“乙命中”的概率，故 A, B 独立.

二、有限个事件的独立性

定义 2　设 A, B, C 为三个事件，若满足等式

$$\begin{cases} P(AB)=P(A)P(B) \\ P(AC)=P(A)P(C) \\ P(BC)=P(B)P(C) \\ P(ABC)=P(A)P(B)P(C) \end{cases}, \tag{4.2}$$

则称事件 A, B, C **相互独立**.

对 n 个事件的独立性，可类似地定义：

设 $A_1, A_2, \cdots, A_n$ 是 $n(n>1)$ 个事件，若对于任意 $k(1<k\le n)$ 个事件的积事件的概率都等于各事件的概率之积，则称事件 $A_1, A_2, \cdots, A_n$ **相互独立**.

多个相互独立事件具有如下性质：

性质 1　若事件 $A_1, A_2, \cdots, A_n (n\ge 2)$ 相互独立，则其中任意$k(1<k\le n)$个事件也相互独立.

性质 2　若n个事件 $A_1, A_2, \cdots, A_n (n\ge 2)$ 相互独立，则将 $A_1, A_2, \cdots, A_n$ 中任意 $m(1\le m\le n)$ 个事件换成它们的对立事件，所得的 n 个事件仍相互独立.

例 1　已知甲、乙射手的命中率分别为0.77，0.84，他们各自独立地向同一目标射击一次. 试求目标被击中的概率.

解　设 $A=$“甲击中目标”，$B=$“乙击中目标”. 于是

$$P(A)=0.77,\ \ P(B)=0.84.$$

题中的“目标被击中”即为“甲、乙射手至少有一人击中目标”，故本题实际上求的是事件 $A\cup B$ 的概率. 根据事件 A, B 具有独立性和相容性的特点，可采用下列两种方法求解.

方法一　从任意事件概率的加法公式出发，有

$$\begin{aligned}P(A\cup B)&=P(A)+P(B)-P(A)P(B)\\&=0.77+0.84-0.77\times 0.84=0.963\,2.\end{aligned}$$

方法二　从事件 $A\cup B$ 的对立事件出发，有

$$\begin{aligned}P(A\cup B)&=1-P(\overline{A\cup B})=1-P(\overline{A}\,\overline{B})=1-P(\overline{A})P(\overline{B})\\&=1-[1-P(A)][1-P(B)]=1-(1-0.77)(1-0.84)=0.963\,2.\end{aligned}$$ ■

注: 就本例而言，两种解法的繁难程度无多大差别，但当构成和(并)事件的独立事件的个数较多时，方法二更能显示其优越性.

例 2　加工某一零件共需经过四道工序，设第一、二、三、四道工序的次品率分别是 2%, 3%, 5%, 3%，假定各道工序是互不影响的，求加工出来的零件的次品率.

解　设 A_1, A_2, A_3, A_4 分别为四道工序发生次品的事件，D 为加工出来的零件为次品的事件，则 $\overline{D}$ 为产品合格的事件，故有

$$\overline{D}=\overline{A}_1\overline{A}_2\overline{A}_3\overline{A}_4,$$

$$\begin{aligned}P(\overline{D})&=P(\overline{A}_1)P(\overline{A}_2)P(\overline{A}_3)P(\overline{A}_4)\\&=(1-2\%)(1-3\%)(1-5\%)(1-3\%)=87.597\,79\,\%\approx 87.60\%;\end{aligned}$$

$$P(D)=1-P(\overline{D})=1-87.60\%=12.40\%.$$ ■

*数学实验

实验 9.2　中国福利彩票的双色球投注方式中，红色球号码区由 1~33 共 33 个号码组成，蓝色球号码区由 1~16 共 16 个号码组成. 投注时选择 6 个红色球号码和 1 个蓝色球号码组成一组进行单式投注，每注 2 元. 开奖规定如下：

一等奖: 五百万至亿元级. 投注号码与当期开奖号码全部相同，即中奖.

二等奖: 百万至千万元级. 投注号码与当期开奖号码中的 6 个红色球号码相同，即中奖.

三等奖: 单注奖金固定为 3 000 元. 投注号码与当期开奖号码中的任意 5 个红色球号码和 1 个蓝色球号码相同，即中奖.

四等奖: 单注奖金固定为 200 元. 投注号码与当期开奖号码中的任意 5 个红色球号码相同，或与任意 4 个红色球和 1 个蓝色球号码相同，即中奖.

五等奖: 单注奖金固定为 10 元. 投注号码与当期开奖号码中的任意 4 个红色球号码相同，或与任意 3 个红色球和 1 个蓝色球号码相同，即中奖.

六等奖: 单注奖金固定为 5 元. 投注号码与当期开奖号码中的 1 个蓝色球号码相同，即中奖.

试分别求出投注者中上述各类奖的概率(详见教材配套的网络学习空间).

这里我们要指出的是: 投注者如果想要以 99% 以上的概率中一等奖, 则他必须连续投注 53 万年以上(按每年独立投注 156 期计算); 而投注者如果想要以 99% 以上的概率中二等奖, 则他必须连续投注 3.3 万年以上(按每年独立投注 156 期计算).

三、伯努利概型

如果随机试验只有两种可能的结果: 事件 A 发生或事件 A 不发生, 则称这样的试验为**伯努利**(Bernoulli)**试验**. 记

$$P(A)=p,\quad P(\overline{A})=1-p=q\quad (0<p<1,\ p+q=1),$$

将伯努利试验在相同条件下独立地重复进行 n 次, 称这一串重复的独立试验为 ***n* 重伯努利试验**, 或简称为**伯努利概型**.

注: n 重伯努利试验是一种很重要的数学模型, 在实际问题中具有广泛的应用. 其特点是: 事件 A 在每次试验中发生的概率均为 p, 且不受其他各次试验中 A 是否发生的影响.

定理 3(**伯努利定理**) 设在一次试验中, 事件 A 发生的概率为 $p\,(0<p<1)$, 则在 n 重伯努利试验中, 事件 A 恰好发生 k 次的概率为

$$b(k;n,p)=\mathrm{C}_n^k p^k(1-p)^{n-k}\quad (k=0,1,\cdots,n).$$

推论 设在一次试验中, 事件 A 发生的概率为 $p\,(0<p<1)$, 则在伯努利试验序列中, 事件 A 在第 k 次试验中才首次发生的概率为

$$p(1-p)^{k-1}\quad (k=1,2,\cdots).$$

注意到 "事件 A 在第 k 次试验中才首次发生" 等价于在前 k 次试验组成的 k 重伯努利试验中 "事件 A 在前 $k-1$ 次试验中均不发生而在第 k 次试验中发生", 再由伯努利定理即推得.

例 3 某型号高炮, 每门炮发射一发炮弹击中飞机的概率为 0.6, 现若干门炮同时各射一发, 问: 欲以 99% 的把握击中一架来犯的敌机, 至少需配置几门炮?

解 设需配置 n 门炮. 因为 n 门炮是各自独立发射的, 因此, 该问题可以看作 n 重伯努利试验.

设 A 表示 "高炮击中飞机", $P(A)=0.6$, B 表示 "敌机被击落", 问题归结为求满足下述不等式的 n:

$$P(B)=\sum_{k=1}^{n}\mathrm{C}_n^k\,0.6^k\,0.4^{n-k}\geq 0.99,$$

由
$$P(B)=1-P(\overline{B})=1-0.4^n\geq 0.99,\ \text{或}\ 0.4^n\leq 0.01,$$

解得
$$n\geq\frac{\lg 0.01}{\lg 0.4}\approx 5.03.$$

因此, 至少应配置 6 门炮才能达到要求. ■

习 题 九

1. 试说明随机试验应具有的三个特点.

2. 将一枚均匀的硬币抛两次，事件 A,B,C 分别表示“第一次出现正面”“两次出现同一面”“至少有一次出现正面”. 试写出样本空间及事件 A,B,C 中的样本点.

3. 设某人向靶子射击三次，用 A_i 表示“第 i 次射击击中靶子”$(i=1, 2, 3)$, 试用语言描述下列事件:

(1) $\overline{A}_1 \cup \overline{A}_2 \cup \overline{A}_3$;　(2) $\overline{A_1 \cup A_2}$;　(3) $(A_1 A_2 \overline{A}_3) \cup (\overline{A}_1 A_2 A_3)$.

4. 判断下列各式哪个成立，哪个不成立，并说明为什么.

(1) 若 $A \subset B$, 则 $\overline{B} \subset \overline{A}$;　(2) $(A \cup B) - B = A$;　(3) $A(B-C) = AB - AC$.

5. 设 $P(A)=0.1$, $P(A \cup B)=0.3$, 且 A 与 B 互不相容，求 $P(B)$.

6. 两个事件互不相容与两个事件对立有何区别？举例说明.

7. 设 $P(A)=\frac{1}{3}$, $P(B)=\frac{1}{4}$, $P(A \cup B)=\frac{1}{2}$, 求 $P(\overline{A} \cup \overline{B})$.

8. 10 把钥匙中有 3 把能打开门, 今任取 2 把，求能打开门的概率.

9. 袋中装有 5 个白球，3 个黑球，从中一次任取 2 个.

(1) 求取到的 2 个球颜色不同的概率;

(2) 求取到的 2 个球中有黑球的概率.

10. 两封信随机地投入 4 个邮筒，求前 2 个邮筒内没有信的概率及第一个邮筒内只有一封信的概率.

11. 从一副扑克牌 (52张) 中任取3张(不重复),计算取出的 3 张牌中至少有2 张花色相同的概率.

12. 从 5 双不同的鞋子中任取 4 只，问这 4 只鞋子中至少有两只配成一双的概率是多少？

13. 假设一批产品中一、二、三等品分别占60%, 30%, 10%, 从中任取 1 件，结果不是三等品，求取到的是一等品的概率.

14. 设 10 件产品中有 4 件不合格品，从中任取 2 件，已知所取 2 件产品中有 1 件不合格品，求另一件也是不合格品的概率.

15. 已知 $P(A)=\frac{1}{4}$, $P(B|A)=\frac{1}{3}$, $P(A|B)=\frac{1}{2}$, 求 $P(A \cup B)$.

16. 甲、乙两选手进行乒乓球单打比赛, 甲先发球, 甲发球成功后，乙回球失误的概率为 0.3; 若乙回球成功，甲回球失误的概率为 0.4; 若甲回球成功，乙再次回球失误的概率为 0.5, 试计算这几个回合中乙输掉 1 分的概率.

17. 一批产品100件，有 80 件正品，20 件次品，其中甲厂生产的为 60 件，有 50 件正品，10 件次品，余下的 40 件均由乙厂生产. 现从该批产品中任取一件，记 $A=\{$正品$\}$, $B=\{$甲厂生产的产品$\}$, 求 $P(A)$, $P(B)$, $P(AB)$, $P(B|A)$, $P(A|B)$.

18. 用 3 个机床加工同一种零件，零件由各机床加工的概率分别为 0.5, 0.3, 0.2, 各机床加工的零件为合格品的概率分别等于 0.94, 0.9, 0.95, 求全部产品的合格率.

19. 甲、乙两人射击，甲击中的概率为 0.8，乙击中的概率为 0.7，两人同时射击，并假定中靶与否是独立的．求：

(1) 两人都中靶的概率；　　(2) 甲中乙不中的概率；　　(3) 甲不中乙中的概率．

20. 一个自动报警器由雷达和计算机两部分组成，若两部分有任何一个失灵，这个报警器就失灵．若使用 100 小时后，雷达失灵的概率为 0.1，计算机失灵的概率为 0.3，两部分失灵与否为独立的，求这个报警器使用 100 小时而不失灵的概率．

21. 制造一种零件可采用两种工艺，第一种工艺有三道工序，每道工序的废品率分别为 0.1，0.2，0.3；第二种工艺有两道工序，每道工序的废品率都是 0.3．如果用第一种工艺，在合格零件中，一级品率为 0.9；而用第二种工艺，合格品中的一级品率只有 0.8，试问哪一种工艺能保证得到一级品的概率较大．

22. 甲、乙、丙 3 部机床独立地工作，由 1 个人照管．某段时间，它们不需要照管的概率依次是 0.9，0.8，0.85，求在这段时间内，机床因无人照管而停工的概率．

23. 设事件 A 在每一次试验中发生的概率为 0.3，当 A 发生不少于 3 次时，指示灯发出信号．

(1) 进行了 5 次重复独立试验，求指示灯发出信号的概率；

(2) 进行了 7 次重复独立试验，求指示灯发出信号的概率．

数学家简介 [7]

高　斯

——数学王子

高斯(Gauss,1777—1855)，德国数学家、物理学家、天文学家．高斯是 18、19 世纪之交最伟大的德国数学家，他的贡献遍及纯数学和应用数学的各个领域，成为世界数学界的光辉旗帜，他的形象已经成为数学告别过去、走向现代数学的象征．高斯被后人誉为“数学王子”．

历史上间或出现神童，高斯就是其中之一．高斯出生于德国不伦瑞克的一个普通工人家庭，童年时期就显示出数学才华．据说他 3 岁时就发现父亲记账时的一个错误．高斯 7 岁入学，在小学期间学习就十分刻苦，常点自制小油灯演算到深夜．10 岁时就展露出超群的数学思维能力，据记载，有一次他的数学老师比特纳让学生把 1 到 100 之间的自然数加起来，题目刚布置完，高斯几乎不假思索就算出了其和为 5 050．11 岁时，他发现了二项式定理．

高　斯

1792 年，在当地公爵的资助下，不满 15 岁的高斯进入卡罗琳学院学习．在校三年间，高斯很快掌握了微积分理论，并在最小二乘法和数论中的二次互反律的研究上取得了重要成果，这是高斯一生数学研究的开始．

1795 年，高斯选择到哥廷根大学继续学习．据说，高斯选中这所大学有两个重要原因．一是它有藏书极为丰富的图书馆；二是它有注重改革、侧重学科的好名声．当时的哥廷根大学对学生而言可谓是个“四无世界”：无必修科目，无指导教师，无考试和课堂约束，无学生社团. 高斯完全在学术自由的环境中成长. 1796 年对 19 岁的高斯而言是其学术生涯中的第一个转折点: 他敲开了自古希腊欧几里得时代起就困扰着数学家的尺规作图这一难题的大门, 证明了正十七边形可用欧几里得型的圆规和直尺作图. 这一难题的解决轰动了当时整个数学界. 之后, 22 岁的高斯证明了当时许多数学家想证明而不会证明的代数基本定理. 为此, 他获得了博士学位. 1807 年, 高斯开始在哥廷根大学任数学和天文学教授, 并任该校天文台台长.

高斯在许多领域都有卓越的建树. 如果说微分几何是他将数学应用于实际的产物, 那么非欧几何则是他的纯粹数学思维的结晶. 他在数论、超几何级数、复变函数论、椭圆函数论、统计数学、向量分析等方面也都取得了辉煌的成就. 高斯关于数论的研究贡献殊多. 他认为"数学是科学之王, 数论是数学之王". 他的工作对后世影响深远. 19 世纪德国代数数论有着突飞猛进的发展与高斯是分不开的.

有人说"在数学世界里, 高斯处处流芳". 除了纯数学研究之外, 高斯亦十分重视数学的应用, 其大量著作都与天文学、大地测量学、物理学有关. 特别值得一提的是谷神星的发现. 19 世纪的第一个凌晨, 天文学家皮亚齐似乎发现了一颗"没有尾巴的彗星", 他一连追踪观察 41 天, 终因疲劳过度而累倒了. 当他把测量结果告诉其他天文学家时, 这颗星却已消逝了. 24 岁的高斯得知后, 经过几个星期苦心钻研, 创立了行星椭圆法. 根据这种方法计算, 终于重新找到了这颗小行星. 这一事实充分显示了数学科学的威力. 高斯在电磁学和光学方面亦有杰出的贡献. 磁通量密度单位就是以"高斯"命名的. 高斯还与韦伯共享电磁波发现者的殊荣.

高斯是一位严肃的科学家, 工作刻苦踏实, 精益求精. 他思维敏捷, 立论极端谨慎. 他遵循三条原则: "宁肯少些, 但要好些""不留下进一步要做的事情""极度严格的要求". 他的著作都是精心构思、反复推敲过的, 以最精炼的形式发表出来. 高斯生前只公开发表过 155 篇论文, 还有大量著作没有发表. 直到后来, 人们发现许多数学成果早在半个世纪以前高斯就已经知道了. 也许正是由于高斯过分谨慎和许多成果没有公开发表, 他对当时一些青年数学家的影响并不是很大. 他称赞阿贝尔、狄利克雷等人的工作, 却对他们的信件和文章表现冷淡. 和青年数学家缺少接触, 缺乏思想交流, 因此在高斯周围没能形成一个人才济济、思想活跃的学派. 德国数学到了魏尔斯特拉斯和希尔伯特时代才形成了柏林学派和哥廷根学派, 成为世界数学的中心. 但德国传统数学的奠基人仍被认为是高斯.

高斯一生勤奋好学, 多才多艺, 喜爱音乐和诗歌. 他懂得多国文字, 擅长欧洲语言. 62 岁开始学习俄语, 并达到能用俄文写作的程度, 晚年还一度学习梵文.

高斯的一生是不平凡的一生, 几乎在数学的每个领域都有他的足迹. 无怪后人常用他的事迹和格言鞭策自己. 100 多年来, 不少有才华的青年在高斯的影响下成长为杰出的数学家, 并为人类的文化作出了巨大的贡献. 高斯于 1855 年 2 月 23 日逝世, 终年 78 岁. 他的墓碑朴实无华, 仅镌刻"高斯"二字. 为纪念高斯, 其故乡不伦瑞克改名为高斯堡. 哥廷根大学为他建立了一个以正十七棱柱为底座的纪念像. 在慕尼黑博物馆悬挂的高斯画像上有这样一首题诗:

他的思想深入数学、空间、大自然的奥秘,
他测量了星星的路径、地球的形状和自然力.
他推动了数学的进展,
直到下个世纪.

第10章　随机变量及其分布

在随机试验中，人们除了对某些特定事件发生的概率感兴趣外，往往还关心某个与随机试验的结果相联系的变量．由于这一变量的取值依赖于随机试验的结果，因而被称为随机变量．与普通的变量不同，对于随机变量，人们无法事先预知其确切取值，但可以研究其取值的统计规律性．本章将介绍两类随机变量及描述随机变量统计规律性的分布．

§10.1　随机变量的概念

一、随机变量概念的引入

为全面研究随机试验的结果，揭示随机现象的统计规律性，需将随机试验的结果数量化，即把随机试验的结果与实数对应起来．

(1) 在有些随机试验中，试验的结果本身就由数量来表示．

例如，在抛掷一颗骰子，观察其出现的点数的试验中，试验的结果就可分别由数 1, 2, 3, 4, 5, 6 来表示．

(2) 在另一些随机试验中，试验结果看起来与数量无关，但可以指定一个数量来表示之．

例如，在抛掷一枚硬币观察其出现正面或反面的试验中，若规定“出现正面”对应数 1,“出现反面”对应数 -1, 则该试验的每一种可能结果都有唯一确定的实数与之对应．

上述例子表明，随机试验的结果都可用一个实数来表示，这个数随着试验的结果不同而变化，因而，它是样本点的函数，这个函数就是我们要引入的随机变量．

二、随机变量的定义

定义　设随机试验的样本空间为 S, 称定义在样本空间 S 上的实值单值函数 $X=X(\omega)$ 为**随机变量**．

注:随机变量即为定义在样本空间上的实值函数．图10-1-1中画出了样本点 ω 与实数 $X=X(\omega)$ 对应的示意图．

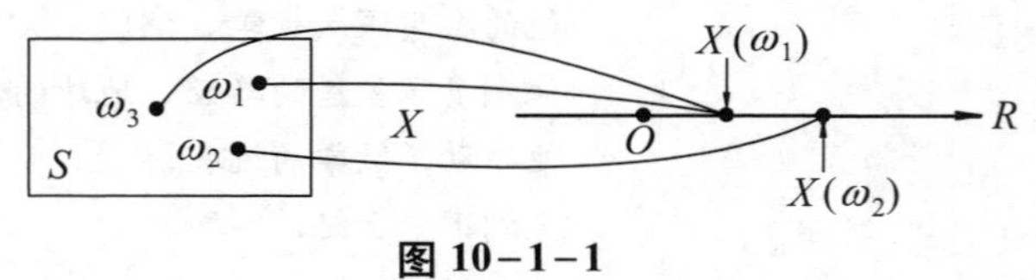

图 10-1-1

随机变量 X 的取值由样本点 ω 决定. 反之, 使 X 取某一特定值 a 的那些样本点的全体构成样本空间 S 的一个子集, 即

$$A=\{\omega\mid X(\omega)=a\}\subset S.$$

它是一个事件, 当且仅当事件 A 发生时才有 $\{X=a\}$, 为简便起见, 今后将事件

$$A=\{\omega\mid X(\omega)=a\}\ \text{记为}\ \{X=a\}.$$

随机变量通常用大写字母 X, Y, Z 或希腊字母 ξ, η 等表示. 而表示随机变量所取的值时, 一般采用小写字母 x, y, z 等.

随机变量与高等数学中函数的比较:

(1) 它们都是实值函数, 但前者在试验前只知道它可能取值的范围, 而不能预先肯定它将取哪个值;

(2) 因试验结果的出现具有一定的概率, 故前者取每个值和每个确定范围内的值也有一定的概率.

例 1 在抛掷一枚硬币进行打赌时, 若规定出现正面时抛掷者赢 1 元钱, 出现反面时输 1 元钱, 则其样本空间为

$$S=\{\text{正面}, \text{反面}\},$$

记赢钱数为随机变量 X, 则 X 作为样本空间 S 上的实值函数定义为

$$X(\omega)=\begin{cases}1, & \omega=\text{正面} \\ -1, & \omega=\text{反面}\end{cases}.$$ ■

例 2 在将一枚硬币抛掷三次, 观察正面 H、反面 T 出现情况的试验中, 其样本空间为

$$S=\{HHH, HHT, HTH, THH, HTT, THT, TTH, TTT\}.$$

记每次试验出现正面 H 的总次数为随机变量 X, 则 X 作为样本空间 S 上的函数定义为

ω	HHH	HHT	HTH	THH	HTT	THT	TTH	TTT
X	3	2	2	2	1	1	1	0

易见, 使 X 取值为 2 的样本点构成的子集为

$$A=\{HHT, HTH, THH\},$$

故

$$P\{X=2\}=P(A)=3/8,$$

类似地, 有

$$P\{X\le 1\}=P\{HTT, THT, TTH, TTT\}=4/8=1/2.$$ ■

例 3 在测试灯泡寿命的试验中, 每一个灯泡的实际使用寿命可能是 $[0,+\infty)$ 中任何一个实数. 若用 X 表示灯泡的寿命 (单位: 小时), 则 X 是定义在样本空间 $S=\{t\mid t\ge 0\}$ 上的函数, 即 $X=X(t)=t$, 是随机变量. ■

三、引入随机变量的意义

随机变量的引入, 使随机试验中的各种事件可通过随机变量的关系式表达出来.

例如，某城市的120急救电话每小时收到的呼叫次数 X 是一个随机变量.

事件{收到不少于20次呼叫}可表示为 $\{X\geq 20\}$;

事件{收到恰好10次呼叫}可表示为 $\{X=10\}$.

由此可见，随机事件这个概念实际上包含在随机变量这个更广的概念内．也可以说，随机事件是以静态的观点来研究随机现象的，而随机变量则以动态的观点来研究.

随机变量概念的产生是概率论发展史上的重大事件．引入随机变量后，对随机现象统计规律的研究，就由对事件及事件概率的研究转化为对随机变量及其取值规律的研究，使人们可利用数学分析的方法对随机试验的结果进行广泛而深入的研究.

随机变量因其取值方式不同，通常分为离散型和非离散型两类．而非离散型随机变量中最重要的是连续型随机变量．今后，我们主要讨论离散型随机变量和连续型随机变量.

§10.2 离散型随机变量及其概率分布

一、离散型随机变量及其概率分布

设 X 是一个随机变量，如果它全部可能的取值只有有限个或可数无穷个，则称 X 为一个**离散型随机变量**.

设 $x_1, x_2, \cdots$ 是随机变量 X 的所有可能取值，对每个取值 x_i，$\{X=x_i\}$ 是其样本空间 S 上的一个事件，为描述随机变量 X，还需知道这些事件发生的可能性(概率).

定义1 设离散型随机变量 X 的所有可能取值为 $x_i\ (i=1, 2, \cdots)$,

$$P\{X=x_i\}=p_i,\ i=1, 2, \cdots$$

称为 X 的**概率分布**或**分布律**，也称**概率函数**.

常用表格形式来表示 X 的概率分布:

X	x_1	x_2	$\cdots$	x_n	$\cdots$
p_i	p_1	p_2	$\cdots$	p_n	$\cdots$

由概率的定义，$p_i\ (i=1, 2, \cdots)$ 必然满足:

(1) $p_i\geq 0,\ i=1, 2, \cdots$; (2) $\sum\limits_i p_i=1$.

例1 某篮球运动员投中篮框的概率是0.9，求他两次独立投篮投中次数 X 的概率分布.

解 X 可取值0, 1, 2，记 $A_i=\{\text{第}\ i\ \text{次投中篮框}\}, i=1, 2$，则

$$P(A_1)=P(A_2)=0.9,$$

$$P\{X=0\}=P(\overline{A_1}\,\overline{A_2})=P(\overline{A_1})P(\overline{A_2})=0.1\times 0.1=0.01,$$

$$P\{X=1\}=P(A_1\overline{A_2}\cup\overline{A_1}A_2)$$

$$=P(A_1\overline{A_2})+P(\overline{A_1}A_2)=0.9\times 0.1+0.1\times 0.9=0.18,$$

$$P\{X=2\}=P(A_1A_2)=P(A_1)P(A_2)=0.9\times 0.9=0.81,$$

且

$$P\{X=0\}+P\{X=1\}+P\{X=2\}=1.$$

于是，X 的概率分布可表示为

X	0	1	2
p_i	0.01	0.18	0.81

■

注：若已知一个离散型随机变量 X 的概率分布，则可以求得 X 所生成的任何事件的概率．例如，设 X 的概率分布由例 1 给出，则

$$P\{X<2\}=P\{X=0\}+P\{X=1\}=0.01+0.18=0.19,$$

$$P\{-2\le X\le 6\}=P\{X=0\}+P\{X=1\}+P\{X=2\}=1.$$

二、常用离散分布

1. 两点分布

定义 2 若一个随机变量 X 只有两个可能取值，且其分布为

$$P\{X=x_1\}=p,\quad P\{X=x_2\}=1-p\quad (0<p<1),$$

则称 X 服从 x_1, x_2 处参数为 p 的**两点分布**.

特别地，若 X 服从 $x_1=1$, $x_2=0$ 处参数为 p 的两点分布，即

X	0	1
p_i	q	p

则称 X 服从参数为 p 的 **0－1 分布**，其中 $q=1-p$.

易见，(1) $0<p, q<1$；(2) $p+q=1$.

对于一个随机试验，若它的样本空间只包含两个元素，即

$$S=\{\omega_1,\omega_2\},$$

则总能在 S 上定义一个服从 0－1 分布的随机变量

$$X=X(\omega)=\begin{cases}0, & \omega=\omega_1\\ 1, & \omega=\omega_2\end{cases}$$

来描述这个随机试验的结果．例如，抛掷硬币试验，检查产品的质量是否合格，某工厂的电力消耗是否超过负荷等．

例 2 200 件产品中，有 196 件是正品，4 件是次品，今从中随机地抽取一件，若规定 $X=\begin{cases}1, & \text{取到正品}\\ 0, & \text{取到次品}\end{cases}$，则

$$P\{X=1\}=\frac{196}{200}=0.98,\quad P\{X=0\}=\frac{4}{200}=0.02.$$

于是，X 服从参数为0.98的两点分布. ■

2. 二项分布

在 n 重伯努利试验中，设每次试验中事件 A 发生的概率为 p. 用 X 表示 n 重伯努利试验中事件 A 发生的次数，则 X 的可能取值为 $0, 1, \cdots, n$，且对每一个 $k\,(0\le k\le n)$，事件 $\{X=k\}$ 即为“n 次试验中事件 A 恰好发生 k 次”. 根据伯努利概型，有

$$P\{X=k\}=\mathrm{C}_n^k p^k (1-p)^{n-k},\ \ k=0, 1, \cdots, n. \tag{2.1}$$

定义3 若一个随机变量 X 的概率分布由式(2.1)给出，则称 X 服从参数为 n, p 的**二项分布**. 记为 $X\sim b(n, p)$ (或 $B(n, p)$).

显然，(1) $P\{X=k\}\ge 0$； (2) $\sum\limits_{k=0}^{n} P\{X=k\}=1$.

注：当 $n=1$ 时，式(2.1)变为

$$P\{X=k\}=p^k (1-p)^{1-k},\ \ k=0, 1,$$

此时，随机变量 X 即服从 $0-1$ 分布.

例3 已知100件产品中有5件次品，现从中有放回地取3次，每次任取1件，求在所取的3件产品中恰有2件次品的概率.

解 因为这是有放回地取3次，因此，这3次试验的条件完全相同且独立，它是伯努利试验. 依题意，每次试验取到次品的概率为0.05. 设 X 为所取的3件产品中的次品数，则 $X\sim b(3, 0.05)$，于是，所求概率为:

$$P\{X=2\}=\mathrm{C}_3^2\,(0.05)^2\,(0.95)=0.007\ 125.$$ ■

***数学实验**

实验10.1(电话接线问题) 某电话交换台有2 000个用户，在任意时刻各用户是否需要通话是独立的，且每个用户需要通话的概率为 $\frac{1}{60}$. 问该交换台最少需要多少条外线才能保证各个用户在任何时刻同时使用的通畅率不小于99%? (详见教材配套的网络学习空间)

§10.3 随机变量的分布函数

当我们要描述一个随机变量时，不仅要说明它能够取哪些值，而且要指出它取这些值的概率. 只有这样，才能真正完整地刻画一个随机变量，为此，我们引入随机变量的分布函数的概念.

一、随机变量的分布函数

定义1 设 X 是一个随机变量，称

$$F(x)=P\{X\le x\}\qquad (-\infty<x<+\infty) \tag{3.1}$$

为X的**分布函数**. 有时记作 $X\sim F(x)$ 或 $F_X(x)$.

注: ① 若将X看作数轴上随机点的坐标，则分布函数$F(x)$的值就表示X落在区间$(-\infty, x]$内的概率，因而$0\le F(x)\le 1$.

② 对任意实数$x_1, x_2\ (x_1<x_2)$，随机点落在区间$(x_1, x_2]$内的概率

$$P\{x_1<X\le x_2\}=P\{X\le x_2\}-P\{X\le x_1\}=F(x_2)-F(x_1).$$

③ 随机变量的分布函数是一个普通的函数，它完整地描述了随机变量的统计规律性. 通过它，人们就可以利用数学分析的方法来全面研究随机变量.

分布函数的性质

(1) 单调非减. 若$x_1<x_2$，则$F(x_1)\le F(x_2)$.

事实上，由事件$\{X\le x_2\}$包含事件$\{X\le x_1\}$即得.

(2) $F(-\infty)=\lim\limits_{x\to-\infty}F(x)=0$，$F(+\infty)=\lim\limits_{x\to+\infty}F(x)=1$.

事实上，由事件$\{X\le-\infty\}$和$\{X\le+\infty\}$分别是不可能事件和必然事件即得.

(3) 右连续性. 即$\lim\limits_{x\to x_0^+}F(x)=F(x_0)$.

注: 另一方面，若一个函数具有上述性质，则它一定是某个随机变量的分布函数.

二、离散型随机变量的分布函数

设离散型随机变量X的概率分布为

X	x_1	x_2	$\cdots$	x_n	$\cdots$
p_i	p_1	p_2	$\cdots$	p_n	$\cdots$

则X的分布函数为

$$F(x)=P\{X\le x\}=\sum_{x_i\le x}P\{X=x_i\}=\sum_{x_i\le x}p_i. \tag{3.2}$$

即，当$x<x_1$时，$F(x)=0$；

当$x_1\le x<x_2$时，$F(x)=p_1$；

当$x_2\le x<x_3$时，$F(x)=p_1+p_2$；

……

当$x_{n-1}\le x<x_n$时，$F(x)=p_1+p_2+\cdots+p_{n-1}$；

……

如图10-3-1所示，$F(x)$是一个阶梯形函数，它在点$x=x_i\ (i=1, 2, \cdots)$处有跳跃，跃度恰为随机变量X在点$x=x_i$处的概率$p_i=P\{X=x_i\}$.

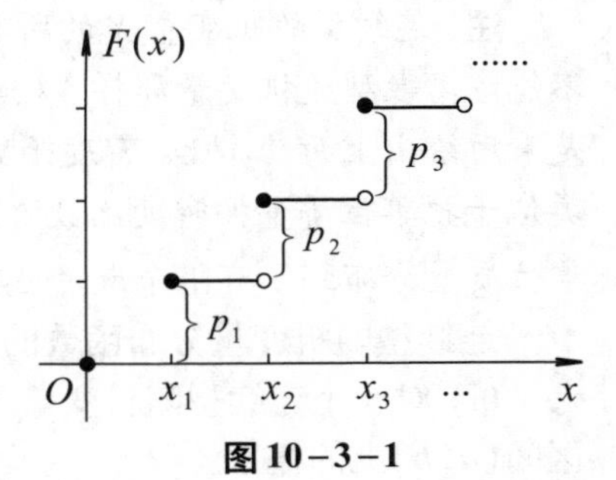

图10-3-1

反之，若一个随机变量X的分布函数为阶梯形函数，则X一定是一个离散型随机变量，其概率分布亦由$F(x)$唯一确定.

例1　设随机变量X的分布律为

X	0	1	2
p_i	1/3	1/6	1/2

求 $F(x)$.

解 当 $x<0$ 时，由 $\{X\le x\}=\varnothing$，得 $F(x)=P\{X\le x\}=0$；

当 $0\le x<1$ 时，$F(x)=P\{X\le x\}=P\{X=0\}=1/3$；

当 $1\le x<2$ 时，$F(x)=P\{X=0\}+P\{X=1\}=\dfrac{1}{3}+\dfrac{1}{6}=\dfrac{1}{2}$；

当 $x\ge 2$ 时，$F(x)=P\{X=0\}+P\{X=1\}+P\{X=2\}=1$.

所以

$$F(x)=\begin{cases}0, & x<0\\ 1/3, & 0\le x<1\\ 1/2, & 1\le x<2\\ 1, & x\ge 2\end{cases}.\ ■$$

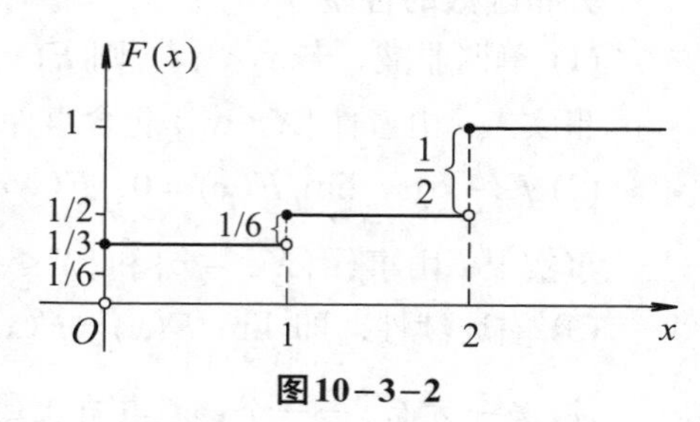

图10-3-2

从图10-3-2不难看出，$F(x)$的图形是阶梯状的，在点 $x=0,1,2$ 处有跳跃，其跃度分别等于

$$P\{X=0\},\ P\{X=1\},\ P\{X=2\}.$$

§10.4　连续型随机变量及其概率密度

一、连续型随机变量及其概率密度

定义1　如果对随机变量 X 的分布函数 $F(x)$，存在非负可积函数 $f(x)$，使得对于任意实数 x，有

$$F(x)=P\{X\le x\}=\int_{-\infty}^{x}f(t)\,\mathrm{d}t, \tag{4.1}$$

则称 X 为**连续型随机变量**，称 $f(x)$ 为 X 的**概率密度函数**，简称为**概率密度**或**密度函数**.

注：连续型随机变量 X 的所有可能取值充满一个区间，对这种类型的随机变量，不能像离散型随机变量那样，以指定它取每个值时的概率的方式给出其概率分布，而是采用给出上面的“概率密度函数”的方式.概率密度的含义类似于物理中的线密度，类似于把单位质量按密度函数给定的值分布于 $(-\infty,+\infty)$. 对于离散的情形，是只把单位质量分布到了有限个或者可数个点处.

连续型随机变量分布函数的性质：

(1) 对一个连续型随机变量 X，若已知其密度函数 $f(x)$，则 X 的取值落在任意区间 $(a,b]$ 上的概率

$$P\{a<X\le b\}=F(b)-F(a)=\int_a^b f(x)\,\mathrm{d}x.$$

(2) 连续型随机变量 X 取任一指定值 $a\,(a\in\mathbf{R})$ 的概率为 0, 故有

$$P\{a<X\le b\}=P\{a\le X<b\}=P\{a\le X\le b\}=P\{a<X<b\}.$$

(3) 若 $f(x)$ 在点 x 处连续, 则 $F'(x)=f(x)$.

例 1 设随机变量 X 的分布函数为

$$F(x)=\begin{cases}0, & x\le 0\\ x^2, & 0<x<1,\\ 1, & x\ge 1\end{cases}$$

求: (1) 概率 $P\{0.3<X<0.7\}$; (2) X 的密度函数.

解 由性质 (2) 和性质 (3), 有

(1) $P\{0.3<X<0.7\}=F(0.7)-F(0.3)=0.7^2-0.3^2=0.4$.

(2) X 的密度函数为

$$f(x)=F'(x)=\begin{cases}0, & x\le 0\\ 2x, & 0<x<1\\ 0, & x\ge 1\end{cases}$$

$$=\begin{cases}2x, & 0<x<1\\ 0, & \text{其他}\end{cases}.$$

■

二、常用连续型分布

1. 均匀分布

定义 2 若连续型随机变量 X 的概率密度为

$$f(x)=\begin{cases}1/(b-a), & a<x<b\\ 0, & \text{其他}\end{cases}, \tag{4.2}$$

则称 X 在区间 (a,b) 上服从**均匀分布**, 记为 $X\sim U(a,b)$.

易见

(1) $f(x)\ge 0$;

(2) $\int_{-\infty}^{+\infty}f(x)\,\mathrm{d}x=1$.

当 X 在区间 (a,b) 上服从均匀分布时, 易求得 X 的分布函数

$$F(x)=\begin{cases}0, & x<a\\ (x-a)/(b-a), & a\le x<b.\\ 1, & x\ge b\end{cases} \tag{4.3}$$

例 2 某公共汽车站从上午 7 时起, 每 15 分钟来一班车, 即 7:00, 7:15, 7:30, 7:45 等时刻有汽车到达此站. 如果乘客到达此站的时间 X 是 7:00 到 7:30 之间的均匀随机变量, 试求他候车时间少于 5 分钟的概率.

解 以 7:00 为起点 0，以分为单位，依题意，$X \sim U(0,30)$，

$$f(x)=\begin{cases}1/30, & 0<x<30 \\ 0, & \text{其他}\end{cases}.$$

为使候车时间少于 5 分钟，乘客必须在 7:10 到 7:15 之间，或在 7:25 到 7:30 之间到达车站，故所求概率为

$$P\{10<X<15\}+P\{25<X<30\}=\int_{10}^{15}\frac{1}{30}\,\mathrm{d}x+\int_{25}^{30}\frac{1}{30}\,\mathrm{d}x=\frac{1}{3}.$$

即乘客候车时间少于 5 分钟的概率是1/3. ■

2. 正态分布

定义 3 若随机变量 X 的概率密度为

$$f(x)=\frac{1}{\sqrt{2\pi}\sigma}\,\mathrm{e}^{-\frac{(x-\mu)^2}{2\sigma^2}},\quad -\infty<x<\infty, \tag{4.4}$$

则称 X 服从参数为 μ 和 σ^2 的**正态分布**，记为 $X\sim N(\mu,\sigma^2)$，其中 μ 和 $\sigma(\sigma>0)$ 都是常数.

可证：

(1) $f(x)\geq 0$； (2) $\int_{-\infty}^{+\infty} f(x)\,\mathrm{d}x=1$.

一般来说，一个随机变量如果受到许多随机因素的影响，而其中每一个因素都不起主导作用(作用微小)，则它服从正态分布．这是正态分布在实践中得以广泛应用的原因. 例如，产品的质量指标，元件的尺寸，某地区成年男子的身高、体重，测量误差，射击目标的水平或垂直偏差，信号噪声，农作物的产量，等等，都服从或近似服从正态分布.

正态分布的图形特征：

(1) 密度曲线关于 $x=\mu$ 对称；

(2) 曲线在 $x=\mu$ 时达到最大值

$$f(x)=\frac{1}{\sqrt{2\pi}\sigma};$$

(3) 曲线在 $x=\mu\pm\sigma$ 处有拐点且以 x 轴为渐近线；

(4) μ 确定了曲线的位置，σ 确定了曲线中峰的陡峭程度(见图10－4－1).

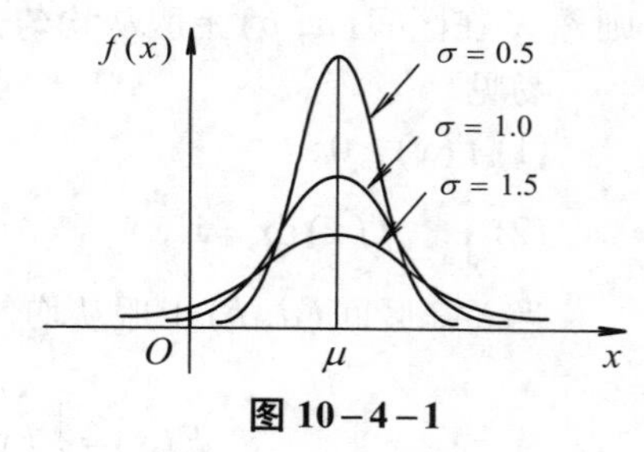

图 10－4－1

若 $X\sim N(\mu,\sigma^2)$，则 X 的分布函数为

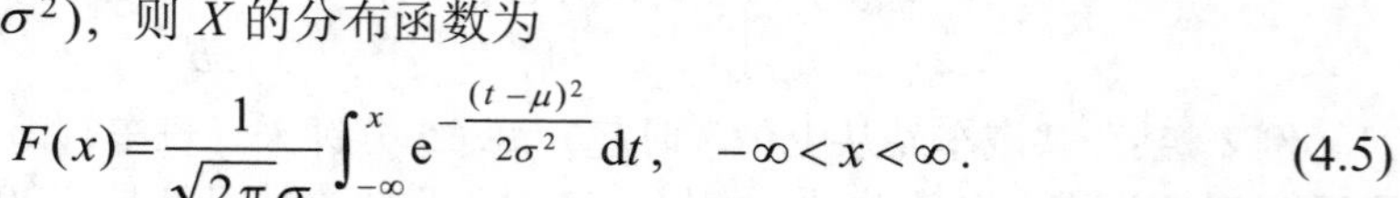

$$F(x)=\frac{1}{\sqrt{2\pi}\sigma}\int_{-\infty}^{x}\mathrm{e}^{-\frac{(t-\mu)^2}{2\sigma^2}}\,\mathrm{d}t,\quad -\infty<x<\infty. \tag{4.5}$$

当 $\mu=0$，$\sigma=1$ 时，正态分布称为**标准正态分布**，此时，其密度函数和分布函数常

用 $\varphi(x)$ 和 $\Phi(x)$ 表示 (见图10-4-2和图10-4-3).

$$\varphi(x)=\frac{1}{\sqrt{2\pi}}\mathrm{e}^{-\frac{x^2}{2}},\qquad \Phi(x)=\frac{1}{\sqrt{2\pi}}\int_{-\infty}^{x}\mathrm{e}^{-\frac{t^2}{2}}\mathrm{d}t.$$

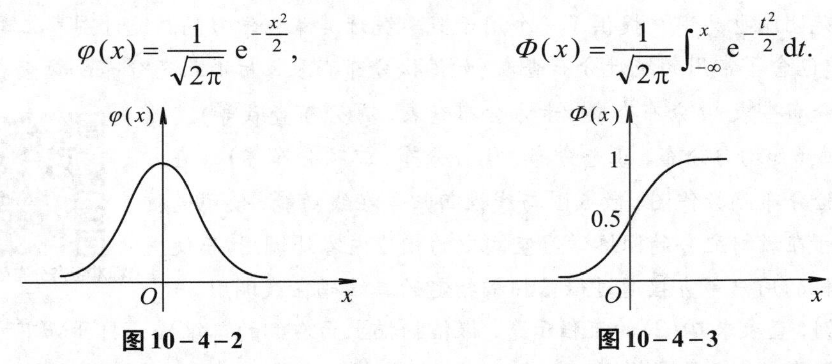

图10-4-2　　图10-4-3

标准正态分布的重要性在于，任何一个一般的正态分布都可以通过线性变换转化为标准正态分布.

定理1　设 $X\sim N(\mu,\sigma^2)$，则 $Y=\dfrac{X-\mu}{\sigma}\sim N(0,1)$.

证明　$Y=\dfrac{X-\mu}{\sigma}$ 的分布函数为

$$P\{Y\leq x\}=P\left\{\frac{X-\mu}{\sigma}\leq x\right\}=P\{X\leq \mu+\sigma x\}=\int_{-\infty}^{\mu+\sigma x}\frac{1}{\sqrt{2\pi}\sigma}\mathrm{e}^{-\frac{(t-\mu)^2}{2\sigma^2}}\mathrm{d}t$$

$$\xlongequal{u=\frac{t-\mu}{\sigma}}\frac{1}{\sqrt{2\pi}}\int_{-\infty}^{x}\mathrm{e}^{-\frac{u^2}{2}}\mathrm{d}u=\Phi(x).$$

所以
$$Y=\frac{X-\mu}{\sigma}\sim N(0,1).$$
■

对标准正态分布的分布函数 $\Phi(x)$，人们利用近似计算方法求出其近似值，并编制了标准正态分布表 (见本书附表1) 供使用时查找.

标准正态分布表的使用：

(1) 表中给出了 $x>0$ 时，$\Phi(x)$ 的数值. 当 $x<0$ 时，利用正态分布密度函数的对称性，易见有

$$\Phi(x)=1-\Phi(-x).$$

(2) 若 $X\sim N(0,1)$，则由连续型随机变量分布函数的性质2，有

$$P\{a<X\leq b\}=P\{a\leq X\leq b\}=P\{a\leq X<b\}=P\{a<X<b\}=\Phi(b)-\Phi(a).$$

(3) 若 $X\sim N(\mu,\sigma^2)$，则 $Y=\dfrac{X-\mu}{\sigma}\sim N(0,1)$，故 X 的分布函数

$$F(x)=P\{X\leq x\}=P\left\{\frac{X-\mu}{\sigma}\leq\frac{x-\mu}{\sigma}\right\}=\Phi\left(\frac{x-\mu}{\sigma}\right);$$

$$P\{a<X\leq b\}=P\left\{\frac{a-\mu}{\sigma}<Y\leq\frac{b-\mu}{\sigma}\right\}=\Phi\left(\frac{b-\mu}{\sigma}\right)-\Phi\left(\frac{a-\mu}{\sigma}\right).$$

注：借助于迅速发展的信息技术，如今通过智能手机即可实现在线查表，作者主持的数苑团队也为用户提供了一个用于概率统计类课程学习的“统计图表工具”软件，其中包含了常用的统计分布查表(如泊松分布查表、标准正态分布函数查表、标准正态分布查表、t分布查表、卡方分布查表、F分布查表等)、随机数生成(如均匀分布、正态分布、0−1分布、二项分布等)、直方图与经验分布函数作图、散点图与线性回归等在线功能，使用电脑的用户可在教材配套的网络学习空间中的相应内容处调用，而使用智能手机的用户可直接通过微信扫描指定的二维码在线调用.

标准正态分布函数查表

示例：查表求$\Phi(2)$的流程示意：微信扫描上面右侧的二维码，打开如下方左图所示的标准正态分布查表界面，在“输入”编辑框内输入“2”，即得到$\Phi(2)$的输出结果“0.977250”(如下方右图所示).

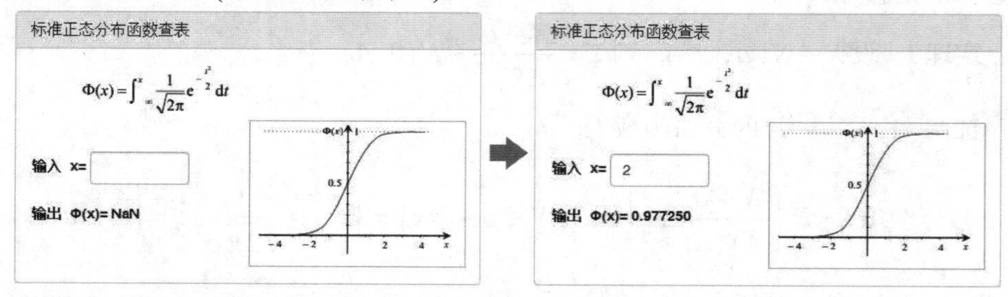

例 3　设$X\sim N(1,4)$，求$F(5)$，$P\{0<X\leq 1.6\}$，$P\{|X-1|\leq 2\}$.

解　这里$\mu=1$，$\sigma=2$，故

$$F(5)=P\{X\leq 5\}=P\left\{\frac{X-1}{2}\leq\frac{5-1}{2}\right\}=\Phi\left(\frac{5-1}{2}\right)=\Phi(2)\xlongequal{\text{查表得}}0.977\,2;$$

$$P\{0<X\leq 1.6\}=\Phi\left(\frac{1.6-1}{2}\right)-\Phi\left(\frac{0-1}{2}\right)=\Phi(0.3)-\Phi(-0.5)$$

$$=0.617\,9-[1-\Phi(0.5)]=0.617\,9-(1-0.691\,5)=0.309\,4;$$

$$P\{|X-1|\leq 2\}=P\{-1\leq X\leq 3\}=P\left\{-1\leq\frac{X-1}{2}\leq 1\right\}=2\Phi(1)-1=0.682\,6.$$ ■

例 4　假设某地区成年男性的身高(单位：厘米)$X\sim N(170,\ 7.69^2)$，求该地区成年男性的身高超过175厘米的概率.

解　根据假设$X\sim N(170,\ 7.69^2)$，且$\{X>175\}$表示该地区成年男性的身高超过175厘米，可得

$$P\{X>175\}=P\{175<X<\infty\}=1-P\{X<175\}$$

$$=1-\Phi\left(\frac{175-170}{7.69}\right)\approx 1-\Phi(0.65)$$

$$=1-0.742\,2=0.257\,8.$$

即该地区成年男性身高超过175厘米的概率为0.257 8.　■

例 5 已知某台机器生产的螺栓长度 X(单位: 厘米)服从参数 $\mu=10.05$, $\sigma=0.06$ 的正态分布. 规定螺栓长度在 10.05 ± 0.12 内为合格品，试求螺栓为合格品的概率.

解 根据假设 $X\sim N(10.05,\ 0.06^2)$, 记 $a=10.05-0.12$, $b=10.05+0.12$, 则 $\{a\leq X\leq b\}$ 表示螺栓为合格品. 于是

$$
\begin{aligned}
P\{a\leq X\leq b\}&=\Phi\left(\frac{b-\mu}{\sigma}\right)-\Phi\left(\frac{a-\mu}{\sigma}\right)\\
&=\Phi(2)-\Phi(-2)=\Phi(2)-[1-\Phi(2)]\\
&=2\Phi(2)-1=2\times0.977\,2-1=0.954\,4,
\end{aligned}
$$

即螺栓为合格品的概率等于 0.954 4. ■

注: 设 $X\sim N(\mu,\sigma^2)$, 则

(1) $P\{\mu-\sigma<X\leq\mu+\sigma\}=P\left\{-1<\frac{X-\mu}{\sigma}\leq1\right\}=\Phi(1)-\Phi(-1)$
$=2\Phi(1)-1=0.682\,6$;

(2) $P\{\mu-2\sigma<X\leq\mu+2\sigma\}=\Phi(2)-\Phi(-2)=0.954\,4$;

(3) $P\{\mu-3\sigma<X\leq\mu+3\sigma\}=\Phi(3)-\Phi(-3)=0.997\,4$.

标准正态分布函数查表

如图 10－4－4 所示，尽管正态随机变量 X 的取值范围是 $(-\infty,+\infty)$, 但它的值几乎全部集中在 $(\mu-3\sigma,\ \mu+3\sigma)$ 区间内，超出这个范围的可能性仅占不到0.3%. 这在统计学上称为**3σ准则(三倍标准差原则)**.

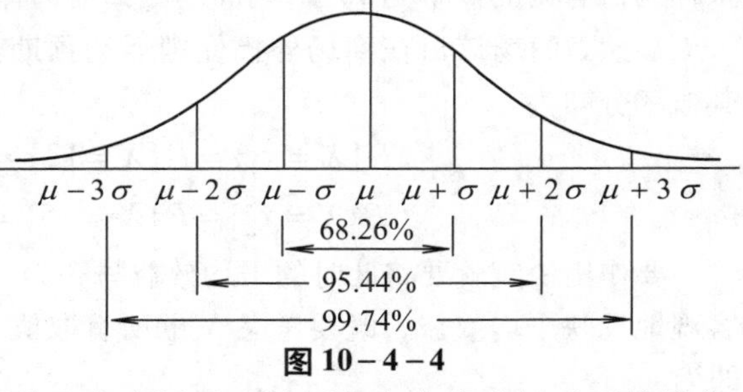

图 10－4－4

正态分布是概率论中最重要的分布，在应用及理论研究中占有头等重要的地位，它与二项分布以及泊松分布是概率论中最重要的三种分布. 我们判断一个分布重要性的标准是:

(1) 在实际工作中经常碰到;

(2) 在理论研究中重要，有较好的性质;

(3) 用它能导出许多重要的分布.

随着课程学习的深入和众多案例的探讨，我们会发现这三种分布都满足这些要求.

§10.5 随机变量的数字特征

前面讨论了随机变量的分布函数，从中知道随机变量的分布函数能完整地描述随机变量的统计规律性.

但在许多实际问题中,人们并不需要去全面考察随机变量的变化情况,而只需知道它的某些数字特征即可.

例如,在评价某地区粮食产量的水平时,通常只需知道该地区粮食的平均产量.又如,在评价一批棉花的质量时,既要注意纤维的平均长度,又要注意纤维长度与平均长度之间的偏离程度,平均长度较大,偏离程度较小,则质量就较好,等等.

实际上,描述随机变量的平均值和偏离程度的某些数字特征在理论和实践上都具有重要的意义,它们能更直接、更简洁、更清晰和更实用地反映出随机变量的本质.

本节主要介绍随机变量的数学期望与方差.

一、随机变量的数学期望

1. 离散型随机变量的数学期望

平均值是日常生活中最常用的一个数字特征,它对评判事物、作出决策等具有重要作用.例如,某商场计划于5月1日在户外搞一次促销活动.统计资料表明,如果在商场内搞促销活动,可获得经济效益3万元;如果在商场外搞促销活动,不遇到雨天可获得经济效益12万元,遇到雨天则会带来经济损失5万元.若前一天的天气预报称当日有雨的概率为40%,则商场应如何选择促销方式?

显然,商场该日在商场外搞促销活动预期获得的经济效益X是一个随机变量,其概率分布为

$$P\{X=x_1\}=P\{X=12\}=0.6=p_1,$$
$$P\{X=x_2\}=P\{X=-5\}=0.4=p_2.$$

要作出决策就要将此时的平均效益与3万元进行比较,如何求平均效益呢?要客观地反映平均效益,既要考虑X的所有取值,又要考虑X取每一个值时的概率,即为

$$\sum_{i=1}^{2} x_i p_i = 12\times 0.6+(-5)\times 0.4=5.2\,(\text{万元}).$$

称这个平均效益5.2万元为随机变量X的数学期望.一般地,可给出如下定义:

定义1 设离散型随机变量X的概率分布为

$$P\{X=x_i\}=p_i,\ i=1,\ 2,\ \cdots,$$

如果级数$\sum\limits_{i=1}^{\infty} x_i p_i$绝对收敛,则定义$X$的**数学期望**(又称**均值**)为

$$E(X)=\sum_{i=1}^{\infty} x_i p_i. \tag{5.1}$$

注:符号$E(X)$有时简写为EX.同样,对于连续型随机变量也是这样规定的.

例1 甲、乙两人进行打靶,所得分数分别记为X_1, X_2,它们的分布律分别为

X_1	0	1	2
p_i	0	0.2	0.8

X_2	0	1	2
p_i	0.6	0.3	0.1

试评定他们成绩的好坏.

解 我们来计算 X_1 的数学期望，得

$$E(X_1)=0\times 0+1\times 0.2+2\times 0.8=1.8\ (\text{分}).$$

这意味着，如果甲进行很多次射击，那么，所得分数的算术平均就接近1.8，而乙所得分数的数学期望为

$$E(X_2)=0\times 0.6+1\times 0.3+2\times 0.1=0.5\ (\text{分}).$$

很明显，乙的成绩远不如甲. ■

2. 连续型随机变量的数学期望

定义2 设 X 是连续型随机变量，其密度函数为 $f(x)$. 如果 $\int_{-\infty}^{+\infty} xf(x)\mathrm{d}x$ 绝对收敛，定义 X 的**数学期望**为

$$E(X)=\int_{-\infty}^{+\infty} xf(x)\,\mathrm{d}x. \tag{5.2}$$

例2 已知随机变量 X 的分布函数 $F(x)=\begin{cases}0, & x\le 0\\ x/4, & 0<x\le 4\\ 1, & x>4\end{cases}$，求 $E(X)$.

解 随机变量 X 的分布密度为

$$f(x)=F'(x)=\begin{cases}1/4, & 0<x\le 4\\ 0, & \text{其他}\end{cases},$$

故

$$E(X)=\int_{-\infty}^{+\infty} xf(x)\,\mathrm{d}x=\int_0^4 x\cdot\frac{1}{4}\,\mathrm{d}x=\left.\frac{x^2}{8}\right|_0^4=2.$$ ■

3. 数学期望的性质

性质1 若 C 是常数，则 $E(C)=C$.

性质2 若 C 是常数，则 $E(CX)=CE(X)$.

性质3 $E(X_1+X_2)=E(X_1)+E(X_2)$.

性质4 设 X,Y 相互独立，则 $E(XY)=E(X)E(Y)$.

注：性质 3 和性质 4 均可推广到有限个随机变量的情形.

例3 一民航送客车载有20位旅客自机场开出，旅客有10个车站可以下车. 如到达一个车站没有旅客下车就不停车. 以 X 表示停车的次数，求 $E(X)$ (设每位旅客在各个车站下车是等可能的，并设各旅客是否下车相互独立).

解 引入随机变量

$$X_i=\begin{cases}0, & \text{在第 } i \text{ 站没有人下车}\\ 1, & \text{在第 } i \text{ 站有人下车}\end{cases},\quad i=1,2,\cdots,10.$$

易知

$$X=X_1+X_2+\cdots+X_{10}.$$

现在来求 $E(X)$. 按题意，任一旅客不在第 i 站下车的概率为 $9/10$，因此，20位旅客都不在第 i 站下车的概率为 $(9/10)^{20}$，在第 i 站有人下车的概率为 $1-(9/10)^{20}$，也

就是

$$P\{X_i=0\}=(9/10)^{20},\ P\{X_i=1\}=1-(9/10)^{20},\ i=1,2,\cdots,10.$$

由此

$$E(X_i)=1-(9/10)^{20},\ i=1,2,\cdots,10.$$

$$E(X)=E(X_1+X_2+\cdots+X_{10})=E(X_1)+E(X_2)+\cdots+E(X_{10})$$
$$=10[1-(9/10)^{20}]\approx 8.784\ (次).$$ ■

注: 本题是将X分解成数个随机变量之和, 然后利用随机变量和的数学期望等于随机变量的数学期望之和来求数学期望的, 这种处理方法具有一定的普遍意义.

二、随机变量的方差

随机变量的数学期望是对随机变量**取值水平**的综合评价, 而随机变量**取值的稳定性**是判断随机现象性质的另一个十分重要的指标.

例如, 甲、乙两人同时向目标靶射击10发子弹, 射击成绩都为平均7环, 射击结果如图10-5-1和图10-5-2所示. 试评价甲、乙的射击水平.

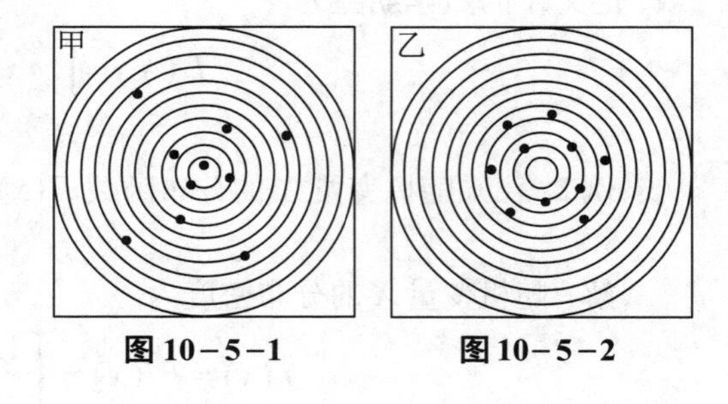

图10-5-1　　图10-5-2

因为乙的击中点比较集中, 即射击的偏差比甲小, 故认为乙的射击水平比甲高.

本节将引进另一个数字特征——方差, 用它来度量随机变量取值在其均值附近的平均偏离程度.

1. 方差的定义

定义3　设X是一个随机变量, 若$E[X-E(X)]^2$存在, 则称它为X的**方差**, 记为

$$D(X)=E[X-E(X)]^2.$$

注: 符号$D(X)$有时简写为DX. 同样, 对于连续型随机变量也是这样规定的.

方差的算术平方根$\sqrt{D(X)}$称为**标准差**或**均方差**. 它与X具有相同的度量单位, 在实际应用中经常使用.

注: 方差刻画了随机变量X的取值与数学期望的偏离程度, 它的大小可以衡量随机变量取值的稳定性.

从方差的定义易见:

(1) 若X的取值比较集中, 则方差较小;

(2) 若X的取值比较分散, 则方差较大;

(3) 若方差$D(X)=0$, 则随机变量X以概率1取常数值, 此时, X也就不是随机变量了.

2. 方差的计算

若X是**离散型**随机变量，且其概率分布为

$$P\{X=x_i\}=p_i,\ i=1,2,\cdots,$$

则
$$D(X)=\sum_{i=1}^{\infty}[x_i-E(X)]^2 p_i; \tag{5.3}$$

若X是**连续型**随机变量，且其概率密度为$f(x)$, 则

$$D(X)=\int_{-\infty}^{+\infty}[x-E(X)]^2 f(x)\mathrm{d}x. \tag{5.4}$$

由数学期望的性质，易得计算方差的一个**简化公式**:

$$D(X)=E(X^2)-[E(X)]^2. \tag{5.5}$$

证明 因为$[X-E(X)]^2=X^2-2X\cdot E(X)+[E(X)]^2$, 所以

$$\begin{aligned}E[X-E(X)]^2&=E[X^2-2X\cdot E(X)+(E(X))^2]\\&=E(X^2)-2E(X)\cdot E(X)+[E(X)]^2=E(X^2)-[E(X)]^2.\end{aligned}$$ ■

设随机变量X具有数学期望$E(X)=\mu$, 方差$D(X)=\sigma^2\neq 0$, 称

$$X^*=\frac{X-\mu}{\sigma}$$

为X的**标准化随机变量**. 易见

$$E(X^*)=\frac{1}{\sigma}E(X-\mu)=\frac{1}{\sigma}[E(X)-\mu]=0;$$

$$\begin{aligned}D(X^*)&=E(X^{*2})-[E(X^*)]^2=E\left[\left(\frac{X-\mu}{\sigma}\right)^2\right]\\&=\frac{1}{\sigma^2}E[(X-\mu)^2]=\frac{\sigma^2}{\sigma^2}=1.\end{aligned}$$

即标准化随机变量X^*的数学期望为0，方差为1. 由于标准化随机变量是无量纲的，可以消除原始变量受到的量纲因素的影响，因而在统计分析中有着广泛的应用.

例4 设随机变量X具有$0-1$分布，其分布律为

$$P\{X=0\}=1-p,\ P\{X=1\}=p,$$

求$E(X), D(X)$.

解 $E(X)=0\cdot(1-p)+1\cdot p=p,\quad E(X^2)=0^2\cdot(1-p)+1^2\cdot p=p.$

故
$$D(X)=E(X^2)-[E(X)]^2=p-p^2=p(1-p).$$ ■

例5 设$X\sim U(a,b)$, 求$E(X), D(X)$.

解 X的概率密度为

$$f(x)=\begin{cases}\dfrac{1}{b-a}, & a<x<b\\ 0, & \text{其他}\end{cases},$$

而

$$E(X)=\int_{-\infty}^{+\infty} xf(x)\,\mathrm{d}x=\int_a^b \frac{x}{b-a}\,\mathrm{d}x=\frac{a+b}{2},$$

故所求方差为

$$D(X)=E(X^2)-[E(X)]^2=\int_a^b x^2\frac{1}{b-a}\,\mathrm{d}x-\left(\frac{a+b}{2}\right)^2=\frac{(b-a)^2}{12}. \qquad ■$$

3. 方差的性质

性质1 设 C 为常数, 则 $D(C)=0$.

性质2 设 X 是随机变量, 若 C 为常数, 则

$$D(CX)=C^2D(X). \tag{5.6}$$

性质3 若 X, Y 相互独立, 则

$$D(X\pm Y)=D(X)+D(Y). \tag{5.7}$$

注: 对 n 维情形, 若 $X_1, X_2, \cdots, X_n$ 相互独立, 则

$$D(X_1+X_2+\cdots+X_n)=D(X_1)+D(X_2)+\cdots+D(X_n). \tag{5.8}$$

例6 设 $f(x)=E(X-x)^2,\ x\in\mathbf{R}$, 证明: 当 $x=E(X)$ 时, $f(x)$ 达到最小值.

证明 依题意, $f(x)=E(X-x)^2=E(X^2)-2xE(X)+x^2$, 两边对 x 求导数, 有

$$f'(x)=2x-2E(X).$$

显然, 当 $x=E(X)$ 时, $f'(x)=0$. 又因 $f''(x)=2>0$, 所以当 $x=E(X)$ 时, $f(x)$ 达到最小值, 最小值为

$$f(E(X))=E(X-E(X))^2=D(X). \qquad ■$$

这个例子又一次说明了随机变量取值对其数学期望的偏离程度比对其他任何值的偏离程度都要小.

例7 设 $X\sim b(n, p)$, 求 $E(X), D(X)$.

解 X 表示 n 重伯努利试验中"成功"的次数. 若设

$$X_i=\begin{cases}1, & \text{第 } i \text{ 次试验成功}\\ 0, & \text{第 } i \text{ 次试验失败}\end{cases},\quad i=1,2,\cdots,n,$$

则 $X=\sum\limits_{i=1}^{n}X_i$ 是 n 次试验中"成功"的次数, 且 X_i 服从 $0-1$ 分布.

$$E(X_i)=P\{X_i=1\}=p,\ E(X_i^2)=p,$$

故 $$D(X_i)=E(X_i^2)-[E(X_i)]^2=p-p^2=p(1-p),\quad i=1,2,\cdots,n.$$

由于 $X_1, X_2, \cdots, X_n$ 相互独立, 于是

$$E(X)=\sum_{i=1}^{n}E(X_i)=np,\quad D(X)=\sum_{i=1}^{n}D(X_i)=np(1-p). \qquad ■$$

例8 设 $X\sim N(\mu, \sigma^2)$, 求 $E(X), D(X)$.

解 先求标准正态变量 $Z=\dfrac{X-\mu}{\sigma}$ 的数学期望和方差.

因为 Z 的概率密度为

$$\varphi(t)=\frac{1}{\sqrt{2\pi}}\mathrm{e}^{-t^2/2}\quad(-\infty<t<+\infty),$$

所以
$$E(Z)=\frac{1}{\sqrt{2\pi}}\int_{-\infty}^{+\infty}t\mathrm{e}^{-t^2/2}\mathrm{d}t=\frac{-1}{\sqrt{2\pi}}\mathrm{e}^{-t^2/2}\Big|_{-\infty}^{+\infty}=0,$$

$$\begin{aligned}D(Z)&=E(Z^2)-[E(Z)]^2=\frac{1}{\sqrt{2\pi}}\int_{-\infty}^{+\infty}t^2\mathrm{e}^{-t^2/2}\mathrm{d}t=-\frac{1}{\sqrt{2\pi}}\int_{-\infty}^{+\infty}t\mathrm{d}\mathrm{e}^{-t^2/2}\\&=\frac{-t}{\sqrt{2\pi}}\mathrm{e}^{-t^2/2}\Big|_{-\infty}^{+\infty}+\frac{1}{\sqrt{2\pi}}\int_{-\infty}^{+\infty}\mathrm{e}^{-t^2/2}\mathrm{d}t\\&=\frac{1}{\sqrt{\pi}}\int_{-\infty}^{+\infty}\mathrm{e}^{-t^2/2}\mathrm{d}\left(\frac{t}{\sqrt{2}}\right)=\frac{1}{\sqrt{\pi}}\cdot\sqrt{\pi}=1.\end{aligned}$$

因 $X=\mu+\sigma Z$, 即得

$$E(X)=E(\mu+\sigma Z)=\mu,$$

$$D(X)=D(\mu+\sigma Z)=D(\mu)+D(\sigma Z)=\sigma^2D(Z)=\sigma^2.$$ ■

这就是说，正态分布的概率密度中的两个参数 μ 和 σ 分别就是该分布的数学期望和均方差，因而，正态分布完全可由它的数学期望和方差确定.

三、矩的概念

矩是随机变量的某种特殊函数的数学期望，也是在数理统计等领域具有广泛应用的数字特征之一.

定义4 设 X 和 Y 为随机变量，k, l 为正整数，称

$E(X^k)$ 为 **k 阶原点矩**（简称 **k 阶矩**）;

$E\{[X-E(X)]^k\}$ 为 **k 阶中心矩**;

$E(|X|^k)$ 为 **k 阶绝对原点矩**;

$E(|X-E(X)|^k)$ 为 **k 阶绝对中心矩**.

注: 由定义可见:

① X 的数学期望 $E(X)$ 是 X 的一阶原点矩;

② X 的方差 $D(X)$ 是 X 的二阶中心矩.

习 题 十

1. 随机变量的特征是什么?
2. 试述随机变量的分类.

3. $F(x)=\begin{cases}0, & x<-2\\ 0.4, & -2\le x<0\\ 1, & x\ge 0\end{cases}$ 是随机变量 X 的分布函数，则 X 是 ________ 型的随机变量.

4. 设随机变量 X 的概率密度为

$$f(x)=\frac{1}{2\sqrt{\pi}}\mathrm{e}^{-\frac{(x+3)^2}{4}} \quad (-\infty<x<+\infty),$$

则 $Y=$ ______________ $\sim N(0,1)$.

5. 盒中装有大小相同的10个球，编号为0, 1, 2, …, 9, 从中任取1个，观察号码“小于5”“等于5”“大于5”的情况．试定义一个随机变量来表达上述随机试验结果，并写出该随机变量取每一个特定值的概率．

6. 设随机变量 X 的分布律为 $P\{X=k\}=\dfrac{k}{15}$, $k=1, 2, 3, 4, 5$, 试求：

(1) $P\left\{\dfrac{1}{2}<X<\dfrac{5}{2}\right\}$；　　(2) $P\{1\le X\le 3\}$；　　(3) $P\{X>3\}$.

7. 设某运动员投篮命中的概率为0.6，求他一次投篮时，投篮命中次数的概率分布．

8. 一袋中装有5只球，编号为1, 2, 3, 4, 5．在袋中同时取3只，以 X 表示取出的3只球中的最大号码，写出随机变量 X 的分布律．

9. 某加油站替出租汽车公司代营出租汽车业务，每出租一辆汽车，可从出租汽车公司得到3元．因代营业务，每天加油站要多付给职工服务费60元．设每天出租汽车数 X 是一个随机变量，它的概率分布见下表：

X	10	20	30	40
p_i	0.15	0.25	0.45	0.15

求因代营业务得到的收入大于当天的额外支出费用的概率．

10. 设自动生产线在调整以后出现废品的概率为 $p=0.1$, 当生产过程中出现废品时立即进行调整，X 代表在两次调整之间生产的合格品数，试求：

(1) X 的概率分布；　　(2) $P\{X\ge 5\}$.

11. 有甲、乙两种味道和颜色都极为相似的名酒各4杯．如果从中挑4杯，能将甲种酒全部挑出来，算是试验成功一次．

(1) 某人随机地去试，问他试验成功一次的概率是多少？

(2) 某人声称他通过品尝能区分两种酒．他连续试验10次，成功3次．试推断他是猜对的，还是他确有区分的能力（设各次试验是相互独立的）.

12. 已知离散型随机变量 X 的概率分布为

$$P\{X=1\}=0.3,\ P\{X=3\}=0.5,\ P\{X=5\}=0.2.$$

试写出 X 的分布函数 $F(x)$, 并画出图形．

13. 设 X 的分布函数为

$$F(x)=\begin{cases}0, & x<0\\ x/2, & 0\le x<1\\ x-1/2, & 1\le x<1.5\\ 1, & x\ge 1.5\end{cases}.$$

求 $P\{0.4<X\le 1.3\}$, $P\{X>0.5\}$, $P\{1.7<X\le 2\}$.

14. 已知 $X\sim f(x)=\begin{cases}2x, & 0<x<1\\ 0, & 其他\end{cases}$，求 $P\{X\le 0.5\}$, $P\{X=0.5\}$, $F(x)$.

15. 设连续型随机变量 X 的分布函数为 $F(x)=\begin{cases}A+Be^{-2x}, & x>0\\ 0, & x\le 0\end{cases}$，试求:

(1) A, B的值； (2) $P\{-1<X<1\}$； (3) 概率密度函数 $f(x)$.

16. 设随机变量 X 服从 $[1, 5]$ 上的均匀分布，如果

(1) $x_1<1<x_2<5$； (2) $1<x_1<5<x_2$，

试求 $P\{x_1<X<x_2\}$.

17. 设一个汽车站上, 某路公共汽车每 5 分钟有一辆车到达, 而乘客在 5 分钟内任一时间到达是等可能的, 计算在车站候车的10 位乘客中只有 1 位等待时间超过 4 分钟的概率.

18. 设 $X\sim N(3, 2^2)$.

(1) 确定 c, 使得 $P\{X>c\}=P\{X\le c\}$； (2) 设 d 满足 $P\{X>d\}\ge 0.9$，问d至多为多少?

19. 某地抽样调查表明, 考生的外语成绩(百分制)近似服从正态分布, 平均成绩为72分, 96 分以上的考生占考生总数的 2.3%, 试求考生的外语成绩在 60 分至 84 分之间的概率.

20. 设某城市男子身高(单位:厘米) $X\sim N(170, 36)$, 问应如何选择公共汽车车门的高度才能使该城市男子与车门碰头的概率小于 0.01?

21. 某人去火车站乘车, 有两条路可以走. 第一条路路程较短, 但交通拥挤, 所需时间(单位: 分钟) 服从正态分布 $N(40, 10^2)$; 第二条路路程较长, 但意外阻塞较少, 所需时间服从正态分布 $N(50, 4^2)$. 求:

(1) 若动身时离火车开车时间只有 60 分钟，应走哪一条路线?

(2) 若动身时离火车开车时间只有 45 分钟，应走哪一条路线?

22. 袋中有n张卡片, 记有号码 $1, 2, \cdots, n$. 现从中有放回地抽出 k 张卡片, 求号码之和 X 的数学期望.

23. 某产品的次品率为 0.1, 检验员每天检验 4 次. 每次随机地取 10 件产品进行检验, 如发现其中的次品数多于1, 就去调整设备. 以 X 表示一天中调整设备的次数, 试求 $E(X)$. (设诸产品是否为次品是相互独立的.)

24. 据统计, 一位60岁的健康(一般体检未发生病症)者, 在5年之内仍然活着和自杀死亡的概率为 p $(0<p<1$, p 为已知), 在 5 年之内非自杀死亡的概率为 $1-p$. 保险公司开办 5 年人寿保险, 条件是参加者需交纳人寿保险费 a 元(a 已知), 若 5 年内死亡, 公司赔偿 b 元($b>a$), 应如何确定 b 才能使公司可期望获益? 若有 m 人参加保险，公司可期望从中获益多少?

25. 设随机变量 X 的分布律为

X	-2	0	2
p_i	0.4	0.3	0.3

求 $E(X)$, $E(X^2)$, $E(3X^2+5)$.

26. 设随机变量 X 的概率密度为

$$f(x)=\begin{cases}1-|1-x|, & 0<x<2\\ 0, & \text{其他}\end{cases},$$

求 $E(X)$.

27. 设甲、乙两家灯泡厂生产的灯泡的寿命 (单位: 小时) X 和 Y 的分布律分别为

X	900	1 000	1 100
p_i	0.1	0.8	0.1

Y	950	1 000	1 050
p_i	0.3	0.4	0.3

试问哪家工厂生产的灯泡质量较好？

28. 已知 $X\sim b(n,p)$, 且 $E(X)=3$, $D(X)=2$, 试求 X 的全部可能取值, 并计算 $P\{X\le 8\}$.

29. 设随机变量 X_1,X_2,X_3,X_4 相互独立, 且有 $E(X_i)=i, D(X_i)=5-i, i=1,2,3,4$. 又设

$$Y=2X_1-X_2+3X_3-\frac{1}{2}X_4,$$

求 $E(Y), D(Y)$.

30. 5家商店联营, 它们每两周售出的某种农产品的数量(以kg计)分别为 X_1,X_2,X_3,X_4,X_5. 已知 $X_1\sim N(200,225)$, $X_2\sim N(240,240)$, $X_3\sim N(180,225)$, $X_4\sim N(260,265)$, $X_5\sim N(320,270)$, X_1,X_2,X_3,X_4,X_5 相互独立.

(1) 求5家商店两周的总销售量的均值和方差;

(2) 商店每隔两周进货一次, 为了使新的供货到达前商店不会脱销的概率大于0.99, 问商店的仓库应至少储存该产品多少千克？

31. 设随机变量 X 的概率密度为

$$f(x)=\begin{cases}0.5x, & 0<x<2\\ 0, & \text{其他}\end{cases},$$

求随机变量 X 的一至四阶原点矩和中心矩.

第 11 章　数理统计的基础知识

前面我们已经介绍了概率论的基本内容，概率论是在已知随机变量服从某种分布的条件下，研究随机变量的性质、数字特征及其应用．从本章开始，我们将讲述数理统计的基本内容．数理统计作为一门学科诞生于19世纪末20世纪初，是具有广泛应用的一个数学分支，它以概率论为基础，根据试验或观察得到的数据来研究随机现象，以便对研究对象的客观规律性作出合理的估计和判断．

由于大量随机现象必然呈现出它的规律性，故理论上只要对随机现象进行足够多次的观察，研究对象的规律性就一定能清楚地呈现出来．但实际上人们常常无法对所研究的对象的全体（或总体）进行观察，而只能抽取其中的部分（或样本）进行观察或试验以获得有限的数据．

数理统计的任务包括：怎样有效地收集、整理有限的数据资料；怎样对所得的数据资料进行分析、研究，从而对研究对象的性质、特点作出合理的推断，此即所谓的统计推断问题．本章主要讲述统计推断的基本内容．

§11.1　数理统计的基本概念

一、总体与总体分布

在数理统计中，把研究的问题所涉及的对象的全体所组成的集合称为**总体**（或**母体**）．把构成总体的每一个成员（或元素）称为**个体**．总体中所包含的个体的数量称为**总体的容量**．容量为有限的称为**有限总体**；容量为无限的称为**无限总体**．总体与个体之间的关系，即集合与元素之间的关系．

例如，考察某大学一年级新生的体重和身高，则该校一年级的全体新生就构成了一个总体，每一名新生就是一个个体．又如，研究某灯泡厂生产的一批灯泡的质量，则该批灯泡的全体构成了一个总体，其中每一个灯泡就是一个个体．

实际上，我们真正关心的并不是总体或个体本身，而是它们的某项数量指标（或几项数量指标）．如在上述前一总体（一年级新生）中，我们所关心的只是新生的体重和身高，而在后一总体（一批灯泡）中，我们关心的仅仅是灯泡的寿命．在试验中，数量指标 X 是一个随机变量（或随机向量），X 的概率分布完整地描述了这一数量指标在总体中的分布情况．由于我们只关心总体的数量指标 X，因此就把总体与 X 的所有可能取值的全体组成的集合等同起来，并把 X 的分布称为总体分布，同时，常把总体与总体分布视为同义词．

定义1　统计学中称随机变量(或向量)X为**总体**，并把随机变量(或向量)的分布称为**总体分布**.

注: ①有时对个体的特性的直接描述并不是数量指标，但总可以将其数量化，如检验某学校全体学生的血型，试验的结果有O型、A型、B型、AB型4种. 若分别以1, 2, 3, 4依次记这4种血型，则试验的结果就可以用数量来表示了.

②总体的分布一般来说是未知的，有时即使知道其分布的类型(如正态分布、二项分布等)，也不知道这些分布中所含的参数(如μ, σ^2, ρ等). 数理统计的任务就是根据总体中部分个体的数据资料来对总体的未知分布进行统计推断.

二、样本

由于总体的分布一般是未知的，或者它的某些参数是未知的，为了判断总体服从何种分布或估计未知参数应取何值，我们可从总体中抽取若干个个体进行观察，从中获得研究总体的一些观察数据，然后通过对这些数据的统计分析，对总体的分布作出判断或对未知参数作出合理估计. 一般的方法是按一定原则从总体中抽取若干个个体进行观察，这个过程称为**抽样**. 显然，对每个个体的观察结果是随机的，可将其看成是一个随机变量的取值，这样就把每个个体的观察结果与一个随机变量的取值对应起来了. 于是，我们可记从总体X中第i次抽取的个体指标为$X_i(i=1,2,\cdots,n)$，则X_i是一个随机变量；记$x_i(i=1,2,\cdots,n)$为个体指标X_i的具体观察值. 我们称$X_1, X_2, \cdots, X_n$为总体X的**样本**；称样本观察值$x_1, x_2, \cdots, x_n$为**样本值**；样本所含个体数目称为**样本容量**(或**样本大小**).

为了使抽取的样本能很好地反映总体的信息，除了对样本容量有一定的要求外，还对样本的抽取方式有一定的要求，最常用的一种抽样方法称为**简单随机抽样**. 它要求抽取的样本满足下面两个条件：

(1) 代表性：$X_1, X_2, \cdots, X_n$与所考察的总体具有相同的分布；

(2) 独立性：$X_1, X_2, \cdots, X_n$是相互独立的随机变量.

由简单随机抽样得到的样本称为**简单随机样本**，它可用与总体同分布的n个相互独立的随机变量$X_1, X_2, \cdots, X_n$表示. 显然，简单随机样本是一种非常理想化的样本，在实际应用中要获得严格意义下的简单随机样本并不容易.

对有限总体，若采用有放回抽样就能得到简单随机样本，但有放回抽样使用起来不方便，故实际操作中通常采用的是无放回抽样. 当所考察的总体的容量很大时，无放回抽样与有放回抽样的区别很小，此时可近似地把无放回抽样所得到的样本看成是一个简单随机样本. 对无限总体，因抽取一个个体不影响它的分布，故采用无放回抽样即可得到一个简单随机样本.

注: ①除了有放回抽样得到随机样本外，用随机数表法也可以得到；

②后面假定所考虑的样本均为**简单随机样本**，简称为**样本**.

三、统计推断问题简述

总体和样本是数理统计中的两个基本概念．一方面，样本来自总体，自然带有总体的信息，从而可以从这些信息出发去研究总体的某些特征（分布或分布中的参数）. 另一方面，由样本研究总体可以省时省力(特别是针对破坏性的抽样试验而言). 我们称通过总体 X 的一个样本 $X_1, X_2, \cdots, X_n$ 对总体 X 的分布进行推断的问题为**统计推断问题**.

总体、个体、样本(样本值)的关系如下：

总体 → 个体 —抽样→ 样本(样本值) —推断→ 总体

在实际应用中，总体的分布一般是未知的，或虽然知道总体分布所属的类型，但其中含有未知参数．统计推断就是利用样本值来对总体的分布类型、未知参数进行估计和推断.

四、分组数据统计表和频率直方图

通过观察或试验得到的样本值，一般是杂乱无章的，需要进行整理才能从总体上呈现其统计规律性．分组数据统计表或频率直方图是两种常用的整理方法.

1. 分组数据表：若样本值较多，可将其分成若干组，分组的区间长度一般取成相等，称区间的长度为**组距**．分组的组数应与样本容量相适应．若分组太少，则难以反映出分布的特征；若分组太多，则由于样本取值的随机性而使分布显得杂乱．因此，分组时，确定分组数(或组距)应以突出分布的特征并冲淡样本的随机波动性为原则．区间所含的样本值个数称为该区间的**组频数**．组频数与总的样本容量之比称为**组频率**.

2. 频率直方图：频率直方图能直观地表示出组频数的分布，其步骤如下：

设 $x_1, x_2, \cdots, x_n$ 是样本的 n 个观察值.

(1) 求出 $x_1, x_2, \cdots, x_n$ 中的最小者 $x_{(1)}$ 和最大者 $x_{(n)}$.

(2) 选取常数 a(略小于 $x_{(1)}$) 和 b(略大于 $x_{(n)}$)，并将区间 $[a, b]$ 等分成 m 个小区间(一般取 m 使 m/n 在 1/10 左右，且小区间不包含右端点)：

$$[t_i, t_i+\Delta t), \quad \Delta t=\frac{b-a}{m}, \quad i=1, 2, \cdots, m. \tag{1.1}$$

(3) 求出组频数 n_i，组频率 $n_i/n \triangleq f_i$，以及

$$h_i=\frac{f_i}{\Delta t}\ (i=1, 2, \cdots, m). \tag{1.2}$$

(4) 在 $[t_i, t_i+\Delta t)$ 上以 h_i 为高，Δt 为宽作小矩形，其面积恰为 f_i，所有小矩形合在一起就构成了频率直方图.

例1 从某厂生产的某种零件中随机抽取120个，测得其质量(单位:g)如表11–1–1所示．列出分组表，并作频率直方图.

表 11−1−1

200	202	203	208	216	206	222	213	209	219
216	203	197	208	206	209	206	208	202	203
206	213	218	207	208	202	194	203	213	211
193	213	208	208	204	206	204	206	208	209
213	203	206	207	196	201	208	207	213	208
210	208	211	211	214	220	211	203	216	221
211	209	218	214	219	211	208	221	211	218
218	190	219	211	208	199	214	207	207	214
206	217	214	201	212	213	211	212	216	206
210	216	204	221	208	209	214	214	199	204
211	201	216	211	209	208	209	202	211	207
220	205	206	216	213	206	206	207	200	198

解　将表中 120 个样本值重新排序如下(微信扫码排序作图):

数据排序与直方图

190　193　194　196　197　198　199　199
200　200　201　201　201　202　202　202　202　203
　　203　203　203　203　203　204　204　204　204　205
　　206　206　206　206　206　206　206　206　206　206
　　206　206　207　207　207　207　207　207　207　208
　　208　208　208　208　208　208　208　208　208　208
　　208　208　208　209　209　209　209　209　209　209
210　210　211　211　211　211　211　211　211　211
　　211　211　211　211　212　212　213　213　213　213
　　213　213　213　213　214　214　214　214　214　214
　　214　216　216　216　216　216　216　216　217　218
　　218　218　218　219　219　219
220　220　221　221　221　222

由此可见,在上述样本值中,最小值为190,最大值为222,取 $a=189.5$, $b=222.5$,然后将区间 [189.5, 222.5] 等分成 11 个小区间,其组距 $\Delta t=3$. 其分组表及频率直方图分别见表 11−1−2 和图 11−1−1.

表 11−1−2

区间	组频数 n_i	组频率 f_i	高 $h_i=f_i/\Delta t$
189.5～192.5	1	1/120	1/360
192.5～195.5	2	2/120	2/360
195.5～198.5	3	3/120	3/360
198.5～201.5	7	7/120	7/360
201.5～204.5	14	14/120	14/360
204.5～207.5	20	20/120	20/360
207.5～210.5	23	23/120	23/360
210.5～213.5	22	22/120	22/360
213.5～216.5	14	14/120	14/360
216.5～219.5	8	8/120	8/360
219.5～222.5	6	6/120	6/360
合计	120	1	

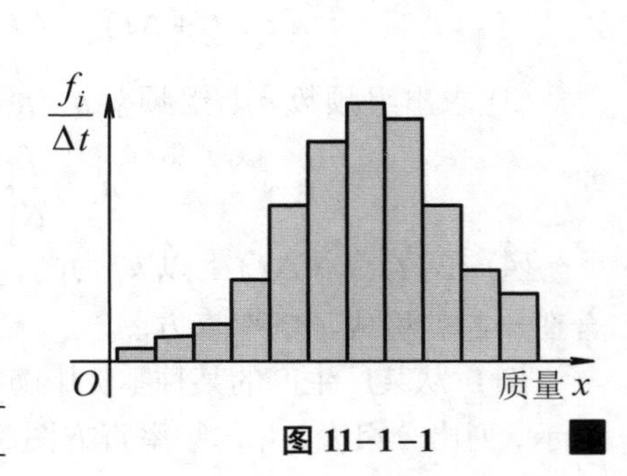

图 11−1−1 ■

从图11–1–1中可以看出，频率直方图呈中间高、两头低的“倒钟形”，可以粗略地认为该种零件的质量服从正态分布，其数学期望在209附近.

*数学实验

实验11.1 下面的数据是某大学某专业50名新生在数学测验中所得到的分数:

88	74	67	49	69	38	86	77	66	75
94	67	78	69	84	50	39	58	79	70
90	79	97	75	98	77	64	69	82	71
65	68	84	73	58	78	75	89	91	62
72	74	81	79	81	86	78	90	81	62

频率直方图

将这组数据分为6~8组，画出频率直方图，并求出样本均值、样本方差(详见教材配套的网络学习空间).

五、统计量

为了由样本推断总体，需构造一些合适的统计量，再由这些统计量来推断未知总体.这里，样本的统计量即为样本的函数.广义地讲，统计量可以是样本的任一函数，但由于构造统计量的目的是推断未知总体的分布，故在构造统计量时，就不应包含总体的未知参数，为此引入下列定义.

定义2 设$X_1, X_2, \cdots, X_n$为总体X的一个样本，称此样本的任一不含总体分布未知参数的函数为该样本的**统计量**.

例如，设总体X服从正态分布，$E(X)=5$，$D(X)=\sigma^2$，σ^2未知．$X_1, X_2, \cdots, X_n$为总体X的一个样本，令

$$S_n = X_1 + X_2 + \cdots + X_n, \quad \overline{X} = \frac{S_n}{n},$$

则S_n与$\overline{X}$均为样本$X_1, X_2, \cdots, X_n$的统计量．但$U=\dfrac{n(\overline{X}-5)}{\sigma}$不是该样本的统计量，因其含有总体分布中的未知参数$\sigma$.

注：当样本未取具体的样本值时，统计量用样本的大写形式$X_1, X_2, \cdots, X_n$来表达；当样本已取得一组具体的样本值时，统计量改用样本的小写形式$x_1, x_2, \cdots, x_n$来表达.

六、常用统计量

以下设$X_1, X_2, \cdots, X_n$为总体X的一个样本.

1. 样本均值

$$\overline{X} = \frac{1}{n}\sum_{i=1}^{n} X_i. \tag{1.3}$$

2. 样本方差

$$S^2 = \frac{1}{n-1}\sum_{i=1}^{n}(X_i - \overline{X})^2. \tag{1.4}$$

3. 样本标准差

$$S=\sqrt{\frac{1}{n-1}\sum_{i=1}^{n}(X_i-\overline{X})^2}\,. \tag{1.5}$$

4. 样本 (*k* 阶) 原点矩

$$A_k=\frac{1}{n}\sum_{i=1}^{n}X_i^k,\quad k=1,2,\cdots. \tag{1.6}$$

5. 样本 (*k* 阶) 中心矩

$$B_k=\frac{1}{n}\sum_{i=1}^{n}(X_i-\overline{X})^k,\ k=2,3,\cdots. \tag{1.7}$$

其中样本二阶中心矩

$$B_2=\frac{1}{n}\sum_{i=1}^{n}(X_i-\overline{X})^2,$$

又称作**未修正样本方差**.

注: 上述五种统计量可统称为**矩统计量**, 简称为**样本矩**, 它们都是样本的显函数, 它们的观察值仍分别称为样本均值、样本方差、样本标准差、样本 (*k* 阶) 原点矩、样本 (*k* 阶) 中心矩.

例 2　某厂实行计件工资制, 为及时了解情况, 随机抽取30名工人, 调查各自在一周内加工的零件数, 然后按规定算出每名工人的周工资如下 (单位: 元):

156 134 160 141 159 141 161 157 171 155 149 144 169 138 168
147 153 156 125 156 135 156 151 155 146 155 157 198 161 151

这便是一个容量为30的样本观察值, 其样本均值为

$$\overline{x}=\frac{1}{30}(156+134+\cdots+161+151)=153.5(\text{元}).$$

均值与方差计算实验

它反映了该厂工人周工资的一般水平.

我们进一步计算样本方差 s^2 及样本标准差 s. 由于

$$\sum_{i=1}^{30}x_i^2=156^2+134^2+\cdots+151^2=712\ 155,$$

代入式 (1.4), 得样本方差为

$$s^2=\frac{1}{30-1}\left(\sum_{i=1}^{30}x_i^2-30\overline{x}^2\right)=\frac{1}{30-1}\times 5\ 287.5$$
$$\approx 182.327\ 6,$$

样本标准差为

$$s=\sqrt{182.327\ 6}\approx 13.50.$$ ■

例 3　设我们获得了如下三个样本:

样本 A : 3, 4, 5, 6, 7;

样本 B : 1, 3, 5, 7, 9;

样本 C : 1, 5, 9.

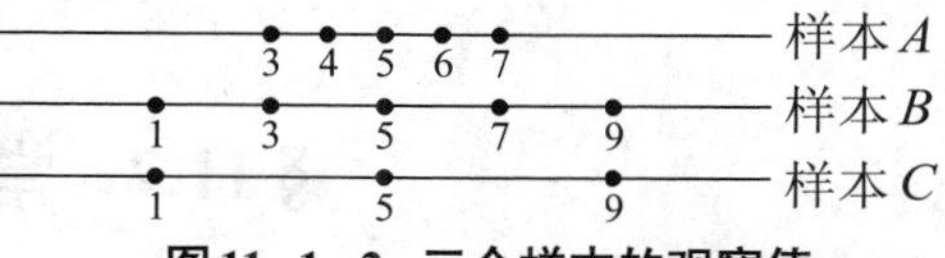

图11–1–2 三个样本的观察值

如果将它们画在数轴上(见图11–1–2),明显可见它们的“分散”程度是不同的：样本 A 在这三个样本中是比较密集的，而样本 C 比较分散.

这一直觉可以用样本方差来表示. 这三个样本的均值都是5, 即

$$\overline{x}_A=\overline{x}_B=\overline{x}_C=5,$$

而样本容量 $n_A=5,\ n_B=5,\ n_C=3$, 从而它们的样本方差分别为

$$s_A^2=\frac{1}{5-1}[(3-5)^2+(4-5)^2+(5-5)^2+(6-5)^2+(7-5)^2]=\frac{10}{4}=2.5,$$

$$s_B^2=\frac{1}{5-1}[(1-5)^2+(3-5)^2+(5-5)^2+(7-5)^2+(9-5)^2]=\frac{40}{4}=10,$$

$$s_C^2=\frac{1}{3-1}[(1-5)^2+(5-5)^2+(9-5)^2]=\frac{32}{2}=16\,.$$

由此可见 $s_C^2>s_B^2>s_A^2$. 这与直觉是一致的，它们反映了取值的离散程度. 由于样本方差的量纲与样本的量纲不一致, 故常用样本标准差表示离散程度, 这里有

$$s_A\approx 1.58,\quad s_B\approx 3.16,\quad s_C=4,$$

同样有

$$s_C>s_B>s_A\,.$$ ■

由于样本方差(或样本标准差)很好地反映了总体方差(或标准差)的信息, 因此, 当方差 σ^2 未知时，常用 S^2 来估计，而总体标准差 σ 则常用样本标准差 S 来估计.

*数学实验

实验11.2 试比较下列两组数据的均值和方差, 并根据计算结果说明它们的集中趋势和离散程度(详见教材配套的网络学习空间).

A组:	1.33	1.60	1.33	2.58	1.22	0.94	2.55	1.58	2.36	1.65
	2.27	−0.56	2.47	3.85	3.04	2.91	1.76	2.18	2.24	2.10
	1.17	1.65	1.83	1.52	2.84	4.54	0.68	2.13	0.56	3.30
	3.41	0.34	3.94	0.92	2.23	3.10	2.15	4.30	4.75	2.14
	0.30	1.64	1.15	1.24	0.87	2.08	4.11	1.28	1.72	3.17
B组:	3.58	2.63	3.33	3.13	1.50	2.55	1.61	0.83	2.82	2.09
	1.75	2.38	3.28	2.51	2.25	2.36	2.06	0.99	3.02	3.83
	1.30	4.50	1.77	1.68	0.83	0.97	0.76	2.46	4.07	2.68
	3.11	3.74	−1.25	1.78	2.46	2.93	0.30	0.69	3.03	1.85
	2.72	0.75	−0.12	2.99	3.55	4.12	0.01	0.26	0.08	1.94

均值与方差计算实验

均值与方差计算实验

§11.2　常用统计分布

取得总体的样本后,通常要借助样本的统计量对未知的总体分布进行推断.为此,需进一步确定相应的统计量所服从的分布,除在概率论中所提到的常用分布(主要是正态分布)外.本节还要介绍几个在统计学中常用的统计分布:χ^2 分布,t 分布.

一、分位数

设随机变量 X 的分布函数为 $F(x)$,对给定的实数 $\alpha(0<\alpha<1)$,若实数 F_α 满足

$$P\{X>F_\alpha\}=\alpha,$$

则称 F_α 为随机变量 X 分布的水平 α 的**上侧分位数**.

若实数 $T_{\alpha/2}$ 满足

$$P\{|X|>T_{\alpha/2}\}=\alpha,$$

则称 $T_{\alpha/2}$ 为随机变量 X 分布的水平 α 的**双侧分位数**.

例如,标准正态分布的上侧分位数和双侧分位数分别如图11-2-1和图11-2-2所示.

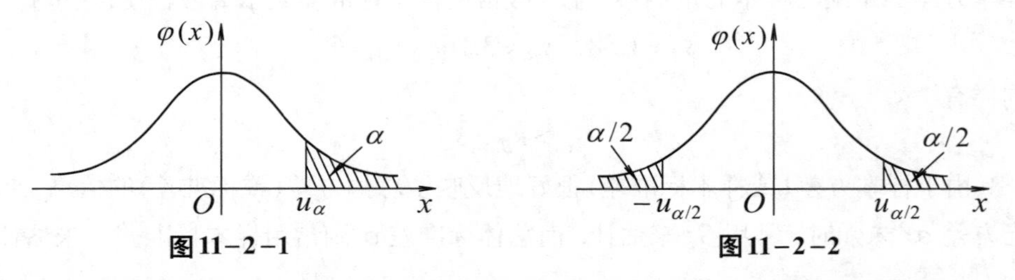

图11-2-1　　**图11-2-2**

通常,直接求解分位数是很困难的,对常用的统计分布,可利用附录中给出的分布函数值表或分位数表来得到分位数的值.

例1　设 $\alpha=0.05$,求标准正态分布的水平0.05的上侧分位数和双侧分位数.

解　由于 $\Phi(u_{0.05})=1-0.05=0.95$,查标准正态分布函数值可得 $u_{0.05}=1.645$.而水平0.05的双侧分位数为 $u_{0.025}$,它满足

$$\Phi(u_{0.025})=1-0.025=0.975,$$

查表得

$$u_{0.025}=1.96.$$ ■

注:今后分别记 u_α 与 $u_{\alpha/2}$ 为标准正态分布的上侧分位数与双侧分位数.

用户可利用数苑"统计图表工具"中的"标准正态分布查表"软件,通过微信扫码便捷地查询到指定 α 水平的上侧分位数 u_α.

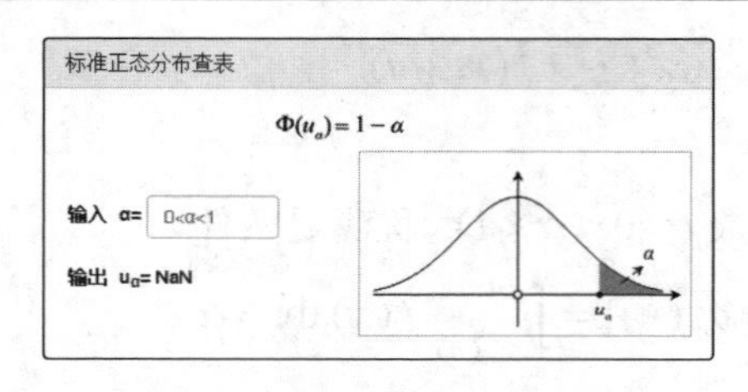

二、χ^2 分布

定义1 设 $X_1, X_2, \cdots, X_n$ 是取自总体 $N(0, 1)$ 的样本, 称统计量

$$\chi^2 = X_1^2 + X_2^2 + \cdots + X_n^2 \tag{2.1}$$

服从自由度为 n 的 **χ^2 分布**, 记为 $\chi^2 \sim \chi^2(n)$.

这里, 自由度是指式 (2.1) 右端所包含的独立变量的个数.

χ^2分布是海尔墨特(Hermert)和 K. 皮尔逊 (K. Pearson) 分别于1875 年和1890 年导出的. 它主要适用于对拟合优度检验和独立性检验, 以及对总体方差的估计和检验等. 相关内容将在随后的章节中介绍.

$\chi^2(n)$分布的概率密度为

$$f(x)=\begin{cases} \dfrac{1}{2^{n/2}\Gamma(n/2)} x^{\frac{n}{2}-1} e^{-\frac{1}{2}x}, & x>0 \\ 0, & x \le 0 \end{cases}.$$

其中 $\Gamma(\cdot)$ 为Gamma 函数. $f(x)$ 的图形如图 11-2-3 所示.

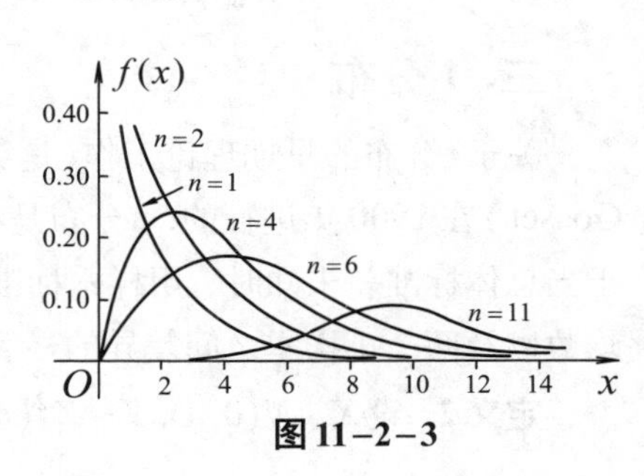

图 11-2-3

注: Gamma 函数的定义为

$$\Gamma(\alpha)=\int_0^{+\infty} x^{\alpha-1} e^{-x} dx.$$

它具有下述运算性质:

(1) $\Gamma(\alpha+1)=\alpha\Gamma(\alpha)$;

(2) $\Gamma(n)=(n-1)!$, n 为正整数;

(3) $\Gamma\left(\dfrac{1}{2}\right)=\sqrt{\pi}$.

从图中可以看出, n 越大, 密度函数图形越对称.

可以证明, **χ^2 分布具有如下性质**:

(1) χ^2分布的数学期望与方差:

若 $\chi^2 \sim \chi^2(n)$, 则 $E(\chi^2)=n$, $D(\chi^2)=2n$.

(2) χ^2分布的可加性:

若 $\chi_1^2 \sim \chi^2(m)$, $\chi_2^2 \sim \chi^2(n)$, 且 χ_1^2, χ_2^2 相互独立, 则

$$\chi_1^2+\chi_2^2\sim\chi^2(m+n).$$

(3) χ^2 分布的分位数:

设 $\chi^2\sim\chi^2(n)$, 对给定的实数 $\alpha\,(0<\alpha<1)$, 称满足条件

$$P\{\chi^2>\chi_\alpha^2(n)\}=\int_{\chi_\alpha^2(n)}^{+\infty}f(x)\,\mathrm{d}x=\alpha \tag{2.2}$$

的数 $\chi_\alpha^2(n)$ 为 **$\chi^2(n)$ 分布的水平 α 的上侧分位数**, 简称为上侧 α 分位数. 对不同的 α 与 n, 分位数的值已经编制成表供查用 (参见本书附表 3).

注: 用户可利用数苑"统计图表工具"中的"χ^2分布查表"软件, 通过微信扫码便捷地查询到 χ^2 分布的水平 α 的上侧分位数 $\chi_\alpha^2(n)$.

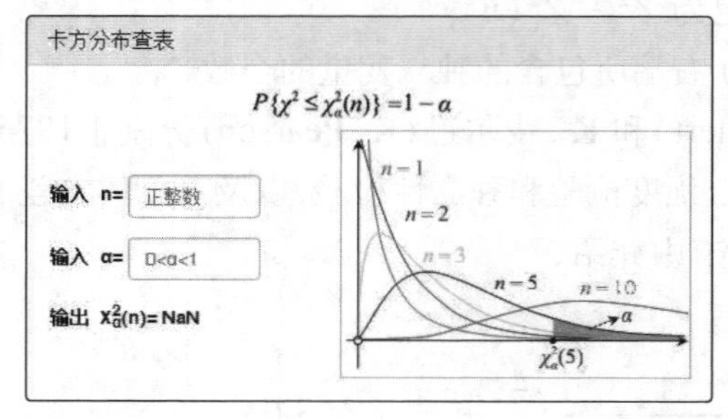

χ^2 分布查表

例如, 查表得

$$\chi_{0.1}^2(25)=34.382, \quad \chi_{0.05}^2(10)=18.307.$$

三、t 分布

关于 t 分布的早期理论工作, 是英国统计学家威廉 · 西利 · 戈塞特 (William Sealy Gosset) 在 1900 年进行的. t 分布是小样本分布, 小样本一般是指 $n<30$. t 分布适用于当总体标准差未知时, 用样本标准差代替总体标准差, 由样本平均数推断总体平均数以及两个小样本之间差异的显著性检验等.

定义 2　设 $X\sim N(0,1)$, $Y\sim\chi^2(n)$, 且 X 与 Y 相互独立, 则称

$$t=\frac{X}{\sqrt{Y/n}} \tag{2.3}$$

服从自由度为 n 的 **t 分布**, 记为 $t\sim t(n)$. $t(n)$ 分布的概率密度为

$$f(x)=\frac{\Gamma[(n+1)/2]}{\sqrt{n\pi}\,\Gamma(n/2)}\left(1+\frac{x^2}{n}\right)^{-\frac{n+1}{2}}, \quad -\infty<x<+\infty.$$

t 分布具有如下性质:

(1) $f(x)$ 的图形关于 y 轴对称 (见图 11−2−4), 且

$$\lim_{x\to\infty}f(x)=0.$$

图 11−2−4

(2) 当 n 充分大时，t 分布近似于标准正态分布.

(3) t 分布的分位数:

设 $T\sim t(n)$, 对给定的实数 $\alpha\,(0<\alpha<1)$, 称满足条件

$$P\{T>t_{\alpha}(n)\}=\int_{t_{\alpha}(n)}^{+\infty}f(x)\,\mathrm{d}x=\alpha \tag{2.4}$$

的数 $t_{\alpha}(n)$ 为 **$t(n)$ 分布的水平 α 的上侧分位数**. 由密度函数 $f(x)$ 的对称性，可得

$$t_{1-\alpha}(n)=-t_{\alpha}(n). \tag{2.5}$$

对不同的 α 与 n, t 分布的上侧分位数可从本书附表 2 中查得.

注: 用户可利用数苑“统计图表工具”中的“t 分布查表”软件，通过微信扫码便捷地查询到 $t(n)$ 分布的水平 α 的上侧分位数 $t_{\alpha}(n)$.

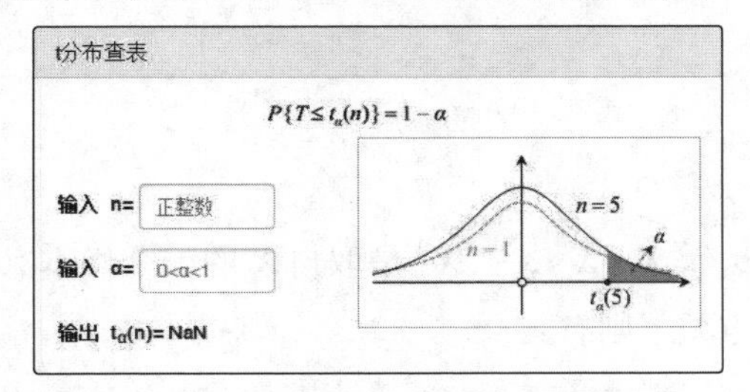

t 分布查表

类似地，我们可以给出 t 分布的双侧分位数

$$P\{|T|>t_{\alpha/2}(n)\}=\int_{-\infty}^{-t_{\alpha/2}(n)}f(x)\,\mathrm{d}x+\int_{t_{\alpha/2}(n)}^{+\infty}f(x)\,\mathrm{d}x=\alpha,$$

显然有

$$P\{T>t_{\alpha/2}(n)\}=\alpha/2\,;\ P\{T<-t_{\alpha/2}(n)\}=\alpha/2.$$

例如，设 $T\sim t(8)$, 对水平 $\alpha=0.05$, 查表得

$$t_{0.05}(8)=1.859\,5,\quad t_{0.025}(8)=2.306\,0.$$

故有

$$P\{T>1.859\,5\}=P\{T<-1.859\,5\}=P\{|T|>2.306\,0\}=0.05.$$

§11.3 抽 样 分 布

一、抽样分布

有时，总体分布的类型虽然已知，但其中含有未知参数，此时需对总体的未知参数或对总体的数字特征 (如数学期望、方差等) 进行统计推断，此类问题称为**参数统计推断**. 在参数统计推断问题中，常需利用总体的样本构造出合适的统计量，并使其服从或渐近地服从已知的分布. 统计学中泛称统计量分布为**抽样分布**.

一般说来，要确定某一统计量的分布是比较复杂的问题，然而，对一些重要的特

殊情况，例如正态总体，已经有了许多关于抽样分布的结论．本节主要介绍关于正态总体抽样分布的几个重要结论．

二、正态总体的抽样分布

设总体 X 的均值为 μ，方差为 σ^2, $X_1, X_2, \cdots, X_n$ 是取自 X 的一个样本, $\overline{X}$ 与 S^2 分别为该样本的样本均值与样本方差，则有

$$E(\overline{X})=\mu,\quad D(\overline{X})=\sigma^2/n,\quad E(S^2)=\sigma^2.$$

进一步，若设 $X\sim N(\mu,\sigma^2)$，则根据正态分布的性质，可得到下列定理：

定理 1　设总体 $X\sim N(\mu,\sigma^2)$, $X_1, X_2, \cdots, X_n$ 是取自 X 的一个样本，$\overline{X}$ 为该样本的样本均值，则有

(1) $\overline{X}\sim N(\mu,\sigma^2/n)$;　　(3.1)

(2) $U=\dfrac{\overline{X}-\mu}{\sigma/\sqrt{n}}\sim N(0,1)$.　　(3.2)

定理 2　设总体 $X\sim N(\mu,\sigma^2)$, $X_1, X_2, \cdots, X_n$ 是取自 X 的一个样本，$\overline{X}$ 与 S^2 分别为该样本的样本均值与样本方差，则有

(1) $\chi^2=\dfrac{n-1}{\sigma^2}S^2=\dfrac{1}{\sigma^2}\sum\limits_{i=1}^{n}(X_i-\overline{X})^2\sim\chi^2(n-1)$;　　(3.3)

(2) $\overline{X}$ 与 S^2 相互独立．

定理 3　设总体 $X\sim N(\mu,\sigma^2)$, $X_1, X_2, \cdots, X_n$ 是取自 X 的一个样本，$\overline{X}$ 与 S^2 分别为该样本的样本均值与样本方差，则有

(1) $\chi^2=\dfrac{1}{\sigma^2}\sum\limits_{i=1}^{n}(X_i-\mu)^2\sim\chi^2(n)$;　　(3.4)

(2) $T=\dfrac{\overline{X}-\mu}{S/\sqrt{n}}\sim t(n-1)$.　　(3.5)

例 1　设 $X\sim N(21,2^2)$, $X_1, X_2, \cdots, X_{25}$ 为 X 的一个样本，求：

(1) 样本均值 $\overline{X}$ 的数学期望与方差；　　(2) $P\{|\overline{X}-21|\le 0.24\}$.

解　(1) 由于 $X\sim N(21,2^2)$，样本容量 $n=25$，所以 $\overline{X}\sim N\left(21,\dfrac{2^2}{25}\right)$，于是

$$E(\overline{X})=21,\ D(\overline{X})=\frac{2^2}{25}=0.4^2.$$

(2) 由 $\overline{X}\sim N(21,0.4^2)$，得 $\dfrac{\overline{X}-21}{0.4}\sim N(0,1)$，故

$$P\{|\overline{X}-21|\le 0.24\}=P\left\{\left|\frac{\overline{X}-21}{0.4}\right|\le 0.6\right\}$$

标准正态分布函数查表

$$= 2\Phi(0.6) - 1 = 0.451\,4 .$$ ■

例2 在设计导弹发射装置时,重要的事情之一是研究弹着点偏离目标中心的距离的方差.对于一类导弹发射装置,弹着点偏离目标中心的距离服从正态分布$N(\mu,\sigma^2)$,这里$\sigma^2=100$平方米,现在进行了25次发射试验,用S^2记这25次试验中弹着点偏离目标中心的距离的样本方差.试求S^2超过50平方米的概率.

解 根据定理2,有$\dfrac{(n-1)S^2}{\sigma^2}\sim\chi^2(n-1)$,故

$$P\{S^2>50\}=P\left\{\frac{(n-1)S^2}{\sigma^2}>\frac{(n-1)50}{\sigma^2}\right\}=P\left\{\chi^2(24)>\frac{24\times 50}{100}\right\}$$

$$=P\{\chi^2(24)>12\}>P\{\chi^2(24)>12.401\}=0.975.$$

于是,我们可以以超过97.5%的概率断言,S^2超过50平方米. ■

习 题 十 一

1. 已知总体X服从$[0,\lambda]$上的均匀分布(λ未知),$X_1,X_2,\cdots,X_n$为X的样本,则( ).

(A) $\dfrac{1}{n}\sum\limits_{i=1}^{n}X_i-\dfrac{\lambda}{2}$是一个统计量;

(B) $\dfrac{1}{n}\sum\limits_{i=1}^{n}X_i-E(X)$是一个统计量;

(C) X_1+X_2是一个统计量;

(D) $\dfrac{1}{n}\sum\limits_{i=1}^{n}X_i^2-D(X)$是一个统计量.

2. 从总体X中任意抽取一个容量为10的样本,样本值为

4.5 2.0 1.0 1.5 3.5 4.5 6.5 5.0 3.5 4.0

试分别计算样本均值$\bar{x}$及样本方差s^2.

3. A厂生产的某种电器的使用寿命服从指数分布,参数λ未知.为此,抽查了n件电器,测量其使用寿命.试确定本问题的总体、样本及其密度函数.

4. 设总体X服从正态分布$N(10,3^2)$,$X_1,X_2,\cdots,X_6$是它的一组样本,$\overline{X}=\dfrac{1}{6}\sum\limits_{i=1}^{6}X_i$.

(1) 写出$\overline{X}$所服从的分布; (2) 求$\overline{X}>11$的概率.

5. 设$X_1,\cdots,X_n$是取自总体X的样本,$\overline{X}$,S^2分别为样本均值与样本方差,假定$\mu=E(X)$,$\sigma^2=D(X)$均存在,试求$E(\overline{X})$,$D(\overline{X})$,$E(S^2)$.

6. 查表求标准正态分布的下列上侧分位数:$u_{0.4}$,$u_{0.2}$,$u_{0.1}$与$u_{0.05}$.

7. 查表求χ^2分布的下列上侧分位数:$\chi^2_{0.95}(5)$,$\chi^2_{0.05}(5)$,$\chi^2_{0.99}(10)$与$\chi^2_{0.01}(10)$.

8. 查表求t分布的下列上侧分位数:$t_{0.05}(3)$,$t_{0.01}(5)$,$t_{0.10}(7)$与$t_{0.005}(10)$.

9. 某厂生产的搅拌机平均寿命为5年, 标准差为1年, 假设这些搅拌机的寿命近似服从正态分布, 求:

(1) 容量为9的随机样本平均寿命落在 4.4 ~ 5.2 年之间的概率;

(2) 容量为9的随机样本平均寿命小于 6 年的概率.

10. 假设总体 X 服从正态分布 $N(20,3^2)$, 样本 $X_1,\cdots,X_{25}$ 来自总体 X, 计算

$$P\left\{\sum_{i=1}^{16}X_i-\sum_{i=17}^{25}X_i\le 182\right\}.$$

11. 从一正态总体中抽取容量为 $n=16$ 的样本, 假定样本均值与总体均值之差的绝对值大于2的概率为0.01, 试求总体的标准差.

12. 设总体 $X\sim N(\mu,16)$, $X_1,X_2,\cdots,X_{10}$ 为取自该总体的样本, 已知 $P\{S^2>a\}=0.1$, 求常数 a.

数学家简介 [8]

柯 西

——业绩永存的数学大师

柯西(Cauchy, 1789—1857), 法国数学家、物理学家. 19 世纪初期, 微积分已发展成一个庞大的分支, 内容丰富, 应用非常广泛, 与此同时, 它的薄弱之处也越来越暴露出来, 微积分的理论基础并不严格. 为解决新问题并厘清微积分概念, 数学家们展开了数学分析严谨化的工作, 在分析基础的奠基工作中, 作出卓越贡献的要首推伟大的数学家柯西.

柯 西

柯西 1789 年 8 月 21 日出生于巴黎. 父亲是一位精通古典文学的律师, 与当时法国的大数学家拉格朗日和拉普拉斯交往密切. 柯西少年时代的数学才华颇受这两位数学家的赞赏, 并预言柯西日后必成大器. 拉格朗日向其父建议"赶快给柯西一种坚实的文学教育", 以便他的爱好不致把他引入歧途. 父亲因此加强了对柯西的文学教养, 使他在诗歌方面也表现出很高的才华.

1807—1810 年, 柯西在工学院学习. 他曾当过交通道路工程师, 由于身体欠佳, 他接受了拉格朗日和拉普拉斯的劝告, 放弃工程师而致力于纯数学的研究. 柯西在数学上的最大贡献是在微积分中引进了极限概念, 并以极限为基础建立了逻辑清晰的分析体系. 这是微积分发展史上的精华, 也是柯西对人类科学发展所作的巨大贡献.

1821 年, 柯西提出极限定义的 ε 方法, 用不等式来刻画极限过程, 后经魏尔斯特拉斯改进, 成为现在所说的柯西极限定义或叫 $\varepsilon-\delta$ 定义. 当今所有微积分的教科书都还(至少是在本质上) 沿用着柯西等人关于极限、连续、导数、收敛等概念的定义. 他对微积分的解释被后人普遍采用. 柯西对定积分作了最系统的开创性工作, 他把定积分定义为和的"极限". 在定积分运算之前, 强调必须确立积分的存在性. 他利用中值定理首先严格证明了微积分基本

定理. 通过柯西以及后来魏尔斯特拉斯的艰苦工作, 数学分析的基本概念得到了严格的论述. 从而结束了微积分二百年来思想上的混乱局面, 把微积分及其推广从对几何概念、运动和直观了解的完全依赖中解放出来, 并使微积分发展成现代数学最基础、最庞大的数学学科.

数学分析严谨化的工作一开始就产生了很大的影响. 在一次学术会议上, 柯西提出了级数收敛性理论. 会后, 拉普拉斯急忙赶回家中, 根据柯西的严谨判别法, 逐一检查其巨著《天体力学》中所用到的级数是否都收敛.

柯西在其他方面的研究成果也很丰富. 复变函数的微积分理论就是由他创立的. 他在代数、理论物理、光学、弹性理论等方面也有突出贡献. 柯西的数学成就不仅辉煌, 而且数量惊人.《柯西全集》有 27 卷, 其论著有 800 多篇, 柯西在数学史上是仅次于欧拉的多产数学家. 他的光辉名字与许多定理、准则一起记录在当今许多教材中, 得以铭记.

作为一位学者, 他思路敏捷, 功绩卓著. 由柯西卷帙浩大的论著和成果, 人们不难想象他一生是怎样孜孜不倦地勤奋工作的. 但柯西却是个具有复杂性格的人. 他是忠诚的保王党人、热心的天主教徒、落落寡合的学者. 尤其作为久负盛名的科学泰斗, 他常常忽视青年学者的创造. 例如, 柯西“失落”了才华出众的年轻数学家阿贝尔与伽罗华的开创性的论文手稿, 造成群论晚问世约半个世纪.

1857 年 5 月 23 日, 柯西在巴黎病逝. 他临终前的一句名言“人总是要死的, 但是, 他们的业绩永存”长久地叩击着一代又一代学子的心扉.

第12章　参数估计与假设检验

§12.1 参 数 估 计

在实际问题中，当所研究的总体分布类型已知，但分布中含有一个或多个未知参数时，如何根据样本来估计未知参数就是参数估计问题.

参数估计问题分为点估计问题与区间估计问题两类. 所谓点估计就是用某一个函数值作为总体未知参数的估计值;区间估计就是对于未知参数给出一个范围,并且在一定的可靠度下使这个范围包含未知参数的真值.

一、点估计

设 $X_1, X_2, \cdots, X_n$ 是取自总体 X 的一个样本，$x_1, x_2, \cdots, x_n$ 是相应的一个样本值. θ 是总体分布中的未知参数，为估计未知参数 θ，需构造一个适当的统计量

$$\hat{\theta}(X_1, X_2, \cdots, X_n),$$

然后用其观察值

$$\hat{\theta}(x_1, x_2, \cdots, x_n)$$

来估计 θ 的值. $\hat{\theta}(X_1, X_2, \cdots, X_n)$ 称为 θ 的**估计量**；$\hat{\theta}(x_1, x_2, \cdots, x_n)$ 称为 θ 的**估计值**. 估计量与估计值统称为**点估计**，简称为**估计**，并简记为 $\hat{\theta}$.

参数的点估计有多种方法，其中最常用的方法是**矩估计法**. 矩估计法的基本思想是用样本矩估计总体矩. 用矩估计法确定的估计量称为**矩估计量**. 相应的估计值称为**矩估计值**. 矩估计量与矩估计值统称为**矩估计**.

设总体 X 的均值 μ 及方差 σ^2 都存在，$X_1, X_2, \cdots, X_n$ 是取自 X 的样本. 如果 μ, σ^2 均是未知的，则根据矩估计法，可分别用样本均值 $\overline{X}$ 与样本方差 S^2 作为 μ, σ^2 的矩估计量，即

$$\hat{\mu} = \overline{X} = \frac{1}{n}\sum_{i=1}^{n} X_i, \quad \hat{\sigma}^2 = S^2 = \frac{1}{n-1}\sum_{i=1}^{n}(X_i - \overline{X})^2 .$$

例 1　在一化学制品厂随机地选择10天，测得其日产量(吨)为

776　810　790　788　822　806　795　807　812　791

试以该样本值估计这个工厂的日产量的平均值 μ 与标准差 σ.

解　日产量的样本均值和样本标准差分别为

$$\bar{x}=\frac{1}{10}(776+810+\cdots+791)=799.7,$$

$$s=\sqrt{\frac{1}{9}\sum_{i=1}^{10}(x_i-\bar{x})^2}=13.897,$$

故得 μ 和 σ 的点估计 $\hat{\mu}=799.7$ (吨), $\hat{\sigma}\approx 13.897$ (吨). ■

例2 设某种零件的长度 (以cm计) $X\sim N(\mu,\sigma^2)$, 随机地取8只零件, 测得其长度分别为

37.0 37.4 38.0 37.3 38.1 37.1 37.6 37.9

试求参数 μ,σ^2 的点估计.

解 由于 $X\sim N(\mu,\sigma^2)$, $\mu=E(X)$, $\sigma^2=D(X)$, 故可以分别用样本均值 $\bar{x}$ 和样本方差 s^2 作为 μ,σ^2 的点估计. 因

$$\bar{x}=(37.0+37.4+\cdots+37.9)/8=37.55,$$

$$s^2=\sum_{i=1}^{8}(x_i-\bar{x})^2/7\approx 0.17,$$

所以
$$\hat{\mu}=37.55\ (\text{cm}),\qquad \hat{\sigma}^2\approx 0.17\ (\text{cm}^2).$$ ■

对同一个参数，用不同的方法进行估计会得到不同的估计量，因而有必要建立评价估计量好坏的标准. 下面我们介绍一个评价估计量好坏的标准——无偏性.

估计量是随机变量，对于不同的样本值会得到不同的估计值. 一个自然的要求是希望估计值在未知参数真值的附近，不要偏高也不要偏低. 由此引入无偏性标准.

定义1 设 $\hat{\theta}(X_1,\cdots,X_n)$ 是未知参数 θ 的估计量，若 $E(\hat{\theta})=\theta$, 则称 $\hat{\theta}$ 为 θ 的**无偏估计量**.

注: 在科学技术中，称 $E(\hat{\theta})-\theta$ 为用 $\hat{\theta}$ 估计 θ 而产生的系统偏差. 无偏性是对估计量的一个常见而重要的要求，其实际意义是指估计量没有系统偏差，只有随机偏差. 例如，用样本均值作为总体均值的估计时，虽无法说明一次估计所产生的偏差，但这种偏差随机地在零的周围波动，对同一个统计问题大量重复使用不会产生系统偏差.

对一般总体而言，我们可以证明:

定理1 设 $X_1,\cdots,X_n$ 为取自总体 X 的样本，总体 X 的均值为 μ, 方差为 σ^2, 则

(1) 样本均值 $\overline{X}$ 是 μ 的无偏估计量;

(2) 样本方差 S^2 是 σ^2 的无偏估计量.

二、区间估计

前面讨论了参数的点估计，它是用样本算出的一个值去估计未知参数，即点估计值仅仅是未知参数的一个近似值，它没有给出这个近似值的误差范围.

若能给出一个估计区间，让我们能以较大的把握(其程度可用概率来度量)相信未知参数的真值包含在这个区间内，这样的估计显然更有实用价值.

本节将引入另一类估计即**区间估计**. 在区间估计理论中，被广泛接受的一种观点是**置信区间**，它是由内曼 (Neyman) 于 1934 年提出的.

1. 置信区间的概念

定义 2 设 θ 为总体分布的未知参数，$X_1, X_2, \cdots, X_n$ 是取自总体 X 的一个样本，对给定的数 $1-\alpha\,(0<\alpha<1)$，若存在统计量

$$\underline{\theta}=\underline{\theta}(X_1, X_2, \cdots, X_n),\quad \overline{\theta}=\overline{\theta}(X_1, X_2, \cdots, X_n),$$

使得

$$P\{\underline{\theta}<\theta<\overline{\theta}\}=1-\alpha, \tag{1.1}$$

则称随机区间 $(\underline{\theta}, \overline{\theta})$ 为 θ 的 $1-\alpha$ **双侧置信区间**，称 $1-\alpha$ 为**置信度**(也称**置信水平**)，又分别称 $\underline{\theta}$ 与 $\overline{\theta}$ 为 θ 的**双侧置信下限**与**双侧置信上限**.

注：① 置信度 $1-\alpha$ 的含义：在随机抽样中，若重复抽样多次，得到样本 $X_1, X_2, \cdots, X_n$ 的多组样本值 $x_1, x_2, \cdots, x_n$，对应每组样本值都确定了一个置信区间 $(\underline{\theta}, \overline{\theta})$，每个这样的区间要么包含了 θ 的真值，要么不包含 θ 的真值. 根据伯努利大数定律(参见相应在线学习系统)，当抽样次数 k 充分大时，这些区间中包含 θ 的真值的频率接近置信度(即概率) $1-\alpha$，即在这些区间中包含 θ 的真值的区间大约有 $k(1-\alpha)$ 个，不包含 θ 的真值的区间大约有 $k\alpha$ 个. 例如，若令 $1-\alpha=0.95$，重复抽样100次，则其中大约有 95 个区间包含 θ 的真值，大约有 5 个区间不包含 θ 的真值.

② 置信区间 $(\underline{\theta}, \overline{\theta})$ 也是对未知参数 θ 的一种估计，区间的长度意味着误差，故区间估计与点估计是互补的两种参数估计.

③ 置信度与估计精度是一对矛盾. 置信度 $1-\alpha$ 越大，置信区间 $(\underline{\theta}, \overline{\theta})$ 包含 θ 的真值的概率就越大，区间 $(\underline{\theta}, \overline{\theta})$ 的长度也就越大，对未知参数 θ 的估计精度就越低. 反之，对参数 θ 的估计精度越高，置信区间 $(\underline{\theta}, \overline{\theta})$ 的长度就越小，$(\underline{\theta}, \overline{\theta})$ 包含 θ 的真值的概率就越低，置信度 $1-\alpha$ 就越小. **一般准则**是：在保证置信度的条件下尽可能提高估计精度.

2. 寻求置信区间的方法

寻求置信区间的基本思想：在点估计的基础上，构造合适的含样本及待估参数的函数 U，且已知 U 的分布；再针对给定的置信度导出置信区间.

一般步骤：

(1) 选取未知参数 θ 的某个较优估计量 $\hat{\theta}$；

(2) 围绕 $\hat{\theta}$ 构造一个依赖于样本与参数 θ 的函数

$$U=U(X_1, X_2, \cdots, X_n, \theta);$$

(3) 对给定的置信水平 $1-\alpha$，确定 λ_1 与 λ_2，使

$$P\{\lambda_1 \le U \le \lambda_2\}=1-\alpha. \tag{1.2}$$

通常可选取满足 $P\{U\le \lambda_1\}=P\{U\ge \lambda_2\}=\dfrac{\alpha}{2}$ 的 λ_1 与 λ_2，在常用分布情况下，这可由分位数表查得；

(4) 对不等式 $\lambda_1 \le U \le \lambda_2$ 作恒等变形后化为

$$P\{\underline{\theta} \le \theta \le \overline{\theta}\}=1-\alpha, \tag{1.3}$$

则 $(\underline{\theta}, \overline{\theta})$ 就是 θ 的置信度为 $1-\alpha$ 的双侧置信区间.

例 3 设总体 $X\sim N(\mu, \sigma^2)$，σ^2 为已知，μ 为未知，设 $X_1, X_2, \cdots, X_n$ 是来自 X 的样本，求 μ 的置信水平为 $1-\alpha$ 的置信区间.

解 我们知道 $\overline{X}$ 是 μ 的无偏估计，且有

$$\frac{\overline{X}-\mu}{\sigma/\sqrt{n}} \sim N(0,1).$$

$\dfrac{\overline{X}-\mu}{\sigma/\sqrt{n}}$ 所服从的分布 $N(0,1)$ 不依赖于任何未知参数. 按标准正态分布的双侧 α 分位数的定义，有 $P\left\{\left|\dfrac{\overline{X}-\mu}{\sigma/\sqrt{n}}\right|<u_{\alpha/2}\right\}=1-\alpha$，即

$$P\left\{\overline{X}-\frac{\sigma}{\sqrt{n}}u_{\alpha/2}<\mu<\overline{X}+\frac{\sigma}{\sqrt{n}}u_{\alpha/2}\right\}=1-\alpha.$$

这样，我们就得到了 μ 的一个置信水平为 $1-\alpha$ 的置信区间

$$\left(\overline{X}-\frac{\sigma}{\sqrt{n}}u_{\alpha/2},\ \overline{X}+\frac{\sigma}{\sqrt{n}}u_{\alpha/2}\right). \tag{1.4}$$

这样的置信区间常写成 $\left(\overline{X}\pm\dfrac{\sigma}{\sqrt{n}}u_{\alpha/2}\right)$.

标准正态分布查表

如果取 $\alpha=0.05$，即 $1-\alpha=0.95$，又若 $\sigma=1$，$n=16$，查表得

$$u_{\alpha/2}=u_{0.025}=1.96.$$

于是，我们得到一个置信水平为 0.95 的置信区间

$$\left(\overline{X}\pm\frac{1}{\sqrt{16}}\times 1.96\right),\ 即\ (\overline{X}\pm 0.49). \tag{1.5}$$

再者，若由一组样本值算得样本均值的观察值 $\bar{x}=5.20$，则我们得到一个置信水平为 0.95 的置信区间

$$(5.20\pm 0.49),\ 即\ (4.71,\ 5.69).$$ ■

注意，这已经不是随机区间了，但我们仍称它为置信水平为 0.95 的置信区间. 其含义是：若反复抽样多次，每组样本值 $(n=16)$ 按式 (1.5) 确定一个区间，按上面的

解释，在这么多的区间中，包含μ的约占95%，不包含μ的仅仅约占5%. 现在抽样得到区间(4.71, 5.69)，则该区间属于那些包含μ的区间的可信程度为95%，或"该区间包含μ"这一陈述的可信程度为95%.

3. 正态总体的置信区间

与其他总体相比，正态总体参数的置信区间是最完善的，应用也最广泛. 在构造正态总体参数的置信区间的过程中，t分布、χ^2分布、F分布以及标准正态分布$N(0,1)$扮演了重要角色. 本段介绍正态总体的置信区间，讨论下列情形：

(1) 正态总体均值(方差已知)的置信区间；

(2) 正态总体均值(方差未知)的置信区间；

(3) 正态总体方差的置信区间.

正态总体均值(方差已知)的置信区间

设总体$X \sim N(\mu, \sigma^2)$，其中σ^2已知，而μ为未知参数，$X_1, X_2, \cdots, X_n$是取自总体X的一个样本.

对给定的置信水平$1-\alpha$，在例3中已经得到μ的置信区间

$$\left(\overline{X}-u_{\alpha/2}\cdot\frac{\sigma}{\sqrt{n}},\ \overline{X}+u_{\alpha/2}\cdot\frac{\sigma}{\sqrt{n}}\right). \tag{1.6}$$

例4　某旅行社为调查当地旅游者的平均消费额，随机访问了100名旅游者，得知平均消费额$\bar{x}=80$元. 根据经验，已知旅游者的消费额服从正态分布，且标准差$\sigma=12$元，求该地旅游者平均消费额μ的置信度为95%的置信区间.

解　对于给定的置信度

$$1-\alpha=0.95,\ \alpha=0.05,\ \alpha/2=0.025,$$

查标准正态分布表，$u_{0.025}=1.96$. 将数据$n=100$，$\bar{x}=80$，$\sigma=12$，$u_{0.025}=1.96$代入式(1.6)，计算得μ的置信度为95%的置信区间约为(77.6, 82.4)，即在已知$\sigma=12$的情形下，可以95%的置信度认为每个旅游者的平均消费额在77.6元至82.4元之间. ■

正态总体均值(方差未知)的置信区间

设总体$X \sim N(\mu, \sigma^2)$，其中μ, σ^2未知，$X_1, X_2, \cdots, X_n$是取自总体X的一个样本.

此时可用σ^2的无偏估计S^2代替σ^2，建立样本函数

$$T=\frac{\overline{X}-\mu}{S/\sqrt{n}},$$

由§11.3的定理3知

$$T=\frac{\overline{X}-\mu}{S/\sqrt{n}} \sim t(n-1).$$

对于给定的置信水平$1-\alpha$，由

$$P\left\{-t_{\alpha/2}(n-1)<\frac{\overline{X}-\mu}{S/\sqrt{n}}<t_{\alpha/2}(n-1)\right\}=1-\alpha,$$

即
$$P\left\{\overline{X}-t_{\alpha/2}(n-1)\cdot\frac{S}{\sqrt{n}}<\mu<\overline{X}+t_{\alpha/2}(n-1)\cdot\frac{S}{\sqrt{n}}\right\}=1-\alpha,$$

因此，均值μ的$1-\alpha$的置信区间为

$$\left(\overline{X}-t_{\alpha/2}(n-1)\cdot\frac{S}{\sqrt{n}},\ \overline{X}+t_{\alpha/2}(n-1)\cdot\frac{S}{\sqrt{n}}\right).\tag{1.7}$$

例5 某旅行社随机访问了25名旅游者，得知平均消费额$\bar{x}=80$元，样本标准差$s=12$元．已知旅游者的消费额服从正态分布，求旅游者平均消费额μ的95%的置信区间．

解 对于给定的置信度95% ($\alpha=0.05$)，有

$$t_{\alpha/2}(n-1)=t_{0.025}(24)=2.063\,9.$$

将$\bar{x}=80$, $s=12$, $n=25$, $t_{0.025}(24)=2.063\,9$代入式(4.2)，得μ的置信度为95%的置信区间约为(75.05, 84.95)，即在σ^2未知的情况下，估计每个旅游者的平均消费额在75.05元至84.95元之间，这个估计的置信度是95%. ■

*t*分布查表

正态总体方差的置信区间

上面给出了总体均值μ的区间估计，在实际问题中要考虑精度或稳定性时，需要对正态总体的方差σ^2进行区间估计．

设总体$X\sim N(\mu,\sigma^2)$，其中μ,σ^2未知，$X_1,X_2,\cdots,X_n$是取自总体X的一个样本．求方差σ^2的置信度为$1-\alpha$的置信区间．σ^2的无偏估计为S^2，由§11.3的定理2知

$$\frac{n-1}{\sigma^2}S^2\sim\chi^2(n-1).$$

对于给定的置信水平$1-\alpha$，由

$$P\left\{\chi^2_{1-\alpha/2}(n-1)<\frac{n-1}{\sigma^2}S^2<\chi^2_{\alpha/2}(n-1)\right\}=1-\alpha,$$

得
$$P\left\{\frac{(n-1)S^2}{\chi^2_{\alpha/2}(n-1)}<\sigma^2<\frac{(n-1)S^2}{\chi^2_{1-\alpha/2}(n-1)}\right\}=1-\alpha.$$

于是，方差σ^2的$1-\alpha$的置信区间为

$$\left(\frac{(n-1)S^2}{\chi^2_{\alpha/2}(n-1)},\ \frac{(n-1)S^2}{\chi^2_{1-\alpha/2}(n-1)}\right),\tag{1.8}$$

而标准差σ的$1-\alpha$的置信区间为

$$\left(\sqrt{\frac{(n-1)S^2}{\chi^2_{\alpha/2}(n-1)}},\ \sqrt{\frac{(n-1)S^2}{\chi^2_{1-\alpha/2}(n-1)}}\right). \tag{1.9}$$

例6　为考察某大学成年男性的胆固醇水平，现抽取了样本容量为25的一样本，并测得样本均值 $\bar{x}=186$，样本标准差 $s=12$. 假定所讨论的胆固醇水平 $X\sim N(\mu,\sigma^2)$，μ 与 σ^2 均未知. 试分别求出 μ 以及 σ 的 90% 的置信区间.

解　μ 的 $1-\alpha$ 的置信区间为 $\left(\overline{X}\pm t_{\alpha/2}(n-1)\cdot\frac{S}{\sqrt{n}}\right)$；$\bar{x}=186$，$s=12$，$n=25$，$\alpha=0.1$，查表得 $t_{0.1/2}(25-1)=1.710\,9$，于是

t 分布查表

$$t_{\alpha/2}(n-1)\cdot\frac{s}{\sqrt{n}}=1.710\,9\times\frac{12}{\sqrt{25}}\approx 4.106.$$

从而 μ 的 90% 的置信区间为 (186 ± 4.106)，即 $(181.894,\ 190.106)$.

σ 的 $1-\alpha$ 的置信区间为

$$\left(\sqrt{\frac{(n-1)S^2}{\chi^2_{\alpha/2}(n-1)}},\ \sqrt{\frac{(n-1)S^2}{\chi^2_{1-\alpha/2}(n-1)}}\right).$$

χ^2 分布查表

查表得　　$\chi^2_{0.1/2}(25-1)=36.42$，$\chi^2_{1-0.1/2}(25-1)=13.85$，

于是，置信下限为 $\sqrt{\frac{24\times 12^2}{36.42}}\approx 9.74$，置信上限为 $\sqrt{\frac{24\times 12^2}{13.85}}\approx 15.80$.

所求 σ 的 90% 的置信区间为 $(9.74,\ 15.80)$. ■

表 12-1-1 总结了有关正态总体参数的置信区间，以方便查用.

表 12-1-1 **正态总体参数的置信区间**

待估参数	条件	枢轴变量	置信区间
均值 μ	σ^2 已知	$\dfrac{\overline{X}-\mu}{\sigma/\sqrt{n}}\sim N(0,1)$	$\left(\overline{X}-u_{\alpha/2}\cdot\dfrac{\sigma}{\sqrt{n}},\ \overline{X}+u_{\alpha/2}\cdot\dfrac{\sigma}{\sqrt{n}}\right)$
均值 μ	σ^2 未知	$\dfrac{\overline{X}-\mu}{S/\sqrt{n}}\sim t(n-1)$	$\left(\overline{X}-t_{\alpha/2}(n-1)\cdot\dfrac{S}{\sqrt{n}},\ \overline{X}+t_{\alpha/2}(n-1)\cdot\dfrac{S}{\sqrt{n}}\right)$
方差 σ^2	μ 已知	$\dfrac{1}{\sigma^2}\sum_{i=1}^{n}(X_i-\mu)^2\sim\chi^2(n)$	$\left(\dfrac{\sum_{i=1}^{n}(X_i-\mu)^2}{\chi^2_{\alpha/2}(n)},\ \dfrac{\sum_{i=1}^{n}(X_i-\mu)^2}{\chi^2_{1-\alpha/2}(n)}\right)$
方差 σ^2	μ 未知	$\dfrac{(n-1)S^2}{\sigma^2}\sim\chi^2(n-1)$	$\left(\dfrac{(n-1)S^2}{\chi^2_{\alpha/2}(n-1)},\ \dfrac{(n-1)S^2}{\chi^2_{1-\alpha/2}(n-1)}\right)$

§12.2　假 设 检 验

统计推断的另一类重要问题是假设检验．在总体分布未知或虽知其类型但含有未知参数的时候，为推断总体的某些未知特性，提出某些关于总体的假设．我们需要根据样本所提供的信息并运用适当的统计量，对提出的假设作出接受或拒绝的决策，假设检验是作出这一决策的过程．

一、假设检验的基本概念

鉴于本章主要讨论单参数假设检验问题，本节就以此为背景来探讨一般的假设检验问题．

1. 引例

设一箱中有红白两种颜色的球共 100 个，甲说这里有 98 个白球，乙从箱中任取一个，发现是红球，问甲的说法是否正确？

先作假设 H_0：箱中确有 98 个白球．

如果假设 H_0 正确，则从箱中任取一个球是红球的概率只有 0.02，是小概率事件．通常认为在一次随机试验中，概率小的事件不易发生，因此，若乙从箱中任取一个，发现是白球，则没有理由怀疑假设 H_0 的正确性．今乙从箱中任取一个，发现是红球，即小概率事件竟然在一次试验中发生了，故有理由拒绝假设 H_0，即认为甲的说法不正确．

2. 假设检验的基本思想

假设检验的基本思想实质上是带有某种概率性质的反证法．为了检验一个假设 H_0 是否正确，首先假定该假设 H_0 正确，然后根据抽取到的样本对假设 H_0 作出接受或拒绝的决策．如果样本观察值导致了不合理的现象发生，就应拒绝假设 H_0，否则应接受假设 H_0．

假设检验中所谓的“不合理”，并非逻辑中的绝对矛盾，而是基于人们在实践中广泛采用的原则，即小概率事件在一次试验中是几乎不发生的．但概率小到什么程度才能算作“小概率事件”？显然，“小概率事件”的概率越小，否定原假设 H_0 就越有说服力．常记这个概率值为 $\alpha\,(0<\alpha<1)$，称为**检验的显著性水平**．对不同的问题，检验的显著性水平 α 不一定相同，但一般应取为较小的值，如 0.1, 0.05 或 0.01 等．

3. 假设检验问题的一般提法

在假设检验问题中，把要检验的假设 H_0 称为**原假设**（**零假设**或**基本假设**），把原假设 H_0 的对立面称为**备择假设**（**对立假设**），记为 H_1．

例如，有一封装罐装可乐的生产流水线，每罐的标准容量规定为 350 毫升．质检员每天都要检验可乐的容量是否合格，已知每罐的容量服从正态分布，且生产比较稳定时，其标准差 $\sigma = 5$ 毫升. 某日上班后，质检员每隔半小时从生产线上取一罐，共抽测了 6 罐，测得容量 (单位：毫升) 如下：

353　345　357　339　355　360

试问生产线工作是否正常？

本例的假设检验问题可简记为

$$H_0: \mu = \mu_0, \quad H_1: \mu \neq \mu_0 \quad (\text{其中}\ \mu_0 = 350). \tag{2.1}$$

形如式 (2.1) 的备择假设 H_1，表示 μ 可能大于 μ_0，也可能小于 μ_0，称为**双侧 (边) 备择假设**. 形如式 (2.1) 的假设检验称为**双侧 (边) 假设检验**.

在实际问题中，有时还需要检验下列形式的假设:

$$H_0: \mu \leq \mu_0, \quad H_1: \mu > \mu_0. \tag{2.2}$$

$$H_0: \mu \geq \mu_0, \quad H_1: \mu < \mu_0. \tag{2.3}$$

形如式 (2.2) 的假设检验称为**右侧 (边) 检验**.

形如式 (2.3) 的假设检验称为**左侧 (边) 检验**.

右侧 (边) 检验和左侧 (边) 检验统称为**单侧 (边) 检验**.

为检验提出的假设，通常需构造检验统计量，并取总体的一组样本值，根据该样本提供的信息来判断假设是否成立. 当检验统计量取某个区域 W 中的值时，我们拒绝原假设 H_0，则称区域 W 为**拒绝域**，拒绝域的边界点称为**临界点**.

4. 假设检验的一般步骤

(1) 根据实际问题的要求，充分考虑和利用已知的背景知识，提出原假设 H_0 及备择假设 H_1；

(2) 给定显著性水平 α 以及样本容量 n；

(3) 确定检验统计量 U，并在原假设 H_0 成立的前提下导出 U 的概率分布，要求 U 的分布不依赖于任何未知参数；

(4) 确定拒绝域，即依据直观分析先确定拒绝域的形式，然后根据给定的显著性水平 α 和 U 的分布，由

$$P\{\text{拒绝}\ H_0 \mid H_0\ \text{为真}\} = \alpha$$

确定拒绝域的临界值，从而确定拒绝域 W；

(5) 作一次具体的抽样，根据得到的样本观察值和所得的拒绝域，对假设 H_0 作出拒绝或接受的判断.

例 1 某化学日用品有限责任公司用包装机包装洗衣粉，洗衣粉包装机在正常工作时，装包量 $X \sim N(500, 2^2)$ (单位：g)，每天开工后，需先检验包装机工作是否正常. 某天开工后，在装好的洗衣粉中任取 9 袋，其重量如下：

505　499　502　506　498　498　497　510　503

假设总体标准差 σ 不变，即 $\sigma=2$，试问这天包装机工作是否正常 $(\alpha=0.05)$？

解　(1) 提出假设检验：

$$H_0:\mu=500,\ H_1:\mu\neq 500.$$

(2) 以 H_0 成立为前提，确定检验 H_0 的统计量及其分布．

$$U=\frac{\overline{X}-\mu_0}{\sigma/\sqrt{n}}=\frac{\overline{X}-500}{2/3}\sim N(0,1).$$

(3) 对给定的显著性水平 $\alpha=0.05$，确定 H_0 的接受域 $\overline{W}$ 或拒绝域 W．取临界点为 $u_{\alpha/2}=1.96$，使 $P\{|U|>u_{\alpha/2}\}=\alpha$．故 H_0 被接受与被拒绝的区域分别为

$$\overline{W}=[-1.96,1.96],\ W=(-\infty,-1.96)\cup(1.96,+\infty).$$

(4) 由样本计算统计量 U 的值 $u=\dfrac{502-500}{2/3}=3.$

(5) 对假设 H_0 作出推断．

因为 $u\in W$（拒绝域），故认为这天洗衣粉包装机工作不正常．■

二、正态总体的假设检验

1. 总体均值的假设检验

在检验关于总体均值 μ 的假设时，该总体中的另一个参数（方差 σ^2）是否已知，会影响到对于检验统计量的选择，故下面分两种情形进行讨论．

方差 σ^2 已知的情形

设总体 $X\sim N(\mu,\sigma^2)$，其中总体方差 σ^2 已知，$X_1,X_2,\cdots,X_n$ 是取自总体 X 的一个样本，$\overline{X}$ 为样本均值．选取

$$U=\frac{\overline{X}-\mu_0}{\sigma/\sqrt{n}}\sim N(0,1) \tag{2.4}$$

作为检验统计量，记其观察值为 u．相应的检验法称为 ***u* 检验法**，采用与例 1 类似的方法，可得到所检验问题的拒绝域如表 12－2－1所示．

表 12－2－1　　正态总体均值（方差已知时）的假设检验表

H_0	H_1	条件	检验统计量及分布	拒绝域
$\mu=\mu_0$	$\mu\neq\mu_0$	方差 σ^2 已知	$U=\dfrac{\overline{X}-\mu_0}{\sigma/\sqrt{n}}\sim N(0,1)$	$\lvert u\rvert>u_{\alpha/2}$
$\mu\leq\mu_0$	$\mu>\mu_0$			$u>u_\alpha$
$\mu\geq\mu_0$	$\mu<\mu_0$			$u<-u_\alpha$

例 2　有一工厂生产一种灯管，已知灯管的寿命 X 服从正态分布 $N(\mu,40\,000)$，根据以往的生产经验，知道灯管的平均寿命不会超过1 500小时．为了提高灯管的平均寿命，工厂采用了新的工艺．为了弄清楚新工艺是否真的能提高灯管的平均寿命，他们测试了采用新工艺生产的25只灯管的寿命，其平均值是1 575小时．尽管样本的

平均值大于1 500小时，试问：可否由此判定这恰是新工艺的效应，而非偶然的原因使得抽出的这25只灯管的平均寿命较长(显著性水平$\alpha=0.05$)？

解 可把上述问题归纳为下述假设检验问题：

$$H_0: \mu \leq 1\,500, \quad H_1: \mu > 1\,500.$$

从而可利用右侧检验法来检验，相应于$\mu_0=1\,500$, $\sigma=200$, $n=25$. 显著性水平为$\alpha=0.05$, 查附表得 $u_\alpha=1.645$，因已测出 $\bar{x}=1\,575$，从而

$$u=\frac{\bar{x}-\mu_0}{\sigma/\sqrt{n}}=\frac{1\,575-1\,500}{200}\times\sqrt{25}=1.875.$$

由于$u=1.875>u_\alpha=1.645$，从而拒绝原假设H_0，接受备择假设H_1，即认为新工艺事实上提高了灯管的平均寿命. ■

方差 σ^2 未知的情形

设总体$X\sim N(\mu,\sigma^2)$，其中总体方差σ^2未知，$X_1,X_2,\cdots,X_n$是取自X的一个样本，$\bar{X}$与S^2分别为样本均值与样本方差，选取

$$T=\frac{\bar{X}-\mu_0}{S/\sqrt{n}}\sim t(n-1) \tag{2.5}$$

作为检验统计量，记其观察值为t，相应的检验法称为***t* 检验法**. 此时可得到所检验问题的拒绝域如表12-2-2所示.

表 12-2-2　正态总体均值(方差未知时)的假设检验表

H_0	H_1	条件	检验统计量及分布	拒绝域
$\mu=\mu_0$	$\mu\neq\mu_0$	方差σ^2未知	$T=\frac{\bar{X}-\mu_0}{S/\sqrt{n}}\sim t(n-1)$	$\lvert t\rvert>t_{\alpha/2}(n-1)$
$\mu\leq\mu_0$	$\mu>\mu_0$			$t>t_\alpha(n-1)$
$\mu\geq\mu_0$	$\mu<\mu_0$			$t<-t_\alpha(n-1)$

例 3 水泥厂用自动包装机包装水泥，每袋额定重量是50kg, 某日开工后随机抽查了9袋，称得重量如下：

49.6　49.3　50.1　50.0　49.2　49.9　49.8　51.0　50.2

设每袋重量服从正态分布，问包装机工作是否正常$(\alpha=0.05)$？

解 (1) 建立假设 $H_0: \mu=50$, $H_1: \mu\neq 50$;

(2) 选择统计量 $T=\dfrac{\bar{X}-\mu_0}{S/\sqrt{n}}\sim t(n-1)$;

(3) 对于给定的显著性水平α，确定k，使

$$P\{|T|>k\}=\alpha,$$

查t分布表得 $k=t_{\alpha/2}=t_{0.025}(8)=2.306$，从而拒绝域为$|t|>2.306$;

(4) 由于 $\bar{x}=49.9$, $s^2\approx 0.29$，所以

$$|t|=\left|\frac{\bar{x}-50}{s/\sqrt{n}}\right|\approx 0.56<2.306,$$

故应接受 H_0, 即认为包装机工作正常. ■

2. 总体方差的假设检验

设 $X\sim N(\mu,\sigma^2)$, $X_1, X_2, \cdots, X_n$ 是取自 X 的一个样本, $\overline{X}$ 与 S^2 分别为样本均值与样本方差. 选取

$$\chi^2=\frac{n-1}{\sigma_0^2}S^2\sim\chi^2(n-1) \tag{2.6}$$

作为检验统计量, 相应的检验法称为**χ^2 检验法**, 此时可得到所检验问题的拒绝域如表 12-2-3 所示.

表 12-2-3　　正态总体方差的假设检验表

H_0	H_1	条件	检验统计量及分布	拒绝域
$\sigma^2=\sigma_0^2$	$\sigma^2\neq\sigma_0^2$	均值 μ 未知	$\chi^2=\frac{(n-1)S^2}{\sigma_0^2}\sim\chi^2(n-1)$	$\chi^2<\chi^2_{1-\alpha/2}(n-1)$ 或 $\chi^2>\chi^2_{\alpha/2}(n-1)$
$\sigma^2\leq\sigma_0^2$	$\sigma^2>\sigma_0^2$			$\chi^2>\chi^2_{\alpha}(n-1)$
$\sigma^2\geq\sigma_0^2$	$\sigma^2<\sigma_0^2$			$\chi^2<\chi^2_{1-\alpha}(n-1)$

例 4　某厂生产的某种型号的电池的寿命（以小时计）长期以来服从方差 $\sigma^2=$ 5 000 的正态分布. 现有一批这种电池, 从其生产情况来看, 寿命的波动性有所改变. 现随机取 26 只电池, 测出其寿命的样本方差 $s^2=9\ 200$. 问根据这一数据能否推断这批电池寿命的波动性较以往有显著的变化(取 $\alpha=0.02$)?

解　本题要求在显著性水平 $\alpha=0.02$ 下检验假设

$$H_0: \sigma^2=5\ 000,\ \ H_1: \sigma^2\neq 5\ 000.$$

现在

$$n=26,\ \ \sigma_0^2=5\ 000,\ \ \chi^2_{\alpha/2}(n-1)=\chi^2_{0.01}(25)=44.314,$$

$$\chi^2_{1-\alpha/2}(n-1)=\chi^2_{0.99}(25)=11.524,$$

根据 χ^2 检验法, 拒绝域为

$$W=[0,11.524)\cup(44.314,+\infty),$$

代入观察值 $s^2=9\ 200$, 得

$$\chi^2=\frac{(n-1)s^2}{\sigma_0^2}=46>44.314,$$

故拒绝 H_0, 认为这批电池寿命的波动性较以往有显著的变化. ■

习 题 十 二

1. 对参数的一种区间估计及一组样本观察值 $(x_1, x_2, \cdots, x_n)$ 来说, 下列结论中正确的是(　　).

(A) 置信度越大，对参数取值范围的估计越准确；

(B) 置信度越大，置信区间越长；

(C) 置信度越大，置信区间越短；

(D) 置信度的大小与置信区间的长度无关.

2. 设 (θ_1,θ_2) 是参数 θ 的置信度为 $1-\alpha$ 的区间估计，则以下结论正确的是（ ）.

(A) 参数 θ 落在区间 (θ_1,θ_2) 之内的概率为 $1-\alpha$；

(B) 参数 θ 落在区间 (θ_1,θ_2) 之外的概率为 α；

(C) 区间 (θ_1,θ_2) 包含参数 θ 的概率为 $1-\alpha$；

(D) 对不同的样本观察值，区间 (θ_1,θ_2) 的长度相同.

3. 设总体 X 的数学期望为 μ，$X_1,X_2,\cdots,X_n$ 是来自 X 的样本，$a_1,a_2,\cdots,a_n$ 是任意常数，验证

$$\left(\sum_{i=1}^{n} a_i X_i\right)\Big/\sum_{i=1}^{n} a_i \quad \left(\sum_{i=1}^{n} a_i \neq 0\right)$$

是 μ 的无偏估计量.

4. 设 $X_1,X_2,\cdots,X_n$ 为来自参数为 n,p 的二项分布总体，试求 p^2 的无偏估计量.

5. 设总体 X 服从均匀分布 $U[0,\theta]$，它的密度函数为

$$f(x;\theta)=\begin{cases}1/\theta, & 0\le x\le\theta \\ 0, & \text{其他}\end{cases}.$$

(1) 求未知参数 θ 的矩估计量；

(2) 当样本观察值为 0.3, 0.8, 0.27, 0.35, 0.62, 0.55 时，求 θ 的矩估计值.

6. 设总体 X 以等概率 $\dfrac{1}{\theta}$ 取值 $1,2,\cdots,\theta$，求未知参数 θ 的矩估计量.

7. 一批产品中含有废品，从中随机地抽取 60 件，发现废品 4 件，试用矩估计法估计这批产品的废品率.

8. 已知灯泡寿命的标准差 $\sigma=50$ 小时，抽出 25 个灯泡检验，得平均寿命 $\bar{x}=500$ 小时，试以 95% 的可靠性对灯泡的平均寿命进行区间估计（假设灯泡寿命服从正态分布）.

9. 一个随机样本来自正态总体 X，总体标准差 $\sigma=1.5$，抽样前希望有 95% 的置信水平使得 μ 的估计的置信区间长度为 $L=1.7$，试问应抽取多大的一个样本？

10. 设某种电子管的使用寿命服从正态分布. 从中随机抽取 15 个进行检验，得平均使用寿命为 1 950 小时，标准差 s 为 300 小时. 以 95% 的可靠性估计整批电子管平均使用寿命的置信上、下限.

11. 人的身高服从正态分布，从初一女生中随机抽取 6 名，测得身高如下（单位：cm）：

149　158.5　152.5　165　157　142

求初一女生平均身高的置信区间（$\alpha=0.05$）.

12. 某大学数学测验，抽得 20 个学生的分数平均数 $\bar{x}=72$，样本方差 $s^2=16$，假设分数服从正态分布，求 σ^2 的置信度为 98% 的置信区间.

13. 随机地取某种炮弹 9 发做试验，得炮口速度的样本标准差 $s=11$ (m/s). 设炮口速度

服从正态分布，求这种炮弹的炮口速度的标准差 σ 的置信度为0.95的置信区间.

14. 设某批铝材料的比重X服从正态分布$N(\mu,\sigma^2)$, 现测量它的比重16次, 算得$\bar{x}=2.705$, $s=0.029$, 分别求μ和σ^2的置信度为0.95的置信区间.

15. 如何理解假设检验所作出的“拒绝原假设H_0”和“接受原假设H_0”的判断？

16. 在假设检验中, 如何理解指定的显著性水平α？

17. 在假设检验中, 如何确定原假设H_0和备择假设H_1?

18. 假设检验的基本步骤有哪些？

19. 假设检验与区间估计有何异同？

20. 某天开工时，需检验自动包装机工作是否正常. 根据以往的经验，其包装的质量在正常情况下服从正态分布$N(100,1.5^2)$(单位: kg). 现抽测了9包，其质量为

99.3 98.7 100.5 101.2 98.3 99.7 99.5 102.0 100.5

问这一天包装机工作是否正常? 将这一问题化为假设检验问题.写出假设检验的步骤($\alpha=0.05$).

21. 长期统计资料表明，某市轻工产品月产值占该市工业产品总月产值的百分比X服从正态分布，方差$\sigma^2=1.21$. 任意抽查10个月, 得轻工产品产值的百分比为:

31.31% 30.10% 32.16% 32.56% 29.66% 31.64% 30.00% 31.87% 31.03% 30.95%

问在显著性水平$\alpha=0.05$下，可否认为过去该市轻工产品月产值占该市工业产品总月产值百分比的平均数为32.50%?

22. 要求一种元件平均使用寿命不得低于1 000小时, 生产者从一批这种元件中随机抽取25件，测得其寿命的平均值为950小时. 已知该种元件寿命服从标准差为$\sigma=100$小时的正态分布. 试在显著性水平$\alpha=0.05$下确定这批元件是否合格. 设总体均值为μ, μ未知，即需检验假设$H_0:\mu\geq 1\,000$, $H_1:\mu<1\,000$.

23. 机器包装食盐，假设每袋盐的净重服从正态分布，规定每袋盐的标准含量为500 g，标准差不得超过10g. 某天开工后，随机抽取9袋，测得净重如下(单位: g):

497 507 510 475 515 484 488 524 491

试在显著性水平$\alpha=0.05$下检验假设: $H_0:\mu=500$, $H_1:\mu\neq 500$.

24. 某特殊润滑油容器的容量为正态分布, 其方差为0.03, 在$\alpha=0.01$的显著性水平下, 抽取样本10个，测得样本标准差为$s=0.246$升, 检验假设: $H_0:\sigma^2=0.03$, $H_1:\sigma^2\neq 0.03$.

附录　预备知识

一、常用初等代数公式

1. 一元二次方程　$ax^2+bx+c=0$

根的判别式 $\Delta=b^2-4ac$.

当 $\Delta>0$ 时, 方程有两个相异实根;

当 $\Delta=0$ 时, 方程有两个相等实根;

当 $\Delta<0$ 时, 方程有共轭复根.

求根公式为　$$x_{1,2}=\frac{-b\pm\sqrt{b^2-4ac}}{2a}.$$

2. 对数的运算性质

(1) 若 $a^y=x$, 则 $y=\log_a x$;

(2) $\log_a a=1$, $\log_a 1=0$, $\ln \mathrm{e}=1$, $\ln 1=0$;

(3) $\log_a(x\cdot y)=\log_a x+\log_a y$;

(4) $\log_a \dfrac{x}{y}=\log_a x-\log_a y$;

(5) $\log_a x^b=b\cdot\log_a x$;

(6) $a^{\log_a x}=x$, $\mathrm{e}^{\ln x}=x$.

3. 指数的运算性质

(1) $a^m\cdot a^n=a^{m+n}$;

(2) $\dfrac{a^m}{a^n}=a^{m-n}$;

(3) $(a^m)^n=a^{m\cdot n}$;

(4) $(a\cdot b)^m=a^m\cdot b^m$;

(5) $\left(\dfrac{a}{b}\right)^m=\dfrac{a^m}{b^m}$.

4. 常用二项展开及分解公式

(1) $(a+b)^2=a^2+2ab+b^2$;

(2) $(a-b)^2=a^2-2ab+b^2$;

(3) $(a+b)^3=a^3+3a^2b+3ab^2+b^3$;

(4) $(a-b)^3=a^3-3a^2b+3ab^2-b^3$;

(5) $a^2-b^2=(a+b)(a-b)$;

(6) $a^3-b^3=(a-b)(a^2+ab+b^2)$;

(7) $a^3+b^3=(a+b)(a^2-ab+b^2)$;

(8) $a^n-b^n=(a-b)(a^{n-1}+a^{n-2}b+a^{n-3}b^2+\cdots+b^{n-1})$;

(9) $(a+b)^n=\mathrm{C}_n^0a^n+\mathrm{C}_n^1a^{n-1}b+\mathrm{C}_n^2a^{n-2}b^2+\cdots+\mathrm{C}_n^ka^{n-k}b^k+\cdots+\mathrm{C}_n^nb^n$,

其中组合系数 $\mathrm{C}_n^m=\dfrac{n(n-1)(n-2)\cdots(n-m+1)}{m!}$, $\mathrm{C}_n^0=1$, $\mathrm{C}_n^n=1$.

5. 常用不等式及其运算性质

如果 $a>b$, 则有

(1) $a\pm c>b\pm c$;

(2) $ac>bc\ (c>0)$, $ac<bc\ \ (c<0)$;

(3) $\dfrac{a}{c}>\dfrac{b}{c}\ (c>0)$, $\dfrac{a}{c}<\dfrac{b}{c}\ \ (c<0)$;

(4) $a^n > b^n \ (n>0, a>0, b>0)$, $a^n < b^n \ (n<0, a>0, b>0)$;

(5) $\sqrt[n]{a} > \sqrt[n]{b}$ (n为正整数, $a>0, b>0$);

对于任意实数 a, b, 均有

(6) $|a|-|b| \le |a+b| \le |a|+|b|$;

(7) $a^2+b^2 \ge 2ab$.

6. 常用数列公式

(1) 等差数列: $a_1, a_1+d, a_1+2d, \cdots, a_1+(n-1)d$, 其公差为$d$, 前$n$项的和为

$$s_n = a_1+(a_1+d)+(a_1+2d)+\cdots+[a_1+(n-1)d] = \frac{a_1+[a_1+(n-1)d]}{2}\cdot n.$$

(2) 等比数列: $a_1, a_1q, a_1q^2, \cdots, a_1q^{n-1}$, 其公比为$q$, 前$n$项的和为

$$s_n = a_1+a_1q+a_1q^2+\cdots+a_1q^{n-1} = \frac{a_1(1-q^n)}{1-q}.$$

(3) 一些常见数列的前n项和

$1+2+3+\cdots+n = \frac{1}{2}n(n+1)$;　　$2+4+6+\cdots+2n = n(n+1)$;

$1+3+5+\cdots+(2n-1) = n^2$;　　$1^2+2^2+3^2+\cdots+n^2 = \frac{1}{6}n(n+1)(2n+1)$;

$1^2+3^2+5^2+\cdots+(2n-1)^2 = \frac{1}{3}n(4n^2-1)$;

$1\cdot 2+2\cdot 3+3\cdot 4+\cdots+n(n+1) = \frac{1}{3}n(n+1)(n+2)$;

$\frac{1}{1\cdot 2}+\frac{1}{2\cdot 3}+\frac{1}{3\cdot 4}+\cdots+\frac{1}{n(n+1)} = 1-\frac{1}{n+1}$.

7. 阶乘 $n! = n(n-1)(n-2)\cdots 2\cdot 1$.

二、常用基本三角公式

1. 基本公式

$\sin^2 x+\cos^2 x = 1$;　$1+\tan^2 x = \sec^2 x$;　$1+\cot^2 x = \csc^2 x$.

2. 倍角公式

$\sin 2x = 2\sin x\cos x$;

$\cos 2x = \cos^2 x-\sin^2 x = 1-2\sin^2 x = 2\cos^2 x-1$;

$\tan 2x = \frac{2\tan x}{1-\tan^2 x}$.

3. 半角公式

$\sin^2\frac{x}{2} = \frac{1-\cos x}{2}$;　$\cos^2\frac{x}{2} = \frac{1+\cos x}{2}$;　$\tan\frac{x}{2} = \frac{1-\cos x}{\sin x}$.

4. 加法公式

$\sin(x\pm y)=\sin x\cos y\pm\cos x\sin y$;

$\cos(x\pm y)=\cos x\cos y\mp\sin x\sin y$;

$\tan(x\pm y)=\dfrac{\tan x\pm\tan y}{1\mp\tan x\tan y}$.

5. 和差化积公式

$\sin x+\sin y=2\sin\dfrac{x+y}{2}\cos\dfrac{x-y}{2}$;

$\sin x-\sin y=2\cos\dfrac{x+y}{2}\sin\dfrac{x-y}{2}$;

$\cos x+\cos y=2\cos\dfrac{x+y}{2}\cos\dfrac{x-y}{2}$;

$\cos x-\cos y=-2\sin\dfrac{x+y}{2}\sin\dfrac{x-y}{2}$.

6. 积化和差公式

$\sin x\cos y=\dfrac{1}{2}[\sin(x+y)+\sin(x-y)]$;

$\cos x\sin y=\dfrac{1}{2}[\sin(x+y)-\sin(x-y)]$;

$\cos x\cos y=\dfrac{1}{2}[\cos(x+y)+\cos(x-y)]$;

$\sin x\sin y=-\dfrac{1}{2}[\cos(x+y)-\cos(x-y)]$.

三、常用求面积和体积的公式

1. 圆：

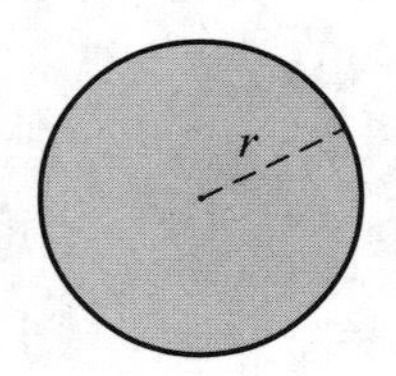

周长 $=2\pi r$

面积 $=\pi r^2$

2. 平行四边形：

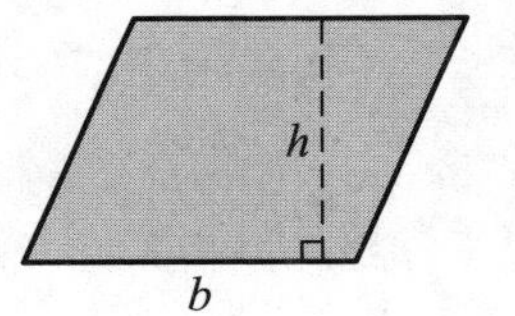

面积 $=bh$

3. 三角形：

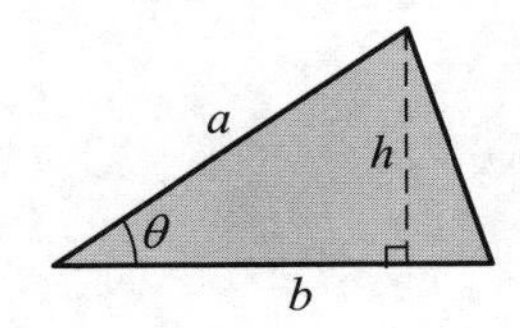

面积 $=\dfrac{1}{2}bh$

面积 $=\dfrac{1}{2}ab\sin\theta$

4. 梯形：

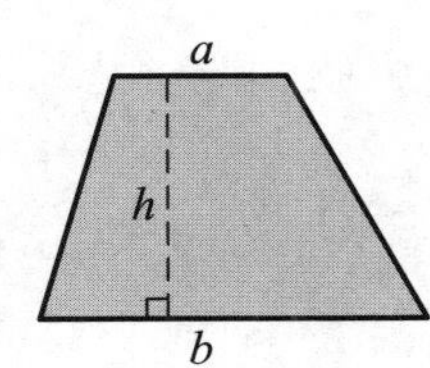

面积 $=\dfrac{a+b}{2}h$

5. 圆扇形：

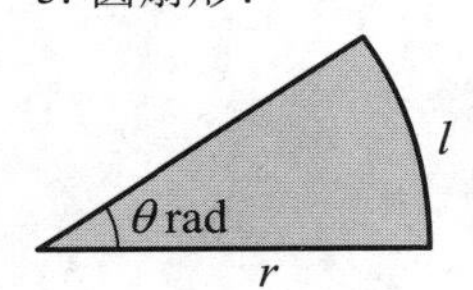

面积 $=\dfrac{1}{2}r^2\theta$

弧长 $l=r\theta$

6. 正圆柱体：

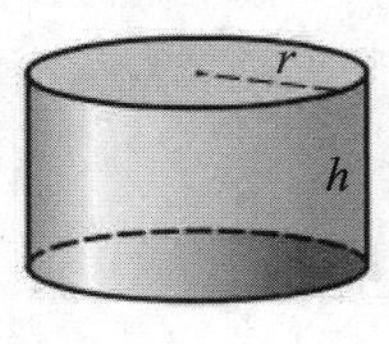

体积 $=\pi r^2h$

侧面积 $=2\pi rh$

表面积 $=2\pi r(r+h)$

7. 球体:

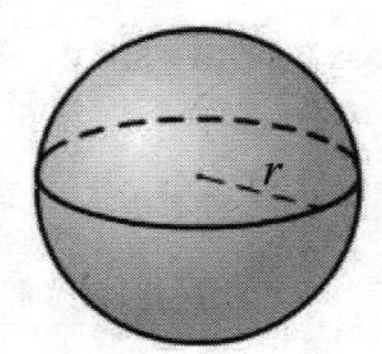

体积 $=\frac{4}{3}\pi r^3$

表面积 $=4\pi r^2$

8. 圆锥体:

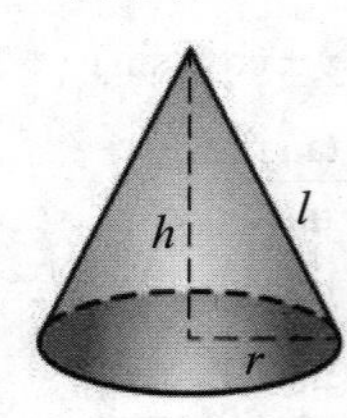

体积 $=\frac{1}{3}\pi r^2 h$

侧面积 $=\pi rl$

表面积 $=\pi r(r+l)$

9. 圆台:

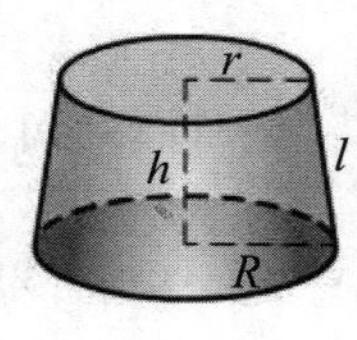

侧面积 $=\pi l\,(r+R)$

体积 $=\frac{1}{3}\pi(r^2+rR+R^2)\,h$

附表　常用分布表

附表 1　标准正态分布表

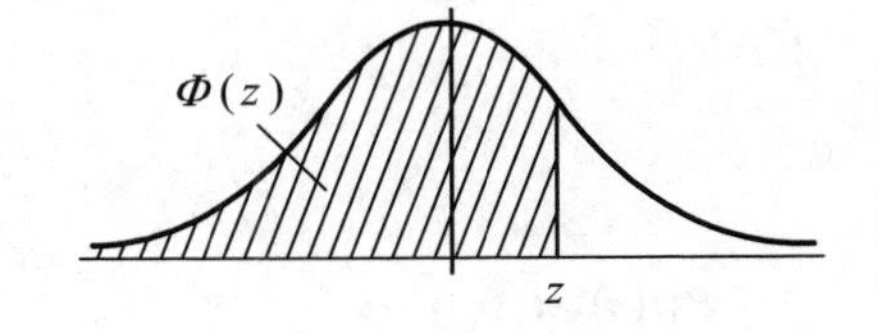

$$\Phi(z)=\int_{-\infty}^{z}\frac{1}{\sqrt{2\pi}}\mathrm{e}^{-u^2/2}\,\mathrm{d}u=P\{Z\le z\}$$

z	0	1	2	3	4	5	6	7	8	9
0.0	0.5000	0.5040	0.5080	0.5120	0.5160	0.5199	0.5239	0.5279	0.5319	0.5359
0.1	0.5398	0.5438	0.5478	0.5517	0.5557	0.5596	0.5636	0.5675	0.5714	0.5753
0.2	0.5793	0.5832	0.5871	0.5910	0.5948	0.5987	0.6026	0.6064	0.6103	0.6141
0.3	0.6179	0.6217	0.6255	0.6293	0.6331	0.6368	0.6406	0.6443	0.6480	0.6517
0.4	0.6554	0.6591	0.6628	0.6664	0.6700	0.6736	0.6772	0.6808	0.6844	0.6879
0.5	0.6915	0.6950	0.6985	0.7019	0.7054	0.7088	0.7123	0.7157	0.7190	0.7224
0.6	0.7257	0.7291	0.7324	0.7357	0.7389	0.7422	0.7454	0.7486	0.7517	0.7549
0.7	0.7580	0.7611	0.7642	0.7673	0.7704	0.7734	0.7764	0.7794	0.7823	0.7852
0.8	0.7881	0.7910	0.7939	0.7967	0.7995	0.8023	0.8051	0.8078	0.8106	0.8133
0.9	0.8159	0.8186	0.8212	0.8238	0.8264	0.8289	0.8315	0.8340	0.8365	0.8389
1.0	0.8413	0.8438	0.8461	0.8485	0.8508	0.8531	0.8554	0.8577	0.8599	0.8621
1.1	0.8643	0.8665	0.8686	0.8708	0.8729	0.8749	0.8770	0.8790	0.8810	0.8830
1.2	0.8849	0.8869	0.8888	0.8907	0.8925	0.8944	0.8962	0.8980	0.8997	0.9015
1.3	0.9032	0.9049	0.9066	0.9082	0.9099	0.9115	0.9131	0.9147	0.9162	0.9177
1.4	0.9192	0.9207	0.9222	0.9236	0.9251	0.9265	0.9279	0.9292	0.9306	0.9319
1.5	0.9332	0.9345	0.9357	0.9370	0.9382	0.9394	0.9406	0.9418	0.9429	0.9441
1.6	0.9452	0.9463	0.9474	0.9484	0.9495	0.9505	0.9515	0.9525	0.9535	0.9545
1.7	0.9554	0.9564	0.9573	0.9582	0.9591	0.9599	0.9608	0.9616	0.9625	0.9633
1.8	0.9641	0.9649	0.9656	0.9664	0.9671	0.9678	0.9686	0.9693	0.9699	0.9706
1.9	0.9713	0.9719	0.9726	0.9732	0.9738	0.9744	0.9750	0.9756	0.9761	0.9767
2.0	0.9772	0.9778	0.9783	0.9788	0.9793	0.9798	0.9803	0.9808	0.9812	0.9817
2.1	0.9821	0.9826	0.9830	0.9834	0.9838	0.9842	0.9846	0.9850	0.9854	0.9857
2.2	0.9861	0.9864	0.9868	0.9871	0.9875	0.9878	0.9881	0.9884	0.9887	0.9890
2.3	0.9893	0.9896	0.9898	0.9901	0.9904	0.9906	0.9909	0.9911	0.9913	0.9916
2.4	0.9918	0.9920	0.9922	0.9925	0.9927	0.9929	0.9931	0.9932	0.9934	0.9936
2.5	0.9938	0.9940	0.9941	0.9943	0.9945	0.9946	0.9948	0.9949	0.9951	0.9952
2.6	0.9953	0.9955	0.9956	0.9957	0.9959	0.9960	0.9961	0.9962	0.9963	0.9964
2.7	0.9965	0.9966	0.9967	0.9968	0.9969	0.9970	0.9971	0.9972	0.9973	0.9974
2.8	0.9974	0.9975	0.9976	0.9977	0.9977	0.9878	0.9979	0.9979	0.9980	0.9981
2.9	0.9981	0.9982	0.9982	0.9983	0.9984	0.9984	0.9985	0.9985	0.9986	0.9986
3.0	0.9987	0.9990	0.9993	0.9995	0.9997	0.9998	0.9998	0.9999	0.9999	1.0000

注：表中末行系函数值 $\Phi(3.0), \Phi(3.1), \cdots, \Phi(3.9)$.

附表 2　t 分布表

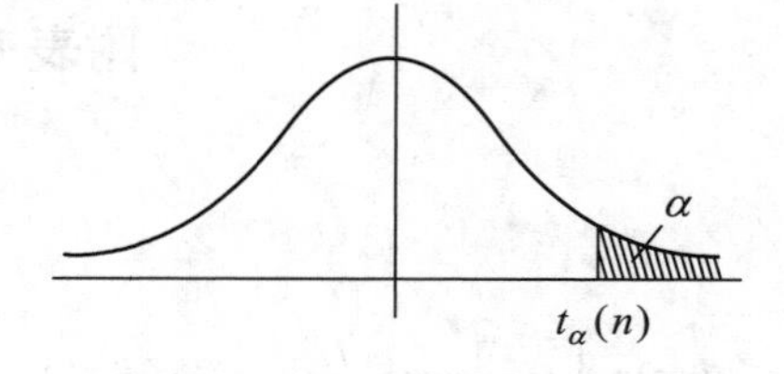

$P\{t(n)>t_\alpha(n)\}=\alpha$

n \ α	0.25	0.10	0.05	0.025	0.01	0.005
1	1.0000	3.0777	6.3138	12.7062	31.8205	63.6567
2	0.8165	1.8856	2.9200	4.3027	6.9646	9.9248
3	0.7649	1.6377	2.3534	3.1824	4.5407	5.8409
4	0.7407	1.5332	2.1318	2.7764	3.7469	4.6041
5	0.7267	1.4759	2.0150	2.5706	3.3649	4.0321
6	0.7176	1.4398	1.9432	2.4469	3.1427	3.7074
7	0.7111	1.4149	1.8946	2.3646	2.9980	3.4995
8	0.7064	1.3968	1.8595	2.3060	2.8965	3.3554
9	0.7027	1.3830	1.8331	2.2622	2.8214	3.2498
10	0.6998	1.3722	1.8125	2.2281	2.7638	3.1693
11	0.6974	1.3634	1.7959	2.2010	2.7181	3.1058
12	0.6955	1.3562	1.7823	2.1788	2.6810	3.0545
13	0.6938	1.3502	1.7709	2.1604	2.6503	3.0123
14	0.6924	1.3450	1.7613	2.1448	2.6245	2.9768
15	0.6912	1.3406	1.7531	2.1314	2.6025	2.9467
16	0.6901	1.3368	1.7459	2.1199	2.5835	2.9208
17	0.6892	1.3334	1.7396	2.1098	2.5669	2.8982
18	0.6884	1.3304	1.7341	2.1009	2.5524	2.8784
19	0.6876	1.3277	1.7291	2.0930	2.5395	2.8609
20	0.6870	1.3253	1.7247	2.0860	2.5280	2.8453
21	0.6864	1.3232	1.7207	2.0796	2.5176	2.8314
22	0.6858	1.3212	1.7171	2.0739	2.5083	2.8188
23	0.6853	1.3195	1.7139	2.0687	2.4999	2.8073
24	0.6848	1.3178	1.7109	2.0639	2.4922	2.7969
25	0.6844	1.3163	1.7081	2.0595	2.4851	2.7874
26	0.6840	1.3150	1.7056	2.0555	2.4786	2.7787
27	0.6837	1.3137	1.7033	2.0518	2.4727	2.7707
28	0.6834	1.3125	1.7011	2.0484	2.4671	2.7633
29	0.6830	1.3114	1.6991	2.0452	2.4620	2.7564
30	0.6828	1.3104	1.6973	2.0423	2.4573	2.7500
31	0.6825	1.3095	1.6955	2.0395	2.4528	2.7440

续前表

n \ α	0.25	0.10	0.05	0.025	0.01	0.005
32	0.6822	1.3086	1.6939	2.0369	2.4487	2.7385
33	0.6820	1.3077	1.6924	2.0345	2.4448	2.7333
34	0.6818	1.3070	1.6909	2.0322	2.4411	2.7284
35	0.6816	1.3062	1.6896	2.0301	2.4377	2.7238
36	0.6814	1.3055	1.6883	2.0281	2.4345	2.7195
37	0.6812	1.3049	1.6871	2.0262	2.4314	2.7154
38	0.6810	1.3042	1.6860	2.0244	2.4286	2.7116
39	0.6808	1.3036	1.6849	2.0227	2.4258	2.7079
40	0.6807	1.3031	1.6839	2.0211	2.4233	2.7045
41	0.6805	1.3025	1.6829	2.0195	2.4208	2.7012
42	0.6804	1.3020	1.6820	2.0181	2.4185	2.6981
43	0.6802	1.3016	1.6811	2.0167	2.4163	2.6951
44	0.6801	1.3011	1.6802	2.0154	2.4141	2.6923
45	0.6800	1.3006	1.6794	2.0141	2.4121	2.6806

附表 3 χ^2 分布表

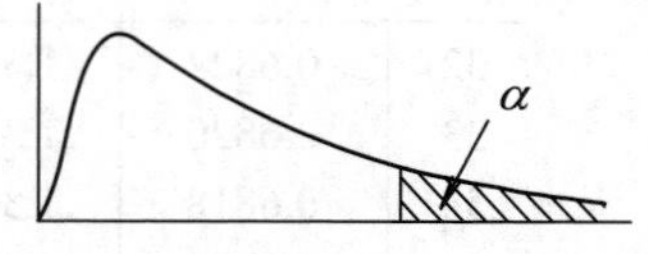

$P\{\chi^2(n) > \chi_\alpha^2(n)\} = \alpha$

n \ α	0.995	0.99	0.975	0.95	0.90	0.75
1	—	—	0.001	0.004	0.016	0.102
2	0.010	0.020	0.051	0.103	0.211	0.575
3	0.072	0.115	0.216	0.352	0.584	1.213
4	0.207	0.297	0.484	0.711	1.064	1.923
5	0.412	0.554	0.831	1.145	1.610	2.675
6	0.676	0.872	1.237	1.635	2.204	3.455
7	0.989	1.239	1.690	2.167	2.833	4.255
8	1.344	1.646	2.180	2.733	3.490	5.071
9	1.735	2.088	2.700	3.325	4.168	5.899
10	2.156	2.558	3.247	3.940	4.865	6.737
11	2.603	3.053	3.816	4.575	5.578	7.584
12	3.074	3.571	4.404	5.226	6.304	8.438
13	3.565	4.107	5.009	5.892	7.042	9.299
14	4.075	4.660	5.629	6.571	7.790	10.165
15	4.601	5.229	6.262	7.261	8.547	11.037
16	5.142	5.812	6.908	7.962	9.312	11.912
17	5.697	6.408	7.564	8.672	10.085	12.792
18	6.265	7.015	8.231	9.390	10.865	13.675
19	6.844	7.633	8.907	10.117	11.651	14.562
20	7.434	8.260	9.591	10.851	12.443	15.452
21	8.034	8.897	10.283	11.591	13.240	16.344
22	8.643	9.542	10.982	12.338	14.042	17.240
23	9.260	10.196	11.689	13.091	14.848	18.137
24	9.886	10.856	12.401	13.848	15.659	19.037
25	10.520	11.524	13.120	14.611	16.473	19.939
26	11.160	12.198	13.844	15.379	17.292	20.843
27	11.808	12.879	14.573	16.151	18.114	21.749
28	12.461	13.565	15.308	16.928	18.939	22.657
29	13.121	14.257	16.047	17.708	19.768	23.567
30	13.787	14.953	16.791	18.493	20.599	24.478
31	14.458	15.655	17.539	19.281	21.434	25.390
32	15.134	16.362	18.291	20.072	22.271	26.304
33	15.815	17.074	19.047	20.867	23.110	27.219
34	16.501	17.789	19.806	21.664	23.952	28.136
35	17.192	18.509	20.569	22.465	24.797	29.054

续前表

n \ α	0.995	0.99	0.975	0.95	0.90	0.75
36	17.887	19.233	21.336	23.269	25.643	29.973
37	18.586	19.960	22.106	24.075	26.492	30.893
38	19.289	20.691	22.878	24.884	27.343	31.815
39	19.996	21.426	23.654	25.695	28.196	32.737
40	20.707	22.164	24.433	26.509	29.051	33.660
41	21.421	22.906	25.215	27.326	29.907	34.585
42	22.138	23.650	25.999	28.144	30.765	35.510
43	22.859	24.398	26.785	28.965	31.625	36.430
44	23.584	25.148	27.575	29.787	32.487	37.363
45	24.311	25.901	28.366	30.612	33.350	38.291

n \ α	0.25	0.10	0.05	0.025	0.01	0.005
1	1.323	2.706	3.841	5.024	6.635	7.879
2	2.773	4.605	5.991	7.378	9.210	10.597
3	4.108	6.251	7.815	9.348	11.345	12.838
4	5.385	7.779	9.488	11.143	13.277	14.860
5	6.626	9.236	11.071	12.833	15.086	16.750
6	7.841	10.645	12.592	14.449	16.812	18.548
7	9.037	12.017	14.067	16.013	18.475	20.278
8	10.219	13.362	15.507	17.535	20.090	21.955
9	11.389	14.684	16.919	19.023	21.666	23.589
10	12.549	15.987	18.307	20.483	23.209	25.188
11	13.701	17.275	19.675	21.920	24.725	26.757
12	14.845	18.549	21.026	23.337	26.217	28.300
13	15.984	19.812	22.362	24.736	27.688	29.819
14	17.117	21.064	23.685	26.119	29.141	31.319
15	18.245	22.307	24.996	27.488	30.578	32.801
16	19.369	23.542	26.296	28.845	32.000	34.267
17	20.489	24.769	27.587	30.191	33.409	35.718
18	21.605	25.989	28.869	31.526	34.805	37.156
19	22.718	27.204	30.144	32.852	36.191	38.582
20	23.828	28.412	31.410	34.170	37.566	39.997
21	24.935	29.615	32.671	35.479	38.932	41.401
22	26.039	30.813	33.924	36.781	40.289	42.796
23	27.141	32.007	35.172	38.076	41.638	44.181
24	28.241	33.196	36.415	39.364	42.980	45.559
25	29.339	34.382	37.652	40.646	44.314	46.928
26	30.435	35.563	38.885	41.923	45.642	48.290
27	31.528	36.741	40.113	43.194	46.963	49.645
28	32.620	37.916	41.337	44.461	48.278	50.993
29	33.711	39.087	42.557	45.722	49.588	52.336
30	34.800	40.256	43.773	46.979	50.892	53.672

续前表

n \ α	0.25	0.10	0.05	0.025	0.01	0.005
31	35.887	41.422	44.985	48.232	52.191	55.003
32	36.973	42.585	46.194	49.480	53.486	56.328
33	38.058	43.745	47.400	50.725	54.776	57.648
34	39.141	44.903	48.602	51.966	56.061	58.964
35	40.223	46.059	49.802	53.203	57.342	60.275
36	41.304	47.212	50.998	54.437	58.619	61.581
37	42.383	48.363	52.192	55.668	59.892	62.883
38	43.462	49.513	53.384	56.896	61.162	64.181
39	44.539	50.660	54.572	58.120	62.428	65.476
40	45.616	51.805	55.758	59.342	63.691	66.766
41	46.692	52.949	56.942	60.561	64.950	68.053
42	47.766	54.090	58.124	61.777	66.206	69.336
43	48.840	55.230	59.304	62.990	67.459	70.616
44	49.913	56.369	60.481	64.201	68.710	71.893
45	50.985	57.505	61.656	65.410	69.957	73.166

习题答案

习题一 答案

1. (1) $[-1,0)\cup(0,1]$; (2) $[-1, 3]$; (3) $(-\infty,0)\cup(0,3]$.

2. (1) 不相同; (2) 相同.

4. (1) 既非奇函数又非偶函数; (2) 偶函数; (3) 偶函数.

5. (1) 是周期函数，周期 $l=2\pi$; (2) 不是周期函数; (3) 是周期函数，周期 $l=\pi$.

6. $f[g(x)]=\begin{cases}0.15x, & 0<x\le 50\\ 7.5+0.25(x-50), & x>50\end{cases}$. 7. $y=\dfrac{1-x}{1+x}$.

8. $-3/8$, 0. 9. $f[f(x)]=\dfrac{x}{1-2x}$, $f\{f[f(x)]\}=\dfrac{x}{1-3x}$.

10. $f(x)=2(1-x^2)$. 11. $\arcsin(1-x^2)$, $[-\sqrt{2}, \sqrt{2}]$.

12. (1) 0; (2) 0; (3) 2; (4) 1; (5) 没有极限.

13. (1) 12; (2) 1; (3) 2/3.

14. $\lim\limits_{x\to 0^-} f(x)=-1$, $\lim\limits_{x\to 0^+} f(x)=1$, $\lim\limits_{x\to 0} f(x)$ 不存在.

15. 极限 $\lim\limits_{x\to\infty} \mathrm{e}^{1/x}$ 存在；极限 $\lim\limits_{x\to 0} \mathrm{e}^{1/x}$ 不存在.

16. (1) 0; (2) 2; (3) 2/3; (4) 1/2; (5) $2x$; (6) 2; (7) 0; (8) 0.

17. (1) 5; (2) 1; (3) 0; (4) 2; (5) 1; (6) 0.

18. (1) $1/\mathrm{e}$; (2) e^2; (3) e^3; (4) e^{-5}; (5) e^{-1}; (6) e^{2a}.

19. 20年后的本利和为 6 640 元. 20. 当初的投资额约为 746 元.

21. (1) ×; (2) √; (3) √; (4) ×; (5) ×.

22. (1) 无穷小; (2) 无穷小; (3) 无穷大.

23. (1) 1; (2) $(3/2)^{20}$; (3) 1/2; (4) 1/5.

24. $x\to 0$ 时，x^2-x^3 是比 $x-x^2$ 高阶的无穷小.

25. (1) 3/5; (2) 1/2; (3) 5.

26. $f(x)$ 在 $[0,2]$ 上连续. 27. 连续.

28. (1) $x=-2$ 是题设函数的间断点；

(2) $x=0$ 不是题设函数的间断点，$x=2$ 是题设函数的间断点；

(3) $x=0$ 是题设函数的间断点.

29. $a=1$. 30. (1) $\sqrt{5}$; (2) 0; (3) 1/2; (4) 0; (5) 0.

33. (1) $p=\begin{cases}90, & 0\le x\le 100\\ 90-0.01(x-100), & 100<x\le 1\,600;\\ 75, & x>1\,600\end{cases}$

(2) $L=\begin{cases}30x, & 0\le x\le 100\\ 31x-0.01x^2, & 100<x\le 1\,600;\\ 15x, & x>1\,600\end{cases}$　　(3) 21 000 元.

*34. (1) $y=1.813x+2.356$;　　(2) 52.214.　　35. (1) 100;　(2) 6 394;　(3) 1 小时.

36. (1) $y=6.6\left(\frac{1}{2}\right)^{\frac{x}{14}}$;　　(2) 38.　　37. 初始投资应该是 15 059.71 元.

习题二　答案

1. -20.　　2. (1) $-f'(x_0)$;　　(2) $2f'(x_0)$.　　3. 2.

4. 切线方程为 $y=x+1$，法线方程为 $y=-x+3$.

5. 切线方程 $x-y+1=0$，法线方程 $x+y-1=0$.

6. 在点 $x=0$ 处连续且可导.　　7. $2a\varphi(a)$.　　8. $\frac{\mathrm{d}T}{\mathrm{d}t}=T'(t)$.

9. (1) $3+\frac{5}{2\sqrt{x}}$;　　(2) $15x^2-2^x\ln 2+3\mathrm{e}^x$;　　(3) $\sec x(2\sec x+\tan x)$;

(4) $\cos 2x$;　　(5) $x^2(3\ln x+1)$;　　(6) $\mathrm{e}^x(\cos x-\sin x)$;

(7) $\frac{1-\ln x}{x^2}$;　　(8) $\frac{1+\sin t+\cos t}{(1+\cos t)^2}$.

10. (1) $3\sin(4-3x)$;　　(2) $-6x\mathrm{e}^{-3x^2}$;　　(3) $-\frac{x}{\sqrt{a^2-x^2}}$;　　(4) $2x\sec^2(x^2)$;

(5) $\frac{\mathrm{e}^x}{1+\mathrm{e}^{2x}}$;　　(6) $-\frac{1}{\sqrt{x-x^2}}$;　　(7) $\frac{|x|}{x^2\sqrt{x^2-1}}$;　　(8) $\frac{1}{x\ln x}$.

11. (1) $\frac{\mathrm{e}^{x+y}-y}{x-\mathrm{e}^{x+y}}$;　(2) $\frac{y}{2\pi y\cos(\pi y^2)-x}$;　(3) $\frac{5-y\mathrm{e}^{xy}}{x\mathrm{e}^{xy}+3y^2}$;　(4) $\frac{\mathrm{e}^y}{1-x\mathrm{e}^y}$;　(5) $\frac{x+y}{x-y}$.

12. (1) $(1+x^2)^{\tan x}\left[\sec^2 x\ln(1+x^2)+\frac{2x\tan x}{1+x^2}\right]$;

(2) $\frac{\sqrt[5]{x-3}\,\sqrt[3]{3x-2}}{\sqrt{x+2}}\left[\frac{1}{5(x-3)}+\frac{1}{3x-2}-\frac{1}{2(x+2)}\right]$;

(3) $\frac{\sqrt{x+2}(3-x)^4}{(x+1)^5}\left[\frac{1}{2(x+2)}-\frac{4}{3-x}-\frac{5}{x+1}\right]$.

13. (1) $20x^3+24x$;　　(2) $9\mathrm{e}^{3x-2}$;　　(3) $2\cos x-x\sin x$;

(4) $2\sec^2 x\tan x$;　　(5) $-\frac{1}{\sqrt{(1-x^2)^3}}$;　　(6) $2x\mathrm{e}^{x^2}(3+2x^2)$.

14. 19 440.

15. $\Delta x=1$ 时, $\Delta y=19$, $\mathrm{d}y=12$; $\Delta x=0.1$ 时, $\Delta y=1.261$, $\mathrm{d}y=1.2$;
$\Delta x=0.01$ 时, $\Delta y=0.120\,601$, $\mathrm{d}y=0.12$.

16. (1) $\frac{5}{2}x^2+C$;　　(2) $-(1/\omega)\cos\omega x+C$;　　(3) $\ln(2+x)+C$;

(4) $-\frac{1}{2}\mathrm{e}^{-2x}+C$;　　(5) $2\sqrt{x}+C$;　　(6) $\frac{1}{2}\tan 2x+C$.

17. (1) $\left(\frac{1}{x}+\frac{1}{\sqrt{x}}\right)\mathrm{d}x$； (2) $(\sin 2x+2x\cos 2x)\,\mathrm{d}x$； (3) $2x(1+x)\mathrm{e}^{2x}\,\mathrm{d}x$；

(4) $-\frac{3x^2}{2(1-x^3)}\,\mathrm{d}x$； (5) $2(\mathrm{e}^{2x}-\mathrm{e}^{-2x})\,\mathrm{d}x$.

19. (1) 1.000 02； (2) 0.874 75. 20. (1) $4\pi r^2$； (2) $400\pi(\mathrm{cm}^3)$.

21. 对于 s_1，(1) 1.25m/s；(2) $v(0)=-3\,\mathrm{m/s}$，$v(2)=1\,\mathrm{m/s}$；(3) $t=\frac{3}{2}$ s 的时刻方向发生改变.

对于 s_2，(1) 3 m/s；(2) $v(0)=-3\,\mathrm{m/s}$，$v(3)=-12\,\mathrm{m/s}$；(3) 物体的运动方向未发生改变.

22. $\frac{2an^2}{V^3}-\frac{nRT}{(V-nb)^2}$. 23. (1) 880 (元)； (2) 740 (元). 24. (1) $\frac{47}{24}$；(2) $\frac{21}{40}$.

习题三 答案

1. $\xi=2$. 3. $\xi=\sqrt[3]{\frac{15}{4}}\in(1,2)$.

9. (1) 2； (2) $\cos a$； (3) 2； (4) 4/e； (5) 1/2； (6) $+\infty$；
(7) 1； (8) 1/2； (9) 1/2； (10) 1； (11) 1； (12) e.

12. 单调增加.

13. (1) 在 $(-\infty,-1]$，$[3,+\infty)$ 内单调增加，在 $[-1,3]$ 内单调减少；

(2) 在 $(0,2]$ 内单调减少，在 $[2,+\infty)$ 内单调增加；

(3) 在 $(-\infty,0]$，$[1,+\infty)$ 内单调增加，在 $[0,1]$ 内单调减少；

(4) 在 $[0,+\infty)$ 内单调增加；

(5) 在 $(0,1/2]$ 内单调减少，在 $[1/2,+\infty)$ 内单调增加.

15. (1) 极大值 $f(-1)=5/3$，极小值 $f(3)=-9$； (2) 极小值 $y(0)=0$；

(3) 极小值 $y(1)=0$，极大值 $y(\mathrm{e}^2)=4/\mathrm{e}^2$； (4) 极大值 $y(3/4)=5/4$；

(5) 极大值 $y(\pi/4+2k\pi)=\frac{\sqrt{2}}{2}\mathrm{e}^{\frac{\pi}{4}+2k\pi}$，

极小值 $y(\pi/4+(2k+1)\pi)=-\frac{\sqrt{2}}{2}\mathrm{e}^{\frac{\pi}{4}+(2k+1)\pi}$ $(k=0,\pm1,\pm2,\cdots)$.

16. $a=2$，$f(\pi/3)=\sqrt{3}$ 为极大值.

17. (1) 最小值 $y|_{x=2}=-14$，最大值 $y|_{x=3}=11$；

(2) 最小值 $y|_{x=\frac{5\pi}{4}}=-\sqrt{2}$，最大值 $y|_{x=\frac{\pi}{4}}=\sqrt{2}$；

(3) 最小值 $y|_{x=-5}=-5+\sqrt{6}$，最大值 $y|_{x=3/4}=5/4$；

(4) 最小值 $y|_{x=0}=0$，最大值 $y|_{x=2}=\ln 5$.

18. 正方形的四个角各截去边长为 $\frac{a}{6}$ 的小正方形时，能做成容积最大的盒子.

19. 有盖圆柱形容器的高与底圆直径相等时用料最省. 20. 2 小时.

21. (1) $t=1.5$ 秒，$y_{\max}=11.75$ 米； (2) $t=3$ 秒，$x_{\max}=45\sqrt{3}$ 米.

22. 把水下输油管建到离炼油厂 11 公里的地方.

23. $\frac{100+C}{2}$(元).

24. 当日产量是 50 吨时可使平均成本最低，最低平均成本 300(元/吨).

习题四 答案

1. (1) $-\frac{2}{3}x^{-3/2}+C$;　(2) $\frac{3}{4}x^{4/3}-2x^{1/2}+C$;　(3) $\frac{2^x}{\ln 2}+\frac{1}{3}x^3+C$;

(4) $\frac{2}{5}x^{5/2}-2x^{3/2}+C$;　(5) $3\arctan x-2\arcsin x+C$;　(6) $x-\arctan x+C$;

(7) $-\frac{1}{x}-\arctan x+C$;　(8) e^t+t+C;　(9) $\frac{3^x e^x}{\ln 3+1}+C$;

(10) $\frac{x+\sin x}{2}+C$;　(11) $\frac{1}{2}\tan x+C$.

2. $\frac{-1}{x\sqrt{1-x^2}}$.　3. $C_1x-\sin x+C_2$.

4. (1) $(1/3)e^{3t}+C$;　(2) $-(1/20)(3-5x)^4+C$;　(3) $-(1/2)\ln|3-2x|+C$;

(4) $2\sin\sqrt{t}+C$;　(5) $\ln|\ln\ln x|+C$;　(6) $\frac{1}{2}\sin(x^2)+C$;

(7) $\sin x-\frac{\sin^3 x}{3}+C$;　(8) $\frac{1}{2}\sec^2 x+C$.

5. (1) $2\sqrt{x}-4\sqrt[4]{x}+4\ln(\sqrt[4]{x}+1)+C$;

(2) $\frac{3}{2}\sqrt[3]{(1+x)^2}-3\sqrt[3]{x+1}+3\ln|1+\sqrt[3]{1+x}|+C$;　(3) $a\cdot\arcsin\frac{x}{a}-\sqrt{a^2-x^2}+C$;

(4) $\arcsin x-\frac{1-\sqrt{1-x^2}}{x}+C$;　(5) $\frac{1}{a^2}\frac{x}{\sqrt{x^2+a^2}}+C$.

6. (1) $x\arcsin x+\sqrt{1-x^2}+C$;　(2) $x\ln(x^2+1)-2x+2\arctan x+C$;

(3) $x\arctan x-\frac{1}{2}\ln(1+x^2)+C$;　(4) $2x\sin\frac{x}{2}+4\cos\frac{x}{2}+C$;

(5) $\frac{1}{2}(x^2-1)\ln(x-1)-\frac{1}{4}x^2-\frac{1}{2}x+C$;　(6) $3e^{\sqrt[3]{x}}(\sqrt[3]{x^2}-2\sqrt[3]{x}+2)+C$.

习题五 答案

2. (1) $6\le\int_1^4(x^2+1)dx\le 51$;　(2) $1\le\int_0^1 e^{x^2}dx\le e$;　(3) $\frac{2}{5}\le\int_1^2\frac{x}{1+x^2}dx\le\frac{1}{2}$.

3. (1) $\int_0^1 x^2dx>\int_0^1 x^3dx$;　(2) $\int_0^1 e^x dx>\int_0^1 e^{x^2}dx$;　(3) $\int_0^{\pi/2}xdx>\int_0^{\pi/2}\sin xdx$.

4. (1) $\int_{-7}^5(x^2-3x)dx$;　(2) $\int_0^1\sqrt{4-x^2}\,dx$.　5. (1) 4;　(2) −4.

6. $y'(0)=0$，$y'\left(\frac{\pi}{4}\right)=\frac{\sqrt{2}}{2}$.

7. (1) $2\frac{5}{8}$;　(2) $45\frac{1}{6}$;　(3) $\frac{\pi}{3a}$;　(4) $\frac{\pi}{3}$;　(5) $1-\frac{\pi}{4}$.

8. (1) 0;　(2) $\frac{51}{512}$;　(3) $\frac{1}{4}$;　(4) $\frac{1}{2}(25-\ln 26)$;　(5) $2(\sqrt{3}-1)$;　(6) $\frac{4}{3}$.

9. (1) $1-\frac{2}{e}$;　(2) $\frac{1}{4}(e^2+1)$;　(3) $\frac{\pi}{4}-\frac{1}{2}$;　(4) $\frac{\pi}{4}$;　(5) $\frac{1}{5}(e^{\pi}-2)$.

11. (1) $\frac{1}{2}$;　(2) 发散;　(3) $\frac{1}{a}$;　(4) π;　(5) $\frac{1}{2}\ln 2$.

12. $\frac{1}{6}$.　13. $\frac{\pi}{2}-1$.　14. $\frac{16}{3}\sqrt{2}$.　15. $\frac{3}{2}-\ln 2$.

16. $e+\frac{1}{e}-2$.　17. $b-a$.　18. π.

19. (1) $L(x)=f(1)+f'(1)(x-1)=2-3(x-1)=-3x+5$;

(2) $L(x)=f(-1)+f'(-1)(x+1)=3-2(x+1)=-2x+1$.

20. (1) 约为 2 948.26 元;　(2) 约为 2 913.90 元.

21. (1) $2\,000T^2-250\,000e^{-0.1T}$;　(2) $P(10)=108\,030$.

22. (1) $V_x=7\frac{1}{2}\pi$, $V_y=24\frac{4}{5}\pi$;　(2) $V_x=\frac{\pi^2}{4}$, $V_y=2\pi$;　(3) $V_x=18\frac{2}{7}\pi$, $V_y=12\frac{4}{5}\pi$.

23. $16\frac{2}{3}$ (J).　24. $0.18k$ (J).

习题六　答案

1. (1) 一阶;　(2) 二阶;　(3) 三阶;　(4) 一阶.

2. (1) 是;　(2) 是;　(3) 是.　3. $y=(4+2x)e^{-x}$.

4. (1) $y=e^{Cx}$;　(2) $(y^2-1)(x^2-1)=C$;　(3) $y=Ce^{\sqrt{1-x^2}}$;

(4) $e^{-y}=1-Cx$;　(5) $y^2-1=C(x-y)^2$.

5. (1) $\frac{4}{x^2}$;　(2) $\frac{y^2}{2}+\frac{y^3}{3}=\frac{x^2}{2}+\frac{x^3}{3}$.

6. (1) $y=2+Ce^{-x^2}$;　(2) $y=x^3+Cx$;　(3) $y=(x-2)^3+C(x-2)$;

(4) $\frac{1}{x^2+1}\left(\frac{4}{3}x^3+C\right)$.

7. (1) $y=\frac{2}{3}(4-e^{-3x})$;　(2) $y=x\sec x$.　8. $y=2(e^x-x-1)$.

9. $p=10\times 2^{t/10}$(万米^3).　10. $y(t)=\frac{1\,000\times 3^{t/3}}{9+3^{t/3}}$.

习题七　答案

1. (1) 1; (2) 5; (3) $ab(b-a)$.　2. (1) -48; (2) 9; (3) -5.　3. 29.　4. -4.

5. $A_{23}=-\begin{vmatrix}5 & -3 & 1\\ 1 & 0 & 7\\ 0 & 3 & 2\end{vmatrix}$, $A_{33}=\begin{vmatrix}5 & -3 & 1\\ 0 & -2 & 0\\ 0 & 3 & 2\end{vmatrix}$.　6. (1) $a+b+d$;　(2) 0.

7. (1) 6 123 000; (2) 2 000; (3) $4adbcef$; (4) $abcd+ab+cd+ad+1$;
(5) 0; (6) 8.

10. (1) -270; (2) 160. (3) 6.

11. (1) $x=1,\ y=2,\ z=3$; (2) $x=-a,\ y=b,\ z=c$.

12. (1) $x_1=1,\ x_2=2,\ x_3=3,\ x_4=-1$; (2) $x_1=0,\ x_2=2,\ x_3=0,\ x_4=0$.

13. 当 $\mu=0$ 或 $\lambda=1$ 时, 齐次线性方程组有非零解.

习题八 答案

1. B 策略→（石头 剪子 布）；A 策略↓（石头 剪子 布）

$$\begin{array}{c|ccc} & \text{石头} & \text{剪子} & \text{布} \\ \hline \text{石头} & 0 & 1 & -1 \\ \text{剪子} & -1 & 0 & 1 \\ \text{布} & 1 & -1 & 0 \end{array}$$

$$\begin{pmatrix} 0 & 1 & -1 \\ -1 & 0 & 1 \\ 1 & -1 & 0 \end{pmatrix}.$$

2. (1) $\begin{pmatrix} -1 & 6 & 5 \\ -2 & -1 & 12 \end{pmatrix}$; (2) $\begin{pmatrix} -1 & 4 \\ 0 & -2 \end{pmatrix}$.

3. (1) $\begin{pmatrix} -1 & 3 & 1 & 5 \\ 8 & 2 & 8 & 2 \\ 3 & 7 & 9 & 13 \end{pmatrix}$; (2) $\begin{pmatrix} 14 & 13 & 8 & 7 \\ -2 & 5 & -2 & 5 \\ 2 & 1 & 6 & 5 \end{pmatrix}$; (3) $\begin{pmatrix} 3 & 1 & 1 & -1 \\ -4 & 0 & -4 & 0 \\ -1 & -3 & -3 & -5 \end{pmatrix}$.

4. (1) $\begin{pmatrix} 35 \\ 6 \\ 49 \end{pmatrix}$; (2) $\begin{pmatrix} 0 & 0 & 0 \\ 0 & 0 & 0 \\ 0 & 0 & 0 \end{pmatrix}$; (3) (10); (4) $\begin{pmatrix} 3 & 6 & 9 \\ 2 & 4 & 6 \\ 1 & 2 & 3 \end{pmatrix}$;

(5) $a_{11}x_1^2+a_{22}x_2^2+a_{33}x_3^2+2a_{12}x_1x_2+2a_{13}x_1x_3+2a_{23}x_2x_3$.

5. $3\boldsymbol{AB}-2\boldsymbol{A}=\begin{pmatrix} -2 & 13 & 22 \\ -2 & -17 & 20 \\ 4 & 29 & -2 \end{pmatrix}$; $\boldsymbol{A}^{\mathrm{T}}\boldsymbol{B}=\begin{pmatrix} 0 & 5 & 8 \\ 0 & -5 & 6 \\ 2 & 9 & 0 \end{pmatrix}$.

6. 总价值: 4 650 万元; 总重量: 470 吨; 总体积: 2 700 立方米.

7. (1) $\begin{pmatrix} 1 & 1 \\ 0 & 0 \end{pmatrix}$; (2) $\begin{pmatrix} 1 & 0 \\ 5\lambda & 1 \end{pmatrix}$; (3) $\begin{pmatrix} a^3 & 0 & 0 \\ 0 & b^3 & 0 \\ 0 & 0 & c^3 \end{pmatrix}$.

8. $-m^4$.

9. (1) $\begin{pmatrix} 1 & 0 & 0 \\ 0 & 1 & 0 \\ 0 & 0 & 1 \end{pmatrix}$; (2) $\begin{pmatrix} 1 & 0 & 0 \\ 0 & 1 & 0 \\ 0 & 0 & 0 \end{pmatrix}$; (3) $\begin{pmatrix} 1 & 0 & 0 & 0 \\ 0 & 1 & 0 & 0 \\ 0 & 0 & 1 & 0 \end{pmatrix}$.

10. (1) $\begin{pmatrix} 7/6 & 2/3 & -3/2 \\ -1 & -1 & 2 \\ -1/2 & 0 & 1/2 \end{pmatrix}$; (2) $\begin{pmatrix} 2/3 & 2/9 & -1/9 \\ -1/3 & -1/6 & 1/6 \\ -1/3 & 1/9 & 1/9 \end{pmatrix}$; (3) $\begin{pmatrix} 1 & 1 & -2 & -4 \\ 0 & 1 & 0 & -1 \\ -1 & -1 & 3 & 6 \\ 2 & 1 & -6 & -10 \end{pmatrix}$.

11. (1) $\begin{pmatrix} 10 & 2 \\ -15 & -3 \\ 12 & 4 \end{pmatrix}$; (2) $\begin{pmatrix} 0 & 1 & -1 \\ -1 & 0 & 1 \\ 1 & -1 & 0 \end{pmatrix}$.

12. 2.

13. 可能有, 可能有.

14. (1) 秩为2, 一个最高阶非空子式为二阶子式: $\begin{vmatrix} 3 & 1 \\ 1 & -1 \end{vmatrix}=-4$;

(2) 秩为2，一个最高阶非空子式为二阶子式：$\begin{vmatrix} 3 & 2 \\ 2 & -1 \end{vmatrix} = -7$；

(3) 秩为3，一个最高阶非空子式为三阶子式：$\begin{vmatrix} 1 & 1 & 0 \\ 3 & -1 & 1 \\ 0 & 0 & 1 \end{vmatrix} = -4$.

15. (1) $\begin{cases} x_1 = -2c, \\ x_2 = c, \\ x_3 = 0, \end{cases}$ 其中 c 为任意实数；　(2) 只有零解；　(3) $k\begin{pmatrix} 4/3 \\ -3 \\ 4/3 \\ 1 \end{pmatrix}$ $(k \in \mathbf{R})$；

(4) $k_1\begin{pmatrix} -2 \\ 1 \\ 0 \\ 0 \end{pmatrix} + k_2\begin{pmatrix} 1 \\ 0 \\ 0 \\ 1 \end{pmatrix}$ $(k_1, k_2 \in \mathbf{R})$.

16. (1) 无解；　(2) $\begin{pmatrix} x \\ y \\ z \\ w \end{pmatrix} = k_1\begin{pmatrix} 1/7 \\ 5/7 \\ 1 \\ 0 \end{pmatrix} + k_2\begin{pmatrix} 1/7 \\ -9/7 \\ 0 \\ 1 \end{pmatrix} + \begin{pmatrix} 6/7 \\ -5/7 \\ 0 \\ 0 \end{pmatrix}$ $(k_1, k_2 \in \mathbf{R})$.

17. (1) 当 $\lambda \neq 1, -2$ 时，有唯一解；当 $\lambda = -2$ 时，无解；

当 $\lambda = 1$ 时，有无穷多解，解为 $k_1\begin{pmatrix} -1 \\ 1 \\ 0 \end{pmatrix} + k_2\begin{pmatrix} -1 \\ 0 \\ 1 \end{pmatrix} + \begin{pmatrix} 1 \\ 0 \\ 0 \end{pmatrix}$ $(k_1, k_2 \in \mathbf{R})$.

(2) 当 $\lambda = 1$ 时，解为 $k\begin{pmatrix} 1 \\ 1 \\ 1 \end{pmatrix} + \begin{pmatrix} 1 \\ 0 \\ 0 \end{pmatrix}$ $(k \in \mathbf{R})$；　当 $\lambda = -2$ 时，解为 $k\begin{pmatrix} 1 \\ 1 \\ 1 \end{pmatrix} + \begin{pmatrix} 2 \\ 2 \\ 0 \end{pmatrix}$ $(k \in \mathbf{R})$；

当 $\lambda \neq 1$ 且 $\lambda \neq -2$ 时，方程组无解；方程组不存在有唯一解的情况.

18. 20.　19. 70.　20. 城市人口为407 640，农村人口为592 360.

习题九　答案

2. $S = \{(正, 正), (正, 反), (反, 正), (反, 反)\}$；

$A = \{(正, 正), (正, 反)\}$；　$B = \{(正, 正), (反, 反)\}$；　$C = \{(正, 正), (正, 反), (反, 正)\}$.

3. (1) 表示3次射击至少有一次没击中靶子；　(2) 表示前两次射击都没有击中靶子；
(3) 表示恰好连续两次击中靶子.

4. (1) 成立；　(2) 当 A, B 互不相容时，成立；　(3) 成立.

5. 0.2.　6. 区别在于是否有 $A \cup B = S$.　7. 11/12.

8. $\frac{8}{15}$.　9. (1) $\frac{15}{28}$；(2) $\frac{9}{14}$.　10. 0.25；0.375.　11. 约0.602.

12. $\frac{13}{21}$.　13. $\frac{2}{3}$.　14. $\frac{1}{5}$.　15. $\frac{1}{3}$.　16. 0.51.

17. 0.8；0.6；0.5；0.625；约为0.83.　18. 0.93.

19. (1) 0.56；　(2) 0.24；　(3) 0.14.　20. 0.63.

21. 第一种工艺保证得到一级品的概率更大.　22. 0.059.

23. (1) 0.163; (2) 0.353.

习题十 答案

3. 离散. 4. $\dfrac{X+3}{\sqrt{2}}$.

5. $X=X(\omega)=\begin{cases}0, & \omega=\omega_1\\ 1, & \omega=\omega_2\\ 2, & \omega=\omega_3\end{cases}$; $P\{X=0\}=\dfrac{1}{2}$; $P\{X=1\}=\dfrac{1}{10}$; $P\{X=2\}=\dfrac{2}{5}$.

6. (1) $1/5$; (2) $2/5$; (3) $3/5$.

7.

X	0	1
P	0.4	0.6

8.

X	3	4	5
p_k	1/10	3/10	6/10

9. 0.6. 10. (1) $(0.9)^k\times 0.1,\ k=0,1,2,\cdots$; (2) $P\{X\geq 5\}=(0.9)^5$.

11. (1) $1/70$; (2) 有区分能力. 12. $F(x)=\begin{cases}0, & x<1\\ 0.3, & 1\leq x<3\\ 0.8, & 3\leq x<5\\ 1, & x\geq 5\end{cases}$.

13. 0.6; 0.75; 0. 14. 0.25; 0; $F(x)=\begin{cases}0, & x\leq 0\\ x^2, & 0<x<1\\ 1, & x\geq 1\end{cases}$.

15. (1) $A=1, B=-1$; (2) $P\{-1<X<1\}=1-\mathrm{e}^{-2}$; (3) $f(x)=\begin{cases}2\mathrm{e}^{-2x}, & x>0\\ 0, & x\leq 0\end{cases}$.

16. (1) $P\{x_1<X<x_2\}=\dfrac{1}{4}(x_2-1)$; (2) $P\{x_1<X<x_2\}=\dfrac{1}{4}(5-x_1)$.

17. 约为0.268. 18. (1) $c=3$; (2) $d\leq 0.436$. 19. 0.682.

20. 车门的高度超过183.98cm时，男子与车门碰头的概率小于0.01.

21. (1) 有60分钟应走第二条路; (2) 只有45分钟应走第一条路.

22. $E(X)=\dfrac{k(n+1)}{2}$. 23. 1.055 6.

24. $a<b<\dfrac{a}{1-p}$，对于 m 个人可期望获益 $ma-mb(1-p)$.

25. $E(X)=-0.2$，$E(X^2)=2.8$，$E(3X^2+5)=13.4$. 26. $E(X)=1$.

27. 因为 $E(X)=E(Y)=1\,000$，而 $D(X)>D(Y)$，故乙厂生产的灯泡质量较甲厂稳定.

28. X 可取值 $0,1,\cdots,9$; $P\{X\leq 8\}=1-\left(\dfrac{1}{3}\right)^9$. 29. $E(Y)=7$, $D(Y)=37.25$.

30. (1) $E(X)=1\,200$，$D(X)=1\,225$; (2) 应至少储存该产品1 282千克.

31. 原点矩为 $\dfrac{4}{3}$，2，3.2，$\dfrac{16}{3}$; 中心矩为0，$\dfrac{2}{9}$，$-\dfrac{8}{135}$，$\dfrac{16}{135}$.

习题十一 答案

1. C. 2. 3.6，2.88.

3. 总体是电器的使用寿命，其概率密度为

$$f(x)=\begin{cases}\lambda e^{-\lambda x}, & x>0\\ 0, & x\le 0\end{cases}\quad (\lambda\text{未知}),$$

样本 $X_1, X_2, \cdots, X_n$ 是 n 件该种电器的使用寿命, 其样本密度为

$$f(x_1, x_2, \cdots, x_n)=\begin{cases}\lambda^n e^{-\lambda(x_1+x_2+\cdots+x_n)}, & x_1, x_2, \cdots, x_n>0\\ 0, & \text{其他}\end{cases}.$$

4. (1) $\overline{X}\sim N\left(10, \frac{3}{2}\right)$; (2) 约为0.206 1.　　5. $\mu, \frac{\sigma^2}{n}, \sigma^2$.

6. 0.253, 0.841 6, 1.28, 1.65.　　7. 1.145, 11.071, 2.558, 23.209.

8. 2.353, 3.365, 1.415, 3.169.　　9. (1) 0.689 8; (2) 0.998 7.

10. 约 0.997.　　11. $\sigma=3.11$.　　12. $a=26.105$.

习题十二　答案

1. B.　　2. C.　　4. $\hat{p}^2=\frac{1}{n^2(n-1)}\sum_{i=1}^{n}(X_i^2-X_i)$.

5. (1) $\hat{\theta}=2\overline{X}$; (2) $\hat{\theta}=2\overline{x}=0.963\ 4$.　　6. $\hat{\theta}=2\overline{X}-1$.　　7. 1/15.

8. (480.4, 519.6).　　9. $n=12$.　　10. 置信上限为2 116.15, 下限为1 783.85.

11. (145.58, 162.42).　　12. (8.400, 39.827).　　13. (7.4, 21.1).

14. (2.689, 2.721);　(0.000 489, 0.002 150).　　20. 认为包装机工作正常.

21. 不可认为过去该市轻工产品月产值占该市工业产品总月产值百分比的平均数为32.50%.

22. 可认为这批元件不合格.

23. 接受 H_0, 该天每袋平均质量可视为500 g.　　24. 可认为总体方差 $\sigma^2=0.03$.

图书在版编目（CIP）数据

大学文科数学/吴赣昌主编. —4 版. —北京：中国人民大学出版社，2017.8
21 世纪数学教育信息化精品教材　大学数学立体化教材
ISBN 978-7-300-24785-4

Ⅰ.①大…　Ⅱ.①吴…　Ⅲ.①高等数学-高等学校-教材　Ⅳ.①O13

中国版本图书馆 CIP 数据核字（2017）第 192666 号

21 世纪数学教育信息化精品教材
大学数学立体化教材
大学文科数学（第四版）
吴赣昌　主编
Daxue Wenke Shuxue

出版发行	中国人民大学出版社		
社　　址	北京中关村大街 31 号	邮政编码	100080
电　　话	010－62511242（总编室）		010－62511770（质管部）
	010－82501766（邮购部）		010－62514148（门市部）
	010－62515195（发行公司）		010－62515275（盗版举报）
网　　址	http://www.crup.com.cn		
经　　销	新华书店		
印　　刷	天津鑫丰华印务有限公司	版　　次	2007 年 4 月第 1 版
规　　格	170 mm×228 mm　16 开本		2017 年 8 月第 4 版
印　　张	19.25	印　　次	2023 年 11 月第 12 次印刷
字　　数	393 000	定　　价	38.00 元